자연환경보전 · 복원관리

자연환경보전·복원관리

1판 1쇄 발행 2011년 1월 31일
1판 2쇄 인쇄 2012년 1월 15일
1판 2쇄 발행 2012년 1월 20일

지은이 | 김보미·김지연·김효준·박철현·윤여원·임상규·정은영·조동길·허명진
발행인 | 김병게
발행처 | 도서출판 보문당
등록 | 1990년 6월 15일 (제1-1066호)
주소 | 서울시 마포구 신수동 448-6 우)121-110
전화 | 704-7025 / 704-0635 FAX | 704-2324
홈페이지 | www.bomoondang.co.kr(보문당)
전자우편 | bmdpub@naver.com

정가 36,000 원

ISBN 978-89-8413-177-4(93530)

자연환경보전 · 복원관리

김보미 · 김지연 · 김효준 · 박철현 · 윤여원
임상규 · 정은영 · 조동길 · 허명진 공저

普 文 堂

| 집필저자 |

집필대표 ········ 임상규

1장 지구환경변화와 환경정책 ········ 김지연

2장 환경성평가 제도 및 관련법규 ········ 박철현

3장 생태학 ········ 김효준

4장 경관생태학 ········ 김보미

5장 비탈면녹화와 산림 ········ 정은영

6장 습지와 하천 ········ 윤여원

7장 생태네트워크와 생태도시 ········ 허명진

8장 생태복원공학 ········ 조동길

|발간사|

"녹색성장", "4대강 살리기", "CO_2 배출량 줄이기 운동"을 비롯한 생태, 녹지, Green 등이 연중 이슈가 되고, 찬반 의견이 대립되어 개인과 단체, 학계와 업계, 민과 관이 그 어느 때보다 자연환경보존과 보호, 개발, 복원 등에 대해 관심이 높습니다.

자연환경은 그대로 두고 보존과 보호만으로 인류의 삶을 영위하기는 어렵습니다. 모든 개발정책 하에서 어떻게 하면 자연과 인간이 공유되면서 보다 좋은 환경으로 유지되도록 하는 것이 중요하다 할 수 있습니다. 현 시점에서 자연환경보전관리에 대한 정책 및 계획, 이론과 기술 등의 개발이 요구됩니다.

최근에 이에 대한 학문연구와 기술개발에 대한 관심이 매우 높아지고, 이에 발맞추어 업종간 인기도 치솟고 있습니다. 공무원 직렬에서는 자연환경관리분야 직종이 거론되거나 신설되고 있고, 국가기술자격 종목 또한 생태복원기사, 생물분류기사, 자연환경관리기술사 등이 생겨나 사회활동에 있어서도 그 인기도가 최고조에 이르고 있습니다.

이 책을 집필한 9명은 자연환경관리 및 조경기술사 등의 국가고시에 합격하여 기술사 자격을 취득한 체험자들로서, 현재 관련업계에 종사하며 얻은 경험과 실무를 바탕으로 또한 기사 및 기술사 수험준비를 하면서 그동안 차곡차곡 쌓아논 자료와 이론 및 실무경험을 바탕으로 집필, 편집하고자 많은 노력을 하였습니다.

본문에서는 자연환경을 보전하고, 관리하는데 필요한 대부분의 분야가 수록될 수 있도록 8장으로 구분, 서술하여 **기술자격수험준비서**의 길잡이뿐 아니라 **교재용**으로도 가능하도록 함으로서 관심이 있는 분들께 조금이나마 보탬이 되기를 기대합니다.

짧은 지식과 부족함이 많아 더욱더 자료를 찾고 연구하여 보완하여야 된다고 느끼면서도 미약하나마 서둘러 발간하게 된 것은 기술자들의 상존하는 조급함이 아닌가 생각됩니다. 아무쪼록 많은 이해와 지도편달을 바랍니다.

본 책이 출간되기까지 조언을 도와주신 전국립순천대학교 총장이시며 농산부장관 및 한국학술진흥재단 이사장님을 역임하신 허상만 전 장관님과 출간을 추천하여 주신 한국조경학회장이시며 한양대학교 공학대학원 생태조경학과 조세환교수님께도 감사드립니다.
그리고 출판을 흔쾌히 허락해 주신 보문당 출판사에도 감사의 말씀드립니다.

2011년 1월

집필대표 **임 상 규**
자연환경관리 & 조경기술사

| 머리말 |

자연환경은 일반적으로 우리가 말하는 주변환경뿐 아니라 현존하는 지구의 모든 생물과 무생물을 아우르는 말이다. 그렇지만 70~80년대 국토의 지속적인 개발과 경제성장으로 인하여 자연환경은 급속도로 훼손되었고, 최근 훼손된 자연환경을 복원하기 위해 보전·관리의 개념이 더욱더 강조되고 있다.

이 책은 이러한 시대의 흐름에 발맞추어 현세대와 미래세대가 함께 공유해야 할 자연환경을 다루는데 있어 보전·복원·관리하는데 필요한 개념과 이론 및 실무 등에서 알아야 할 기초적인 내용을 담고자 하였고, 또한 자연환경기술사 및 생태복원기사를 준비하는데 필요한 지침서로 제공될 수 있도록 하는데 초점을 맞추고 있다.

이 책의 구성을 보면 1장에서는 환경과 관련된 국내외 법체계, 국가정책, 지구환경문제와 관련하여 현재 이슈화되고 있거나 논의되고 있는 내용을 중점적으로 다루고 있다. 2장은 국내에서 적용되고 있는 환경성평가제도(환경영향평가, 사전환경성검토, 전략환경평가)의 전반적인 내용과 이에 저촉되는 관련법규의 내용을 정리하였고, 실제 집필저자가 참여했던 평가업무를 사례로 첨부하여 이해력을 높이고자 하였다. 3장은 자연환경을 다루는 분야에서 꼭 알아야 하는 생태학으로 개념과 이론 위주로 정리하였고, 생태학의 응용학문인 복원생태학, 보전생물학, 조정생물학 등의 대상과 원리에 대해 비교설명하고 있다. 4장은 생태학에서 바라보는 경관의 구조, 기능, 변화와 관련된 내용을 다루는 경관생태학과 경관이론, 비오톱에 대해 서술하였고, 이를 분석할 수 있는 GIS, RS, LiDAR에 대하여 종합적으로 설명하고 있다. 5장은 도로나 인공구조물에 의해 발생되는 비탈면의 생육조건, 녹화공법에 대해 소개하고 있고, 별첨으로 도로비탈면 녹화공사의 설계 및 시공지침을 수록하여 실무성을 높이고자 하였다. 6장은 생물다양성이 높은 자연생태공간인 습지와 하천을 대상으로 국내외에서 정의하고 있는 개념과 기능, 구성요소, 유형 등 세부적인 내용을 취합하여 정리하고자 하였다. 7장은 정부, 단체, 민간차원에서 논의되고 있는 전반적인 생태네트워크의 개념, 구성요소, 종류에 대해 소개하였고, 이를 반영하여 계획되고 있는 생태도시에 대해 다루고 있다. 8장은 생태복원의 개념과 생태복원 과정, 생태기반환경, 식생·서식처·생태계 복원방법, 대체서식처 조성방법 등 훼손되고, 파괴되어 있는 환경을 어떻게 조성하고, 관리해야 하는지 기술하고 있다.

이 책은 기술서적 중 자연환경분야별로 세분화되고, 구체적으로 기술된 서적은 쉽게 찾아볼 수 있으나 이를 종합할 수 있는 서적이 미흡하기에 조경 및 자연환경관리기술사 9명이 모여 그동안의 노하우와 공부시 부족했던 부분을 보완하여 반영하고자 하였다. 이 책은 아직 저자들의 학문적인 완성도가 미흡하여 잘못된 내용을 기술하거나 국내외 참고문헌 내용을 그대로 사용하기도 하였다. 이러한 부분은 여러 훌륭하신 주변분들의 조언을 얻어 빠른 시간 내에 보완하고자 한다.

그리고 이 책자의 발간을 위해 사비를 털어 모임을 주최하시고, 제일 막내인 저에게 구박 아닌 구박받느라 고생하신 각 장의 집필저자분 들께 감사드리며 이 책이 출간되도록 도와주신 보문당 김병계 사장님과 매니저 김태우 실장님께도 감사드립니다.

2011년 1월

집필간사 **김 보 미**

자연환경관리 & 조경기술사

|발간축하의 글|

최근 (주)송림원 대표, 임상규 사장을 비롯한 기술사 9명이 〈자연환경보전·복원관리〉라는 책을 발간하면서 축하의 글을 부탁해 왔다. 참으로 기쁘고 가슴 벅찬 일이다.

대학의 연구실에서 전문서적이나 실용서적을 동학들끼리 발간하는 일은 흔히 있는 일이지만, 학문적인 지식과 현장경험을 통해 얻은 살아있는 실용 지식을 한 대학 출신 9명이 분야 별로 맡아 집필하고, 책으로 발간한다는 의미는 대학에 있는 모든 분들에게 신선한 충격을 주기에 충분하다.

잡초의 생태학 정도를 조금 이해하고 있는 나로서는 그 내용의 깊이를 헤아릴 수 없지만, 인간의 문명이 고도로 과학화 되고, 이 땅의 모든 존재물이 인간을 위해 존재하는 것으로 잘못인식되고 있는 오늘날, 기후변화와 대응, 생태학의 이해, 습지보전, 생태적인 복원 등에 대한 방법론적인 저술은 그 의미가 크다.

누구나 아는 이야기지만, 인간은 생태계의 한 개체 일 뿐인데 모든 개체군을 지배하는 우월적 존재인양 큰 오류를 범하고 있다. 산지를 파괴하고, 강의 물줄기를 바꾸고, 이런 일들은 인간의 몫이 아니다. 자연의 몫이고, 억겁의 세월 속에 자연의 질서에 의해 만들어진 산물이다. 우리는 자연 그대로를 소중이 관리해야 할 뿐이다. 오늘날 지구촌의 생태계에 대한 잘못된 인식이 크게 바뀌어야 하는 시대적 상황에서, 이 책은 인간의 잘못된 인식을 바꾸는데 크게 기여하리라 믿는다.

그런데 사람의 생각, 그 생각이 글로 표현되어 책으로 발간되는 것은, 이 역시 환경의 지배하의 산물이다. 9명의 저자들이 환경분야에서 일하면서 공부하고, 그 과정에서 얻은 소중한 지식은 난봉산과 비봉산하 향림골에서 4년 동안 축적된 깊은 사유와 연결된 산물이라고 나는 믿는다. 책을 판매해서 얻은 수익금 전액을 모교 장학금으로 내놓겠다는 고귀한 생각과 연결되어 있기 때문이다.

임상규 선생과 나와의 인연은 2003년 농림부에서 일할 때부터 오늘날까지 인연이 계속되고 있다. 만나면 시골에서 같이 자란 옛 친구를 만나는 것 같고, 따뜻하다. 그는 겸손을 아는 사람이다. 한 마디로 표현한다면 그 인품이 순천인답다. 그는 자연을 아는 사람이고, 자연에 대한 이해 속에 순천의 산, 들녘, 강이 꽉 차있다.

앞으로 자연과 함께하는 여유 있는 사업가로서 크게 성장하리라 믿으면서 9명이 함께 시간을 내서 2월 말이면 선암사 원통전 뒤 600년 매화를 보고, 여수에 내려가 돌산앞 바다가 훤히 보이는 언덕위에 잔설에 덮여있는 키 큰 동백나무 한그루를 보고, 입하 때면 쌍암면 평중리에 하얗게 핀 이팝나무를 보는 여유를 가져보기를 권하고 싶다.

"도시의 무게는 나무의 크기와 수령에 비례하고, 도시의 품위는 경관에서 나온다"고 하는데 앞으로 자연경관을 중요시해야할 조경학도로서 여유와 멋을 함께하는 시간을 갖는 것은 의미가 있을 것 같아 감히 권해 드린다.

글을 맺으면서 아홉 분의 노고에 진심어린 감사를 다시 드린다.

2011년 1월

순천에서 **허 상 만** 드림

(전 순천대학총장, 농림부장관, 한국학술진흥재단 이사장)

| 추천사 |

유엔에서 실시하는 밀레니엄 생태계평가(millennium Ecosystem Assessment)라는 국제적 생태계 평가사업이 있다. 이 사업의 일환으로 세계 180개국을 대상으로 국가별 생태복지를 평가하여 순위를 매긴 결과, 우리나라는 180개 국가 중, 162위를 차지했다. 경제규모 세계 14위, 수출규모 세계 7위를 마크하는 우리 대한민국의 위상으로 볼 때, 생태환경에 대한 성적표는 이처럼 부진하다. 특히, 21세기 녹색성장의 선도국가로 자처하며 녹색을 새로운 국가성장 동력으로 삼겠다는 의도에 비추어 볼 때, 이 성적표는 부끄럽다 못해 처참하다고 할 수 있다.

녹색기술의 주창과 선도를 위한 한 가지 조건은 먼저 우리 강산과 삶 자체가 녹색이 되어야 한다. 먹을 가까이 하는 자는 검게 되기 마련이고, 녹색을 가까이 하지 않고는 녹색기술이 나올 수가 없다. 콘크리트와 아스팔트로 뒤 덮인 우리의 국토, 도시가 녹색의 인프라로 되돌림 되지 않을 때, 녹색성장과 녹색기술의 하드웨어는 소프트웨어 없는 깡통이 될 수밖에 없다. 녹색없는 국가의 녹색기술을 어느 나라가 인정해 줄 것인가? 지금 중앙정부(환경부나 국토해양부)에서 매우 고민하고 있는 생태복원업의 신설에 관한 문제는 바로 이러한 문제해결을 위한 고민에 다름 아니다.

이제 생태복원과 같은 자연환경을 관리하는 일은 21세기 국토관리의 새로운 철학과 비전이며 실천수단이고 기술이다. 그러면서 자연환경을 관리하는 것은 특별한 전문문야의 전문기술이 될 수도 있지만, 누구나가 쉽게 이해하고 함께 호흡할 수 있는 녹색생활과학이기도 하다. 그 만큼 이제 우리 곁에 바짝 가깝게 다가와 있고, 또 피해 갈 수 없는 테마다. 오늘 이 책을 강하게 추천하는 첫 번째 이유는 이 책이 이런 시대적 요구에 부응하고, 우리의 흥미를 일깨우는 강력한 각성제 역할을 할 수 있다는 점에서이다.

둘째, 한편으로 이 책은 우리나라 자연환경관리 전문가(자연환경관리기술사) 9인이 평상시 현장기술을 기반으로 살아있는 지식을 전달하고 있다는 점에서이다. 다시 말해서 이 책이 자연환경관리에 관해서 초보자이거나 전문가이거나 간에 누구에게나 널리 쉽게 이해 될 수 있고, 또 그 만큼 깊이 있게 탐구 할 수 있는 체제를 갖추었으며, 논리적이며 짜임새 있게 구성되어 있기 때문이다.

그럼으로써, 이 책은 자연환경관리에 관심이 있는 일반인은 물론이고 자연환경관리기술사를 준비하고 있는 수험생, 실무에서 자연환경관리 업무를 실천하고 있는 전문가, 대학에서의 관련 교육 등 다방면에서 이 책은 지침서로서 매우 유용할 것으로 사료되어 이렇게 추천하고자 한다. 많은 애독이 있길 바라마지 않는다.

2011년 1월

(사)한국조경학회 회장
(재)한국환경조경발전재단 이사장 **조 세 환**

Chapter 1 지구환경변화와 환경정책

Chapter 2 환경성평가 제도 및 관련법규

Chapter 4 경관생태학

chapter **1**

지구환경변화와 환경정책

1. 지구환경과 국제동향
2. 환경오염과 대처방안
3. 환경관련법규
4. 환경관련 정책

1. 지구환경과 국제동향

1.1 지구환경문제

1.1.1 주요 환경문제 9가지

- UN은 2002년 남아프리카에서 열린 지속가능발전 세계정상회의(WSSD) 준비과정 중 하나로 "지구적 도전과 기회"라는 책에서 우리 인류가 안고 있는 범지구적 문제를 크게 9가지로 짚고 있음(표 1-1, 그림 1-1).

표 1-1 UN선정 9가지 주제 지구환경문제

주 제	내 용
인구증가	· 기하급수적 인구증가, 후진국일수록 인구밀도가 높은 점 제기
빈곤과 불평등	· 국가 및 계층간 빈익빈 부익부 불평등 문제 심화
식량과 농업	· 인구증가에 따른 식량부족과 그에 따른 농업용 토지의 증가 · 지표 중 10%가 농지로 이용, 습지 축소
물 부족	· 지구의 0.014%에 불과한 심각한 유용수 감소
산림	· 개발, 벌채, 지구온난화에 따른 산림면적 감소 · 탄소배출증가에 따른 산림 훼손 문제점 제기
에너지	· 화석에너지 고갈에 따른 대체에너지 개발 급선무
기후변화	· 수림대, 생물상 변화, 자연 재해 피해 가중
건강과 물	· 후진국의 사망 최대원인은 물
건강과 대기오염	· 호흡기 질환 및 사망 증가

1.2 국제적 동향

1.2.1 지구환경문제 대응

1) 로마클럽[1971]

- 1968년 4월 이탈리아의 실업가 Aurelio Peccei 제창
- 지구의 유한성이라는 문제의식을 가진 서유럽의 정계·재계·학계의 지식

인들이 로마에 모여 개최한 모임으로 전 세계적인 두뇌집단이자 혁신과 새로운 발상 중심으로서, 비영리·비정부 단체

- "성장의 한계" 보고서, "전기를 맞는 인간사회", "지구사회의 목표", "낭비의 시대를 넘어서" 등의 연구보고와 제언 발표로 화석연료의 한정성 경고

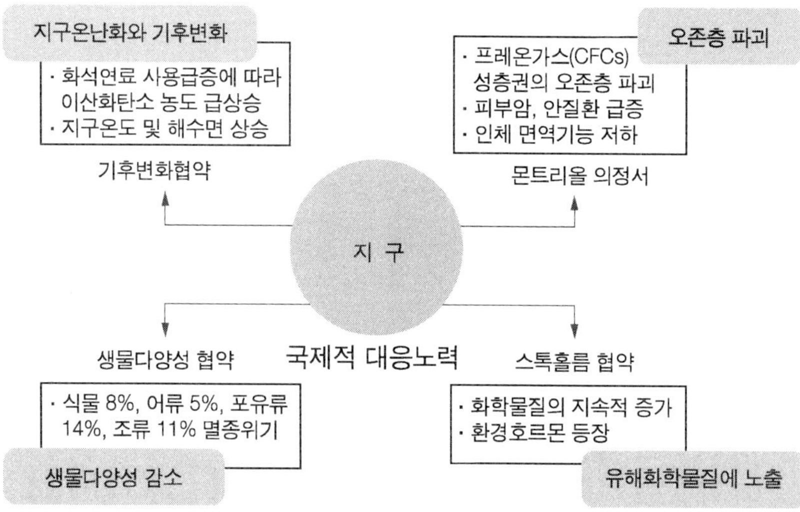

그림 1-1 지구환경문제와 국제동향

2) 스톡홀름 세계정상회의[1972]

❑ Stockholm Summit on Environmental Protection

- 최초 지구환경문제를 논의하기 위해 세계 각국 정상들이 스톡홀름에서 인간환경회의를 개최
- 인간환경 선언 '오직 하나뿐인 지구'
- 환경문제를 다루기 위한 UN 전문기구를 만들어야 한다는데 합의한 결과 UNEP가 1973년 설립되어 이날을 기념하기 위해 6월 5일을 세계환경의 날로 제정함.

3) 리우 지구정상회의[1992]

① 배경

- 1972년 스톡홀름 제1차 세계환경회의 20주년이 되는 1992년 6월 3일부터 6월 14일까지 열대림 파괴의 대명사인 브라질의 리우데자네이로에서 유엔

환경개발회의(UNCED)를 개최

② 특성

- 정치적 측면 : 환경보전과 경제개발의 조화달성을 위한 각국 정상들의 정치회의
- 경제적 측면 : 자본과 기술, 환경의 교환을 통한 선·후진국의 이해조정
- 사상적 측면 : 자연지배사상의 한계, 인류 자연관의 일대 전환점이 되는 회의

③ 주요 내용

- 개념
  - 'ESSD(Environmentally Sound and Sustainable Development)' 채택
  - 환경과 인간의 공생을 목표로 하는 '환경적으로 건전하며 지속 가능한 개발'
- 선언
  - 리우선언 : '지구를 건강하게 미래를 풍요롭게'
  - 의제 21 : 대기보호, 해양·담수보전, 방사성·유해·고형폐기물, 독성화학물질, 사막화, 생물다양성 분야 등
- 협약
  - 생물다양성협약
  - 기후변화협약
  - 산림원칙성명

4) 지속가능발전 세계정상회의[2002]

❑ WSSD(World Summit on Sustainable Development)

- Rio+10년 기념, 새천년발전목표 채택
- 지방의제 21의 실천사항 점검
- 'LOCAL ACTION 21' 수립
- 요하네스버그 선언(WEHAB)

  : W(Water), E(Energy), H(Healthy), A(Agriculture), B(Biodiversity)

1.2.2 지구온난화와 기후변화 전략

1) 몬트리올 의정서[1989]

❑ Montreal Protocol : 오존층을 파괴시키는 물질에 대한 몬트리올 의정서

- 1974년 F. S. 로우랜드 교수가 오존층 파괴문제를 제기하고, 이에 따라 1985년 오존층 보호 관한 빈 협약이 체결되어 오존층 파괴물질의 생산 및 사용의 규제를 목적으로 체결
- 염화불화탄소의 단계적 감소 방안 및 비가입국에 대한 통상제재 기준이 됨.

2) 사막화방지협약[1994]

❑ United Nations Convention to Combat Desertification : 심각한 한발 또는 사막화를 겪는 아프리카지역 국가 등 일부 국가들의 사막화를 방지하기 위한 국제연합협약

- 무리한 개발과 오남용으로 인한 사막화 방지를 위해 체결된 협약
- 빈곤퇴치와 사막화 방지 사업을 연계, 선진국의 자금 및 원조, 기술을 개발도상국에 제공

3) 기후변화협약[1992]

❑ UNFCCC(United Nations Framework Convention on Climate Change)

- 1987년 제네바에서 열린 제1차 세계기상회의에서 정부간 기후변화패널(Inter-Governmental Panel on Climate Change: IPCC) 결성
- 1992년 리우정상회의에서 정식으로 기후변화협약 체결
- 온실가스 규제문제, 재정지원 및 기술이전문제, 특수상황에 처한 국가 고려
- 이산화탄소를 비롯한 탄산·메탄가스·프레온가스 등 온실가스의 방출 제한이 목적

4) 교토의정서[1997]

① Kyoto protocol 주요 내용

- 기후변화 협약의 구체적 이행방안 수립
- 온난화 방지를 위한 온실가스 사용제한, 선진국 위주 회원가입

② 3대 메커니즘
- 배출권거래제도 : 감축의무가 있는 선진국간 배출쿼터 거래 허용
- 공동이행체제 : 선진국이 다른 선진국에 투자, 온실가스 감축실적을 자국 실적으로 인정
- 청정개발체제 : 선진국이 개도국에 투자, 온실가스 감축실적을 선진국실적으로 인정

③ 주요 온실가스
- 교토의정서에서 규정하고 있는 6대 주요 온실가스는 이산화탄소(CO_2), 메탄(CH_4), 아산화질소(N_2O), 수소불화탄소(HFC_S), 과불화탄소(PFC_S), 육불화황(SF_6)임(표 1-2).

표 1-2 6가지 주요 온실가스와 발생원인

기체종류	발생원인
이산화탄소(CO_2)	· 산업, 생활, 운송 차량 등 연료
메탄(CH_4)	· 연료 연소, 가축의 장내 발효, 쓰레기 매립, 습지
아산화질소(N_2O)	· 연료 연소, 공업과정, 자동차 배기가스, 쓰레기소각, 하·폐수
수소불화탄소(HFCs)	· 스프레이, 냉장고 냉매, 에어컨냉매
과불화탄소(PFCs)	· 전자부품 등 기밀성 시스템, 반도체 세척제
육불화황(SF_6)	· 전기 절연가스, 전기 기계

1.2.3 생물다양성 전략

1) 람사르 협약[1971]

❏ 물새서식지로서 국제적으로 중요한 습지의 보전에 관한 국제협약

❏ The Convention on Wetlands of International Importance, especially as Waterfowl Habitat

① 주요 내용
- 이란의 람사르 지방에서 채택된 습지에 관한 협약으로 '자연자원의 보전과 현명한 이용'에 관해 맺어진 최초의 국제적인 정부간 협약
- 동·식물 서식지 기능과 생물자원 생산 및 정화기능을 갖춘 습지보전이 목적임.

- 회원국 등록 기준
  - 람사르 등록습지 1개소 이상 보유할 것
  - 람사르습지 추가 또는 축소시 사무국에 통보
  - 지정된 습지의 보전 및 적정 이용계획을 수립, 시행

② 습지선정기준
- 대표성, 특이 습지 : 생태학적으로 중요, 특히 희귀성
- 멸종위기종, 희귀종 서식, 2010년 추가 등록지역생물 다양성 유지시 필요
- 물새 2만 마리 이상 정기적 서식, 전 세계 개체수 1% 이상 서식
- 어류 먹이, 산란, 서식장소, 이동통로, 생물다양성 기여

③ 국내 람사르 습지 등록현황
- 내륙형 습지
  - 대암산 용늪, 창녕 우포늪, 오대산국립공원 습지, 무제치늪, 두웅습지
- 해안형 습지
  - 순천 · 보성만 갯벌, 무안갯벌, 서천 갯벌, 부안 줄포만
- 도서 습지
  - 신안 장도습지, 강화도 매화마름 군락지
  - 제주도 물장오리, 제주도 물영아리오름, 제주도 1100고지

2) 멸종위기 야생동식물종의 국제거래에 관한 협약[1973]

❑ CITES

❑ Convention on International Trade in Endangered Species of Wild Fauna and Flora

① 목적
- 1975년에 워싱턴에서 시작된 멸종위기 야생 동 · 식물의 국제거래 규제
- 회원국사이에 부속서 종의 국제거래가 있을 경우 협약규정에 따라 거래하여 멸종위기 또는 보호가 필요한 야생 동 · 식물의 과도한 포획과 거래를 방지하고, 전체 거래량 관리

② 주요내용

- 부속서에 포함된 멸종위기 동·식물의 국가간 수출입 인허가 제도
- 국제 거래규제 및 거래허용 내용만을 다루며 국내거래는 적용되지 않음.
- 멸종위기 야생동식물 서식 및 번식에 관한 대책수립을 의무화 함.

③ 부속서

- Ⅰ군 : 수출입으로 인한 멸종 위기에 직면해 있는 약 900종
  - 특별한 경우만 거래를 허용하며 상업목적 거래는 금지됨.
  - 수출입시 양국 정부에서 발행되는 승인서 필요
- Ⅱ군 : 수출입을 규제하지 않을 경우 멸종 위기에 처할 종은 약 32,600종
  - 생존위협을 받는 종으로 양국 정부의 수출허가서 필요
- Ⅲ군 : 회원국이 자국의 동·식물 보호를 위해 지정한 약 300종
  - 최소한 하나의 국가에서 보호되어야 할 종으로 수출국 허가서 및 원산지 증명서 필요

3) 생물다양성 협약[1992]

❑ CBD(Convention on Biological Diversity)

- 브라질 라우회의에서 생물다양성 보존과 지속가능한 이용을 위해 각국 정상 서명
- 생물자원의 지속가능한 이용 및 생태계 균형을 유지함을 목적으로 함.
- 이익의 공평하고, 균등한 공유
- 유전자변형생물체(LMO : Living Modified Organism)의 이용 및 관리 조치

4) 새천년생태계평가[2005]

❑ Millennium Ecosystem Assessment

① 배경

- IUCN 멸종위기생물의 관리에 대한 효과가 저조
- 생물다양성보전전략인 Hot-Spot의 대안 필요성 부각
- 지구생태계의 가치를 종합적으로 평가할 필요성

② 개념

- 생태계는 다양한 활용가치와 서비스를 제공한다는 생태계서비스 개념
- 이를 경제적 가치로 환산하는 작업을 생태계평가라 함.
- 대표지역을 선정하여 UN주도하에 전세계 분야별 전문가, 과학자가 평가 참여

③ 생태계서비스 범주

- 기본적 생태적으로 지원하는 효용(supporting services)
- 이 서비스로부터 인간에게 제공하는 효용(provisioning services)
- 조절하는 효용(regulating services)
- 문화적 효용(cultural services)

5) 나고야의정서[2010]

❑ Nagoya Protocol

① 배경

- 나고야에서 개최된 생물다양성협약 당사국 총회에서 생물유전자원이 인류 공동의 자산이라는 인식에서 생물유전자원주권으로 의식 전환함.
- 더 이상 공짜는 없으며 생물자원을 활용하여 생기는 이익을 공유하기 위한 지침 마련

② 개념

- "생물유전자원의 접근 및 이익 공유(Access to genetic resources and benefit sharing)"에 대한 국제적 협약
- 생물유전자원을 이용하는 국가는 그 자원을 제공하는 국가에 사전 통보와 승인을 받아야 하며 유전자원의 이용으로 발생한 금전적, 비금전적 이익은 상호 합의된 계약조건에 따라 공유해야 함.
- 생물유전자원을 이용하는 법제, 요리법, 이용법에 대한 지적재산권 행사가 가능

1.2.4 오염원 배출 규제

1) 런던협약[1975]

❑ London Dumping Convention
- 선박, 항공기, 해양시설로부터 폐기물 등 해양투기 및 해상소각의 규제 목적
- 방사성 폐기물투기 금지
- 규제물질에 대한 투기 및 소각을 특별 허가에 의해 제한

2) 바젤협약[1989]

❑ Basel Convention

❑ 유해폐기물의 국가간 이동 및 처리에 관한 국제협약
- 카이로 지침을 바탕으로 스위스 바젤에서 채택
- 유해폐기물의 수출입 경유국 및 수입국에 사전통보를 의무화

1.2.5 환경관련 주요 국제협력기구

1) IPCC[1988]

❑ 기후변화에 관한 정부간 협의체

❑ IPCC(Intergovernmental Panel on Climate Change)

① 설립 및 구성
- 1988년에 세계기상기구(WMO)와 유엔 환경계획(UNEP)에 의해 설립됨.
- 60개국의 기후변화 전문가들과 환경·사회·경제학자 등 약 3천여 명 전문가
- 3개의 실무 그룹으로 구성

② 목적
- 인위적인 기후변화에 관련된 과학적·기술적 사실에 대한 평가를 제공함.
- 사회·경제적 영향을 예측하고, 전망함.

③ 활동 내용

- 기후변화와 그 영향에 대한 과학적 이해를 위해 정기 보고서 제출
- 기상학과 관련한 연구를 진행하고, 기후변화 협약의 부속기구에 과학자문 역할을 도모함.
- IPCC의 1995년 보고서에서 과학적으로 기후변화를 기정사실화
- 교토의정서 채택기반을 마련하게 됨.
- 2007년 노벨평화상 수상.

2) IUCN[1948]

❑ 국제자연보호연맹

❑ IUCN(International Union for Conservation of Nature and Natural Resources)

① 설립 및 구성

- 1948년에 스위스의 제네바호 주변에 설립
- 83개국, 108개의 정부기관, 766개의 NGO, 81개의 국제단체
- 전 세계 10,000명의 전문가와 과학자들이 참여함.

② 목적

- 자연과 천연자원을 보호하고자 함.
- 개발과 보전이 대립관계가 아니라 종합적으로 고려해야 하는 대상이 되고, 이를 파악하기 위해 환경영향평가 이행
- 열대림의 벌채와 사막화, 야생동물 절멸 등 자연파괴 방지
- 극지방 보전을 위한 세계자원보전전략

3) OECD[1960]

❑ 경제협력개발기구

❑ OECD(Organization for Economic Cooperation and Development)

① 설립 및 구성

- 1948년 미국의 마셜 플랜의 지원을 받은 유럽경제협력기구(EEC, European Economic Co-operation)에서 시작됨.
- 1960년 가맹국 18개국과 함께 20개국 각료와 유럽공동체(EEC), 유럽석탄

철강공동체(ECSC), 유럽원자력공동체(EURATOM)이 조약에 서명하면서 OECD가 만들어지게 됨.
- 정치적으로 대의제, 경제적으로 자유시장 원칙을 받아들인 선진국들이 회원으로 참여함.

② 활동 내용
- 세계 경제성장, 다각적이고 무차별 무역·경제 체제 마련
- 경제정책의 조정, 무역문제의 검토, 산업정책의 검토
- 환경문제, 개발도상국의 개발 원조문제 검토

4) UNCSD[1992]

❏ 유엔지속개발위원회, 국제연합지속개발위원회
❏ UNCSD(UN Commission on Sustainable Development)

① 설립 목적
- 1992 리우선언 실천계획의 일환으로 미국 뉴욕에 설립됨.

② 활동 내용
- 의제 21(Agenda 21)의 실천상황을 정기적으로 평가·감시
- 의제 21의 이행상황 중 특히 재정지원과 환경기술이전 분야를 중점 검토함.
- 각국 정부·국제기구·민간단체의 보고서를 심의
- 각종 국제환경 협약체결과 이행상황 평가

2. 환경오염과 대처방안

2.1 대기오염관리

2.1.1 온실효과와 지구온난화

1) 온실효과(green house effect)

- 대기 중 수분과 온실가스가 외부로 방출되는 적외선 복사에너지를 흡수하는 현상
- 입사하는 태양에너지를 100으로 볼 때 지표 50% 흡수, 반사 30%, 대기 중 흡수 20%
- 지표면에서 활용된 복사에너지 123%와 대류, 전도, 기타요인에 의한 50%가 방출
- 그 중 일부(70%)는 외계로 방출
- 그 중 일부(103%)는 대기 중의 온실가스에 의해 지표면에 재흡수되며, 지구의 평균기온 15℃를 유지하게 됨(그림 1-2).

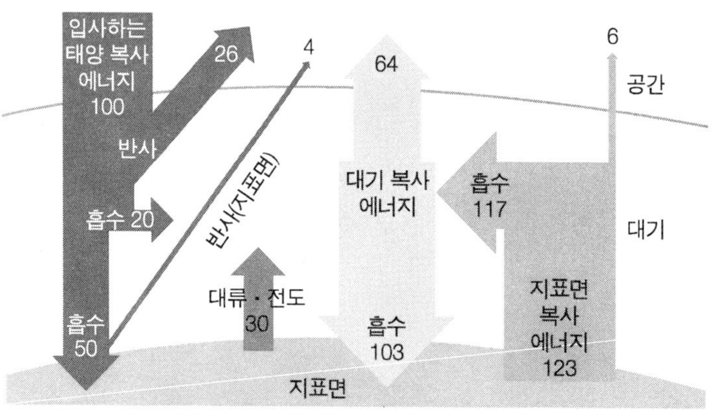

그림 1-2 온실효과(성민웅 등, 2002)

2) 지구온난화(global warming)

- 온실가스 과다 발생시 지구 표면의 온도가 유지되지 못하고, 급상승하게 되는 현상

· 주요 온실가스는 이산화탄소(CO_2), 메탄(CH_4), 아산화질소(N_2O), 수소불화탄소(HFCs), 과불화탄소(PFCs), 육불화황(SF_6)임(표 1-2).

3) 주요원인

· 온실가스 과다 함유로 재흡수되는 복사에너지가 많아질수록 지구표면온도 상승
· 주로 화석연료 연소에 의해 발생되고, 불완전연소시 더욱 가중됨.

4) 현상

· 미세먼지와 물분자간 결합력이 강하여 거대기단을 형성함.
· 그늘 형성으로 인한 수확량 감소
· 집중호우와 거대 폭풍 발생
· 공기정체 및 오염가중
· 사막화 급속도로 진행
· 과거 100년간 평균기온 대비 0.3~0.6℃ 상승(그림 1-3)

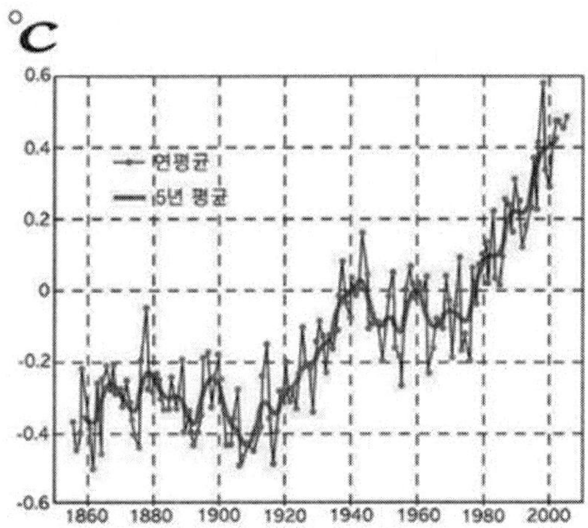

그림 1-3 세계의 지구표면온도 변화(http://100.naver.com)

2.1.2 황사와 사막화

1) 황사(yellow sand phenomenon/Asian dust phenomenon)

- 중국이나 몽골 등의 사막과 황토지대에서 모래, 황토, 산화물 먼지를 동반한 상승기류가 멀리 영향을 미치는 것.

① 원인

- 중국의 급속한 산업화
- 몽골 유목민 목축업으로 초지상실
- 지구온난화 가속으로 사막화 가중

② 발원지

- 아시아 대륙 중심부 건조지대
- 중국 황하강 유역 황토 고원
- 몽골 타클라마칸사막, 고비사막
- 발원지로부터 황사의 영향을 우리나라를 비롯 일본까지 광범위(그림 1-4)

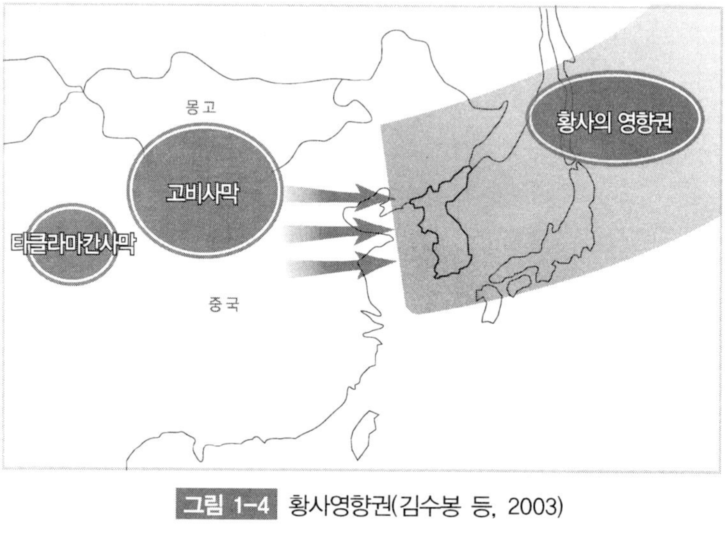

그림 1-4 황사영향권(김수봉 등, 2003)

③ 황사의 영향

- 긍정적 영향
  - 토양산성화 방지
  - 황사입자가 적조물질을 침전시킴.
  - 토양에 좋은 비료 성분 제공
- 부정적 영향
  - 호흡기질환, 알레르기, 안질환 인체 유해성
  - 식물생장 저하
  - 반도체 등 정밀 전자 산업피해

2) 사막화 현상(desertification)

- 산림훼손으로 인한 토양유실로 사막화 가중
- 목축의 과밀화로 초지가 사막으로 변화
- 지구온난화로 고온 건조 지속, 지표면 온도상승 유발
- 증발량 증가시키고, 상승기류에 따른 바람 발생

2.1.3 스모그(smog)

1) 메커니즘

- 기체 · 액체 · 고체상의 오염물질인 매연(smoke)과 안개(fog)의 합성어
- 안개가 끼어있는 대기에 자동차나 굴뚝에서 나오는 화석연료연기가 합쳐져 하늘이 뿌옇게 보이는 현상을 말하며 스모그 유형별 비교는 표 1-3과 같음.

표 1-3 스모그 유형별 비교

구 분	런던형 스모그	LA형 스모그
원인물질	· 1차 오염물질, 이산화황, 안개	· 2차 오염물질, 질소산화물, 탄화수소
발생원	· 난방연료(석탄)	· 자동차(석유)
오염형태	· 매연+안개 → 스모그	· 질소산화물+탄화수소+자외선 → 옥시던트
계절	· 겨울	· 여름
기후	· 기온 0~5℃, 습도 85% 이상	· 기온 24~32℃, 습도 70% 이하

2) 유형

① LA형 스모그

- 사막기후인 LA에서 발생한 사례
- 자동차 배기가스인 질소산화물과 탄화수소가 강렬한 햇빛에 반응하여 유독가스 발생
- O_3, NOx의 영향으로 호흡기, 두통, 전막의 인체적 고통 수반
- 다기공식물의 고사, 고무 및 탄성재의 산화 현상

② 런던형 스모그

- 런던지역에서 가정 난방, 공장, 발전소 등의 석탄연료 사용에 따라 발생
- CO, 미세먼지, SO_2가 수일간 지표면에 축적되어 발생
- 부유먼지와 아황산가스, 석탄 등의 연소된 연기와 안개를 포함.
- 습한 공기가 기온역전에 의해 그대로 도시에 정체되어 수많은 사상자와 사고 유발

2.1.4 도시열섬화 현상(Urban Heat Island)

1) 개념

- 도심지역이 주위지역보다 기온이 높게 나타나는 현상으로 등온선모양이 마치 섬처럼 보이는 것에서 일컫는 말(그림 1-5).

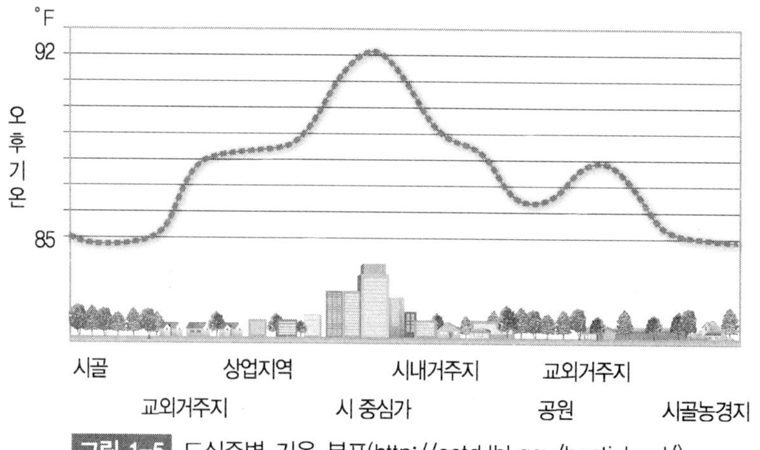

그림 1-5 도심주변 기온 분포(http://eetd.lbl.gov/heatisland/)

2) 원인

① 화석연료의 사용
- 자동차 배기가스와 공장매연
- 냉난방 과다 사용

② 인공 시설물의 증가
- 밀접한 고층건물
- 알베도(albedo)의 증가
- 막힌 바람길

③ 포장면 증가
- 녹지면적 감소
- 생태면적률 저하

3) 문제점

① 공기오염
- 기온역전현상으로 차가운 공기와 먼지 결합
- 대기권 오염 가중, 스모그 발생
- 호흡기 질환 등 질병 발생

② 생물상 변화
- 식물의 조기개화 및 온대수종의 북상
- 병충해 증가
- 생물다양성 감소

③ 에너지 소비 증대
- 여름철 냉방기 사용증가
- 오염정화시설 증가

2.1.5 산성비(acid rain)

1) 주원인물질

- 발전소, 공장 등에서 화석연료 연소시 발생하는 황산화물
- 자동차연료 연소시 배기가스로 배출되는 질소산화물

2) 메커니즘

- 황산화물(SOx)과 질소산화물(NOx)이 대기중 수증기와 결합하여 산성도를 나타내는 수소이온농도(ph)가 5.6 미만인 비로 내림.
- 무미 · 무취로 식별이 곤란하여 초기에는 잔류현상으로 감지가 어려움.
- 강한 산성을 띄는 비로 광역적 환경오염원이 됨.

3) 영향

- 토양산성화와 산림생태계 파괴
- 미생물의 사멸로 낙엽이 부식되지 않음.
- pH변화에 따른 수생태계 어족자원 감소와 생물농축
- 인간 호흡기 및 안질환 유발

2.1.6 대기오염 대처 방안

1) 국제적인 협력을 통한 국가간 노력

- 후진국 조림사업 지원, AR/CDM 등 활용
- 국제협약 세부실천방안 수립
- 국제협력 네트워크 구축
- 동북아 황사대책 협약

2) 지역과 국가의 효율적인 제도장치 구축

- 사회 각분야 탄소저감 인센티브제도 도입
- 지역단위 재활용(recycling) 시스템 구축
- 도시숲, 생태숲 조성 등 산소발생원 산림확대
- 예보활동 강화

- 지속적인 모니터링을 통한 대처방안 강구

3) 대기오염물질 배출 감소

- 대중교통 및 무동력 에너지 자동차 활용
- 자동차 공해 변환장치 설치
- 찬바람 생성지 보호를 통한 대기정화
- 바람길을 통한 화이트네트워크 형성

4) 생활 속 실천과 지속적인 환경교육

- 재활용품 분리수거 생활화
- 전기, 물, 가스, 난방 등 에너지 절약 실행

2.2 수질오염관리

2.2.1 점·비점오염원

1) 점오염원(point source)

① 개념

- 특정위치에서 배출되는 오염물질
- 한 지점으로 집중 배출되어 차집에 유리
- 호흡기질환 등 질병 발생

② 유입 경로

- 생활하수, 산업폐수 등 인위적 배출이 많음(그림 1-6).

2) 비점오염원(non-point source)

① 개념

- 특정하지 않은 지역에서 산발적으로 배출되는 오염원
- 배출지점이 불명확함.

② 유입 경로

- 논, 밭, 대지, 도로, 대기오염 등
- 주로 인위적 요인의 배출이 많음(그림 1-6).

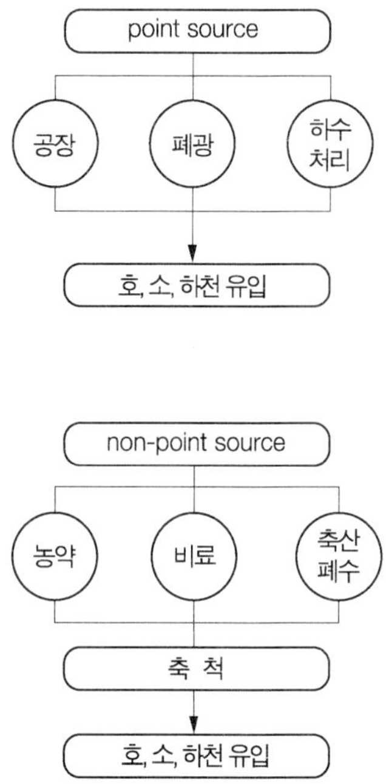

그림 1-6 점·비점 오염원

2.2.2 부영양화(eutrophication)

1) 개념

- 강, 바다, 호수 등 수중생태계의 영양물질이 증가하여 조류가 급속히 증가하는 현상
- 자연적인 부영양화에 비해 인간활동으로 인한 인위적 부영양화는 빠른 속도로 진행되는 것이 특징

2) 부영양화 과정

① 1단계 : 빈영양호
- 영양염과 생물이 그다지 많지 않은 상태

② 2단계 : 유입
- 점 비점오염원 유입
- 유기물질 중간분해산물, 영양염류

③ 3단계 : 증식
- 식물플랑크톤 대량 증식

④ 4단계 : 산소부족
- 햇빛부족으로 인한 수생식물 광합성 저하
- 수중산소 저하로 남조류 대량 증식

⑤ 5단계 : 부영양호
- 어패류 폐사, 수생식물 고사
- 수중 독소증가, 오염가중
- 악취와 가스 유발, 탁도 증가(그림 1-7)

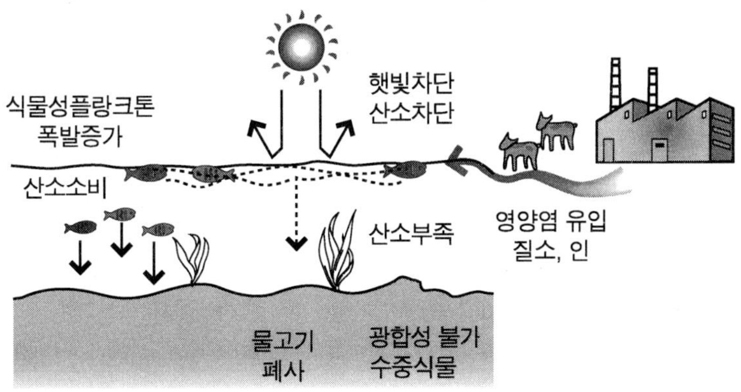

그림 1-7 부영양화 과정

3) 부영양화 지표현상

- 심수층의 DO 감소
- 질소, 인의 영양염 농도증가로 조류의 생산성이 높아짐.
- 플랑크톤, 조류 급증, 투명도 2m 미만으로 흐려짐.
- COD 농도는 급격히 증가하고, pH는 높아져 약 알칼리성을 띰.

2.2.3 해양오염(marine pollution)

1) 적조(red tide)

① 개념

- 해양이나 호소에서 플랑크톤이 이상증식하여 물이 붉은 색으로 변하는 현상
- 주로 규조류, 편모조류 같은 식물성 플랑크톤이 일반적임.

② 오염원

- 생활하수, 산업폐수, 농축산하수
- 영양염, 무기물질, 철, 망간

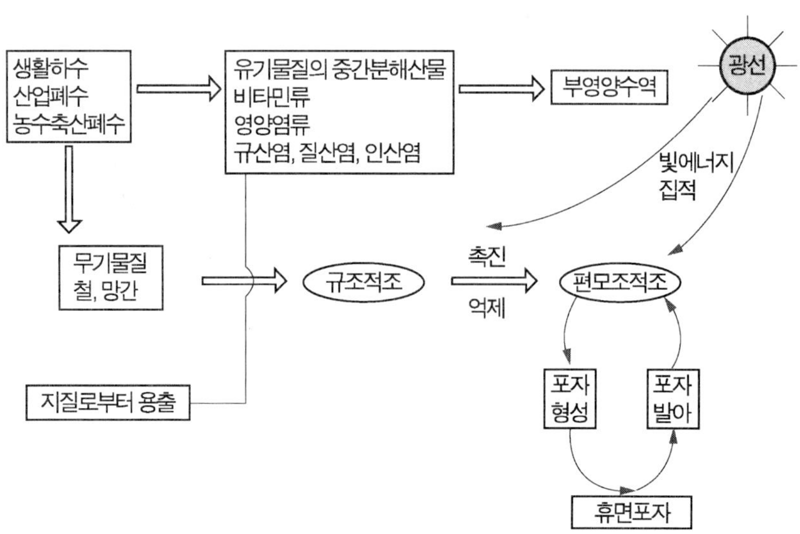

그림 1-8 적조발생 메커니즘(해양수산부, 2000)

③ 발생 수역에 따른 적조유형
- 하구형 : 강하구 발생, 육지오염 영향
- 내만형 : 만에서 발생, 규조류 적조
- 연안형 : 연안수역, 봄철, 야광충 적조
- 외양형 : 해역 발생, 광범위, 유익한 적조

④ 적조영향
- DO 감소, 독소 증가로 어패류 폐사
- 호흡점막 장애에 의한 어류 호흡장애
- 조류 포식한 어패류 섭취시 식중독발생(그림 1-8)

⑤ 최근 적조특성
- 규조 및 편모 적조로 유독화 가중
- 1개월 이상 장기화
- 일사량 풍부, 수온 높고, 염분이 낮게 나타나는 경우 다량발생

2) 갯녹음(albinism)

① 개념
- 연안의 해조류가 소멸되어 시멘트같은 석회질 홍조류가 암반을 뒤덮고 이들이 죽어 하얗게 백화되는 현상

② 요인
- 기후 변화로 인한 해수 수온 상승
- 매립, 간척에 의한 부유물 축적 및 수질오염
- 해조류 종간 경쟁에 의한 자연적인 도태
- 과도한 수확

③ 현상
- 유용한 해조군락이 소멸됨.
- 가치가 없는 해조류 증식
- 연안 바위 또는 토양표면 백화현상
- 동해안, 남해안 일대에 주로 발생, 제주도 연안 20% 피해

3) 유류오염(oil pollution)

① 특징

· 휘발성 성분은 증발되고, 수용성 성분은 용해, 비수용성 성분은 덩어리 형성
· 독성이 있으며, 광범위하게 확산되며 얇은 막 형성

② 현상

· 수면 피막으로 수중 산소 부족, 폐사
· 일사량 투과를 저하시켜 광합성 방해
· 침전된 유화덩어리는 해양생태계 악화
· 강한 냄새와 독성으로 인근 생태계 피해

2.2.4 수질오염 대처 방안

1) 수질기준 강화

· 호소 및 해양수질 적용등급 차별화
· 환경기준 규제에서 총량규제로의 법적조치 강화
· 해양 수질 기준 및 규제조치 수립

2) 영양염 유입 대책

· 비점오염 처리기준 수립
· 화학약품 폐수 및 생활하수 사용규제
· 정화습지를 조성하여 1차 정화과정을 거치도록 조치해야 함.

3) 수면관리

· 인공섬 정화기능 부여, 인공준설
· 인공 폭기, 자연 폭기시설 설치

4) 생물학적 방안

① 식물생태학적 방안(phytoremediation)

- 추출(extraction)
  - 식물 수간과 뿌리에 오염물질 이동
  - 열매나 낙엽에 포함되어 수거 가능
- 흡착(containment) 및 안정화
  - 수간 및 뿌리에 오염물질 부착
  - 오염물 순환방지
- 분해(degradation)
  - 오염물질의 구조를 파괴하여 더 이상 유해하지 않도록 함.
  - 뿌리에 공생하는 미생물과 효소 작용이 중요(그림 1-9)

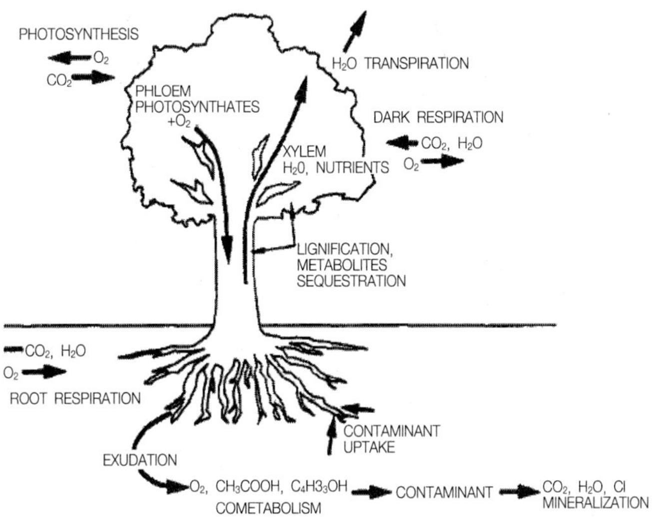

그림 1-9 식물정화 메커니즘(해양수산부, 2000)

② 영양학적 관계를 이용한 제어

- 동물플랑크톤의 섭식 특성 이용
- 식물플랑크톤에 따라 포식자 결정
- 산란시기와 일치하면 더욱 효과적임.

③ 해양적조 황토살포법
- 황토에 의해 미세플랑크톤 흡착 및 응집
- 화학적 방법에 비해 환경피해가 적고, 경제적이나 해양생태계 환경변화 초래
- 발생 종에 따라 제거효과는 차이가 있음.

④ 미생물을 이용한 제어(bioremediation)
- 유해한 유기화합물을 무해한 물질로 분해
- 무기물은 안전한 물질로 변화, 단순한 구조로 만들어짐.
- 생물촉진(biostimulation) : 미생물 생육환경을 조성함.
- 생물첨가(bioaugmentation) : 미생물을 직접 투입함(표 1-4).

표 1-4 생물촉진과 생물첨가 비교

구 분	생물촉진(biostimulation)	생물첨가(bioaugmentation)
정의	·양분 첨가로 자생미생물 활성을 촉진하는 간접생물학적 복원 처리기법	·오염지역 자생하는 미생물을 배양하여 배양된 미생물 투입하는 직접복원기법
특징	·자생하는 미생물의 분석이 확실치 않을 때 ·증식 효과를 위해 토양 내 C:N:P 균형이 필요 ·수분의 유지로 효율 극대화 ·온도조절 필요	·자생하는 미생물의 분석이 확실할 때 ·호기성 미생물의 산소공급과 혐기성 미생물의 산소차단 등 적절한 공급조절 ·온도조절 및 수분공급 필요
적용 물질	·유기와 무기양분의 균형을 맞추기 위해 질소, 인 등의 무기염 투입 ·산소 전자수용체와 수분 투입	·국내 자생 미생물 -버크홀데리아, 슈도모나스, 아스로박터
장점	·경제적·장기적인 복원효과 지속 ·광범위한 토양오염에 효과적 ·시간이 경과할수록 효과 큼.	·초기 단기적 효과 큼. ·광범위한 수질오염에 효과적 ·난분해성 물질 오염에 효과적
단점	·초기 효과 떨어짐.	·미생물의 역할검증이 어려움. ·균일분포 어렵고, 현장에 따라 효과가 다르게 나타남. ·비용과다, 기술력 개발 부족

2.2.5 엘니뇨와 라니냐

1) 정상적인 태평양 기류

- 대서양 적도풍은 따뜻한 물을 서쪽으로 이동시킴.
- 심층 차가운 바닷물 용승
- 영양염, DO풍부하여 좋은 어장 형성

2) 태평양 해수면 수온변화 유형

① 엘리뇨(elnino)

- 3~7년을 주기로 태평양에 나타남.
- 해수면 온도가 주변보다 높아지는 현상
- 스페인어로 남자아이, 아기예수란 뜻(그림 1-10)

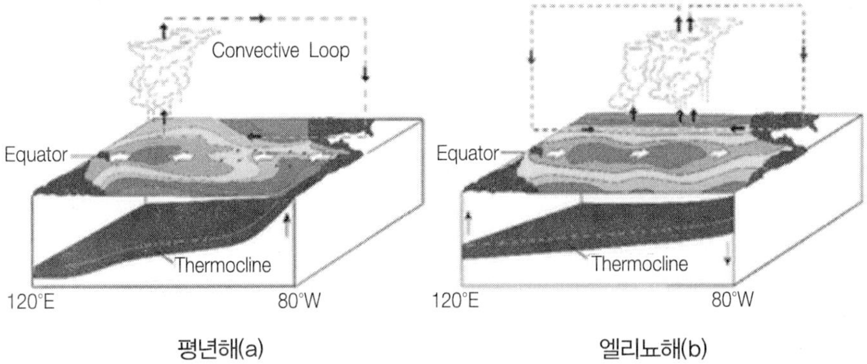

그림 1-10 평년(a)과 엘니뇨해(b)(http://ko.wikipedia.org)

② 라니냐(lanina)

- 동태평양 해수면 온도가 0.5℃ 정도 낮아지는 현상
- 스페인어로 여자아이란 뜻(그림 1-11)

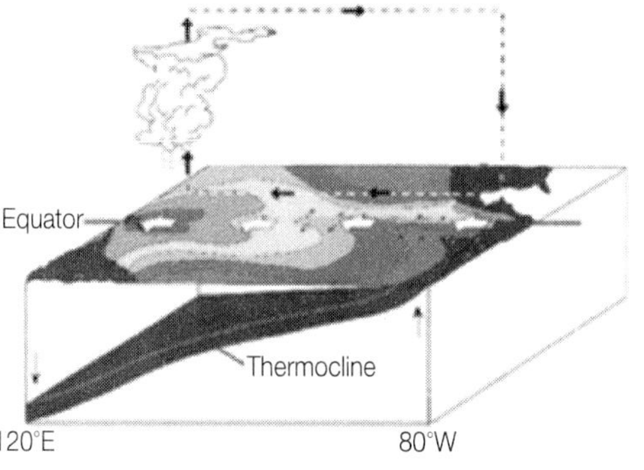

그림 1-11 라니냐해(http://ko.wikipedia.org)

3) 엘니뇨 메커니즘

- 남태평양 남동풍이 약해짐.
- 해수순환 약해지면서 수온상승, 수증기 다량발생
- 비가 많이 내림.
- 플랑크톤 발생억제
- 어획량 감소

4) 라니냐 메커니즘

- 동태평양 해수온도 낮아지는 현상
- 동태평양 남동풍 강함.
- 더운물 아프리카 이동
- 해수순환 활발, 수온하강
- 찬바람 북미로 이동
- 더운 해수 동남아로 이동+장마
- 더운물 아프리카 이동

2.3 토양의 구조와 오염관리

2.3.1 토양의 층위구조(soil horizon)

1) O(유기물)층

- 낙엽과 낙지, 식물의 분해물질로 형성
- L층 : 미분해 낙엽층
- F층 : 식물조직으로 인식할 수 있는 부엽층
- H층 : 식물조직으로 인식할 수 없이 분해된 부식층

2) A(용탈)층

- 부식이 풍부하고, 검은색 입상구조 발달
- 광물토양의 최상층
- 점토, 철, 알루미늄이 용탈된 회색층
- 식물, 미생물, 지중동물의 활동 활발
- A1, A2, A3층으로 세분

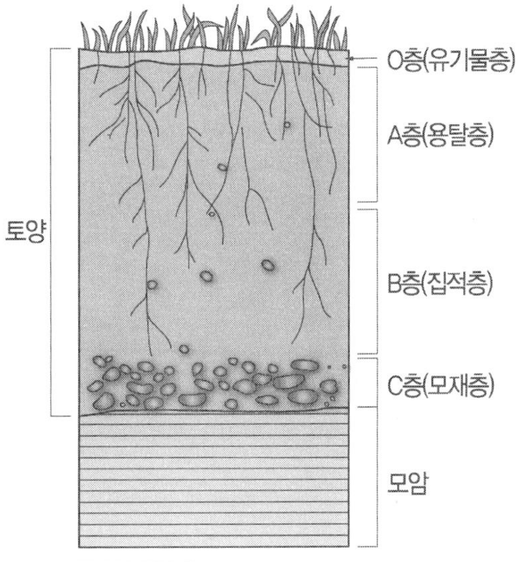

그림 1-12 토양의 층위(김종원, 2004)

3) B(집적)층

- 용탈층에 비해 유기물량이 매우 적음.
- 수목근계 형성의 한계지점
- 적갈-갈-황갈색을 띰.
- B1, B2, B3층으로 세분

4) C(모재)층

- 암석이 어느 정도 풍화된 층
- 각진 자갈층의 담색층

5) R(모암)

- 가장 깊은 곳에 위치한 모암층(그림 1-12)
- 단단히 결합된 암반층

2.3.2 토양의 성질

1) 물리적 특성

① 3상 분포

- 고상(50%), 기상(25%), 액상(25%) 비율 유지

② 토질상태

- 점토, 실트, 모래비율로 결정(그림 1-13)

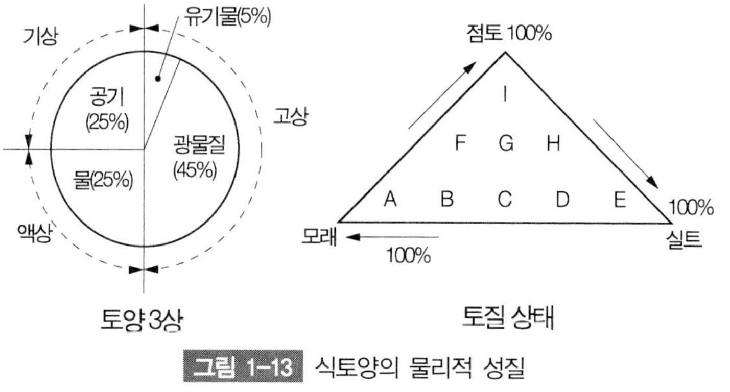

그림 1-13 식토양의 물리적 성질

③ 입자구조

- 토양입자의 배열 상태
  - 단립구조 : 토양수분과 공기의 균형이 깨져 입단구조가 파괴됨.
  - 입단구조 : 퇴비사용, 유기물 부식, 개량제사용, 지중동물(지렁이) 등 이용 토양수분과 공기, 부식질의 결합으로 형성 촉진

④ 경도

- 토양강도, 치밀도, 단단함을 나타내는 지표
- 18~23mm 범위가 식물생육 적합

2) 화학적 특성

① 토양산도(pH)

- 산성토양 : 수소이온 생성물질 함유량이 높음.
  pH7보다 낮은 토양, 식물생육 저하
- 알칼리토양 : 나트륨함량이 양이온교환용량의 15% 이상인 토양
  pH8.5보다 높은 토양, 식물생육 저하

② 보비력

- 양이온교환용량(CEC)라고도 하며 높을수록 비옥함.
- 건조 토양 100g 정도 갖는 영양

② 토양수분결합력(pF)

- 결합수 : pF 7.0 이상, 토양 입자 표면에 강하게 결합
- 흡습수 : pF 4.5 이상, 토양 입자 표면을 덮고 있는 분자간 결합
- 모세관수 : pF 2.7~4.5, 표면장력과 중력에 의해 토양입자 주위 흡착, 식물이용
- 중력수 : pF 2.7 이하, 중력으로 토양공극 속 자유롭게 이동, 쉽게 지권 밖으로 유출

3) 토양의 완충능력

- 산 또는 알칼리성분 첨가에 의해 pH변화를 억제하는 능력
- 완충능력은 토양에 포함된 잠산성과 활산성 유리수소이온의 비율로 결정됨.

2.3.3 토양오염(soil pollution)

1) 개념

- 인간활동에 의해 생성된 다양한 물질들이 토양에 유입되어 기능이 저하되거나 상실되는 것

2) 토양오염 원인물질

① 수질오염 : 가정, 산업, 축산 및 광산 폐수
- 유류, 유독물질, 쓰레기 부산물, 분뇨

② 대기오염 : 매연, 먼지, 산성비

③ 농업자재 : 비료, 농약, 농용비닐(표 1-5)

표 1-5 오염원 발생지역별 원인물질

지역 구분	오염원 발생	발생 원인물질
석유, 유독물 제조시설	· 저장 탱크, 배관 부식	· TPH, PCP 등 유독물질, 발암물질
폐광산	· 폐광재, 갱내수	· Pb, Cd, As 등 중금속
쓰레기매립지	· 침출수, 배출 가스	· 유기물, 중금속, 다이옥신
산업지역	· 제조공정시 발생	· 시안, 페놀, 중금속, 다이옥신
군부대	· 폐유, 폐장비, 사격장, 군용 공항	· 시안, 페놀, Pb, Cd 등 중금속
산성강하물	· 중국 사막지대, 산업지대, 대도시	· NOx, SOx 등

2.3.4 토양복원

1) 토양오염 복원유형(그림 1-14)

① 처리위치에 따른 분류
- 토양지역 내에서 처리 : in-site 처리기술
- 오염지역 밖에서 처리 : ex-site 처리기술

② 처리방법에 따른 분류
- 오염물질 화학구조를 분해하여 무해화
- 열처리, 생물학적 처리, 화학적 처리

③ 분리, 추출처리기술
- 추출과 분리에 의해서 오염물질을 제거시키는 것
- 열탈착, 용매추출, 토양가스 흡인기술

2) 토양오염 처리기술

① 열적처리기술
- 토양 소각이나 열분해를 통해 토양층에 함유되어 있는 유해물질을 분해시키는 기술
- 유류토양오염시 많이 이용
- 소각에 비해 장치가 복잡하고, 원래 토양이 가지고 있는 성질을 잃게 됨.

② 안정화 및 조형화 처리기술
- 시멘트화에 의한 안정화 기술, 고형물질을 형성하면서 오염물질이동을 방지하는 목적
- 포틀랜트 시멘트, 석회 및 petrifix 등 접합제를 첨가하여 고상형태를 만드는 것

③ 토양증기추출기술
- 가솔린, 휘발성 및 반휘발성 유기오염물질을 처리하는데 경제적인 방법
- 오염된 토양 내 공극을 통해 오염공기를 뽑아내어 처리하는 기술
- 토양과 지하수에서 대기로 오염물질이동

3) 물리·화학·생물학적 방안

① 물리적 방안
- 경운 담수법 : 일정기간 암수, 용탈
- 수세법 : 경운, 슬라이싱(slicing) 후 물주기
- 전기교정방법 : in-site에서 중금속을 제거하는 신기술

② 화학적 방안
- 토량개량제 : 석회, 화산석
- 유기 퇴비 등 시비
- 세척법 : 염, 산 등을 이용하여 pH조절

③ 생물학적 방안

- 식물생태학적 복원(phytoremediation)
  - 적용 식물 : 고사리, 갈대 등 추수식물, 콩과식물
- 미생물을 이용한 제어(bioremediation)
  - 적용 미생물 : 균류, 석유분해 미생물 이용

④ 자연적 치유방안

- 공기와 접촉하여 자연증발되거나 햇빛에 분화됨.

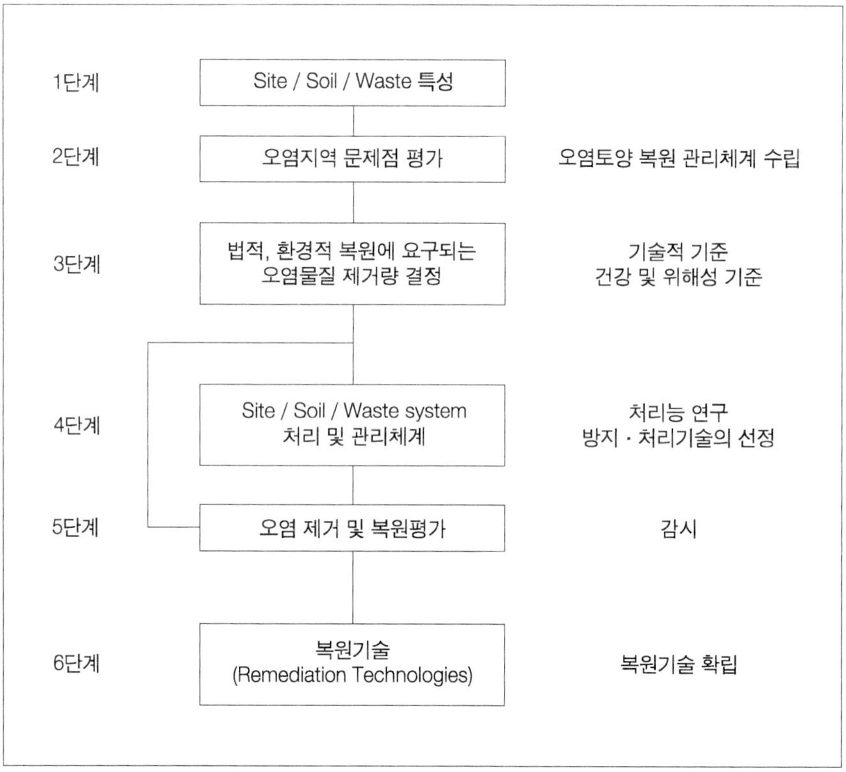

그림 1-14 토양 복원 단계(김지연, 2011)

2.4 환경기준과 환경지표

2.4.1 환경기준(Standard of Natural Environment)

1) 개념

- 오염과 공해로부터 인간건강을 보호하고, 생활환경을 보전하기 위해 유지해야 할 기준
- 인간이 규범한 기준치에 의해 환경오염정도를 구분할 수 있음.

2) 환경정책기본법 시행령 별표1 환경기준

① 대기

- 대기오염의 환경기준은 아황산가스를 포함하여 7개 가스를 규정하고 있음(표 1-6).

표 1-6 대기환경기준

항 목	기 준	측정방법
아황산가스 (SO_2)	연간평균치 0.02ppm 이하 24시간평균치 0.05ppm 이하 1시간평균치 0.15ppm 이하	자외선형광법 (Pulse U.V. Fluorescence Method)
일산화탄소 (CO)	8시간평균치 9ppm 이하 1시간평균치 25ppm 이하	분산적외선분석법 (Non-Dispersive Infrared Method)
이산화질소 (NO_2)	연간평균치 0.03ppm 이하 24시간평균치 0.06ppm 이하 1시간평균치 0.10ppm 이하	화학발광법 (Chemiluminescent Method)
미세먼지 (PM-10)	연간평균치 50$\mu g/m^3$ 이하 24시간평균치 100$\mu g/m^3$ 이하	베타선흡수법 (β-Ray Absorption Method)
오존 (O_3)	8시간평균치 0.06ppm 이하 1시간평균치 0.1ppm 이하	자외선광도법 (U.V Photometric Method)
납 (Pb)	연간평균치 0.5$\mu g/m^3$ 이하	원자흡광광도법 (Atomic Absorption Spectrophotometry)
벤젠	연간평균치 5$\mu g/m^3$ 이하	가스크로마토그래프법 (Gas Chromatography)

② 수질

- 수질은 하천과 호소의 생활환경기준으로 구분하여 규정되고 있음(표 1-7, 8).

표 1-7 하천 생활환경기준

등급		상태 (캐릭터)	기 준							
			수소이온농도 (pH)	생물화학적 산소 요구량 (BOD)(mg/L)	화학적산소 요구량 (COD) (mg/L)	부유 물질량 (SS) (mg/L)	용존 산소량 (DO) (mg/L)	총인 (T-P) (mg/L)	대장균군 (군수/100mL) 총대장균군	대장균군 (군수/100mL) 분원성 대장균군
매우 좋음	Ia		6.5 ~ 8.5	1 이하	2 이하	25 이하	7.5 이상	0.02 이하	50 이하	10 이하
좋음	Ib		6.5 ~ 8.5	2 이하	4 이하	25 이하	5.0 이상	0.04 이하	500 이하	100 이하
약간 좋음	II		6.5 ~ 8.5	3 이하	5 이하	25 이하	5.0 이상	0.1 이하	1,000 이하	200 이하
보통	III		6.5 ~ 8.5	5 이하	7 이하	25 이하	5.0 이상	0.2 이하	5,000 이하	1,000 이하
약간 나쁨	IV		6.0 ~ 8.5	8 이하	9 이하	100 이하	2.0 이상	0.3 이하	-	-
나쁨	V		6.0 ~ 8.5	10 이하	11 이하	쓰레기 등이 떠있지 아니할 것	2.0 이상	0.5 이하	-	-
매우 나쁨	VI	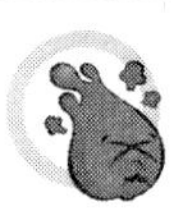	-	10 초과	11 초과	-	2.0 미만	0.5 초과	-	-

표 1-8 호소 생활환경기준

등급		상태 (캐릭터)	기준							대장균군 (군수/100mL)	
			수소이온 농도 (pH)	화학적산소 요구량 (COD) (㎎/L)	부유 물질량 (SS) (㎎/L)	용존 산소량 (DO) (㎎/L)	총인 (T-P) (㎎/L)	총질소 (T-N) (㎎/L)	클로로 필-a (Chl-a) (㎎/㎥)	총대장균군	분원성 대장균군
매우 좋음	Ia		6.5 ~ 8.5	2 이하	1 이하	7.5 이상	0.01 이하	0.2 이하	5 이하	50 이하	10 이하
좋음	Ib		6.5 ~ 8.5	3 이하	5 이하	5.0 이상	0.02 이하	0.3 이하	9 이하	500 이하	100 이하
약간 좋음	II		6.5 ~ 8.5	4 이하	5 이하	5.0 이상	0.03 이하	0.4 이하	14 이하	1,000 이하	200 이하
보통	III		6.5 ~ 8.5	5 이하	15 이하	5.0 이상	0.05 이하	0.6 이하	20 이하	5,000 이하	1,000 이하
약간 나쁨	IV		6.0 ~ 8.5	8 이하	15 이하	2.0 이상	0.10 이하	1.0 이하	35 이하	-	-
나쁨	V		6.0 ~ 8.5	10 이하	쓰레기 등이 떠 있지 아니할 것	2.0 이상	0.15 이하	1.5 이하	70 이하	-	-
매우 나쁨	VI	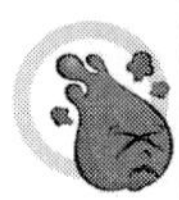	-	10 초과	-	2.0 미만	0.15 초과	1.5 초과	70 초과		

2.4.2 환경지표(environmental indicator)

1) 개념

- 환경상태나 조건을 나타내는 것으로 환경상황과 성과측정에 대한 척도가 되기도 함.
- 민감한 종이 생존하거나, 상태가 악화되거나, 죽을 수도 있는 상황으로 환경오염정도를 판단함.

2) OECD 환경지표

- OECD는 지속가능한 발전을 위해 1990년대부터 다양한 환경지표를 개발하여 활용함.

① 목적
- 환경성과측정 및 환경과 경제의 통합
- 환경관심을 부문별 정책결정에 통합 적용

② 환경지표 분류
- 핵심환경지표 : 40～50개
- 주요환경지표 : 10～13개
- 분야별 지표 : 환경 및 정책 분야
- 연계차단지표 : 환경 및 경제 연계

③ PSR
- 환경지표 설정의 기본구조
- 인과관계 접근방식(표 1-9)

표 1-9 OECD환경지표 PSR

구 분	P (Pressure) ; 압력	S (State) ; 상태	R (Response) ; 반응
개 념	· 인간이 환경에 가하는 압력	· 환경의 질과 자연자원의 질	· 환경변화에 대한 사회의 대응
유 형	· 인간활동 에너지, 교통산업, 생산 및 소비 온실가스 방출량	· 환경과 자연자원 대기, 수질, 토지 생물, 자원, 건강, 온실 가스 농도	· 경제와 사회주체, 국제, 국가, 정부, 기업, 가계 화석연료 사용량

3) 지표생물

① 개념
- 특정지역의 환경조건이나 상태를 측정하는 척도로 동물이나 식물, 미생물 등을 이용함.
- 토양조건이나 오염정도 측정기준, 환경조건에 따라 다르게 분포하는 특징을 보임.

- 지표생물은 단일오염물질, 복합오염물질의 일정량에 노출되었을 때 눈으로 확인 가능한 생물 감지기로 활용될 수 있음.

② 활용
- 토양오염 지표
  - 염기성 토양 : 그리스우드
  - 산성토양 : 이끼류, 쇠뜨기
  - 습하고 비옥한 토양 : 흑쐐기풀, 왜대바람꽃
- 대기오염 지표
  - 아황산가스, 오존 : 들깨, 사루비아
  - 복합오염(오존, 이산화황, 옥시단트 등) : 곰솔
- 수질오염 지표
  - 수질등급에 따라 생물지표종을 저서생물과 어류로 구분하고 있음(표 1-10).

표 1-10 수질 및 수생태계 상태별 생물학적 특성 이해표

수질 등급	생물지표종		서식지 및 생물 특성
	저서(底棲)생물	어류	
매우 좋음 ~ 좋음	옆새우, 가재, 뿔하루살이, 민하루살이, 강도래, 물날도래, 광택날도래, 띠무늬우묵날도래, 바수염날도래	산천어, 금강모치, 열목어, 버들치 등 서식	・물이 매우 맑으며, 유속은 빠른 편임. ・바닥은 주로 바위와 자갈로 구성됨. ・부착조류가 매우 적음.
좋음 ~ 보통	다슬기, 넓적거머리, 강하루살이, 동양하루살이, 등줄하루살이, 등딱지하루살이, 물삿갓벌레, 큰줄날도래	쉬리, 갈겨니, 은어, 쏘가리 등 서식	・물이 맑으며, 유속은 약간 빠르거나 보통임. ・바닥은 주로 자갈과 모래로 구성됨. ・부착조류가 약간 있음.
보통 ~ 약간 나쁨	물달팽이, 턱거머리, 물벌레, 밀잠자리	피라미, 끄리, 모래무지, 참붕어 등 서식	・물이 약간 혼탁하며, 유속은 약간 느린 편임. ・바닥은 주로 잔자갈과 모래로 구성됨. ・부착조류가 녹색을 띠며 많음.
약간 나쁨 ~ 매우 나쁨	왼돌이물달팽이, 실지렁이, 붉은깔다구, 나방파리, 꽃등에	붕어, 잉어, 미꾸라지, 메기 등 서식	・물이 매우 혼탁하며, 유속은 느린 편임. ・바닥은 주로 모래와 실트로 구성되며, 대체로 검은색을 띰. ・부착조류가 갈색 혹은 회색을 띠며 매우 많음.

3. 환경관련법규

3.1 환경관련법규 체계

- 환경정책기본법을 상위법으로 자연환경보전과 관련된 분야, 환경영향평가 분야, 오염물질 배출규제 및 관리에 관한 분야 등으로 구분할 수 있음(그림 1-15).

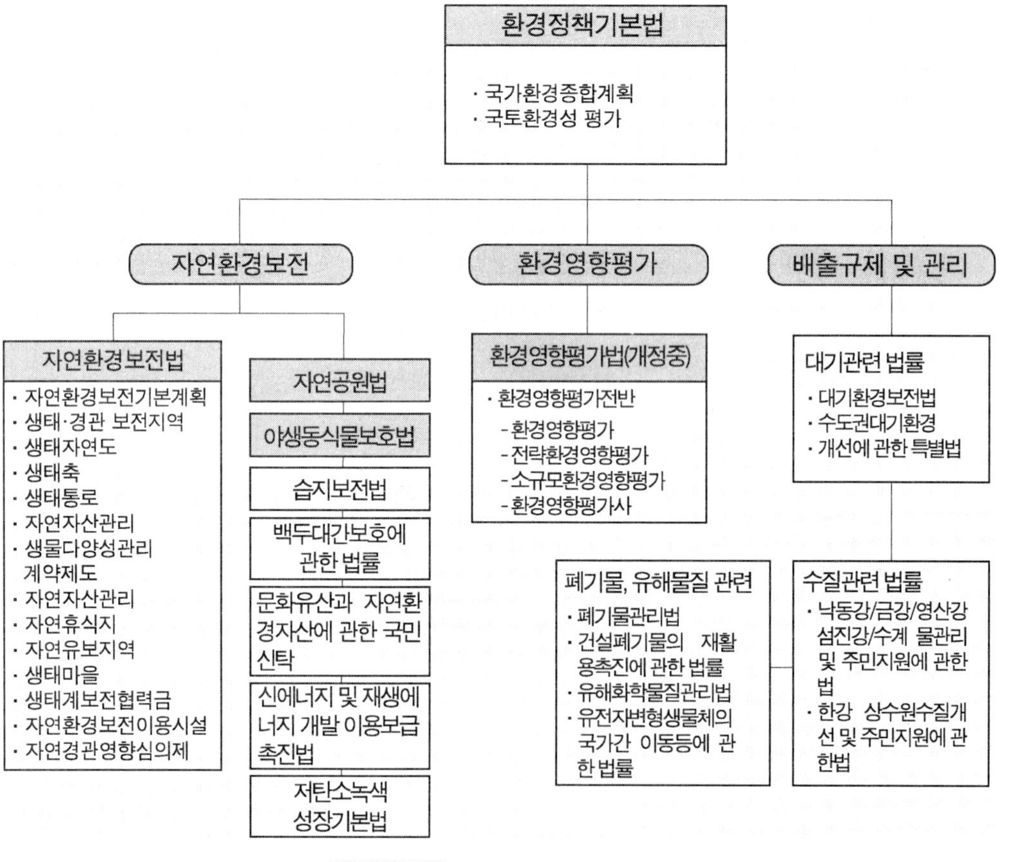

그림 1-15 환경관련 법규 체계(김지연, 2011)

3.2 환경정책기본법

3.2.1 제1조 목적

- 환경보전에 관한 국민권리, 의무, 국가책무를 명확히 함.
- 환경정책의 기본사항을 정하여 환경오염과 환경훼손을 예방
- 환경을 적정하고, 지속가능하게 관리 · 보전함.

3.2.2 국가환경종합계획

1) 제12조, 제13조 국가환경종합계획의 내용

- 환경부장관이 10년마다 수립
- 인구 · 산업 · 경제 · 토지 및 해양의 이용 등 환경변화 여건에 관한 사항
- 환경오염원 · 오염도, 오염물질 배출량의 예측과 환경질의 변화전망
- 자연환경의 현황 및 전망
- 환경보전 목표설정과 다음 사항에 관한 단계별 대책
  - 생물다양성 · 생태계 · 경관 등 자연환경보전에 관한 사항
  - 토양보전, 해양환경, 국토환경, 대기환경, 수질환경보전에 관한 사항
  - 상 · 하수도의 보급, 폐기물 관리, 유해화학물질관리에 관한 사항
  - 방사능오염물질의 관리 그 밖의 환경관리에 관한 사항

2) 제14조 환경보전중기종합계획의 수립 등

- 국가환경종합계획의 종합적 · 체계적 추진을 위하여 5년마다 환경보전중기종합계획 수립

3.2.3 국토환경성평가

1) 제15조 환경상태의 조사 · 평가 등

- 환경자원의 지속가능한 보전을 통해 국토환경을 효율적으로 이용 · 관리하기 위하여 토지가 지닌 물리적 · 환경적 가치를 과학적으로 평가, 보전 적성에 관한 등급 구획(표 1-11)

- 자연환경 및 생활환경현황
- 환경오염 및 환경훼손실태
- 환경오염원 및 환경훼손요인
- 환경의 질의 변화
- 그 밖에 국가환경종합계획 등의 수립·시행에 관하여 필요한 사항

· 국토 전반에 대한 보전 가치를 평가하여 보전, 완충, 관리지역으로 구분되어짐.

표 1-11 등급별 관리원칙

등 급		관리원칙
1등급	보전지역	· 최우선 보전지역으로 원칙적으로 일체의 개발을 불허
2등급		· 우선 보전지역으로 원칙적으로 개발을 불허 · 예외적인 경우에 소규모 개발 허용
3등급	완충지역	· 개발행위를 완충하는 지역 · 생태계 기능을 저해하지 않는 조건부 개발 허용
4등급	친환경적 관리지역	· 친환경적 개발 추진
5등급		· 개발을 허용하는 지역

김지연(2011)

2) 평가의 기초자료

· 수치지형도 : 지형을 삼차원의 값으로 나타낸 지도
· 임상도 : 산림의 윤곽, 수종, 혼효, 영급, 간벌상태 나타낸 지도
· 생태자연도 : 자연환경의 생태적·경관적 가치를 등급화한 지도
· 녹지자연도 : 일정토지의 자연성 정도를 나타내는 지표
· 토양도 : 현재 토양 성분 등 상태를 기록한 지도
· 현존식생도 : 현재 생육하고 있는 수목현황을 표기한 지도
· 토지피복분류도 : 건폐지, 비건폐지, 녹지 등 피복상태 나타낸 지도

3.3 자연환경보전법

3.3.1 제1조 목적

- 자연환경을 인위적 훼손으로부터 보호하고, 생태계와 자연경관을 보전함.
- 자연환경을 체계적으로 보전·관리함으로써 자연환경의 지속가능한 이용을 도모
- 국민이 쾌적한 자연환경에서 건강한 생활을 할 수 있도록 함.

3.3.2 제9조 자연환경보전기본계획

- 자연환경의 현황 및 전망에 관한 사항
- 자연환경보전에 관한 기본방향 및 보전목표설정에 관한 사항
- 자연환경보전을 위한 주요 추진과제에 관한 사항
- 지방자치단체별로 추진할 주요 자연보전시책에 관한 사항
- 자연경관의 보전·관리에 관한 사항
- 생태축의 구축·추진에 관한 사항
- 생태통로 설치, 훼손지 복원 등 생태계 복원을 위한 주요사업에 관한 사항
- 제11조의 규정에 의한 자연환경종합지리정보시스템의 구축·운영에 관한 사항
- 사업시행에 소요되는 경비의 산정 및 재원조달 방안에 관한 사항
- 그 밖에 자연환경보전에 관하여 대통령령이 정하는 사항

3.3.3 생태·경관보전지역

1) 제2조 정의

- 생물다양성이 풍부하여 생태적으로 중요한 지역이거나 자연경관이 수려하여 특별히 보전할 가치가 큰 지역

2) 제12조 생태 · 경관보전지역

① 지정

- 자연상태가 원시성을 유지하고 있거나 생물다양성이 풍부하여 학술적 연구가치가 큰 지역
- 지형 또는 지질이 특이하여 학술적 연구 또는 자연경관의 유지를 위하여 보전이 필요한 지역
- 다양한 생태계를 대표할 수 있는 지역 또는 생태계의 표본지역
- 그 밖에 하천·산간계곡 등 자연경관이 수려하여 특별히 보전할 필요가 있는 지역

② 관리

- 생태 · 경관핵심보전구역(이하 "핵심구역")
  - 생태계의 구조와 기능의 훼손방지를 위하여 특별한 보호가 필요하거나 자연경관이 수려하여 특별히 보호하고자 하는 지역
- 생태 · 경관완충보전구역(이하 "완충구역")
  - 핵심구역의 연접지역으로서 핵심구역의 보호를 위하여 필요한 지역
- 생태 · 경관전이보전구역(이하 "전이구역")
  - 핵심구역 또는 완충구역에 둘러싸인 취락지역으로서 지속가능한 보전과 이용을 위하여 필요한 지역

3) 제12조 생태 · 경관보전지역에서의 행위제한

- 핵심구역 안에서 야생 동·식물을 포획·채취·훼손·고사 행위 또는 포획하거나 고사시키기 위하여 화약류·덫·함정 등을 설치
- 건축물 그 밖의 공작물 신축·증축 및 토지형질변경
- 하천·호소 등의 구조를 변경하거나 수위 또는 수량에 증감을 가져오는 행위
- 토석채취

3.3.4 생태축

1) 제2조 정의

- 생물다양성을 증진시키고, 생태계 기능의 연속성을 위하여 생태적으로 중

요한 지역

· 생태적 기능의 유지가 필요한 지역을 연결하는 생태적 서식공간

2) 환경부가 수립한 한반도 핵심생태축(그림 1-16)

① 목적

· 한반도 생태계의 체계적 보전을 통한 국가 생물자원 보전

· 생태계 연결성과 이동성에 중점을 둔 생태네트워크 구축

· 생태경관 및 습지보호지역을 확대하여 람사르 습지보전 선진화

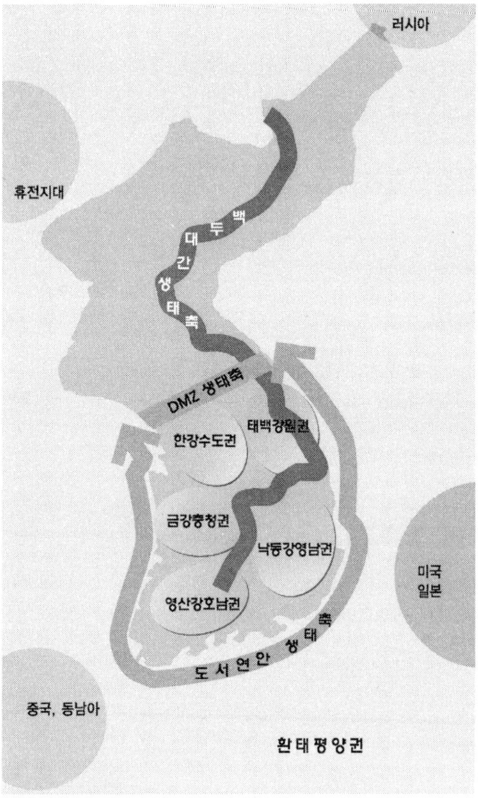

그림 1-16 국토핵심 생태축(환경부, 2007)

② 3대 핵심생태축

· 백두대간 생태축

- 백두산에서 지리산으로 이어지는 1,400km의 산줄기

- 한반도 생태계를 남북으로 연결하는 핵심생태축
- 녹지자연도 8등급 이상의 천연림, 원시림

· DMZ 생태축
- 군사분계선 기준 남북 2km 구간
- 한반도 생태계를 동서로 연결하는 생태축
- 생태·경관보전지역으로 관리 체계 구축

· 도서연안 생태축
- 국내 3면의 바다지역으로 3,200여개의 섬이 존재
- 육상생태계와 해양생태계를 연결하는 생태축
- 도서연안의 자연환경 종합계획 등 통합관리체계 확립

③ 5대 광역생태축

· 한강 수도권
- 동북아 환경·경제의 중심지역

· 태백·강원권
- 한반도 생태·관광 중심지역

· 낙동강 영남권
- 환경친화적 산업혁신 거점지역

· 영산강 호남권
- 환경자원의 고부가치화 핵심지역

· 금강 충청권
- 환경친화적 지역균형발전의 선도지역

3.3.5 생태통로

1) 제2조 정의

· 도로·댐·수중보·하구언으로 인하여 야생동·식물의 서식지가 단절되거나 훼손 또는 파괴되는 것을 방지

· 야생동·식물의 이동 등 생태계의 연속성 유지를 위하여 설치하는 인공구조물·식생 등의 생태적 공간

2) 제45조 생태통로 설치

① 설치의무

- 국가 또는 지방자치단체는 개발사업 등을 시행하거나 인·허가 등을 함에 있어 야생동·식물의 이동 및 생태적 연속성이 단절되지 아니하도록 생태통로 설치

② 생태통로의 설치 대상지역

- 백두대간보호지역 및 비무장지대
- 생태·경관보전지역 중 핵심구역 또는 완충구역
- 생태자연도 1등급 권역 및 자연공원, 야생동·식물특별보호구역
- 야생동물이 차량에 치어 죽는 사고가 자주 발생하는 지역

③ 설치 방법

- 현지조사를 통해 이동이 빈번한 지역에 설치
- 입구와 출구에 현지 자생종 식수, 주변 조화를 위해 상부에 식생
- 내부에는 다양한 수직적 구조
- 작은 동물이 숨도록 다양한 서식환경과 피난처를 설치
- 소음·불빛 등 인위적 영향을 최소화 위해 양쪽에 차단벽 설치
- 동물이 많이 횡단하는 지점에 동물 출현표지판 설치
- 물을 싫어하는 동물이동 위해 구조물을 설치
- 충분하게 유도울타리를 도로 양쪽에 설치

3.3.6 자연환경보전·이용시설

1) 제38조 자연환경보전·이용시설의 설치·운영

- 자연환경을 보전하거나 훼손을 방지하기 위한 시설
- 훼손된 자연환경을 복원 또는 복구하기 위한 시설
- 자연환경보전에 관한 안내시설, 생태관찰을 위한 나무다리 등 자연환경을 이용하거나 관찰하기 위한 시설
- 자연보전관·자연학습원 등 자연환경을 보전·이용하기 위한 교육·홍보시설 또는 관리시설
- 그 밖의 자연자산을 보호하기 위한 시설

3.3.7 자연휴식지

1) 제39조 자연휴식지의 지정·관리

- 다른 법률에 의하여 공원·관광단지·자연휴양림 등으로 지정되지 아니한 지역 중 생태적·경관적 가치가 높고, 자연탐방·생태교육 등 활용하기에 적합한 장소

2) 시행령 제34조 관리계획수립

- 자연휴식지의 명칭·위치 및 면적
- 지정목적
- 당해 지역의 생태적·경관적 가치
- 자연환경보전·이용시설의 설치계획
- 자연휴식지의 관리 및 활용계획
- 그 밖에 자연휴식지의 보전 및 건전한 이용에 필요한 사항

3.3.8 생물다양성관리계약제도

1) 제37조 생물다양성관리계약

① 환경부장관 토지소유자·점유자 또는 관리인과 경작방식의 변경, 화학물질의 사용감소, 습지의 조성 그 밖에 토지의 관리방법 등을 내용으로 하는 계약을 체결할 수 있음.
- 멸종위기 야생동·식물의 보호를 위하여 필요한 지역
- 생물다양성의 증진이 필요한 지역
- 생물다양성이 독특하거나 우수한 지역

② 계약의 이행으로 인하여 당해 토지에서 수익이 감소된 자에게 실비보상을 하여야 함.

2) 이행 방식

① 보호활동관리 계약제도
- 농작물(벼) 미수확, 필지당 20~30% 존치
- 벼 수확기간(5~10월), 철새월동기간(11월~다음해 2월)

- 대상지 : 주요 철새 서식지역
- 보상체계 : 미수확 존치면적×보상액

② 경작관리 계약
- 보리 위주 11월~다음해 4월까지 미수확
- 5월 수확 후 차액분 지급

③ 볏짚존치 계약
- 벼 수확 후 볏짚을 존치하고, 철새먹이제공, 휴식처 제공
- 담수 등 쉼터를 수심 3~30cm 유지, 관리

3.3.9 자연유보지역

1) 제2조 정의

- 사람접근이 사실상 불가능하여 생태계훼손이 방지되고 있는 지역 중 군사상의 목적으로 이용되는 외에는 특별한 용도로 무인도로서 관할권이 대한민국에 속하는 날부터 2년간의 비무장지대

3.3.10 대체자연

1) 제2조 정의

- 기존의 자연환경과 유사기능을 수행하거나 보완기능을 수행하도록 조성하는 것

2) 대체자연의 유형

① 개발 및 훼손 전·후로 재조성되는 대체자연
- 생태통로·소생태계·대체습지

② 생태·경관보전지역 핵심구역 훼손시
- 원상회복이 곤란한 경우에 조성되는 대체자연

③ 생태계보전협력금 대상사업

3.3.11 자연경관영향심의제

1) 제28조 자연경관영향의 협의

① 협의 대상

- 자연공원법 제2조 제1호의 규정에 의한 자연공원
- 습지보전법 제8조의 규정에 의하여 지정된 습지보호지역
- 생태·경관보전지역
- 사전환경성검토 협의대상 개발사업
- 환경영향평가 협의대상 개발사업

② 주요 내용

- 협의내용 : 당해 개발사업 등이 자연경관에 미치는 영향 및 보전방안
- 협의시기 : 인·허가 시행 전
- 협의방법 : 사전환경성검토협의, 환경영향평가협의 내용에 포함. 환경부장관 또는 지방 환경부서의 장과 협의

③ 보호지역의 협의 대상이 되는 거리

- 보호지역은 자연공원, 습지보전지역, 생태경관보전지역으로 구분하여 최고봉 높이와 경계로부터의 거리를 제시하고 있으며(표 1-12), 보호지역 외 지역은 별도 규정에 따름.

표 1-12 자연환경보전법 시행령 별표 1

구 분		경계로부터 거리
자연공원	최고봉 1200m 이상	2,000m
	최고봉 700m 이상	1,500m
	최고봉 700m 미만 또는 해상형	1,000m
습지보전지역		300m
생태경관보전지역	최고봉 700m 이상	1,000m
	최고봉 700m 이하 또는 해상형	500m

3.3.12 생태자연도

1) 제2조 정의

- 산·하천·내륙습지·호소(호소)·농지·도시 등에 대하여 자연환경을 생태적 가치, 자연성, 경관적 가치 등에 따라 등급화하여 작성한 지도

2) 제34조 생태·자연도의 작성·활용

① 작성

- 생태·자연도 작성 및 활용은 1등급, 2등급, 3등급, 별도관리지역으로 나누어 등급기준을 제시하고 있음(표 1-13).

표 1-13 생태자연도 등급 권역 구분

구 분	등급기준
1등급 권역 (보전 및 복원 개발 불가)	· 야생동·식물보호법 제2조의 규정에 의한 멸종위기 야생동·식물의 주된 서식지·도래지 및 주요 생태축 또는 주요 생태통로가 되는 지역 · 생태계가 특히 우수하거나 경관이 특히 수려한 지역 · 생물의 지리적 분포한계의 생태계 지역 또는 주요 식생의 유형 대표하는 지역 · 생물다양성이 특히 풍부하고, 보전가치가 큰 생물자원이 존재·분포하는 지역 · 자연원시림 또는 이에 가까운 산림 및 고산초원 · 자연상태 또는 이에 가까운 하천·호소·강하구 · 대통령령 - 자연원시림이나 이에 가까운 고산초원 - 자연상태나 이에 가까운 하천, 호소, 강하구
2등급 권역 (조건부개발)	· 장차 보전가치가 있는 지역 또는 1등급 권역의 외부지역
3등급 권역 (개발 이용)	· 1등급 권역, 2등급 권역 및 별도관리지역으로 분류된 지역 외의 지역
별도 관리 지역	· 다른 법률의 규정에 의하여 보전되는 지역 중 역사적·문화적·경관적 가치가 있는 지역 · 도시의 녹지보전 등을 위하여 관리되고 있는 지역 - 산림유전자원보호림, 자연공원, 천연기념물로 지정된 구역 - 야생동·식물보호구역, 수산자원보호구역, 습지보호지역 - 백두대간보호지역, 생태·경관보전지역, 시·도 생태·경관보전지역

② 작성기준

- 전국 자연환경조사 결과를 기초로 하여 3년마다 작성
- 식생, 멸종위기 야생동·식물, 습지, 지형항목을 기준으로 평가
- 250m×250m grid법, 1/25,000지도 작성

③ 평가항목 및 자료

- 식생 : 현존 식생도 및 식생보전등급, 임상도 등 식생현황을 파악할 수 있는 자료
- 멸종위기 야생동·식물 등 : 멸종위기 야생동·식물현황을 파악할 수 있는 자료, 전국자연환경조사보고서, 멸종위기 야생·동식물 전국분포조사보고서, 철새동시센서스보고서, 조수실태조사보고서, 철새도래지, 국제협약 보호지역 관련자료
- 습지 : 전국자연환경조사보고서, 철새 동시센서스 보고서, 습지조사보고서 등
- 지형 : 전국자연환경조사보고서, 지형보전등급 파악자료

④ 활용

- 국가환경종합계획·환경보전중기종합계획 및 시·도환경보전계획
- 사전환경성검토협의 대상 행정계획 및 개발사업
- 영향평가 대상사업
- 특별히 생태계훼손이 우려되는 개발계획

3) 녹지자연도

① 개념

- 식물군락의 자연적 상태, 인위적인 변화상황 및 보전가치 판단
- 종조성과 임상도를 기준으로 전국을 11등급으로 구분(표 1-14)
- 식생을 단순한 사정등급에 의해 구분 적용

② 작성기준

- 전국의 식물군락의 종조성과 임상도를 기준으로 등급화
- 1km×1km 방형구 조사
- 1/50,000 지도로 작성

표 1-14 녹지자연도 사정기준

<table>
<tr><th>권역</th><th>지역</th><th>등급</th><th>명 칭</th><th>내 용</th></tr>
<tr><td rowspan="10">육지권</td><td rowspan="3">개발지역</td><td>1</td><td>시가지 조성지</td><td>· 녹지식생이 거의 존재하지 않는 지구</td></tr>
<tr><td>2</td><td>경작지</td><td>· 논 또는 밭 등의 경작지구</td></tr>
<tr><td>3</td><td>과수원</td><td>· 경작지나 과수원, 묘포장과 같이 비교적 녹지식생분량이 우세한 지구</td></tr>
<tr><td rowspan="4">완충지역(반자연지역)</td><td>4</td><td>이차초원(A)</td><td>· 잔디군락이나 인공초지(목장) 등과 같이 비교적 식생의 키가 낮은 1차적으로 형성된 초원지구</td></tr>
<tr><td>5</td><td>이차초원(B)</td><td>· 갈대, 조릿대군락 등과 같이 비교적 식생의 키가 높은 이차적으로 형성된 초원지구</td></tr>
<tr><td>6</td><td>조림지</td><td>· 각종 활엽수 또는 침엽수의 식재림지구(조림지구)
· 수원사시나무, 낙엽송, 잣나무 등</td></tr>
<tr><td>7</td><td>이차림(A)</td><td>· 일반적으로 이차림으로 불리는 대상 식생지구
· 자연군락이 인간의 영향에 의해 성립되었거나 유지되고 있는 군락, 즉 천이과정의 서어나무, 상수리나무, 졸참나무군락 등 유령림 약 20년생까지)</td></tr>
<tr><td rowspan="3">보존지역(자연지역)</td><td>8</td><td>이차림(B)</td><td>· 원시림 또는 자연식생에 가까운 이차림 지구
· 신갈나무, 물참나무, 가시나무 맹아림(벌채 후 줄기아랫부분에 싹이 터 시간이 경과함에 따라 형성된 숲) 등 : 소위 장령림, 약 20~50년생</td></tr>
<tr><td>9</td><td>자연림</td><td>· 다층의 식생사회를 형성하는 천이의 마지막에 이르는 극상림 지구·가문비나무, 잣나무, 분비나무, 등의 고령림. 약 50년생 이상</td></tr>
<tr><td>10</td><td>고사자연초원</td><td>· 자연식생으로서 고산성 단층의 식생사회를 형성하는 지구
· 지리산 세석평전 등 고산지대의 초원지구</td></tr>
<tr><td>수권</td><td>수역</td><td>0</td><td>수역</td><td>· 저수지, 하천유역지구(하중사구 포함)</td></tr>
</table>

③ 녹지자연도와 생태자연도 비교

- 녹지자연도와 생태자연도 등급은 각각 11등급과 4등급으로 구분되어지고 있으나 크게 핵심, 완충, 전이지역으로 구분될 수 있는 점에 있어서는 공통점을 보임(표 1-15).

표 1-15 녹지자연도와 생태자연도 비교

구 분	녹지자연도		생태자연도	
1. 근거	· 환경부, 한국환경정책평가연구원		· 자연환경보전법	
2. 분류기준	· 식물군락의 임령 - 식물군락의 종조성 - 녹지성, 자연성		· 생태적 특성 - 멸종위기, 보호동식물 분포현황 - 생태계 우수성, 경관의 수려함	
3. 분류등급	· 10등급		· 4등급	
4. 등급구분	핵심	9~10등급	핵심	1등급
	완충	5~8등급	완충	2등급
	전이	1~4등급	전이	3등급
	기타	수권	기타	별도관리지역
5. 장·단점	· 주관적 판단 개입 가능성		· 녹지자연도와 식생보전등급 반영	
	· 획일적인 적용		· 생태적인 특성 고려	
	· 수권 배제		· 습지 등 생태적 가치 높은 곳 포함	
6. 활용	· 환경영향평가 및 사전환경성 검토 기초 자료 활용 · 중첩도 기법을 통한 개발 적지 선정 · 핵심, 완충, 전이지역 구분을 통한 자연성이 높은 지역 보호			

김지연(2011)

4) 식생보전등급

① 개념

- 제2차 전국자연환경조사에서 국토의 식생자원을 효율적으로 관리하기 위하여 등급화한 보전수준
- 입지의 자연조건, 식생의 천이정도, 인위적 간섭정도, 식생경관을 고려
- 자연성, 희귀성, 역사성, 사회문화적 가치 기준으로 판단

② 식생보전등급과 녹지자연도 장단점 비교

구 분	식생보전등급	녹지자연도
장 점	· 식생에 대한 가치를 자연성, 고유성, 희소성, 분포의 한계성 등 다양한 측면에서 판단 · 개발사업이나 자연환경 정책 수립시 식생의 절대적, 상대적인 진정한 가치 제공	· 인간간섭정도의 중요한 지표 · 각종개발사업 환경영향평가 등 유용하게 활용 · 일정지역의 전반적인 자연의 질 판단 용이 · 식생정도 제공이 용이
단 점	· 식생정보 단순화	· 자연성만 판단

3.3.13 생태계보전협력금

1) 제46조 생태계보전협력금

① 개념

- 자연환경을 체계적으로 보전하고, 자연자산을 관리·활용하기 위하여 자연환경 또는 생태계에 미치는 영향이 현저하거나 생물다양성 감소를 초래하는 사업을 하는 사업자에 대하여 생태계보전협력금을 부과·징수함.

② 대상사업

- 「환경영향평가법」 제4조의 규정에 의한 환경영향평가대상사업
- 「광업법」 광업중 대통령령이 정하는 규모 이상의 노천탐광·채굴사업
- 「환경정책기본법」 사전환경성검토 대상 개발사업으로 개발면적이 3만m^2 이상 사업

③ 부과금액산출

- 훼손지 면적×250원/m^2×지역계수
- 지역 계수

주거, 상업지역	관리지역	농림지역	자연환경 보존지역
1	1~3.5	3	4

- 최대 10억까지 부담하며 생태복원시 납부액의 50%까지 반환 가능함.
- 생태복원은 개발자 또는 그가 위임하는 환경보전사업대행자를 포함함.

2) 제49조 생태계보전협력금의 용도

- 생태계·생물종의 보전·복원사업
- 야생동·식물보호법 제7조제2항의 규정에 의한 서식지외보전기관의 지원
- 제14조의 규정에 의한 생태·경관보전지역 관리기본계획의 시행
- 제18조의 규정에 의한 생태계 보전을 위한 토지 등의 확보
- 제19조의 규정에 의한 생태·관보전지역 등의 토지 등의 매수
- 제20조제1항의 규정에 의한 오수처리시설 등의 설치 지원
- 제22조의 규정에 의한 자연유보지역의 생태계 보전
- 제37조의 규정에 의한 생물다양성관리계약의 이행
- 제38조의 규정에 의한 자연환경보전·이용시설의 설치·운영

- 제44조의 규정에 의한 우선보호대상 생태계의 보호·복원
- 제45조의 규정에 의한 생태통로 설치사업

3.3.14 생태마을

1) 제2조 정의

- 생태적 기능과 수려한 자연경관을 보유하고, 이를 지속가능하게 보전·이용할 수 있는 역량을 가진 마을

2) 제42조 생태마을의 지정

- 생태·경관보전지역 안의 마을
- 생태·경관보전지역 외부지역으로서 생태적 기능과 수려한 자연경관을 보유하고 있는 마을

3.4 자연공원법

3.4.1 제1조 목적

- 자연공원의 지정·보전 및 관리에 관한 사항을 규정
- 자연생태계와 자연 및 문화경관 등을 보전하고, 지속 가능한 이용을 도모

3.4.2 자연공원 지정 및 구분

1) 제2조 정의

- 자연공원이라 국립공원·도립공원, 군립공원 및 지질공원을 말함.
- "국립공원"이란 국내의 자연생태계나 자연 및 문화경관을 대표할 만한 지역
- "도립공원"이란 시·도의 자연생태계나 경관을 대표할 만한 지역
- "군립공원"이란 시·군의 자연생태계나 경관을 대표할 만한 지역
- "지질공원"이란 지구과학적으로 중요하고 경관이 우수한 지역

2) 제4조 자연공원의 지정

① 지정요건

- 자연생태계 : 보전상태가 양호, 멸종위기 야생동·식물·천연기념물·보호 야생동식물 서식
- 자연경관 : 보전상태가 양호하고, 경관이 수려한 곳
- 문화경관 : 문화재 또는 역사적 유물이 있으며 자연경관과 조화

② 지정절차

- 환경부장관이 주민설명회, 공청회 개최
- 관할 시·도지사 및 군수의 의견수렴
- 관계중앙행정기관의 장과 협의 및 국립공원위원회 심의

3) 국립공원 현황

- 현재 국내의 국립공원은 지리산, 경주, 계룡산, 한려해상을 포함하여 20곳이 지정되어 있음(표 1-16).

표 1-16 현재 국내의 국립공원 지정현황

NO	공원명	지정 시기	면적	구분	내 용
1	지리산	1967.12.29	471.758		·1967년 지정된 국내 최초의 국립공원 ·화엄사, 쌍계사, 실상사 등 유명사찰이 있음. ·구례와 하동을 거쳐 남해 쪽으로 섬진강 ·2002년부터 반달가슴곰의 복원과 연구
2	경주	1968.12.31	138.715		·국내에서 유일한 사적지 중심의 국립공원 ·천년 이상 신라의 수도 ·왕과 귀족들의 거대한 무덤 ·유네스코에 의해 세계 10대 문화유적지
3	계룡산	1968.12.31	64.683		·국내 풍수이론에서 가장 유명한 산
4	한려해상	1968.12.31	545.627	해상형	·'한려'는 한산도와 여수 지명의 첫 글자 ·많은 섬들과 아름다운 바다
5	설악산	1970.03.24	398.539		·국내 최고의 지형경관과 아름다운 단풍
6	속리산	1970.03.24	274.541		·팔상전, 석연지, 쌍사자석등 등 귀중한 문화재가 있는 법주사와 문장대
7	한라산	1970.03.24	153.386		·화산폭발로 인해 형성된 호수인 백록담 ·유네스코에서는 생물권보전지역으로 지정
8	내장산	1971.11.17	81.715		·굴거리나무와 비자나무군락이 천연기념물
9	가야산	1972.10.13	77.074		·해인사 팔만대장경과 유네스코 세계문화유산

NO	공원명	지정 시기	면적	구분	내 용
10	덕유산	1975.02.01	231.650		·무주구천동은 맑은 긴 계곡으로 유명
11	오대산	1975.02.01	303.929		·문화재가 많은 월정사지구
12	주왕산	1976.03.30	107.425		·기암, 주왕암, 백련암 등 그와 관련된 지명
13	태안 해안	1978.10.20	326.574	해상형	·국내의 대표적인 리아스식 해안 ·안면도 해안을 국립공원으로 지정
14	다도해 해상	1981.12.23	2,231.512	해상형	·여수~목포구간의 '섬이 많은 바다' 뜻의 '다도해' ·난온대성 상록활엽수림
15	북한산	1983.04.02	79.916		·북한산성과 관련된 유적과 도선사, 진관사, 망월사 등 문화적 가치가 높은 사찰
16	치악산	1984.12.31	181.631		·성남리 마을의 성황림이 한국의 대표적인 온대 낙엽활엽수림, 천연기념물로 지정
17	월악산	1984.12.31	287.977		·충주호와 어우러져 아름다운 경관을 연출 ·미륵리사지에 있는 석불입상과 5층 석탑
18	소백산	1987.12.14	322.383		·비로봉에서 국립천문대 고원지대 풍경이 유명 ·200~800년 된 3,800여 그루의 주목군락은 천연기념물로 지정
19	변산 반도	1988.06.11	154.715	해상형	·수 만권의 책 같은 채석강과 해식동굴 ·푸른 송림과 넓은 갯벌 ·천연기념물로 지정된 호랑가시나무, 후박나무, 꽝꽝나무, 미선나무 군락지
20	월출산	1988.06.11	56.100		·제일 좁은 면적의 국립공원

4) 제11조 공원기본계획

① 수립절차 및 기관

- 10년마다 환경부장관이 국립공원위원회의 심의를 거쳐 공원기본계획을 수립하며 공원계획과 공원별 보전, 관리 대책을 포함

② 공원계획

- 공원용도지구계획과 공원시설계획

③ 공원별 보전, 관리 계획

- 자연공원 명칭 및 면적
- 용도지구 종류 및 보전관리 대책
- 자연환경현황
- 토지이용 상태 및 공원시설현황
- 공원자원 등 공원환경 보전관리 계획

· 자연공원 지속가능한 이용 및 지역사회 협력계획

3.4.3 제18조 용도지구

1) 목적

· 자연공원을 효과적으로 보전하고, 이용할 수 있도록 하기 위함.

2) 용도지구 구분

① 공원자연 보존지구

· 특별히 보호할 필요가 있는 지역

· 생물다양성이 특히 풍부한 곳

· 자연생태계가 원시성을 지니고 있는 곳

· 특별히 보호할 야생동·식물이 살고 있는 곳

② 공원자연 환경지구

· 자연보존지구의 완충공간으로 보전할 필요가 있는 곳

③ 공원자연 마을지구

· 취락의 밀집도가 비교적 낮은 지역

· 주민의 취락생활을 유지하는데 필요한 지역

④ 공원문화유산지구

· 문화재보호법 제2조에 따른 문화재를 보유한 사찰과 전통사찰 공간

3.4.4 제23조의 2 생태축 우선의 원칙

1) 개념

· 자연공원내 일부 시설 및 구조물 등은 자연공원 안의 생태축 및 생태통로를 단절하여 통과하지 못함.

2) 시행령 21조의 2 적용대상 시설

· 도로·철도·궤도 및 전기통신설비, 에너지 공급시설

· 댐, 저수지, 수중보, 하구언 등 수리시설

3.5 야생동식물보호법

3.5.1 제1조 목적

· 야생동·식물과 그 서식환경을 체계적으로 보호·관리
· 야생동·식물의 멸종을 예방하고, 생물다양성을 증진시키며 생태계균형 유지
· 사람과 야생동·식물이 공존하는 건전한 자연환경 확보

3.5.2 멸종위기 야생동·식물

1) 제2조 정의

· 멸종위기 야생동·식물Ⅰ급
 - 자연적 또는 인위적 위협요인으로 개체수가 현저하게 감소되어 멸종위기에 처한 야생동·식물로서 관계 중앙행정기관의 장과 협의하여 환경부령이 정하는 종
· 멸종위기 야생동·식물Ⅱ급
 - 자연적 또는 인위적 위협요인으로 개체수가 현저하게 감소되고 있어 현재의 위협요인이 제거되거나 완화되지 아니할 경우 가까운 장래에 멸종위기에 처할 우려가 있는 야생동·식물로서 관계 중앙행정기관의 장과 협의하여 환경부령이 정하는 종

2) 시행규칙 제2조 멸종위기 야생동·식물 지정현황

❑ 현재까지 국내 멸종위기 야생동·식물 Ⅰ급은 총 50종 지정되어 있음(표 1-17).

표 1-17 멸종위기 야생동·식물 I 급

구 분	종 명
포유류	늑대, 대륙사슴, 바다사자, 반달가슴곰, 붉은 박쥐, 사향노루, 산양, 수달, 시라소니, 여우, 표범, 호랑이
조 류	검독수리, 넓적부리도요, 노랑부리백로, 노랑부리저어새, 두루미, 매, 저어새, 참수리, 청다리도요사촌, 크낙새, 흑고니, 황새, 흰꼬리수리
양서·파충류	구렁이
어 류	감돌고기, 꼬치동자개, 미호종개, 얼룩새코미꾸리, 통사리, 흰수마자
곤충류	두점박이사슴벌레, 산굴뚝나비, 상제나비, 수염풍뎅이, 장수하늘소
무척추동물	귀이빨대칭이, 나팔고둥, 남방방게, 두드럭조개, 칼세오리옆새우
육상식물	광릉요강꽃, 나도풍란, 만년콩, 섬개야광나무, 암매, 죽백란, 풍란, 한란

3.5.3 생태계교란 야생동·식물

1) 제2조 정의

- 제5조의2에 따른 위해성 평가결과 생태계에 위해를 끼친다고 판단되는 종
- 외국으로부터 인위적 또는 자연적으로 유입되어 생태계균형에 교란을 가져오거나 가져올 우려가 있는 야생동·식물
- 유전자변형을 통하여 생산된 유전자변형생물체중 생태계균형에 교란을 가져오거나 가져올 우려가 있는 야생동·식물

2) 시행규칙 제3조 생태계교란 야생동·식물 지정현황

- 현재까지 국내의 생태계교란 야생동·식물로 동물 5종, 식물 11종이 지정되어 있음(표 1-18).

표 1-18 생태계교란 야생동·식물

구 분	종 명
포유류	뉴트리아
양서·파충류	황소개구리, 붉은 귀거북속 전종
어 류	파랑볼우럭(블루길), 큰입배스
식 물	돼지풀, 단풍잎돼지풀, 서양등골나물, 털물참새피, 물참새피, 도깨비가시, 애기수영, 가시박, 서양금혼초, 미국쑥부쟁이, 양미역취

3.5.4 유해야생동물

1) 제2조 정의

- 사람의 생명이나 재산에 피해를 주는 야생동물로서 환경부령이 정하는 종

2) 시행규칙 제4조 유해야생동물 지정현황

- 국내의 유해야생동물은 생활에 피해를 주는 조류, 맹수 등이고, 최근 집비둘기가 추가되어 관리되고 있음(표 1-19).

표 1-19 유해야생동물

구 분	종 명
장기간에 걸쳐 무리를 지어 농작물, 과수 피해	참새, 까치, 어치, 직박구리, 까마귀, 갈까마귀, 떼까마귀
국부적으로 서식밀도가 과밀하여 농·림·수산업에 피해	꿩, 멧비둘기, 고라니, 멧돼지, 청설모, 두더지, 쥐류 및 오리류
비행장 주변에 출현하여 항공기, 특수건조물에 피해, 군 작전에 지장	조수류
인가 주변에 출현하여 인명 · 가축 위해	맹수류
분묘 훼손	멧돼지
전주 등 전력시설 피해	까치
국부적으로 과밀하게 서식하여 분변, 털 날림 등으로 문화재 훼손이나 건물 부식 등의 재산상, 생활피해	집비둘기

3.5.5 서식지외 보전기관

1) 제7조 서식지외 보전기관의 지정 등

- 환경부장관은 야생동·식물을 그 서식지에서 보전하기 어렵거나 종의 보존 등을 위하여 서식지외에서 보전할 필요가 있는 경우에 지정

2) 시행규칙 제4조 서식지외 보전기관의 유형

- 동물원·식물원 및 수족관
- 국·공립연구기관
- 「기술개발촉진법」에 의한 기업부설연구소
- 「고등교육법」 제2조 각호의 규정에 의한 학교와 그 부설기관(표 1-20)

표 1-20 서식지외 보전기관

지정번호	명 칭	지 정 동·식물	지정일자	지 정 내 역	관리기관
1	서울대공원	동물21종	'00.4.12	반달가슴곰, 늑대, 여우, 표범, 호랑이, 삵, 수달, 두루미, 재두루미, 황새, 시라소니, 담비, 물범류, 노랑부리저어새, 흑고니, 흰꼬리수리, 독수리, 큰고니, 금개구리, 남생이, 맹꽁이	서울시
2	한라수목원	식물13종	'00.5.25	나도풍란, 한란, 개가시나무, 갯대추, 만년콩, 삼백초, 지네발란, 순채, 죽절초, 죽백란, 파초일엽, 풍란, 황근	제주도
3	(재)한택식물원	식물10종	'01.10.12	개병풍, 깽깽이풀, 노랑무늬붓꽃, 대청부채, 둥근잎꿩의비름, 미선나무, 순채, 산작약, 연잎꿩의다리, 히어리	대 표: 이택주
4	한국황새복원연구센터	조류1종	'01.11.1	황 새	한국교원대학교
5	남부내수면연구소	어류3종	'01.11.1	꼬치동자개, 감돌고기, 모래주사	국립수산과학원
6	여미지식물원	식물12종	'03.3.10	한란, 돌매화나무, 솔잎란, 물부추, 대흥란, 죽백란, 삼백초, 죽절초, 개가시나무, 만년콩, 갯대추, 황근	부국개발(주)
7	삼성에버랜드 동물원	동물7종	'03.7.1	호랑이, 산양, 검독수리, 두루미, 큰바다사자, 물범류, 재두루미	삼성 에버랜드(주)
8	기청산식물원	식물10종	'04.3.22	섬개야광나무, 큰연령초, 노랑무늬붓꽃, 깽깽이풀, 둥근잎꿩의비름, 망개나무, 섬시호, 섬현삼, 솔나리, 연잎꿩의다리	대 표: 이삼우
9	한국자생식물원	식물10종	'04.5.3	깽깽이풀, 노랑만병초, 산작약, 노랑무늬붓꽃, 개느삼, 홍월귤, 가시오갈피, 순채, 연잎꿩의비름, 한계령풀	대 표: 김창열
10	(사)홀로세생태 보존연구소	곤충3종	'05.9.28	애기뿔소똥구리, 붉은점모시나비, 물장군	대 표: 이강운
11	(사)한국 산양·사향노루 종보존회	포유류2종	'06.9.21	산양, 사향노루	대 표: 정창수
12	(재) 천리포수목원	식물5종	'06.9.21	가시연꽃, 노랑붓꽃, 망개나무, 매화마름, 미선나무	대 표: 문국현
13	(사)곤충자연 생태연구센터	곤충2종	'07.3.8	붉은점모시나비, 물장군	대 표: 이대암
14	함평자연 생태공원	식물4종	'08.11.18	나도풍란, 풍란, 한란, 지네발란	함평군
15	평강식물원	식물10종	'09.8.25	가시오갈피나무, 개느삼, 개병풍, 노랑만병초, 단양쑥부쟁이, 독미나리, 솔나리, 솜다리, 조름나물, 황기	대 표: 이환용
16	신구대학 식물원	식물8종	'10.2.25	가시연꽃, 섬시호, 매화마름, 독미나리, 백부자, 개병풍, 나도승마, 단양쑥부쟁이	
17	우포따오기복원센터	조류1종	'10.6.16	따오기	
18	경북대학교 조류생태환경 연구소	조류3종	'10.7.9	두루미, 재두루미, 큰고니	
19	고운식물원	식물5종	'10.9.15	광릉요강꽃, 노랑붓꽃, 독미나리, 층층둥글레, 히어리	
20	강원도자연환경연구소	식물4종	'10.9.15	왕제비꽃, 층층둥글레, 기생꽃, 개느삼	

3) 시행규칙 제45조 선정기준

① 시설요건
- 표본보전시설 : 65m^2 이상의 수장시설
- 살아있는 생물자원 보전을 위한 일정규모 이상의 서식시설

② 인력요건
- 생물분류기사, 생물자원학 석사 1년 이상 종사자, 학사 3년 이상 종사자 중 어느 하나에 해당하는 1인 이상의 인력

3.6 습지보전법

3.6.1 제1조 목적

- 습지의 효율적 보전·관리에 필요한 사항 규정
- 습지와 그 생물다양성의 보전 도모
- 습지에 관한 국제협약의 취지를 반영함으로써 국제협력증진에 이바지하고자 함.

3.6.2 제2조 습지의 정의

① 습지
- 담수, 기수 또는 염수가 영구적 또는 일시적으로 그 표면을 덮고 있는 지역으로서 내륙습지 및 연안습지를 말함.
  - 담수, 기수, 염수 차이점(보완필요)

② 내륙습지
- 육지 또는 섬 안에 있는 호 또는 소와 하구 등의 지역을 말함.

③ 연안습지
- 만조시에 수위선과 지면이 접하는 경계선으로부터 간조시에 수위선과 지

면이 접하는 경계선까지의 지역을 말함.

3.6.3 제8조 습지지역의 지정

① 습지보호지역
- 자연상태가 원시성을 유지하고 있거나 생물다양성이 풍부한 지역
- 희귀하거나 멸종위기에 처한 야생동·식물이 서식·도래하는 지역
- 특이한 경관적·지형적 또는 지질학적 가치를 지닌 지역

② 습지주변관리지역
- 습지보호지역 주변지역

③ 습지개선지역
- 습지보호지역 중 습지훼손이 심화되었거나 심화될 우려가 있는 지역
- 습지생태계의 보전상태가 불량지역 중 인위적인 관리를 통하여 개선할 가치가 있는 지역(그림 1-17)

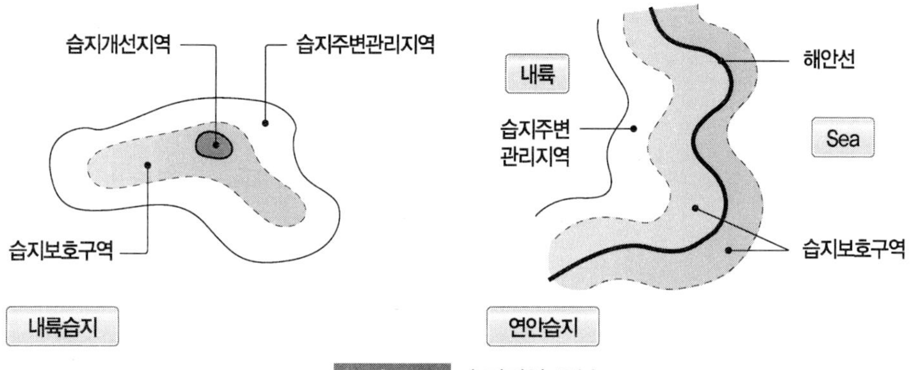

그림 1-17 습지지역 구분

3.7 백두대간보호법

3.7.1 제1조 목적

- 백두대간 보호에 필요한 사항을 규정하여 무분별한 개발행위로 인한 훼손 방지
- 국토를 건전하게 보전하고, 쾌적한 자연환경을 조성하고자 함.

3.7.2 제2조 정의

- "백두대간"이라 함은 백두산에서 시작하여 금강산·설악산·태백산·소백산을 거쳐 지리산으로 이어지는 큰 산줄기를 말함.

3.7.3 제6조 백두대간보호지역의 지정

❑ 백두대간 중 생태계 자연경관 또는 산림 등에 대하여 특별한 보호가 필요하다고 인정되는 지역을 보호지역으로 지정함.

① 핵심구역
- 백두대간의 능선을 중심으로 일정한 구역을 특별히 보호하고자 하는 지역

② 완충구역
- 핵심구역의 연접지역으로서 핵심구역 보호상 필요한 지역

3.7.4 제7조 핵심구역 안에서의 행위제한

① 핵심구역 안에서의 행위제한
- 건축물의 건축이나 공작물 그 밖의 시설물의 설치
- 토지형질변경, 토석채취 또는 이와 유사한 행위

② 핵심구역 행위제한 예외시설

- 국방·군사시설의 설치
- 도로·철도·하천 등 반드시 필요한 공용·공공용시설
- 생태통로, 자연환경보전·이용시설, 생태복원시설 등 자연환경보전을 위한 시설
- 산림보호·산림자원의 보전 및 증식과 임업시험연구를 위한 시설
- 문화재 및 전통사찰의 복원·보수·이전 및 그 보존관리를 위한 시설
- 「신에너지 및 재생에너지 개발·이용·보급 촉진법」에 의한 이용·보급 시설
- 광산의 시설기준·개발면적의 제한, 훼손지 복구
- 농가주택, 농림축산시설 등 지역주민의 생활과 관계되는 시설

3.8 신에너지 및 재생에너지 개발 촉진법

3.8.1 제1조 목적

- 신에너지 및 재생에너지(이하 "신·재생에너지")의 활성화를 통하여 에너지원 다양화
- 에너지의 안정적인 공급
- 온실가스 배출의 저감

3.8.2 제2조 정의

- 신·재생에너지란 기존의 화석연료를 변환시켜 이용하는 에너지
- 햇빛·물·지열·강수·생물유기체 등을 재생가능한 에너지로 변환시켜 이용하는 에너지

3.8.3 제2조 종류

- 태양에너지

- 생물자원을 변환시켜 이용하는 바이오에너지
- 풍력과 수력
- 연료전지와 석탄을 액화·가스화한 에너지
- 해양에너지, 지열에너지, 수소에너지
- 대통령령이 정하는 기준 및 범위에 해당하는 폐기물에너지
- 그 밖에 석유·석탄·원자력 또는 천연가스가 아닌 에너지

3.9 문화유산과 자연환경 자산에 관한 국민신탁법

3.9.1 제1조 목적

- 문화유산 및 자연환경자산에 대한 민간의 자발적인 보전·관리활동 촉진
- 문화유산국민신탁 및 자연환경국민신탁의 설립 및 운영
- 국가 및 지방자치단체의 지원에 관한 사항 규정

3.9.2 제2조 정의

① 국민신탁

- 국민·기업·단체 등으로부터 기부·증여를 받거나 위탁받은 재산 및 회비 등을 활용
- 보전가치가 있는 문화유산과 자연환경자산을 취득하고, 이를 보전·관리함.
- 현세대는 물론 미래세대의 삶의 질을 높이기 위한 민간차원의 자발적 보전 및 관리행위

② 자연자산

- 자연환경보전법 규정에 따른 생태경관보전지역과 멸종위기 야생동·식물
  - 자연상태가 원시성을 유지, 생물다양성이 풍부하여 보전 및 학술적 연구 가치가 큰 지역
  - 지형 또는 지질이 특이, 연구 또는 자연경관의 유지를 위하여 보전이 필요한 지역

- 다양한 생태계를 대표할 수 있는 지역 또는 생태계표본지역
- 그 밖에 하천·산간계곡 등 자연경관이 수려하여 특별히 보전할 필요가 있는 지역으로서 대통령령이 정하는 지역

· 습지보전법 규정에 따른 습지지역과 멸종위기 야생동·식물
- 자연상태가 원시성을 유지하고 있거나 생물다양성이 풍부한 지역
- 희귀하거나 멸종위기에 처한 야생동·식물이 서식·도래하는 지역
- 특이한 경관적·지형적 또는 지질학적 가치를 지닌 지역

· 야생동·식물보호법 규정에 따른 지역과 멸종위기 야생동·식물

3.10 저탄소녹색성장 기본법

3.10.1 제1조 목적

· 경제와 환경의 조화로운 발전을 위한 저탄소녹색성장 기반조성
· 녹색산업을 통한 국민경제 발전도모
· 저탄소 사회구현을 통한 국민 삶의 질 향상

3.10.2 제3조 기본원칙

· 기후변화·에너지·자원문제의 해결, 성장동력 확충, 기업의 경쟁력 강화, 국토의 효율적 활용 및 쾌적한 환경 조성 등을 포함하는 종합적인 국가 발전전략을 추진
· 민간이 주도하는 저탄소녹색성장
· 새로운 일자리를 창출하고 녹색기술 및 산업 분야에 투자
· 에너지와 자원 이용의 효율성을 높이고 자원순환을 촉진
· 조세체계와 금융체계를 개편
· 국민이 저탄소 녹색성장에 기여와 참여 유도
· 국제적 동향 조기에 파악하여 국가 정책에 반영

4. 환경관련 정책

4.1 저탄소 녹색성장 패러다임

4.1.1 개 념

- 환경과 성장이 조화된 성장으로 경제성장 추구하되 자원이용, 환경오염 최소화하고, 이를 경제성장의 동력으로 하는 선순환 구조를 가진 친환경적인 경제성장을 말함(그림 1-18).
- 에너지 고효율과 낮은 이산화탄소의 발생으로 경제성장과 생태적 건전성을 제고하는 것

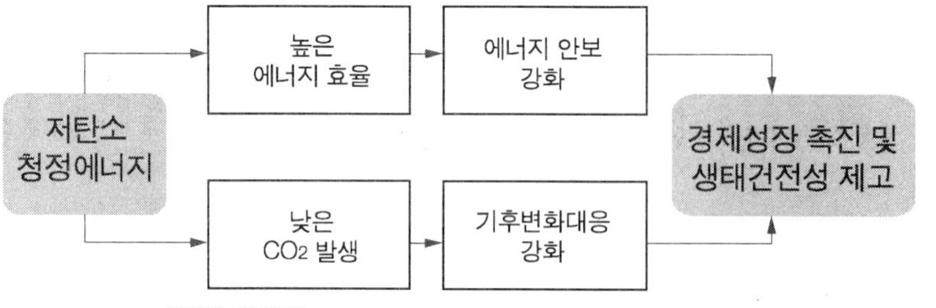

그림 1-18 녹색성장 패러다임(www.moleg.go.kr)

4.1.2 추진 방향

❑ 온실가스를 줄이는 저탄소정책과 녹색기술을 통한 신성장 동력으로 삶의 환경과 국제사회 기여하는 방향(그림 1-19)

① 신성장 동력화
- 온실가스를 줄이는 새로운 동력 기술 개발
- 새로운 일자리 창출과 기업 경쟁력 강화

② 삶의 질과 환경개선
- 생활 속 실천을 통한 의식 개혁

· 녹색 교육과 세제 개편

③ 국제사회 기여

· 국가간 기술교류 및 경제 협력을 통한 국가브랜드 제고

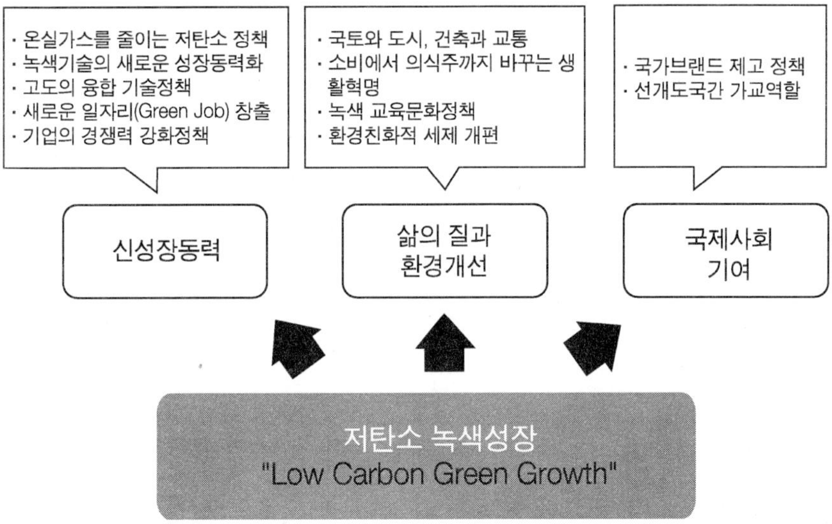

그림 1-19 녹색성장 추진방향(www.moleg.go.kr)

4.2 그린 스마트시티

4.2.1 개 념

· 저탄소형 스마트시티를 표방하는 도시로 스마트교통, 수요반응, 신재생에너지 사용 등을 포괄하는 개념

4.2.2 5가지 모델

1) 스마트 파워그리드(Smart power grid)

· 하나의 큰 하드웨어로 볼 수 있음.

· 전략망의 통합, 신재생에너지를 기존 전략망에 병합

· 2020년까지 전체 전략수요의 20%를 신재생에너지화

2) 스마트 트랜스포테이션(Smart transportation)

· 친환경적 무공해 교통수단으로 주로 보행, 자전거를 일컬음.
· 구입, 유지, 관리비용이 낮음.

3) 스마트 리뉴어블(Smart renewable)

· 신재생에너지(풍력, 태양광, 연료전지 등)
· 생산전략을 대용량 배터리에 저장
· 수용가에 전송하거나 전력재판매를 통해 수익창출

4) 스마트 플레이스(Smart place)

· 스마트홈, 빌딩
· 소규모 집단이 일상생활에서 스마트 계량기 사용 구축
· 스마트계량기를 통해 전기가격대 확인가능

5) 스마트 일렉트릭시티 서비스(Smart electricity service)

· 자가 치유(self-healing), 예방(predictive), 자동조정(adaptive) 가능
· 기존 공급자 중심에서 소비자 참여형 양방향 전력거래 가능
· 에너지효율을 위한 전력시스템의 최적화, 통합화 필요

4.3 그린홈

4.3.1 개 념

· 에너지 사용을 최소화하고, 주변지형 등을 이용한 에너지활용 등 에너지를 절약, 보존할 수 있는 주택설계를 말함.
· 또한 신재생에너지와 에너지절약, 이산화탄소 배출을 최소화한 개념적용으로 고효율 기술의 집약체라 말할 수 있음(그림 1-20).

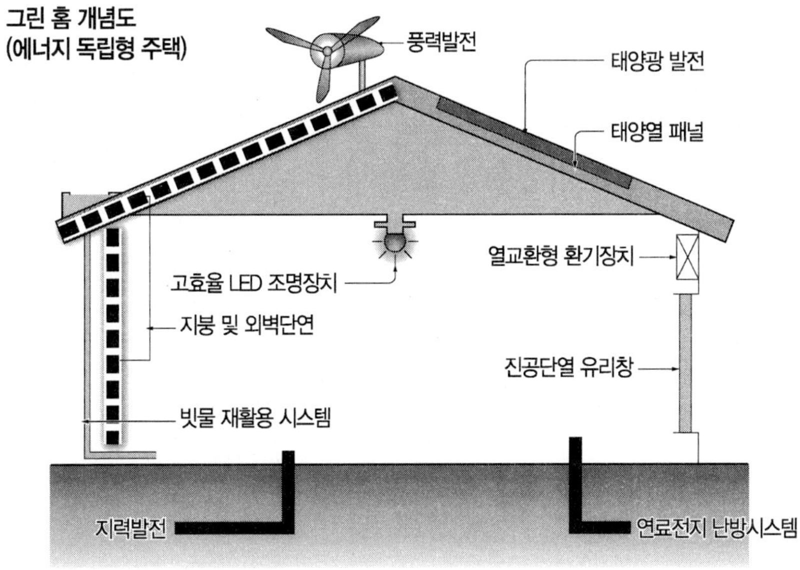

그림 1-20 그린홈 개념도(www.moleg.go.kr)

4.3.2 그린홈의 요소 및 도입기술

1) 액티브(Active) 요소

- 다양한 신재생 에너지 기술 적용
- 자급자족 주택 설계
- 지붕의 태양광 발전을 통해 가정의 연평균 사용 전략량 충당

2) 패시브(Passive) 요소

- 건물에너지 이용 성능 최대화
- 에너지 사용의 최소화
- 단열자재, 채광설비 적용

3) 고효율(Efficiency) 제품 사용

- 벽체 일체형 절전콘센트
- 백열전구의 80% 절감 LED 조명
- 절전형 냉장고, TV

4) 친환경(Eco) 기술

① 빗물자원활용
- 빗물정원(rain garden)
- 침투시설, 저장시설 확보(biodetention, bioswale)

② 건식바닥구조
- 철거시 건축자재 재활용

4.4 그린잡

4.4.1 개 념

- 녹색일자리로 화석에너지 부족, 온실가스 구제강화 등 변화하는 에너지환경에서 새롭게 생겨난 일자리를 뜻함.
- 태양열, 풍력 등 재생에너지 기술자, 바이오 디젤(식물에서 추출하는 연료)용 옥수수를 재배하는 직업을 일컬음.

4.4.2 그린잡의 4대 전략

1) 탄소순환 경제 활성화

- 자원순환형 산림경영
- 탄소순환마을 조성
- 바이오순환림 집중육성권역 조성

2) 산림웰빙산업 육성(Green business)

- 산림문화체험숲길 조성
- 산촌의 경쟁력 강화
  - 지역특산품 발굴, 브랜드화
  - 산지약용식물특화단지 30개소 조성예정
- 산림휴양서비스의 가치증진

3) 안전한 산림만들기

- 산불, 산사태, 산림병해충 등 산림의 3대 재해로부터 보호
- 효율적인 산림병해충 대응시스템
- 산림생물자원의 보전기반 구축

4) 산림의 글로벌 시장 창출

- 해외산림자원개발 확대
  - 해외 인턴사원제 도입
- 동아시아 그린허브 전략추진

4.5 탄소절감제도 및 규정

4.5.1 탄소포인트제

- IPCC 4차 평가 보고서에 따르면 건물, 비산업 부문(가정, 상업 부문)의 감축 잠재량이 가장 큰 것으로 분석
- 저탄소 사회구축 및 대국민 기후변화 인식 제고와 온실가스 배출량 감소를 위해 가정, 상업시설, 기업이 자발적으로 줄인 배출량에 대해 인센티브를 제공받는 대응활동 프로그램
- 시행 부문 : 전력('08～), 가스 · 수도('09～)

4.5.2 탄소성적표지 인증업무 등에 관한 규정안 (환경부 고시 제2009-10호)

1) 목적

- 환경기술개발 및 지원에 관한 법률에 의거 제품 전 과정에서의 온실가스 배출량을 계산하는 지침으로 인증기관이 정하여 환경부장관의 승인을 받는 것.

2) 별표1(제7조 관련) 표시 방법

❑ 탄소성적표지 표시방법에 따라 재료 또는 제품포장 · 용기 등 소비자가 쉽게

식별할 수 있는 위치에 표시함.

❑ 환경성적표지의 도안모형은 제1형으로 표시하고, 제품 설명서·인터넷 등에 제2형으로 게재

❑ 환경성적표지 인증을 받은 후 탄소배출 감축성적이 우수한 경우 제1형 대신 제3형으로 표시

① 제1형(제품 또는 포장·용기에 부착)
- 도안모형(탄소배출량 인증 ; 그림 1-22)

② 제2형(제품설명서·인터넷 등에 게재 ; 그림 1-21)

1. 제품개요
2. 회사개요
3. 지구온난화 정보

※전 과정 단계별로 온실가스 배출량 정보 표시

4. 인증정보

인증기관	
인증번호	
인증 유효기간	

본 환경정보는 타 제도의 환경성 정보와 비교가 불가능합니다.

그림 1-21 제품설명서

그림 1-22 탄소배출량 인증 도안모형

그림 1-23 저탄소상품인증 도안모형

③ 제3형(제품 또는 포장·용기에 부착)
- 도안모형(저탄소상품 인증 ; 그림 1-23)

chapter 2

환경성평가 제도 및 관련법규

1. 사전환경성검토(PERS)
2. 환경영향평가(EIA)
3. 전략환경평가(SEA)
4. 환경성평가 제도의 문제점 및 발전방향
5. 환경성평가 관련법규 및 참고자료

1. 사전환경성검토(PERS)

1.1 사전환경성검토 제도의 개요

1.1.1 제도의 의의

❑ 각종 개발계획이나 개발사업을 수립·시행함에 있어 타당성 조사 등 계획 초기단계에서 계획의 적정성 및 입지의 타당성, 주변환경과의 조화 등 환경에 미치는 영향을 고려토록 함으로써 「개발과 보전의 조화」 즉, 「환경친화적인 개발」을 도모코자 도입된 제도임.

※사전환경성검토 제도(PERS) : Prior Environmental Review System

1.1.2 제도의 기능

1) 지속가능한 개발이념의 실현

❑ 행정계획 또는 개발사업이 확정·시행되기 전에 환경적 영향을 고려토록 함으로써 지속가능한 계획의 수립 또는 사업이 추진될 수 있도록 함.

2) 사전 입지의 타당성 검토로 합리적 대안의 제시

❑ 상위 기본계획에 대하여 입지의 타당성, 주변환경과의 조화 여부 등을 검토함으로써 환경친화적인 합리적 대안을 모색할 수 있도록 함.

3) 환경영향평가의 효율성 제고

❑ 환경영향평가 과정에서 쟁점이 되고 있는 입지의 타당성, 토지이용계획의 적정성 등을 사전환경성검토 과정에서 미리 스크린 함으로써 환경영향평가 협의기간 단축 및 효율성 제고

1.1.3 제도의 변천

1) 1993년 1월

- ❑ 행정계획 및 사업의 환경성검토에 관한 규정(총리 훈령 제270호)
- ❑ 공공기관에서 추진하는 행정계획을 대상으로 사전협의제도로 도입

2) 1999년 12월

- ❑ 환경정책기본법을 개정하여 사전환경성검토 근거 마련
- ❑ 2000년 8월부터 시행

3) 2005년 5월

- ❑ 환경정책기본법 개정
- ❑ 계획의 적정성·입지의 타당성을 검토하기 위한 전략환경평가 체계로 개선

1.2 사전환경성검토 대상

1.2.1 법적근거

- ❑ 『환경정책기본법』 제25조 제2항
- ❑ 『환경정책기본법 시행령』 제7조

1.2.2 협의대상

1) 행정계획

- ❑ 법적근거 : 『환경정책기본법시행령』 별표2의 1항
- ❑ 환경영향평가 대상사업을 내용으로 하는 행정계획
- ❑ 구체적인 개발입지가 없는 행정계획(13개), 개발입지가 있는 행정계획(70개)으로 구성
- ❑ 사업계획 면적이 1만 제곱미터 미만인 행정계획은 검토대상에서 제외

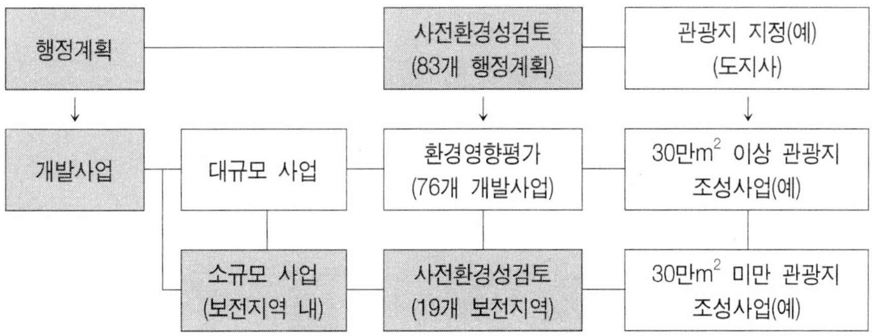

그림 2-1 사전환경성검토 협의대상

2) 개발사업

- 법적근거 : 『환경정책기본법시행령』 별표2의 2항
- 보전이 필요한 지역 내에서의 일정규모 이상의 개발사업
- 환경영향평가의 대상이 되는 개발사업은 사전환경성검토 대상에서 제외

3) 기타 행정계획

- 관련법령에 관계행정기관의 장과 사전에 협의토록 규정하고 있는 행정계획
  → 국토의 계획 및 이용에 관한 법률 제22조 규정에 의한 도시기본계획의 승인, 개발제한구역의 지정 및 관리에 관한 특별조치법 제3조의 규정에 의한 개발제한구역의 지정 및 해제 등
  → 당해 법령에서 정하는 구비서류, 절차, 방법을 적용

1.2.3 협의 제외대상

- 법적근거 : 『환경정책기본법 시행령』 제7조의 3항
- 환경영향평가 대상이 되는 개발사업
- 사업계획 면적이 1만 제곱미터 미만의 행정계획(협의를 거쳐 확정된 최하위 실행계획 성격의 행정계획에 정하여진 지역 내 개발사업 포함)
- 재난 및 안전관리 기본법 제 37조에 따른 응급조치에 관한 사업
- 군사상 기밀보호가 요구되어 협의한 행정계획 또는 개발사업
- 고도의 국가기밀 보호가 요구된다고 인정하는 행정계획 또는 개발사업
- 다른 법령에 따라 사전환경성검토가 이루어지는 행정계획 또는 개발사업

1.2.4 재협의 및 협의내용변경 대상

1) 법적근거

❑ 『환경정책기본법』 제26조의 2항 및 『환경정책기본법 시행령』 제11조

2) 사전환경성검토 재협의 대상

❑ 당초 협의한 사업규모의 30% 이상 확대되는 행정계획
❑ 협의시 제외하도록 한 지역을 포함하거나 보전하도록 한 지역을 개발하고자 하는 경우

3) 사전환경성검토 협의내용변경 대상

❑ 당초 협의한 사업규모의 10% 이상~30% 미만 확대되는 행정계획

1.3 사전환경성검토서의 구성과 검토항목

1.3.1 행정계획단계

1) 사전환경성검토서(행정계획) 구성

① 계획의 개요
② 대상지역 설정 및 검토항목 설정
③ 지역개황
④ 환경성검토협의회 심의결과 및 주민(관계기관) 의견수렴
⑤ 검토항목별 환경현황조사, 예측·분석 및 저감방안
⑥ 대안의 설정 및 검토(계획의 적정성 및 입지의 타당성)
⑦ 종합평가 및 결론
⑧ 부록

2) 사전환경성검토서(행정계획) 검토항목

① 대기환경 분야 : 기상, 대기질, 악취
② 수환경 분야 : 수질(지표, 지하), 수리·수문, 해양환경
③ 토지환경 분야 : 토지이용, 토양, 지형·지질

④ 자연생태환경 분야 : 동·식물상(육상, 육수, 해양), 자연환경자산
⑤ 생활환경 분야 : 친환경적 자원순환, 소음·진동, 위락·경관, 위생·공중보건, 전파장해, 일조장해
⑥ 사회·경제 분야 : 인구, 주거, 산업

3) 행정계획의 대안 종류와 선정방법

① 관계행정기관의 장이 환경성검토협의회의 심의를 거쳐 적정대안 선정
② 행정계획을 시행하지 않았을 경우(no action)를 포함하여 2개 이상의 대안 검토
③ 대안은 해당 행정계획의 목적달성을 위해 실천가능하고 현실적이어야 함.

표 2-1 대안의 종류와 선정방법

대안 종류	대안 선정방법
계획비교	· 행정계획을 수립하지 않았을 경우 발생 가능한 상황(no action)과 계획을 수립했을 때 발생가능한 상황을 대안으로 선정
수단·방법	· 행정목적 달성을 위한 다양한 방법들을 대안으로 선정
수요·공급	· 개발에 관한 수요·공급을 결정하는 계획의 경우 수요·공급량(규모)에 대한 조건을 변경하여 대안으로 선정
입 지	· 개발 대상 입지를 결정하는 계획의 경우 대상지역 또는 그 경계의 일부를 조정하여 대안으로 선정
시기·순서	· 개발 시기 및 순서를 결정하는 계획의 경우 시행 시기 및 진행순서(예 : 연차별 개발) 등의 조건을 변경하여 대안으로 선정
기 타	· 상기 대안을 종합적으로 고려한 대안 또는 기타 관계행정기관의 장이 계획의 성격과 내용을 고려할 때 필요하다고 판단하는 대안

1.3.2 개발사업단계

1) 사전환경성검토서(개발사업) 구성

① 사업의 개요
② 대상지역 설정 및 검토항목 설정
③ 지역개황
④ 검토항목별 환경현황조사, 예측·분석 및 저감방안
⑤ 종합평가 및 결론
⑥ 부록

2) 사전환경성검토서(개발사업) 검토항목 : 행정계획단계의 검토항목과 동일

1.4 사전환경성검토서 작성내용 및 작성주체

1.4.1 작성내용

1) 참고규정

❑ 『사전환경성검토서 작성 등에 관한 규정』(환경부고시 제2008-180호)

2) 사업계획에 관한 내용

❑ 사업의 목적, 필요성, 추진배경, 추진절차 등
❑ 관계법령의 규정에 의하여 당해 계획에 포함되어야 하는 내용 포함

3) 대상지역의 토지이용 현황

❑ 국토의 계획 및 이용에 관한 법률에 의한 용도지역의 구분, 토지이용계획 등

4) 각종 환경법규에서 정하는 지역·지구·구역 등의 분포현황

❑ 생태·경관보전지역, 자연유보지역, 습지보호지역, 자연공원, 야생 동·식물 특별보호구역 등

5) 기타 환경부장관이 관계중앙행정기관의 장과 협의하여 고시하는 사항

❑ 대상지역의 식생, 주변지역의 개발현황 등 생태적 특성에 관한 자료
❑ 대상지역의 현재 오염도 및 오염원 현황
❑ 대안 및 그 환경영향 검토결과와 영향 저감방향
❑ 위치도, 토지이용계획도, 그 밖에 사전환경성검토에 필요한 당해 지역의 특성

1.4.2 작성주체

❑ 행정계획 : 개발계획의 수립·확정·승인을 담당하는 관계행정기관의 장
❑ 개발사업 : 개발사업의 시행자

1.5 사전환경성검토 시행절차

1.5.1 행정계획의 시행절차

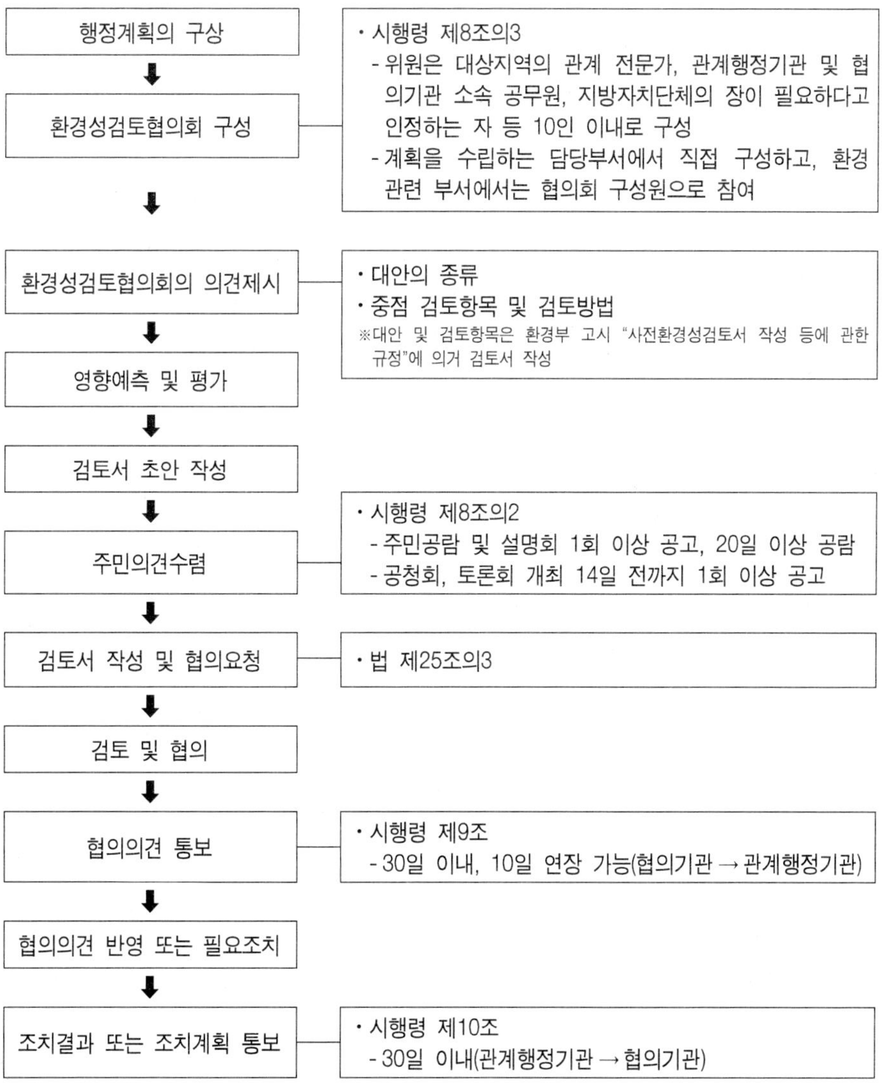

그림 2-2 사전환경성검토 시행절차(행정계획)

1.5.2 개발사업의 시행절차

❑ 행정계획과 달리 대안마련, 환경성검토협의회 구성·운영, 주민의견수렴 등의 과정에 대한 의무화 규정이 없음.

절차	주체
사업의 허가·인가·승인 등 신청 전	관계행정기관 또는 사업시행자
⬇	
사전환경성검토서 작성 및 제출	관계행정기관이 직접작성 또는 사업자로부터 제출받음
⬇	
협 의 요 청	관계행정기관 → 환경부, 지방환경관서
⬇	
검토 및 협의	환경부, 지방환경관서
⬇	
협의의견 통보	환경부, 지방환경관서 → 관계행정기관 (30일 이내, 10일 연장 가능)
⬇	
협의의견 반영 또는 필요조치	관계행정기관
⬇	
조치결과 또는 조치계획 통보	관계행정기관 → 환경부, 지방환경관서 (30일 이내)
⬇	
이행상황 확인	환경부, 지방환경관서 → 사업의 승인기관, 사업시행자

그림 2-3 사전환경성검토 시행절차(개발사업)

1.6 사전환경성검토 협의절차

1.6.1 협의기관

1) 환경부장관

❑ 사전환경성검토 협의를 요청하는 자가 중앙행정기관의 장인 경우

2) 지방환경관서의 장(유역환경청장 또는 지방환경청장)

❑ 사전환경성검토 협의를 요청하는 자가 중앙행정기관의 장이 아닌 경우(시·도지사, 시장·군수·구청장 또는 공공기관의 장 등)

1.6.2 협의절차

절차	담당
사업계획 수립, 허가·인가·승인신청	관계행정기관(계획수립 또는 개발 부서) 또는 사업시행자
⬇	
사전환경성검토서 작성	관계행정기관(계획수립 또는 개발 부서) 작성 또는 사업자로부터 제출 받음
⬇	
협 의 요 청	관계행정기관(계획수립 또는 승인 부서) → 환경부(지방환경관서)
⬇	
사전환경성검토 협의 (전문가 자문, 현지확인 등)	환경부(지방환경관서)
⬇	
협의결과 통보(30일 이내) ※필요시 10일 연장가능	환경부(지방환경관서) → 관계행정기관
⬇	
협의의견 반영 또는 필요조치	관계행정기관(승인 부서)
⬇	
조치결과 또는 조치계획 통보 (30일 이내)	관계행정기관(승인 부서) → 환경부(지방환경관서)
⬇	
이행상황 확인	환경부(지방환경관서) → 관계행정기관(승인 부서), 사업시행자

그림 2-4 사전환경성검토 협의절차

1.7 환경성검토협의회 구성 및 운영

1.7.1 협의회의 개요

1) 법적근거

- ❑ 환경정책기본법 시행령 제8조의2(의견수렴의 방법 및 절차) 제2항
- ❑ 환경정책기본법 시행령 제8조의3(환경성검토협의회의 구성·운영 등)
- ❑ 사전환경성검토서 작성 등에 관한 규정(환경부고시 2008-180호) 별표2

2) 구성대상

- ❑ 환경정책기본법에 따른 사전환경성검토 협의대상 행정계획
- ❑ 사업계획 면적이 6만 제곱미터 미만일 경우 협의회 구성 제외 가능

3) 구성목적(심의내용)

- ❑ 대안의 종류 및 최적 대안 심의
- ❑ 검토항목의 세부내용 및 세부 검토방법 심의
- ❑ 기타 관계행정기관의 장이 필요하다고 인정하는 사항
- ❑ 계획의 적정성 및 입지의 타당성에 관한 사항은 심의 제외(협의기관 권한)

4) 협의회의 성격

- ❑ 비 상설조직/자문기관
- ❑ 사전환경성검토서 초안 작성 시까지 탄력적 운용

1.7.2 구성방법

1) 협의회 구성주체

- ❑ 협의대상 행정계획을 입안 또는 수립하는 관계행정기관
- ❑ 입안·수립권자가 행정기관이 아닌 경우
  → 승인 등을 하는 행정기관
- ❑ 종합행정기관(지자체 등)이 협의회 구성주체인 경우
  → 당해 행정계획 담당부서에 설치

❑ 환경부서는 관련전문가 인력풀 정보제공, 협의회 참여 의견제시 역할수행

2) 협의회 구성시기

❑ 입안·수립권자가 행정기관인 경우
→ 사전환경성검토를 시작하는 때
❑ 입안·수립권자가 행정기관이 아닌 경우
→ 행정계획 승인 등의 신청(협의회 구성요청)일로부터 10일 이내 협의회 구성완료

3) 협의회 구성인원 : 10인 이내(위원장 1인 포함)

① 위원장
- 해당 행정계획에 관한 업무를 관장하는 공무원(과장급 이상)

② 위원
- 관계 행정기관 : 2~3인(위원장, 담당부서 공무원, 환경부서 공무원 등)
- 협의기관 : 1~2인(협의기관 공무원, 지방환경청 공무원 등)
- 관계전문가 : 6인 내외(환경평가관련 전문지식과 경험이 풍부한 자)

4) 협의회 구성의 특례

① 타 법에 의한 위원회의 협의회 구성 간주(시행령 제8조의3 제5항)
- 협의회 구성기준에 해당하는 자를 위원으로 구성하는 경우
  예 국토의 계획 및 이용에 관한 법률에 따라 구성된 중앙도시계획위원회

1.7.3 역할 및 효과

1) 협의회의 역할

❑ 대안 종류, 중점 검토항목, 항목별 세부내용 및 검토방법 등을 심의 결정
❑ 당해 행정계획의 유형 및 특성, 입지여건 및 환경특성 등을 토대로 검토

2) 협의회의 효과

❑ 협의기간의 단축

❑ 검토서 작성기간 및 비용 절감
❑ 검토서 초안 및 본안 작성의 합리성·객관성·신뢰성·효율성 제고

1.7.4 운영방법

1) 협의회 회의소집 및 의결

① 원칙
- 위원장이 회의소집, 과반수 이상 출석으로 개의
- 출석위원 과반수 이상 찬성으로 의결

② 서면심의
- 행정계획의 개발계획 규모가 환경영향평가 대상규모 미만인 경우
- 환경영향이 경미한 지역인 경우 평가 대상규모의 2배 미만까지 가능

③ 재심의
- 환경영향이 커서 위원들 간 이견이 많아 조정이 필요한 경우
- 출석위원 3분의 1 이상이 재심의를 요청하는 경우

2) 협의회 회의자료의 작성 및 제출

① 작성주체
- 행정계획을 입안·수립하는 행정기관의 장

② 작성내용
- 계획의 내용
- 위치도 및 토지이용현황
- 생태계 등 환경적 특성
- 토지이용 구상
- 대안의 종류
- 검토 대상항목 선정 및 선정이유 등

3) 협의회 개최기한

① 원칙 : 행정계획 승인신청서 접수일로부터 20일 이내

- 협의회 구성 : 승인신청서 접수일로부터 10일 이내
- 협의회 개최 및 심의결과 도출 : 협의회 구성일로부터 10일 이내

② 기한연장 : 1회에 한하여 10일 범위 내 연장가능
- 자료보완, 재심의 필요 등으로 인해 불가피한 경우

4) 심의의견 통보 및 활용

① 심의의견 통보
- 협의회 개최(심의완료)일로부터 3일 이내
- 협의회 위원장 → 행정계획 입안·수립부서, 승인 신청자, 협의기관

② 심의의견 활용
- 협의회 의견(심의결과)을 토대로 사전환경성검토서 초안 작성

2. 환경영향평가(EIA)

2.1 환경영향평가 제도의 개요

2.1.1 제도의 생성 및 의의

1) 환경영향평가 제도의 생성배경

- 1977년 환경보전법에 그 법적 근거를 도입
- 급속한 공업화, 인구의 폭발적인 증가 등으로 일정 지역의 자정능력(환경용량) 초과
- 오염물질에 대한 사후관리적 수단보다 사전에 예방하는 사전관리적 수단의 중요성 부각
- 개발사업의 경제성, 기술성 외에 환경보전을 주요 인자로 하여 사업계획의 합목적성을 평가하여야 한다는 견해 대두로 환경영향평가제도 생성

2) 환경영향평가 제도의 의의

- 사업 시행 전 환경보전측면의 충분한 고려를 통한 환경오염의 사전 예방
- 해당사업의 경제성·기술성·환경성을 종합적으로 고려하여 환경적으로 건전한 사업계획안을 모색하는 과정이자 계획기법
- 『환경영향평가법』 제1조(목적)에서는 "환경영향평가 대상사업의 사업계획을 수립·시행할 때 미리 그 사업이 환경에 미칠 영향을 평가·검토하여 친환경적이고 지속가능한 개발이 되도록 함으로써 쾌적하고 안전한 국민생활을 도모함"을 목적으로 제시하고 있으며,
- 제2조(정의)에서는 "환경영향평가 대상사업의 사업계획을 수립하려고 할 때에 그 사업의 시행이 환경에 미치는 영향을 미리 조사·예측·평가하여 해로운 환경영향을 피하거나 줄일 수 있는 방안을 강구하는 것"이라 정의

  ※환경영향평가(EIA) : Environmental Impact Assessment

2.1.2 제도의 기능

1) 정보제공 기능

- ❏ 해당 사업 실시로 인한 환경영향정도 등 환경정보를 정책결정권자에게 제공
- ❏ 해당 사업의 현황, 환경영향 등에 관한 정보를 지자체 및 지역주민에게 제공

2) 합의형성 기능

- ❏ 평가서 공람, 설명회·공청회 개최 등으로 지역주민 이해·설득 내지는 합의 형성을 촉진

3) 유도 기능

- ❏ 정책결정권자에게 환경적 측면의 유용한 정보를 제공, 친환경적인 계획 수립 유도
- ❏ 계획 입안자 스스로 환경보전목표를 설정, 그 목표를 유지·달성할 수 있도록 유도
  → 복수의 대안 중 환경영향을 최소화할 수 있는 방안을 선택, 보다 친환경적인 계획안이 되도록 유도하는 기능

4) 규제 기능

- ❏ 협의시 평가협의 조건을 첨부(조건부 동의)하여 특정 행위 등을 규제
- ❏ 협의완료 후 협의조건 이행상황 확인, 미 이행시 벌칙 등 제재

2.1.3 제도의 효과 및 한계

1) 효과

- ❏ 환경기초시설의 확충, 녹지의 원형보전 등 예방적 차원의 환경관리 가능
- ❏ 주민참여를 통해 사업계획 수립 전반에 대한 절차적 민주성 확보
- ❏ 교육의 장으로서 환경보전에 대한 사회적 관심 제고, 향후 발생 가능한 환경분쟁 예방
- ❏ 환경관련 법령 등 현행제도의 미비점 보완과 장기적 제도개선 유도

2) 한계

- 평가기법, 정보 · 자료 등의 불확실성 내포로 미래에 대한 정확한 예측 곤란
- 환경적 손실의 계량화, 금전화가 어려워 대안간 과학적인 비교 · 검토 곤란
- 개발과 보전의 조화수준에 대한 판단기준 모호(각 개인의 가치관에 따라 서로 다른 의견이 제시될 수 있음)

2.1.4 제도의 변천

1) 1971년

- 『공해방지법』 제16조에 "공해사전대책"이라는 표제로 도시개발, 산업단지조성 등의 사업을 추진할 경우 그 부근의 지리 · 기상 · 수리 등에 대하여 조사를 하도록 규정
- 조사항목 · 방법 등을 별도로 규정하지 않아 환경영향평가 제도로 발전하지 못함.

2) 1977년

- 『환경보전법』의 제정과 함께 동법 제5조에서 "사전협의"라는 표제하에 환경영향평가제도 도입근거 마련
- 하위 규정에 작성요령 등에 대해 규정하지 않음으로 인해 시행되지 못함.

3) 1979년

- 『환경보전법』에서 표제를 "사전협의"에서 "환경영향평가 및 협의"로 개정
- 평가대상사업의 종류 확대

4) 1981년

- 『환경영향평가서 작성 등에 관한 규정』 제정 · 고시
- 1982년부터 본격적으로 환경영향평가 시행
- 행정기관, 공공단체, 정부투자기관의 장이 시행하는 사업으로 국한

5) 1986년

- 『환경보전법』 제3차 개정, 민간개발사업도 환경영향평가를 받도록 의무화

6) 1990년

- 『환경보전법』 폐지, 『환경정책기본법』 제정
- 환경영향평가는 『환경정책기본법』 제2장에 별도의 절을 둠.
- 주민의견 수렴절차 명시
- 사후관리제도 신설
- 사전공사 시행 금지에 관한 규정 신설

7) 1993년

- 『환경정책기본법』에서 단일법으로 『환경영향평가법』 제정
- 실질적 주민의견수렴을 위해 설명회 또는 공청회를 의무적으로 개최
- 협의내용 관리대장 비치 및 관리책임자 지정을 의무화
- 협의내용 미 이행에 대한 형사처벌 규정 신설
- 법상 평가대상 미만의 사업에 대해서도 시 · 도 조례에 의거 평가를 실시할 수 있도록 규정
- 한국환경정책 · 평가연구원(KEI)을 설립, 평가서 검토 및 연구 업무수행
- 협의기준 위반시 협의기준 초과부담금 부과 · 징수토록 규정

8) 1999년

- 『환경 · 교통 · 재해 등에 관한 영향평가법』 제정으로 통합영향평가 기반조성
- 작성비용 현실화를 위해 분리발주제도 도입

  ※사업자가 영향평가대행자에게 영향평가를 대행하게 하기 위하여 계약을 체결하는 경우 대상사업의 공사에 관한 계약과 분리하여 별도로 계약을 체결하도록 함(2003.12.30 개정).
- 평가항목 · 범위 확정제도(scoping) 도입

  ※사업자는 해당 사업에 적용하여야 할 평가항목의 범위를 정하여 주도록 승인기관의 장에게 요청할 수 있고, 이 경우 승인기관의 장은 평가항목 · 범위 확정위원회의 심의를 거쳐 평가항목 · 범위를 결정하여 사업자에게 통보하도록 함(2003.12.30 개정).

9) 2008년

❑『환경·교통·재해 등에 관한 영향평가법』에서『환경영향평가법』으로 전면 개정

❑ 법률 명칭을『환경·교통·재해 등에 관한 영향평가법』에서『환경영향평가법』으로 변경

❑ 교통·재해·인구 영향평가에 관한 규정을 전부 삭제

❑ 환경영향평가의 기본원칙 신설

❑ '환경영향평가의 기준'을 해당 사업의 '환경보전목표 설정 시 참고하여야 할 기준'으로 변경(기준달성형 평가 → 지속가능형 평가)

❑ 평가항목의 변경 : 3개 분야 23개 항목 → 6개 분야 21개 항목

❑ 평가항목·범위 결정절차(scoping) 의무화 : 평가계획서 심의위원회

❑ 환경영향평가 과정에 주민참여 확대

❑ 보완내용이 경미할 경우 사후보완을 조건으로 협의 완료하는 조건부 협의제도 도입

❑ 변경협의 시 환경부장관의 의견을 들어야 하는 대상 조정

❑ 간이평가절차를 도입 환경영향이 적은 사업에 대한 평가절차 간소화

- 일반 평가절차 : 스코핑 → 초안 작성 → 의견수렴 → 평가서 작성·협의 → 사후관리
- 간이 평가절차 : 스코핑 → 평가서 작성·협의 및 의견수렴 → 사후관리

❑ 평가대행자의 등록기준 일부 변경

표 2-2 환경영향평가대행자 등록요건(기술인력)

종 전	개 정
·총 10명(기술사3, 기사7) : 총괄 - 2명(기술사1, 기사1) 이상 : 자연환경 - 3명(기술사1, 기사2) 이상 : 생활환경 - 4명(기술사1, 기사3) 이상 : 사회·경제환경 - 1명(기사) 이상	·총 10명(기술사3, 기사7) : 총괄 - 2명(기술사1, 기사1) 이상 : 자연생태환경 - 2명(기술사1, 기사1) 이상 : 토지환경 - 1명(기사) 이상 : 생활환경·기타 - 5명(기술사1, 기사4) 이상

2.2 환경영향평가 대상

2.2.1 법적근거

- 『환경영향평가법』 제4조 제1항 및 동법 시행령 제3조

2.2.2 협의대상

- 일정규모 이상의 대규모 개발사업(17개 분야 76개 사업)
- 세부 협의대상 사업의 종류 : 『환경영향평가법 시행령』 별표1 참조

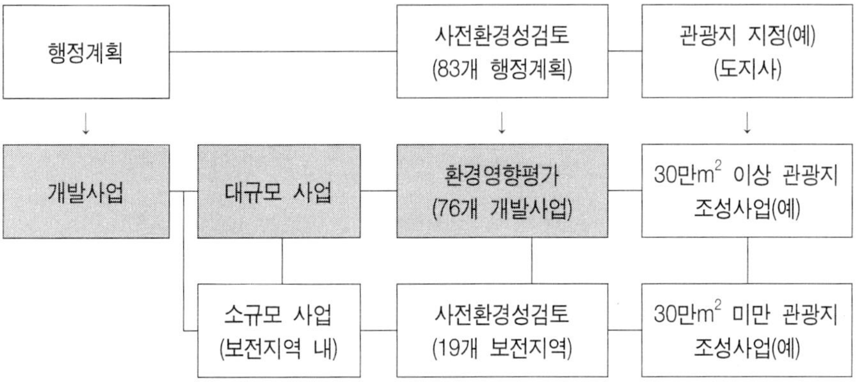

그림 2-5 환경영향평가 협의대상

2.2.3 협의 제외대상

- 법적근거 : 『환경영향평가법』 제4조의 2항
- 『재난 및 안전관리기본법』 제37조에 따른 응급조치를 위한 사업
- 국방부장관이 군사상 기밀보호나 군사작전을 긴급히 수행하기 위해 환경부장관과 협의한 사업
- 국가정보원장이 국가안보를 위해 필요하다고 인정하여 환경부장관과 협의한 사업

2.2.4 재작성·재협의 및 협의내용변경 대상

1) 평가서의 재작성·재협의 대상

- ❑ 법적근거 : 『환경영향평가법』 제21조 및 『환경영향평가법 시행령』 제31조
- ❑ 협의내용을 통보받은 후 5년 이내에 사업을 착공하지 아니한 경우
- ❑ 사업·시설 규모가 30% 이상 증가하는 경우(여러 번의 변경으로 30% 이상 증가하는 경우 포함)
- ❑ 환경영향평가 대상 최소사업규모 이상 증가하는 경우
- ❑ 공사가 7년 이상 중지된 후 재개하는 경우

2) 평가서의 협의내용변경 대상

- ❑ 법적근거 : 『환경영향평가법』 제22조 및 『환경영향평가법 시행령』 제32조
- ❑ 협의기준을 변경하는 경우
- ❑ 사업·시설 규모가 10% 이상 증가하는 경우
- ❑ 건축물, 공작물의 바닥면적 또는 건축연면적이 30% 이상 증가하는 경우
- ❑ 원형보전 하도록 한 지역에 대한 토지이용계획을 변경하는 경우(1만 제곱미터를 초과하지 아니하는 범위 내에서 전체 원형보전지역의 5% 이내 감소는 제외)
- ❑ 부지면적의 15% 이상 토지이용계획을 변경하는 경우
- ❑ 협의내용 변경 시 협의기관장의 의견을 듣도록 한 사항을 변경하는 경우
- ❑ 공정, 공법 등의 변경으로 오염물질이 30% 이상 증가하거나 새로운 오염물질이 배출되는 경우

2.2.5 간이평가절차 대상사업

- ❑ 법적근거 : 『환경영향평가법』 제30조 및 『환경영향평가법 시행령』 제36조
- ❑ 환경영향평가 대상사업 최소규모의 200% 이하인 사업
- ❑ 사업지역에 환경적·생태적 보전가치가 높은 지역이 포함되지 아니한 사업 (생태·자연도 1등급권역, 습지보호지역 및 주변관리지역, 자연공원, 야생동·식물 보호구역, 문화재 보호구역, 4대강 수변구역)

※위 항목 모두가 해당되는 사업에 한하여 간이평가절차 적용

2.3 환경영향평가서의 구성과 검토항목

2.3.1 구 성

1) 본문과 부록으로 구성

① 요약문
② 사업의 개요
③ 환경영향평가대상지역의 설정
④ 지역개황
⑤ 평가항목·범위 등에 대한 결정내용 및 조치사항
⑥ 주민 및 관계 행정기관 의견수렴 결과
⑦ 평가항목별 환경현황조사, 예측·평가, 저감방안 및 사후환경영향조사 계획
⑧ 환경에 미치는 영향의 저감방안(총괄)
⑨ 불가피한 환경영향 및 이에 대한 대책
⑩ 주민의 생활환경, 재산상의 환경오염피해 및 대책
⑪ 대안설정 및 평가
⑫ 종합평가 및 결론
⑬ 사전환경성검토 협의내용 반영여부
⑭ 부록
- 평가서 작성에 참여한 자의 인적사항
- 사업관련 상위계획 및 관계법령
- 용어 해설
- 평가서 작성 시 인용문헌 및 참고자료 등

2.3.2 검토항목

① 대기환경 분야 : 기상, 대기질, 악취, 온실가스
② 수환경 분야 : 수질(지표, 지하), 수리·수문, 해양환경
③ 토지환경 분야 : 토지이용, 토양, 지형·지질
④ 자연생태환경 분야 : 동·식물상(육상, 육수, 해양), 자연환경자산
⑤ 생활환경 분야 : 친환경적 자원순환, 소음·진동, 위락·경관, 위생·공중보건, 전파장해, 일조장해
⑥ 사회·경제 분야 : 인구, 주거, 산업

2.4 환경영향평가서 작성내용 및 작성주체

2.4.1 작성내용

1) 참고규정

❑ 『환경영향평가서 작성 등에 관한 규정』(환경부고시 제2008-223호)

2) 평가계획서 작성내용

① 평가계획서의 구성
- 사업의 목적 및 개요
- 사전환경성검토의 협의내용 및 반영여부(사전환경성검토 협의를 거친 경우에 한함)
- 지역개황(대상사업이 실시되는 지역 및 그 주변지역에 대한 환경현황)
- 환경영향평가대상지역의 설정
- 평가항목·범위 등의 설정
- 주민 등에 대한 의견수렴계획(법 제33조 제3항에 따라 의견수렴을 대체하고자 할 경우에는 그 이유를 포함)
- 간이평가절차 신청여부 및 그 이유

② 평가계획서 작성방법
- 환경현황 조사는 국가 환경DB, 문헌 등 기존 자료를 활용
- 가장 최근의 자료를 인용하고 인용문헌 또는 자료의 출처를 표기
- 사전환경성검토를 한 경우 사전환경성검토서의 내용을 활용하여 작성
- 평가계획서 본문은 A4용지 50면 이내로 작성

3) 평가서 초안 작성내용

① 평가서 초안의 구성
- 환경영향평가서(본안) 구성과 동일
- 주민의견수렴에 적합하도록 작성

② 평가서 초안 작성방법

- 사업 시행으로 인해 예상되는 주민의 생활환경 및 환경오염피해, 자연생태환경에 대한 영향 등에 관한 사항을 중심으로 작성
- 저감방안에 대하여는 가능한 둘 이상의 대안을 비교하여 장·단점을 객관적으로 기술
- 최종적으로 사업시행 시 이행할 저감방안을 선정·제시하고 그 선정사유를 명시
- 환경에 미치는 영향을 일반인이 이해하기 용이하도록 저감대책의 시행 전·후로 구분하여 환경기준 및 기타 평가의 척도가 될 수 있는 자료 등과 비교·분석하여 기재
- 평가서 초안의 본문은 100면 이내로 하고, 부록을 포함하여 200면 이내로 함을 원칙

4) 평가서(본안) 작성내용

① 평가서(본안)의 구성

- 요약문
- 사업의 개요
- 환경영향평가 대상지역의 설정
- 지역개황
- 평가항목·범위 등에 대한 결정내용 및 조치사항
- 주민 및 관계 행정기관 의견수렴 결과
- 항목별 환경현황조사, 예측·평가, 저감방안 및 사후환경영향조사 계획
- 환경에 미치는 영향의 저감방안(총괄)
- 불가피한 환경영향 및 이에 대한 대책
- 주민의 생활환경, 재산상의 환경오염피해 및 대책
- 대안설정 및 평가
- 종합평가 및 결론
- 사전환경성검토 협의내용 반영여부
- 부록
  - 평가서 작성에 참여한 자의 인적사항
  - 사업관련 상위계획 및 관계법령
  - 용어 해설

- 평가서 작성 시 인용문헌 및 참고자료 등

② 평가서(본안) 작성방법
- 평가항목·범위 등의 심의결과, 주민 및 관계행정기관 의견수렴 결과 등을 종합적으로 고려
- 과학적인 사실에 근거를 두고 객관적·논리적으로 작성
- 조사지역, 조사지점, 예측방법, 예측조건, 예측에 사용된 계수, 수치 등에 대한 선정근거를 명확히 제시
- 평가서 초안 내용과 상치되어서는 아니 되며 변경되는 경우에는 그 사유를 명시
- 평가서에 사용되는 전문용어는 일반인이 이해할 수 있도록 해설을 붙임.
- 가급적 도표·사진·그림 등을 활용하고, 본문은 300면 내외, 부록은 본문 분량의 2분의 1이내로 함을 원칙

2.4.2 작성주체

1) 현 국내법상 평가서 작성주체

① 사업계획을 수립·시행하는 사업자가 작성(사업자 중심주의)
- 환경영향평가대행자 대행 가능

② 사업자가 평가서를 작성해야 하는 이유
- 사업에 대한 상세한 정보를 사업자가 가지고 있음.
- 사업에 대한 책임이 사업자에게 있음.
- 평가서 작성 등에 대한 비용을 사업자가 부담함.
- 평가서에 대한 책임한계를 명확히 할 수 있음(사업자에게 책임을 묻기 쉽고, 공사중지 등 강경한 조치를 취할 수 있음).

2) 평가서 작성주체별 외국사례

① 사업자 중심주의
- 사업자 또는 사업자가 선정한 엔지니어링업체 등이 평가서를 작성토록 하는 입법례
- 대한민국, 일본, 프랑스, 영국, 네덜란드 등의 국가에서 채택 중

② 행정기관 중심주의
- 공공사업뿐만 아니라 민간사업의 경우에도 해당 사업의 승인권한을 갖는 기관이 평가서를 작성토록 하는 입법례
- 미국, 캐나다 및 독일의 일부 지방자치단체(예 에어랑겐, 칼스루헤 등)에서 채택 중

③ 중립적 제3기관 작성
- 사업자 또는 사업승인기관 등으로부터 독립된 기관이 평가서를 작성토록 하는 사례
- 문헌상으로는 제시되고 있으나 실제로 도입·운용하고 있는 국가사례는 없음.

2.5 환경영향평가 시행절차

2.5.1 시행절차

1) 대상사업에 대한 현황파악 및 자료수집

- ❑ 행정계획단계에서의 사전환경성검토 수행여부 확인 및 자료수집
- ❑ 사업특성 및 지역특성 파악

2) 평가계획서의 작성 및 심의요청

- ❑ 평가계획서 포함사항을 반영하여 사업자가 작성
- ❑ 평가계획서의 심의요청 : 사업자 → 승인기관

3) 평가계획서심의위원회 개최 및 심의

- ❑ 사업자의 심의요청에 따라 승인기관의 장이 심의위원회 구성 및 개최
- ❑ 승인기관의 장은 30일 이내에 심의결과를 사업자에게 통보

4) 환경영향평가서 초안 작성, 공고·공람 및 주민의견 수렴

- ❑ 평가계획서 심의결과를 바탕으로 평가서 초안 작성

❑ 의견수렴을 위한 공고·공람 및 설명회 개최
❑ 설명회 개최 후 주민요구 시 공청회 개최

5) 환경영향평가서 작성 및 협의

❑ 의견수렴 내용을 반영한 환경영향평가서 작성
❑ 사업자 → 승인기관에 제출 → 협의기관에 협의요청

6) 협의내용 통보 및 반영

❑ 협의내용 통보 : 협의기관 → 승인기관 → 사업자
❑ 협의내용 반영 및 통보 : 사업자 → 승인기관 → 협의기관

7) 협의내용 관리 및 사후환경영향조사 시행

❑ 환경영향평가 협의완료 후 공사 시 및 공사완료 후 일정기간 동안 시행

2.5.2 환경영향평가 시행절차도

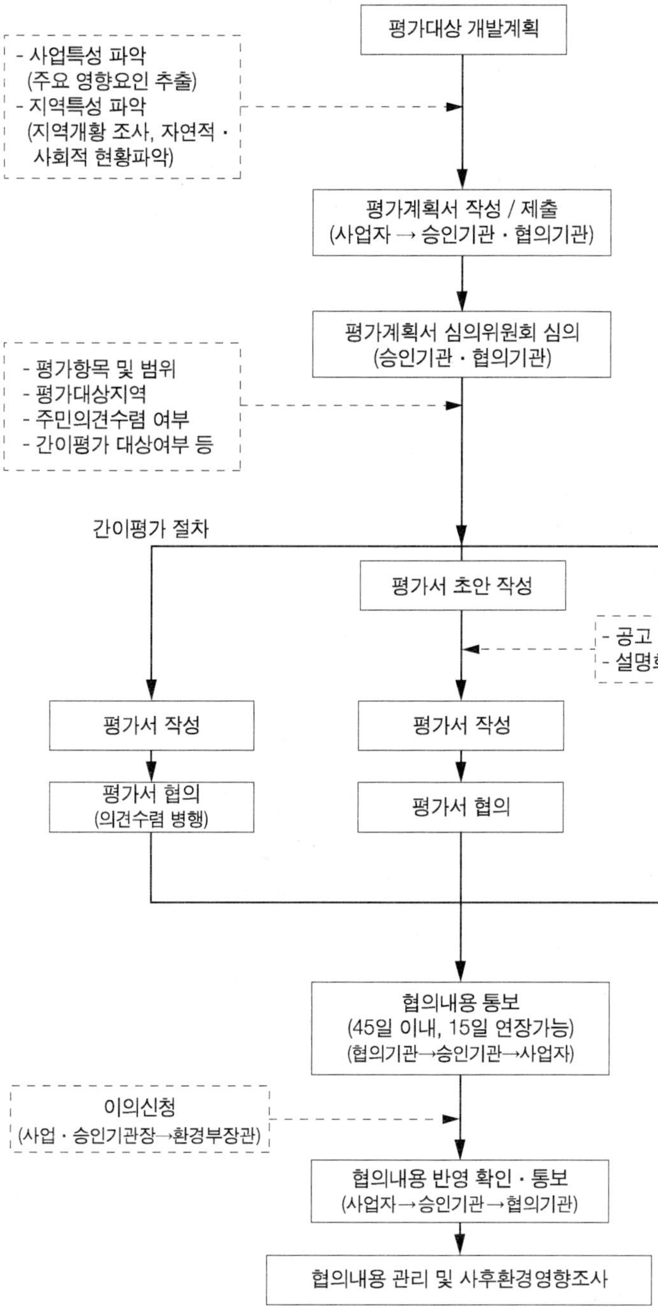

그림 2-6 환경영향평가 시행절차

2.6 평가계획서의 작성 및 평가항목·범위 결정방법

2.6.1 평가계획서의 작성

1) 작성주체 및 작성시기

- 사업자 작성 원칙, 평가대행자 위탁 작성 가능
- 평가서 초안 작성 전에 작성, 평가계획서심의위원회 심의자료로 활용

2) 평가계획서 작성시 포함사항

- 대상사업의 목적 및 개요
- 환경영향평가 대상지역
- 평가항목·범위 결정 및 조사·예측·평가방법
- 간이평가절차 대상사업 해당여부
- 의견수렴의 대체여부

※평가계획서는 50면 이내로 작성함을 원칙

2.6.2 평가항목·범위 결정방법

1) 평가항목·범위 결정시 고려사항

- 사업의 개요 및 계획안의 특성으로부터 영향요소를 정리
- 지역특성의 파악을 통하여 지역의 주요 이슈 및 영향대상을 확인
- 사전환경성검토서에서의 주요 논의사항을 확인, 계획안에 반영되었는지의 여부와 반영되지 않은 경우 그 이유를 확인
- 위 세항의 내용을 토대로 영향요소, 요인, 항목과의 관계를 설정
- 환경영향의 중요도에 따라 해당 사업에 적용할 평가항목을 선정
- 평가항목별로 조사·예측·평가방법 및 범위를 결정

2) 평가항목 · 범위 결정 절차

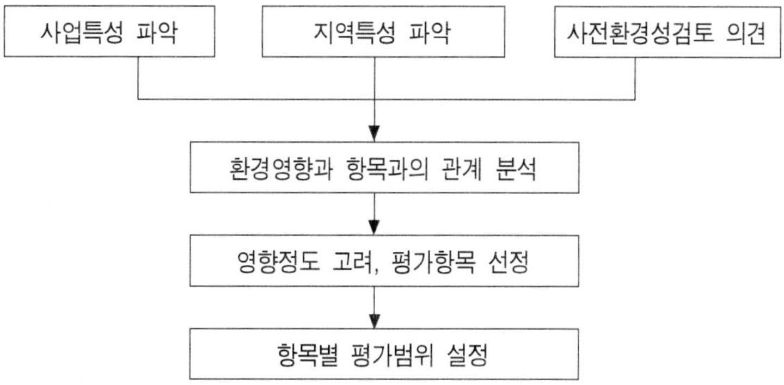

그림 2-7 평가항목·범위 결정 절차

2.7 평가계획서 심의위원회 운영 및 스코핑(scoping)

2.7.1 평가계획서 심의위원회의 운영

1) 심의위원회의 구성(심의위원장 포함 10인 내외)

- ❑ 승인기관의 장이 지명하는 소속 공무원 1명 이상
- ❑ 협의기관의 장이 지명하는 소속 공무원 1명 이상
- ❑ 심의위원장이 위촉하는 관련분야 학식 · 경험이 풍부한 사람 1명 이상
- ❑ 해당 지방자치단체장 또는 관계 중앙행정기관장이 추천하는 소속 공무원 또는 전문가 중 평가계획서 심의위원장이 임명하거나 위촉하는 사람 1명 이상

2) 심의위원회의 기능

- ❑ 해당 사업의 환경영향평가 대상지역 심의
- ❑ 해당 사업에 적용할 평가항목 · 범위 심의
- ❑ 선정된 평가항목별 조사 · 예측 · 평가의 방법 심의
- ❑ 법 제30조 제1항에 따른 간이평가절차 대상사업 해당여부 심의
- ❑ 법 제33조 제3항에 따른 의견수렴 대체 가능여부 심의

❑ 그 밖에 평가계획서심의위원장이 필요하다고 인정한 사항 등의 심의

3) 평가계획서 심의기간

❑ 30일(평가계획서 보완기간 및 공휴일은 미산입)

2.7.2 스코핑(scoping) 제도

1) 스코핑 제도의 개념

❑ 환경적 이슈를 사업초기단계에 미리 정하여 평가를 함으로써 평가서 작성·협의기간 단축 및 평가서의 질을 향상시키기 위하여 평가항목 및 범위 등을 결정하는 절차

※스크리닝(screening) : 사업의 규모에 상관없이 해당사업이 환경에 미치는 영향정도를 파악하여 평가대상 여부를 결정하는 제도

2) 스코핑 제도의 유래

❑ 미국에서 유래 : 법률에 의해 요구되는 환경영향평가 시행을 위한 준비절차
❑ 1977년 카터대통령이 환경위원회(Council on Environmental Quality ; CEQ)에 환경영향평가와 관련된 많은 문제점을 극복하기 위한 새로운 규정을 마련할 것을 지시한 것이 스코핑 제도의 도입배경

3) 스코핑 제도의 필요성

❑ 평가에 소요되는 시간과 비용의 절약
❑ 지역주민, 이해당사자 참여로 사회적 갈등 최소화

4) 스코핑 제도의 운영

① 스코핑 절차
- 평가계획서 작성 및 제출 : 사업자 → 승인기관
- 스코핑 위원회 개최 및 심사 : 승인기관
- 심사결과 통보 : 승인기관 → 사업자
- 스코핑 결과에 의거 평가서 작성 및 협의

② 스코핑 위원회의 구성 및 운영
- 구성 : 위원장 포함 10인 내외
- 운영
  - 의결방식 : 합의제를 원칙(의사결정 필요시 과반수 이상 출석, 과반수 이상 찬성)
  - 심의기간 : 평가계획서 접수 후 30일 이내
  - 운영방식 : 회의 소집 심의 원칙(서면심의 가능)

5) 스코핑 제도의 도입효과

❑ 사업 및 지역특성을 고려한 평가 가능 → 평가의 질적 향상 도모
❑ 사업자의 시간적·경제적 부담 경감
❑ 사업 초기단계 지역주민 참여기회 부여 → 사회적 갈등 해소
❑ 평가의 신뢰성 증대

2.8 주민의견 수렴

2.8.1 목 적

❑ 사업시행에 따른 환경영향의 직접적 피해자이자 해당 지역의 실정에 밝은 주민의 의견을 듣고, 사업의 시행으로 인한 지역주민의 생활 및 재산상의 환경피해를 파악하여 이해관계를 미리 조정함은 물론 환경영향평가서의 내실화를 기하기 위함.

2.8.2 수렴범위

❑ 대상사업 시행으로 영향을 받게 되는 지역
❑ 범위 확대 시 환경 외적인 사항, 무책임한 의견 제시로 사업지연 초래 우려

2.8.3 수렴방법

1) 평가서 초안의 공고 · 공람

- ❑ 당해사업을 관할하는 시장 · 군수 · 구청장이 사업자로부터 평가서 초안을 접수받아 접수일로 부터 10일 이내에 중앙 및 지방 일간신문에 각각 1회 이상 공고(공고 시 포함사항 : 사업 개요, 평가서 초안 공람기간 및 장소, 의견제출 시기 및 방법)
- ❑ 해당사업의 시행으로 영향을 받게 되는 지역주민에게 20일 이상 60일 이내의 범위에서 공람

2) 설명회의 개최

- ❑ 평가서 초안 공람기간 시작일로부터 10일 이내에 설명회 개최
- ❑ 설명회 개최 7일 전까지 중앙 및 해당지역 일간신문에 각각 1회 이상 공고(공고 시 포함사항 : 사업개요, 설명회 일시 및 장소 등)
- ❑ 대상사업이 둘 이상의 시 · 군 · 구에 걸치는 경우 각각의 시 · 군 · 구에서 설명회 개최(사업자가 시장 · 군수 · 구청장과 협의한 경우 통합개최 가능)

3) 공청회의 개최

- ❑ 평가서 초안에 대한 설명회 개최 후 주민 요구가 있을 경우 공청회 개최
  - · 공청회 개최가 필요하다는 의견을 제출한 주민이 30인 이상인 경우
  - · 공청회 개최가 필요하다는 의견을 제출한 주민이 5인 이상으로서 평가서 초안에 대한 의견을 제출한 주민 총 수의 50% 이상인 경우
- ❑ 공청회 개최 14일 전까지 중앙 및 해당지역 일간신문에 각각 1회 이상 공고

4) 주민의견 제출

- ❑ 공람기간 만료 후 7일 이내에 해당 시장 · 군수 · 구청장에게 제출

2.8.4 수렴절차

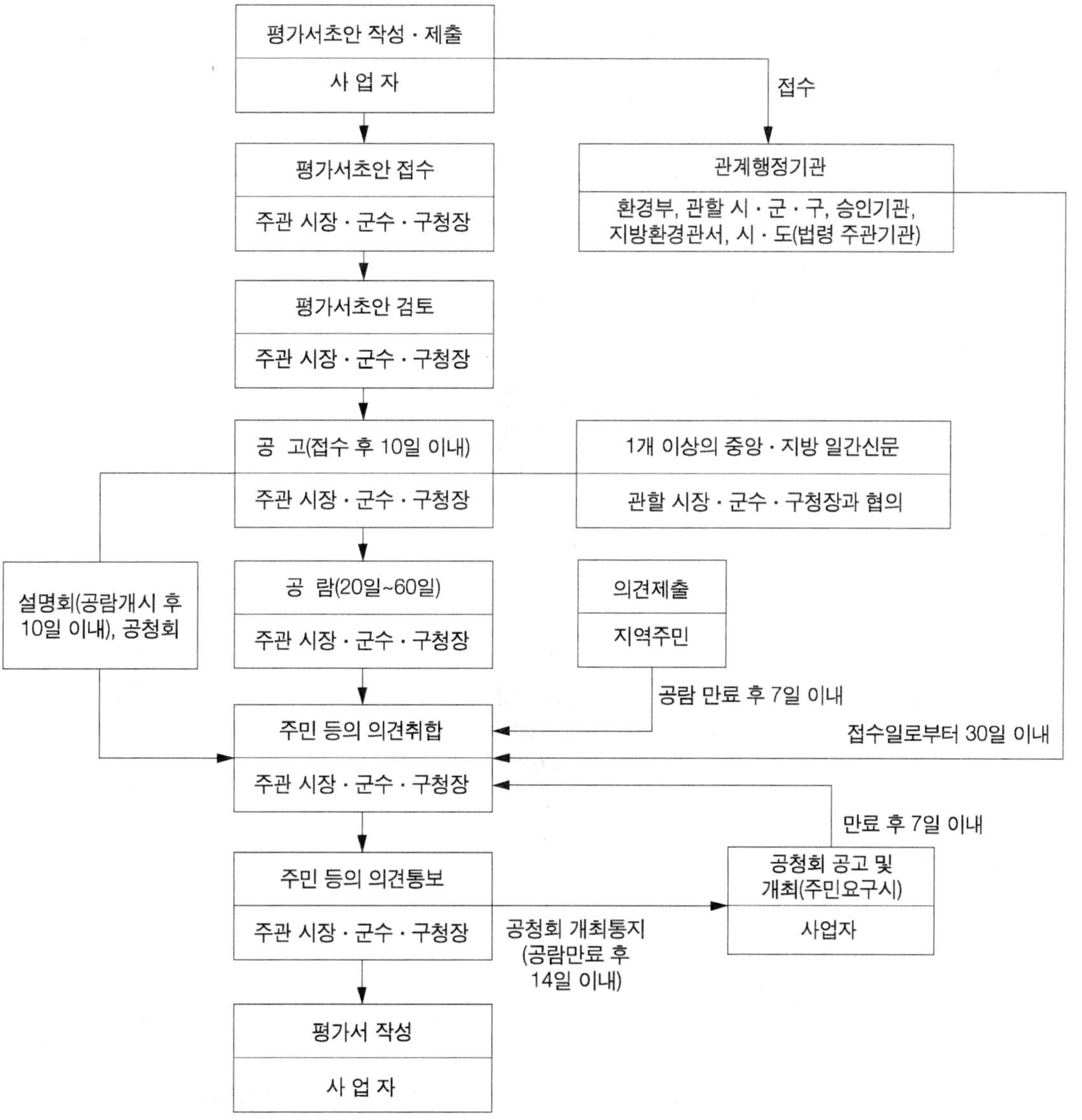

그림 2-8 주민의견 수렴절차

2.8.5 지역 및 범위설정 외국사례

1) 평가서 공람, 설명회, 공청회 등의 실시지역 범위

❑ 사업과 직접적으로 관계되는 지역

2) 평가서 의견수렴의 범위

❑ 대다수 국가에서 의견수렴 범위를 제한하지 않음.

표 2-3 국가별 의견수렴 범위

국가별	의견을 제출할 수 있는 자의 범위
미 국	·특별히 의견을 듣는 지역을 한정하고 있지 아니함. : 의견을 제출할 수 있는 자를 관심을 가지고 있는 개인이나 단체로 규정
캐나다	·특별히 의견을 듣는 지역을 한정하고 있지 아니함. : 공중의 의견을 듣도록 규정
영 국	·의견을 가진 자는 누구나 의견을 제출하는 것이 가능하도록 규정
네덜란드	·몇 명이라도 의견을 제출하는 것이 가능하도록 규정
이탈리아	·모든 국민이 의견을 제출할 수 있도록 규정
독 일	·사업계획에 의해 영향을 받는 자는 누구라도 의견을 제출할 수 있음.
일 본	·각 영향평가에서는 사업이 실시되는 지역의 주민으로 한정 ·환경영향평가법에서는 지역주민에 한정하지 아니하고 누구나 의견을 제출할 수 있도록 의견제출 기회를 확대

2.9 사후환경영향조사

2.9.1 목 적

❑ 협의내용에 따른 평가항목별 환경영향을 조사하고 필요시 조치

❑ 사업착공 후 발생될 수 있는 환경영향으로 인한 주변 환경의 피해 방지

2.9.2 법적근거

❑『환경영향평가법』 제24조 및『환경영향평가법 시행령』 제33조

❑ 『환경영향평가서 작성 등에 관한 규정』 제25조

2.9.3 대상사업

❑ 법적근거 : 『환경영향평가법 시행령』 별표 3
❑ 환경영향평가 대상사업

2.9.4 조사항목

❑ 환경영향평가 항목에 따른 저감대책의 적정 시행여부
❑ 추가 저감대책 수립이 필요한 항목 선정
❑ 사업 및 지역특성에 따라 환경기준 외의 오염물질 또는 생태계 등에 대한 모니터링

2.9.5 조사기간/주기/시점

1) 조사기간

❑ 사업특성 및 주변환경 여건 등을 고려하여 조정
❑ 대상사업별 조사기간 : 『환경영향평가법 시행령』 별표 3 참조

2) 조사주기

❑ 환경상황을 적절히 파악할 수 있는 적정 주기
❑ 공사시, 운영시로 구분
❑ 분기, 반기, 연 중 적정주기를 선정

3) 조사시점

❑ 공사 착수시점 : 공사시 영향을 미칠 것으로 예측된 조사항목
❑ 운영 개시시점 : 운영시 영향을 미칠 것으로 예측된 조사항목

표 2-4 항목별 조사기준

구 분		조사항목	조사지역	조사지점	조사방법	조사주기
대 기 질	공사시	환경기준항목(사업시행으로 인한 환경영향이 없거나 경미한 항목은 제외할 수 있다)	사업시행에 따라 영향을 받을 것으로 예상되는 지역	환경영향평가시 조사예측한 지점	대기오염공정 시험 방법	분기 1회 이상
	운영시	〃	〃	〃	〃	반기 1회 이상
소 음	공사시	〃	〃	〃	소음진동공정 시험방법	분기 1회 이상
	운영시	〃	〃	〃	〃	반기 1회 이상
수 질	공사시	〃	〃	〃	수질오염공정 시험방법	분기 1회 이상
	운영시	〃	〃	〃	〃	반기 1회 이상
악 취 (조사대상으로 지정시)	공사시	악취농도의 순간농도 및 출현빈도	평가서 및 협의서에서 지정된 지역	〃	대기오염공정 시험방법	반기 1회 이상
	운영시	〃	〃	〃	〃	연 1회 이상
지형·지질 (조사대상으로 지정시)	공사시	보존가치가 있어 지정된 지형·지질의 형태 등	〃	〃	현지조사	반기 1회 이상
	운영시	〃	〃	〃	〃	연 1회 이상
동·식물상 (조사대상으로 지정시)	공사시	보호가치가 있어 지정된 동·식물 서식현황 등	〃	〃	현지조사 및 탐문조사	반기 1회 이상
	운영시	〃	〃	〃	〃	연 1회 이상

2.9.6 기대효과

- ❑ 환경영향평가의 실효성 확보
- ❑ 지속적인 사업관리와 환경영향 오차제거
- ❑ 평가 시 예측하지 못한 상황발생에 대한 감시, 발견, 새로운 저감대책 모색

3. 전략환경평가(SEA)

3.1 전략환경평가 제도의 개요

3.1.1 제도의 개념

- ❑ 사업계획 이전단계의 정책(policy), 계획(plan), 프로그램(program) (PPPs 또는 3P로 불림)에 대한 환경평가를 말함.

※전략환경평가(SEA) : Strategic Environmental Assessment

3.1.2 제도의 의의

- ❑ 상위 행정계획과 하위 행정계획간의 연계성 부족문제 해결
- ❑ 상위 행정계획부터 환경적 요소를 고려한 친환경적인 행정계획 수립 가능
- ❑ 행정계획을 수립하는 부처 또는 개발자가 스스로 환경적인 고려를 할 수 있도록 지원
- ❑ 하위 행정계획(개발을 직접적으로 유발하는 행정계획)에 대한 환경적 검토 수행시스템 구축
- ❑ 개발과 환경보전의 조화 도모

3.2 전략환경평가의 필요성

3.2.1 프로젝트 수준에서의 환경영향평가 한계

1) 연계된 개발에 대한 환경영향평가의 어려움

- ❑ 주요 개발사업에 연계되어 시행되는 사업들과 간접적으로 시행되는 사업으로부터 발생되는 환경영향을 평가하는데 대한 어려움.

2) 대안의 배제

❑ 대안들이 해당 프로젝트의 상위단계인 계획과정의 초기단계에 이루어졌던 의사결정에 의해 이미 배제되어 알 수 없게 되므로 프로젝트 평가단계에서는 선택된 안에 대한 환경영향평가만 이루어지게 됨.

3) 누적영향 평가의 어려움

❑ 여러 개의 사업으로부터의 결합된 환경영향들은 개별 프로젝트 수준 평가결과들의 단순한 합산에 의해서는 관찰되어지지 않을 수가 있음.

3.2.2 지속가능한 개발에 대한 요구

❑ 지속가능한 개발은 모든 수준의 의사결정에서 새로운 정책, 계획, 프로그램들과 프로젝트를 평가하고 구성할 때 환경적·경제적·사회적 고려를 통합하기 위한 절차와 평가방법을 확충하도록 요구함.

3.3 전략환경평가의 시행기준 및 조건

3.3.1 시행기준

❑ 통합적이어야 한다(is integrated)
❑ 지속가능성을 유도하여야 한다(is sustainability-led)
❑ 초점이 맞추어져야 한다(is focused)
❑ 책임성이 있어야 한다(is accountable)
❑ 참여적이어야 한다(is participative)
❑ 반복적이어야 한다(is iterative)

3.3.2 절차적 시행조건

❑ 법적근거에 의한 시행

- ❑ 적용범위와 스크리닝(screening)
- ❑ 스코핑(scoping)
- ❑ 대안평가 및 전략환경평가서 준비
- ❑ 참여와 출간
- ❑ 최종검토와 의사결정
- ❑ 모니터링(monitoring)과 감사

3.3.3 시행 시 유의사항

- ❑ 시행절차는 대상과 내용에 따라 탄력적 대응
- ❑ 스코핑이나 복수안 비교평가를 통한 충분한 분석
- ❑ 평가문서는 정보제공 기능위주로 알기 쉽게 기재
- ❑ 평가의 중복 예방을 위해 사업실시단계에서 SEA 결과를 충분히 활용

3.4 전략환경평가의 효과와 한계

3.4.1 효 과

- ❑ 다양한 계획과 사업에 대한 환경배려(사전 예방적 효과)
- ❑ 해당 계획 등이 갖는 환경영향에 대하여 광범위한 고려가 가능
- ❑ 상위단계에서 보다 넓은 범위의 대안 설정 가능
- ❑ 계획 수립과정에서 이해당사자와 전문가 등의 공중참여 활성화

3.4.2 제한요인

- ❑ 시간과 비용상의 문제
- ❑ 전략환경평가 수행을 위한 기반 미비

3.5 국내 전략환경평가 제도의 도입 및 현황

3.5.1 도입배경

1) 환경영향평가 제도상의 문제점

❑ 환경단체, 종교계 등과의 갈등으로 인한 공사중단 사례 발생(새만금 간척사업, 사패산 터널, 천성산 터널)

2) 기존 사전환경성검토 제도상의 문제점

❑ 검토대상의 부족 : 38개 행정계획에 한정
❑ 사회적 합의형성기능 미흡
❑ 친환경적 계획수립 유도기능 미흡
❑ 계획수립의 불편 및 절차적 비합리성 유발

3.5.2 주요내용

1) 도입 추진과정

① 2003년 3월 : 대통령 지시
 · 기존 사전환경성검토 제도를 선진 "전략환경평가" 체계로 개선하기 위한 정책 추진

② 2004년 6월 : 제도개선 방안마련
 · 계획수립기관이 계획의 적정성, 입지의 타당성 평가

③ 2005년 5월 : 환경정책기본법 개정·공포
④ 2006년 5월 : 환경정책기본법 시행령 개정
 · 전략환경평가 개념이 도입된 개선된 사전환경성검토 제도로 본격시행

2) 도입 내용

① 전략환경평가의 개념 및 원칙 도입
 · 사전환경성검토 제도를 "대안 설정·분석 등을 통한 환경측면의 계획의 적

정성과 입지의 타당성 등을 검토하는 것"으로 정의

② 전략환경평가 대상범위의 합리적 조정

· 전략환경평가 대상을 환경에 영향을 미치는 모든 행정계획으로 확대(현행 38개 → 83개)하여 행정계획에서부터 개별 개발사업에 이르기까지 환경적인 영향을 체계적, 단계적으로 평가하는 체계를 구축

③ 계획 수립 초기부터 환경성을 검토하고 의견을 수렴

· 종전 사전환경성검토 제도에는 없었던 대안·평가항목 선정을 위한 스코핑 절차와 주민·관계전문가·환경단체 등 이해당사자의 의견을 수렴하는 절차를 신설

④ 환경영향평가와의 차별성·연계성 제고

· 전략환경평가는 개발사업 이전 행정계획 단계에서 계획의 적정성, 입지의 타당성 등을 검토

· 환경영향평가는 입지가 결정된 이후의 개발사업 단계에서 환경영향 저감방안을 검토

· 절차간 중복성 문제를 해소하기 위하여 전략환경평가서(법적명칭은 사전환경성검토서)의 내용을 환경영향평가서에 인용할 수 있도록 하였고, 사전환경성검토 시 주민 등의 의견을 수렴한 것이 환경영향평가 단계의 주민 등의 의견수렴을 대체할 수 있다고 판단되는 경우에는 환경영향평가 단계에서 의견수렴을 생략할 수 있도록 함.

4. 환경성평가 제도의 문제점 및 발전방향

4.1 국내 환경성평가 제도의 특색 및 문제점

4.1.1 제도의 특색

1) 잦은 제도의 변화

❑ 1977년(환경보전법)~2008년(환경영향평가법)에 이르기까지 수많은 제·개정 과정을 거침.

2) 협의제도로의 도입

❑ 1981년 제정된 평가서 작성지침에 평가시기를 계획 구상단계부터 시작하도록 규정

3) 규제적 성격

❑ 평가제도를 협의로 인식하고 분야별, 항목별로 내용을 규제

4) 사업자와 승인기관 역할 미비, 협의기관 책임 강화

5) 조정 절차로서의 기능 강조

4.1.2 제도의 문제점

1) 평가관련 주체에 관한 문제

① 주민참여 관련문제
- 주민참여 시기가 늦음
- 주민참여 대상이 한정
- 주민참여(설명회, 공청회) 운영방법 미흡

② 승인기관의 역할 미비
- 승인기관 승인시 환경적 측면에서의 승인기준 미정립

· 복합사업, 지역전체에 대한 환경적 고려 부족

③ 환경성검토협의회 등 심의회(자문위원회) 관련문제
· 심의회의 위상 및 역할규정이 불명확
· 심의회를 의사결정 기관으로 오인(자문기관으로의 인식전환 필요)
· 심의회 논의과정의 비공개

④ 협의기관 운영상의 문제
· 규제적 성격의 협의기관 운영
· 협의 판단기준이 획일적이며 일관성 결여
· 협의기관 담당자의 업무부담 및 한계, 외부압력 잔존

⑤ 사업자 및 평가대행자의 문제
· 사업자 : 경제적 수익성 중시
· 평가대행자 : 불합리한 계약구조에 따른 평가서 부실작성

⑥ 검토기관의 문제
· 검토기관, 검토자의 총괄적 역할 부족
· 검토기준의 부재로 검토의견의 일관성, 객관성 유지가 곤란

2) 평가서 작성에 관한 문제

① 평가서 부실작성
· 스코핑의 형식적 시행
· 기술력을 무시한 평가서 작성비용 산정

② 평가기준의 객관화 및 수치화 제한
③ 평가항목 선정방식 및 중점평가의 한계
④ 평가 내용의 획일적, 나열적

3) 평가제도 운영상의 문제

① 평가서 초안을 주민의견 수렴용으로 오인

② 협의제도로서의 한계
- 규제형 성격으로 인해 사업자의 동기부여 미흡(협의통과에 급급)

③ 평가 대상사업 선정상의 문제
- 평가대상사업 분류가 환경적 영향의 중대함이 아닌, 규모에 의해 결정

④ 형식적인 대안설정

⑤ 평가 시행시기상의 문제
- 평가 완료시점은 명시, 시작시점은 불명확
- 평가 시작시기가 늦어짐 → 사업계획 부실, 평가서 부실 초래

4.2 환경성평가 제도의 발전방향

4.2.1 기본방향의 재설정

1) 평가제도의 역할 재설정

❑ 확정된 계획안에 대한 협의가 아닌 최상의 계획안 수립을 위한 정보교류

표 2-5 평가제도의 역할 재설정 방향

기 존 인 식	발 전 방 향
수립된 계획안에 대한 심사/협의	계획안을 수립하기 위한 환경정보 생산 및 교류 시스템

2) 전략환경평가의 재설정

❑ 전략환경평가의 역할 인식 및 재설정

표 2-6 환경영향평가와 전략환경평가의 재설정

환경영향평가	전략환경평가
환경적 측면에서의 심사	환경성, 경제성, 정치성에 대해 종합심사
협의기관이 심사/보완요구	승인기관 및 계획수립기관이 심사/보완요구

3) 평가 대상사업의 재설정

❑ 전략환경평가와 환경영향평가 제도의 특성을 고려한 대상사업 재설정

표 2-7 평가 대상사업의 재설정 방안

현 행	발전방향
· 행정계획, 보전용도지역의 소규모 개발사업 → 사전환경성검토	· 행정계획(정책계획/개발기본계획), 복수의 개발사업 → 전략환경평가
· 대규모 개발사업 → 환경영향평가	· 단일 대규모 개발사업 → 환경영향평가 · 환경보전이 필요한 지역에서의 소규모 개발사업 → 소규모 환경영향평가

4.2.2 평가절차의 개선

1) 대상사업에 따른 절차의 차별화

❑ 사업특성, 지역특성에 따른 평가절차 분류(평가제외, 간이평가, 상세평가 등)

2) 스코핑(scoping)의 활성화 및 운영방안 가이드라인 마련

3) 계획단계와 승인단계의 분리

❑ 사업자, 승인기관, 협의기관의 역할과 절차의 분리

4) 사후관리와 사후평가의 분리

❑ 사후관리 : 사업자가 실시, 승인기관/협의기관이 관리
❑ 사후평가 : 연구기관, 검토기관, 평가대행 협회 등이 수행

4.2.3 각 주체별 역할 개선

1) 승인기관의 책임강화

❑ 사업승인 근거의 기록(ROD) 및 정보공개

2) 협의기관의 역할 효율화

- ❑ 환경영향이 작은 사업 : 관련법규에 의한 담당부처에서 협의
- ❑ 일반적인 환경평가사업 : 현행유지(환경부가 협의기관 역할 수행)
- ❑ 국책사업, 환경이슈, 사회적 논란 예상사업 : 외부 전문가 구성·협의

3) 검토기관의 전문성과 중립성 확보

- ❑ 평소 외부 전문가 등 인재풀 확보
- ❑ 정보공개를 통한 검토의견 비교·평가 → 중립성, 독립성, 신뢰성 확보

4) 평가대행자의 컨설팅 역할 강화

- ❑ 평가항목에 대한 조사, 예측, 저감방안 수립 등의 대행에서 벗어나 최적 계획 수립을 위한 환경정보 제공의 역할 담당

4.2.4 의사결정의 투명성 보장 및 합의형성

1) 정보공개 개선

- ❑ 환경평가 전 단계에서의 정보공개 및 주민참여 보장(스코핑 단계, 평가서 초안·본안, 검토기관/협의기관/승인기관 의견, 심의회 논의사항 등)

2) 주민참여 개선

- ❑ 계획 초기단계부터 참여 가능토록 참여기회 확대
- ❑ 의견수렴 대상범위 확대(해당지역 주민 → 공중참여(제3자, 전문가, 행정기관 포함))

5. 환경성평가 관련법규 및 참고자료

5.1 관련법규 및 규정·지침

5.1.1 관련법규

표 2-8 환경성평가 관련 법규 목록

소관부서	관 련 법 규	비 고
환 경 부	· 환경정책 기본법 · 환경영향평가법 · 자연환경보전법 · 자연공원법 · 수질 및 수생태계 보전에 관한 법률 · 수도법 · 하수도법 · 대기환경보전법 · 환경보건법 · 지속가능발전법 · 환경분야 시험·검사 등에 관한 법률 · 습지보전법 · 토양환경보전법 · 독도 등 도서지역의 생태계 보전에 관한 특별법 · 야생동·식물 보호법 · 소음·진동 규제법 · 한강수계(낙동강, 영산강, 금강) 수질개선 및 주민지원 등에 관한 법률 · 자원의 절약과 재활용 촉진에 관한 법률 · 폐기물관리법 · 폐기물처리시설 설치촉진 및 주변지역지원 등에 관한 법률	
국토해양부	· 국토기본법 · 국토의 계획 및 이용에 관한 법률 · 도시공원 및 녹지 등에 관한 법률 · 택지개발촉진법 · 주택법 · 하천법 · 재난 및 안전관리기본법 · 지하수법 · 토지이용규제 기본법 · 도시개발법	

소관부서	관 련 법 규	비 고
국토해양부	·도로법 ·산업입지 및 개발에 관한 법률 ·골재채취법 ·경관법 ·댐건설 및 주변지역지원 등에 관한 법률 ·공유수면매립법	
기 타	·농어촌정비법 ·초지법 ·관광진흥법 ·전원개발촉진법 ·전기사업법 ·어촌·어항법 ·백두대간 보호에 관한 법률 ·교육기본법 ·산림자원의 조성 및 관리에 관한 법률 ·산지관리법 ·체육시설의 설치·이용에 관한 법률 ·저탄소 녹색성장 기본법 ·국방·군사시설 사업에 관한 법률	

5.1.2 관련규정·지침

표 2-9 사전환경성검토 관련 규정·지침 목록

구 분	규정 및 지침	비 고
고시 (4)	·사전환경성검토서 작성 등에 관한 규정 ·골프장의 중점 사전환경성 검토항목 및 검토방법 등에 관한 규정 ·산업입지의 개발에 관한 통합지침(국토해양부 공동) ·농공단지의 개발 및 운영에 관한 통합지침(국토해양부 등 공동)	(2008-108호) (2008-83호) (2009-91호) (2009-46호)
예규(1)	·사전환경성검토 협의 및 협의내용관리 등에 관한 업무처리 규정	(2009-357호)
지침 (11)	·사전환경성검토 업무매뉴얼 ·환경성검토협의회 구성과 운영방법 안내 ·수해복구사업 사전환경성검토 협의업무 처리지침 ·소규모 공장의 사전환경성검토 간소화 운영지침 ·자연발생석면 우려지역 환경성검토 협의 강화방안 ·관리지역 세분 관련 환경분야 협의자료 서식 및 보전관리 편입대상 지역 ·원형보전지역 개발의 협의절차 운영지침 안내 ·관리지역 내 개별공장 설립시 입지검토 방안 ·소규모 계획·개발사업(국방·군사시설 : BTL 방식) 사전환경성 검토 협의 간소화 방안(편람) ·산업단지 환경성평가 업무매뉴얼 ·도시계획의 환경성제고를 위한 가이드라인	(2009.02.24 개정) (2009.01.05 통보) (2009.03.27 통보) (2009.06.30 개정) (2009.04.30 통보) (2008.07.31 통보) (2008.12.23 통보) (2009.07.20 통보) (2007.11.07 통보) (2008.05.29 통보) (2008.03.10 통보)

표 2-10 환경영향평가 관련 규정·지침 목록

구 분	규정 및 지침	비 고
고시 (4)	·환경영향평가서 작성 등에 관한 규정 ·환경영향평가 대행비용 산정기준 ·환경친화적인 도로건설 지침(국토해양부 공동) ·환경친화적 철도건설 지침(국토해양부 공동)	(2008-223호) (2008-224호) (2004-198호) (2007-195호)
훈령 (1)	·친환경댐 건설을 위한 환경영향평가 지침(국토해양부 공동)	(2006-690호)
예규 (3)	·환경영향평가협의 등에 관한 업무처리 규정 ·환경영향평가 대행자등록 및 관리에 관한 업무처리지침 ·환경영향평가 정보지원시스템 운영지침	(2008-340호) (2008-342호) (2008-341호)
지침 (4)	·환경영향평가 조례지침 ·환경영향평가 항목·범위 결정을 위한 가이드라인 ·사업유형별 환경영향평가서 작성 가이드라인 ·환경영향평가법 해설서	(2008.12.29 개정) (2008.12.29 개정) (2007.12.27 통보) (2008.12.29 통보)

5.2 참고자료

5.2.1 『환경영향평가법』 전부개정 법률안 소개

1) 개정사유

- 동일 목적의 평가제도가 『환경정책기본법』에 의한 사전환경성검토와 『환경영향평가법』에 의한 환경영향평가로 이원화
  - 평가절차의 복잡, 환경평가의 일관성·연계성 부족
  - 환경정책기본법에 사전환경성검토제도를 규정하고 있어 세부적인 시행방안 및 벌칙 등을 규정하기가 곤란
- 이원화된 평가제도를 하나의 법률에 규정함으로써 평가절차를 합리적으로 개선
  - 환경성평가 제도의 체계성·효율성 제고

2) 주요 개정내용

- 환경영향평가체계의 개편
  - 성격이 다른 행정계획과 개발사업을 사전환경성검토 대상으로 하고 있어 개발사업에 대한 환경영향평가와 차별화 곤란

- 전략환경영향평가와 환경영향평가, 소규모 환경영향평가로 체계 개편

표 2-11 평가체계 비교

현 행	변 경
사전환경성검토(행정계획)	전략환경영향평가(SEA)
사전환경성검토(소규모 개발사업)	소규모 환경영향평가
환경영향평가(대규모 개발사업)	환경영향평가(EIA)

· 행정계획의 유형구분 및 유형별 협의절차 합리화
- 상위 행정계획에 대하여도 주민의견 수렴절차를 규정하고 있어나 의견수렴을 위한 대상 주민의 범위설정이 곤란하고 의견수렴 절차를 거칠 실익이 적음.
- 행정계획을 정책계획과 개발기본계획으로 구분
- 행정계획 유형별 협의절차 개선

표 2-12 행정계획 유형구분 및 협의절차 비교

현 행	변 경
행정계획(통합)	정책계획 : 초안작성, 의견수렴절차 폐지
	개발기본계획 : 전략환경평가시 초안작성 / 의견수렴 → 평가시 생략

· 주민의견수렴(협의)절차 개선
- 사전환경성검토 및 환경영향평가시 각각 주민의견수렴을 하고 있으나 절차 및 방법이 구체적이지 못해 시행단계에서 사회적 갈등 야기
- 행정계획 단계에서 의견수렴 강화 필요(현행 환경영향평가 수준으로 의견수렴 강화)
- 전략환경평가시 의견수렴한 사업의 경우 환경영향평가시 생략가능

표 2-13 주민의견 수렴절차 비교

현 행(2회수렴)	변 경(1회수렴)
① 사전환경성검토서 초안작성·의견수렴 → ② 검토서 작성·협의 → ③ 환경영향평가서 초안작성·의견수렴 → ④ 환경영향평가서 작성·협의	① 전략환경평가서 초안작성·의견수렴 → ② 전략환경평가서 작성·협의 → ③ (생략) → ④ 환경영향평가서 작성·협의

- 상위 개발계획과 하위 실시계획의 통합평가 근거마련
  - 개발관련 개별법령에서 개발기본계획과 실시계획으로 구분하여 수립토록 규정함으로써 환경성평가도 기본계획수립 단계시 사전환경성검토, 실시계획수립 단계시 환경영향평가를 각각 실시
  - 개발기본계획과 실시계획을 통합·수립할 경우 전략환경평가 또는 환경영향평가만 실시
- 평가관련 각종 협의회의 통합·운영
  - 유사한 성격, 기능의 협의회를 각각 개최함으로써 발생하는 비효율적 행정을 하나로 통합·운영
  - 기존 3개 협의회를 하나로 통합

표 2-14 평가관련 협의회 통합·운영

현 행	변 경
· 사전환경성검토 : 환경성검토협의회 · 환경영향평가 : 평가계획서 심의위원회, 이의신청 심의위원회	환경영향평가협의회

- 환경영향평가사 제도 도입
  - 평가서 부실작성 및 보완 등에 따른 협의기간 지연 방지
  - 평가서 작성 전문성 제고
- 환경영향평가대행업(자) 명칭 변경
  - 환경영향평가대행업(자) → 환경영향평가업(자)
- 전략환경영향평가서의 작성대행 명시
  - 기존 사전환경성검토서의 작성대행에 대한 명시적 규정이 없어 허위, 부실작성에 대한 관리 및 질적 향상 미흡
  - 전문성을 갖춘 대행자가 전략환경영향평가서 작성대행을 하도록 명시
- 전략환경평가와 환경영향평가의 차별화 및 연계화 운영
  - 차별화와 연계화를 통해 평가 효율성 증대

표 2-15 평가제도의 차별화와 연계화

구 분	전략환경평가	환경영향평가
차별화	계획의 적정성, 입지의 타당성 평가	공사·운영시 환경영향 저감방안 평가
연계화	현황조사자료, 입지, 토지이용계획 등의 자료 연계활용 가능	

2) 현행 평가제도의 문제점 비교

- 협의 근거법률 이원화로 인한 협의절차 복잡, 일부절차 중복
- 양 제도의 상호 연계성 미흡 및 역할 구분 모호
- 평가·협의기간의 장기화

표 2-16 기존 평가제도의 비교

구 분	사전환경성검토 제도	환경영향평가 제도
근 거	· 환경정책기본법 : '99.12월 도입, '00.8월부터 시행	· 환경·교통·재해 등에 관한 영향평가법 : '77년 최초 도입, 81년 본격시행
협의대상	· 환경에 영향을 미치는 행정계획(16개 분야 83개 계획) · 보전용도지역 내 소규모 개발사업	· 하위 행정계획(실시계획) 및 대규모 개발사업(17개 분야 74개 사업)
주요기능	· 행정계획 : 입지·계획의 타당성 검토 · 개발사업 : 입지의 타당성 검토, 사업시행에 따른 영향저감 방안 강구	· 입지결정 후, 사업시행에 따른 환경영향예측 및 저감방안 강구
협의시기	· 행정계획 : 수립 확정 전 · 개발사업 : 인·허가 전	· 실시계획 : 상위 행정계획 확정 후, 실시계획 승인 전
협의절차	· 검토협의회 구성 → 검토서 초안작성 및 의견수렴 → 검토서 작성 및 협의	· 평가서초안작성·의견수렴(설명회, 공청회) → 평가서 본안작성·협의
협의현황	· 행정계획('07) : 1,735건 · 개발사업('07) : 3,150건	· '07년 : 209건 : 전체 행정계획의 12%가 평가대상
협의기간	· 법정기간 : 30일(10일 연장) · '07년(평균) : 29일	· 법정기간 : 45일(15일 연장) · '07년(평균) : 45일

3) 개정에 따른 기대효과

- 환경평가·협의기간 단축
- 환경평가 협의절차의 효율적·합리적 개선
  - 전략·환경영향평가의 연계로 행정계획부터 사업시행까지 일관된 평가체계 구축
  - 개발기본계획수립 단계의 주민의견수렴을 환경영향평가 수준으로 강화 사회적 갈등 예방
- 협의내용 관리 강화로 평가의 법적 실효성 확보
  - 전략·소규모 환경영향평가 협의내용관리 방안, 허위·부실작성에 대한 처분근거 마련

- 주민의견 수렴절차 생략 등 환경평가 · 협의절차 개선
- 충실한 평가서 작성으로 부동의 · 보완 및 갈등 사전예방
- 사업자에게 필요한 환경정보 제공 가능
- 국제환경서비스 시장 개방에 따른 전문 기술인력 육성
  - 환경영향평가사 자격제도 도입 등 환경영향평가 전문컨설팅 능력을 국제 수준으로 향상, 국제시장에서의 경쟁력 강화

5.2.2 환경영향평가대행자 등록요건(기술인력)

❑ 소요 기술인력 : 기술사 3명, 기사 7명(2012.7. 22부 적용)

표 2-17 평가대행자 필요인원 및 자격인정 범위

분야별 필요인원				자격인정 범위	
총괄	자연생태환경	토지환경	생활환경·기타	기술자격자	학력·경력자
1명 이상	1명 이상		1명 이상	· 기술사 · 기사자격을 취득한 사람으로서 10년 이상 환경평가실무를 수행한 사람	· 박사학위를 취득한 사람으로서 5년 이상 환경평가실무를 수행한 사람 · 석사학위를 취득한 사람으로서 10년 이상 환경평가실무를 수행한 사람 · 「공공기관의 운영에 관한 법률」에 따른 공공기관·국공립연구기관·출연연구기관의 근무자 또는 환경관련 공무원으로 10년 이상 근무한 사람으로서 5년 이상 환경영향평가실무를 수행한 사람
1명 이상	1명 이상	1명 이상	4명 이상	· 기사 · 산업기사자격을 취득한 사람으로서 그 분야에 5년 이상 종사한 사람	· 석사학위 이상 소지자 · 「공공기관의 운영에 관한 법률」에 따른 공공기관·국공립연구기관·출연연구기관의 근무자 또는 환경관련 공무원으로서 3년 이상 환경영향평가실무를 수행한 사람

표 2-18 분야별 해당 기술자격 및 학력인정 전공의 범위

구 분	기술자격의 분야	관련 전공
1) 총괄분야	·기술사 : 환경 분야 ·기 사 : 환경 분야, 국토개발 분야(도시계획 종목만 해당)	환경학, 환경공학, 도시계획학 등
2) 자연생태환경분야	·기술사 : 농림 분야(산림 종목만 해당), 해양 분야(해양 종목만 해당), 환경 분야(자연환경관리 종목만 해당) ·기 사 : 농림 분야(산림 또는 식물보호 종목만 해당), 해양 분야(해양환경 또는 해양공학 종목만 해당), 환경 분야(자연생태복원 또는 생물분류(동물, 식물) 종목만 해당)	해양학, 식물학, 동물학, 생태학, 생물학, 미생물학, 임학, 환경학 등
3) 토지환경분야	·기 사 : 국토개발 분야(도시계획 또는 응용지질 종목만 해당), 토목 분야(토목 종목만 해당), 환경 분야(토양환경 종목만 해당)	도시계획학, 토목공학, 지질학, 자원공학, 환경공학 등
4) 생활환경분야 및 그 밖의 분야	·기술사 : 환경 분야, 화공 및 세라믹 분야(화공 종목만 해당), 산업응용 분야(기상예보 종목만 해당) ·기 사 : 환경 분야, 국토개발 분야(조경 또는 도시계획 종목만 해당), 산업응용 분야(기상 종목만 해당), 화공 및 세라믹 분야(화공 종목만 해당)	환경학, 환경공학, 화학, 화학공학, 보건학, 약학, 의학, 독성학, 조경학, 기상학, 도시계획학, 경제학, 사회학 등

5.2.3 환경영향평가대행자 등록현황 및 대행실적

1) 환경영향평가대행자 등록현황

❏ 총 355개 업체 등록(2010.6.30 기준)

표 2-19 유역·지방 환경청별 평가대행자 등록수

구 분	계	한강 유역 환경청	낙동강 유역 환경청	금강 유역 환경청	영산강 유역 환경청	원주 지방 환경청	대구 지방 환경청	전주 지방 환경청
등록수	355	167	45	24	42	21	42	14

2) 환경영향평가 대행실적

❏ 년간 1,339건 1천2백6십억원(2009.1.1～2009.12.31 기준)

표 2-20 환경청별 대행실적 (단위 : 건, 백만원)

구 분	계		환경영향평가						사후환경 영향조사	
			재협의		협의내용변경		환경영향평가			
	사업 수	대행 비용	사업 수	대행 비용	사업 수	대행 비용	사업 수	대행 비용	사업 수	대행 비용
계	1,339	126,369.9	6	908.6	39	2,097.6	274	60,160.8	1,020	63,202.9
한강유역 환경청	917	100,740.3	5	801.8	28	1,852.5	203	49,449.8	681	48,636.2
낙동강유역 환경청	119	8,099.8			4	34.5	27	4,189.6	88	3,875.7
금강유역 환경청	60	4,653.8			3	77.0	6	1,031.6	51	3,545.2
영산강유역 환경청	101	5,065.4	1	106.8	2	50.6	11	1,654.8	87	3,253.2
원주지방 환경청	39	2,821.6			1	33.0	11	1,934.5	27	854.1
대구지방 환경청	53	2,780.4					8	901.5	45	1,878.9
전주지방 환경청	50	2,208.6			1	50.0	8	999.0	41	1,159.6

표 2-21 평가대상 사업별 대행실적 (단위 : 건, 백만원)

구 분	계		환경영향평가						사후환경 영향조사	
			재협의		협의내용변경		환경영향평가			
	사업 수	대행 비용	사업 수	대행 비용	사업 수	대행 비용	사업 수	대행 비용	사업 수	대행 비용
계	1,339	126,369.9	6	908.6	39	2,097.6	274	60,160.8	1,020	63,202.9
개간매립	27	3,632.2					2	467.5	25	3,164.7
공항건설	4	177.4	1	19.8					3	157.6
관광단지	64	4,543.1	1	308.0	2	309.0	15	2,055.3	46	1,870.8
국방군사	11	1,526.6					1	307.0	10	1,219.6
도로건설	304	25,339.4			4	157.7	39	9,889.5	261	15,292.2
도시개발	174	15,983.8			5	430.7	39	9,476.8	130	6,076.3
산단조성	169	19,962.3			10	328.7	65	13,489.0	94	6,144.6
산지개발	12	1,020.4					7	887.1	5	133.3
수자원개발	16	2,756.3					2	623.8	14	2,132.5

구 분	계		환경영향평가						사후환경 영향조사	
			재협의		협의내용변경		환경영향평가			
	사업수	대행비용	사업수	대행비용	사업수	대행비용	사업수	대행비용	사업수	대행비용
에너지	48	7,046.0			1	107.8	4	2,476.0	43	4,462.2
철도건설	57	5,762.7					6	2,324.4	51	3,438.3
체육건설	140	10,767.2	2	386.0	11	463.3	36	6,006.7	91	3,911.2
토석채취	106	4,149.5	1	106.8	2	88.0	15	1,916.3	88	2,038.4
하천정비	16	4,614.5					10	3,870.1	6	744.4
항만건설	104	11,455.9	1	88.0			14	2,978.6	89	8,389.3
특정지역개발	37	3,759.3			2	149.8	14	2,227.2	21	1,382.3
폐기물처리	50	3,873.3			2	62.6	5	1,165.5	43	2,645.2

chapter 3

생 태 학

1. 생태학이란?
2. 개체군
3. 군 집
4. 생물다양성

1. 생태학이란?

1.1 생태학의 정의

- 생태학(ecology)은 생물과 환경 사이의 상호 관계를 연구하는 학문으로 생물과 그 환경과의 관계, 생물과 생물사이의 상호관계를 연구하는 학문.
- 생태학은 19세기 초에 태동하여 꾸준히 발전하여 온 새로운 학문으로 1869년 독일의 생물학자 Haeckel이 그리스어로 '집'을 뜻하는 oikos와 '학문'을 뜻하는 logos를 합하여 생태학(Ecology)이라는 말을 처음으로 사용함.
- 생태학에서는 자연계 내의 한 구성원과 다른 구성원 사이의 상호 관계를 연구하며, 자연계는 식물, 동물 및 미생물로 구성된 생물 군집과 빛, 온도, 물, 토양 등으로 구성된 비생물 환경으로 이루어진 생태계라는 통합된 단위로 파악됨. 따라서 생태계는 생태학의 주요한 연구 대상임.

1.2 생태학의 응용

1.2.1 복원생태학

- 온전한 자연의 체계와 기능을 모방하여 인간이 훼손시킨 자연을 치유하여 다양한 생물들에게 서식공간을 제공하고 인류의 미래환경을 확보하고자 하는 환경기술
- 생태학적 원리를 바탕으로 자연적이며 자기유지적인 자연을 재창조하는 것으로 생태학과 농학의 이론을 결합

1) 복원(restoration)의 종류

- 생태계수준의 복원 : 공간규모를 생태계 내에서 복원, 현재까지 이뤄지는 복원방법으로 생태계의 구조와 기능을 복원
- 경관수준의 복원 : 생태계 복합체로서의 경관 수준으로 공간의 규모를 확장하여 보다 다양한 종류, 특히 고차 소비자의 생활환경을 확보해주는 복원

2) 복원(restoration)의 목표

❑ 복원(restoration) : 정확히 교란 이전의 상태로 돌아감.
❑ 복구(rehabilitation) : 충분한 복원과 유사한 것을 목표
❑ 대체(replacement) : 본래의 생태계를 다른 어떤 것으로 대체

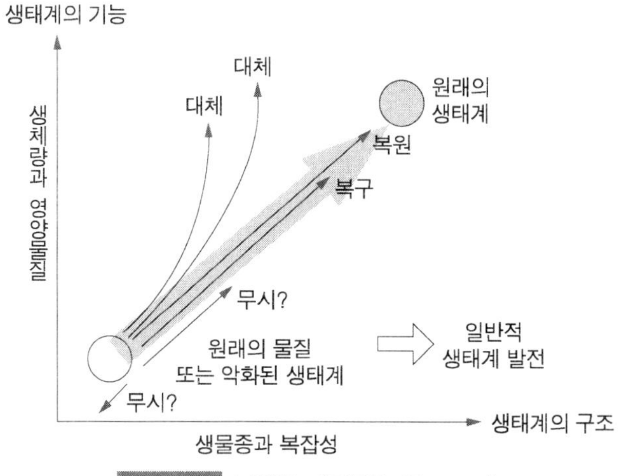

그림 3-1 복원목표(김준호 등, 2008)

표 3-1 보존, 보전, 보호

보존(preservation)	보전(conservation)	보호(protection)
· 자연환경을 원시상태 그대로 유지 · 자연에 대한 인간의 긍정적, 부정적 간섭을 모두 배제 · 어떤 인위적 관리도 배제하며 고스란히 남겨두는 관리 예 종자은행 : 우량종자의 보존	· 자연환경 원래의 기능과 구조를 유지하며 전반적인 개선 유도 · 자연에 대한 인간의 부정적 간섭을 배제하고 긍정적 간섭만 가미 · 최소한의 인위적 관리도입 예 식생 복원, 침식방지시설	· 인간의 부정적 간섭을 제거하고 적극적 개선조치 · 자연이 주체, 인간이 객체가 되는 방식 · 법, 제도적 행위의 제한이 이루어짐 예 석축쌓기, 등산로정비

3) 복원과 관련된 다양한 개념

❑ 개선(Reclamation) : 오염물질을 제거하고 새로운 토지 이용 개념이 포함.
❑ 저감(Mitigation) : 오염이나 훼손을 완화시키거나 경감시킴.
❑ 향상(Enhancement) : 질이나 중요도, 매력 측면의 증진

1.2.2 경관생태학

- ❑ 생태계의 집합인 전체 경관 주목, 개별 종보다는 생태계 복원에 관심을 두며 생물공동체와 그것을 둘러싸는 환경조건사이에 존재하는 종합적이고 복합적인 상호작용의 현상을 해명하는 학문
- ❑ 생태적 과정에 대한 공간적 배열의 중요성을 강조하며 인간이 관찰할 수 있는 범위 이상의 광역적인 공간범위를 강조

1) 경관구조(landscape structure)

- ❑ 생태계와 생태계 사이에 존재하는 요소, 즉 에너지 물질, 생물종(크기, 형태, 종류)의 분포와 이들 경관 요소(패치, 코리더, 매트릭스)의 공간적인 관계

2) 경관기능(landscape function)

- ❑ 경관구조간의 동물, 식물, 물, 바람, 물질, 에너지의 이동과 흐름으로 일련의 공간적인 구조를 갖춘 공간생태계들의 상호관계

3) 경관변화(landscape change)

- ❑ 시간이 경과함에 따라 경관의 구조와 기능이 변화되는 현상으로서 수평 및 수직적 측면에서의 경관의 변화

1.2.3 보전생태학

- ❑ 생물다양성의 근원과 보전에 관한 연구로 생물학적 다양성을 보전, 관리
- ❑ 희귀종과 멸종위기종의 복원을 강조하며 복원목표를 종의 보전과 개체수 증대로 설정

1) 보전생태학의 연구대상

- ❑ 생물다양성의 위협 및 가치
- ❑ 개체군, 생태계 수준에서의 보전

표 3-2 보전, 복원, 경관생태학 관계

구분	대상	원리
복원생태학	군집	천이
경관생태학	경관	메타개체군이론
보전생태학	개체	유전학

2) 실질적인 적용

- ❑ 멸종위기종의 보전, 유전적 다양성의 보전
- ❑ 현지 외 보전, 보전 전략과 교육

3) 보전과 인간사회

- ❑ 생물종과 서식처가 법적으로 보호될 수 있는 방안
- ❑ 국제적 협약, 구제적 기금, 미래세대를 위한 의제

1.2.4 조정생태학

- ❑ 인간이 우점한 곳을 다른 종과 공유할 방법을 찾는 것으로서 종다양성을 보전할 새로운 서식지를 발견, 확립하고 유지시켜 나감.

1) 조정 생태학의 활동

- ❑ 종 다양성을 보전할 새로운 서식지 발견하고 확립하고 유지
- ❑ 자발적 지원자 보전 협정으로 멸종위기종이나 취약종을 보호

2) 실질적인 적용

- ❑ 지붕 위 정원에 식물재배하여 다양한 식물종들을 유지하고 에너지절약 및 증발량을 줄여 수분을 보전
- ❑ 향토식물을 이용하여 단일 경작지를 복합 경작지로 교체하여 종을 유인하고 종다양성을 증진시켜 나감.

1.3 창발성 원리

1.3.1 창발성

- ❑ 생태계 내에서 하위계층(구성 요소)에는 없는 특성이나 행동이 상위계층(전체 구조)에서 자발적으로 돌연히 출현하는 현상

- ❑ 하위계층과 상위계층의 여러 계층 사이의 기능적 상호 관계에 의해 새로 생기는 성질
- ❑ 자연계의 상호이익을 높이며 질서가 잘 잡힌 인간사회에서도 자주 찾아 볼 수 있음.
- ❑ 전체는 부분의 합보다 크며, 숲은 나무들의 집합 이상이다.
  - 예 수소와 산소를 결합하면 물이 합성되며 물은 기체와 다른 새로운 성질

1.3.2 항상성

- ❑ 어떤 한 현상의 변동 폭이 좁아져서 안정이 유지되는 성질
- ❑ 하위 계층으로부터 상위 계층으로 옮겨감에 따라 생태적 속성은 복잡해지지만 변동 폭이 좁아져서 그 기능이 안정하게 유지됨.
- ❑ 하위 계층에서 상위 계층으로 올라갈수록 효과적으로 일어남.
  - 예 곤충은 본래의 고장에서는 식물에 거의 해를 끼치지 않는 항성성이 유지되지만 다른 고장으로 침입하거나 소홀히 도입되면 해충으로 돌변

1.4 생태계의 개념과 구조

1.4.1 생태계의 개념

1) 생태계의 개념

- ❑ 영국의 식물학자 A.G.Tansley는 1935년 자연에서 생물군집과 비생물 환경으로 구성된 계(system)라는 개념으로 생태계(ecosystem)이란 용어를 처음으로 사용함.
- ❑ 일정지역 내의 생물공동체와 이를 유지하고 있는 무기적 환경이 결합된 물질계 또는 기능계이며 생물과 무생물적 환경의 상호작용임.
- ❑ 생태계는 생물이 물과 공기, 그리고 토양을 근거로 물과 산소, 그리고 영양분을 섭취하고, 기후 등의 여러 조건에 적응하며 살아가는 생명 유지 체계로 생태계의 일부가 인위적으로 변경되거나 파괴되면 그 생태계 전체가 큰 영향을 받게 됨.

2) 생태계 내의 상호관계

① 작용(action)

- 온도, 물, 햇빛과 같은 비생물 환경이 생물에 미치는 영향
  - 예 빛을 받는 정도에 따라 식물의 생육이 달라짐

② 반작용(reaction)

- 생물이 비생물 환경에 미치는 영향
  - 예 큰 나무가 작은 나무에 그늘을 만들거나 낙엽이 썩어서 토양에 유기물 증가

③ 상호작용(coaction)

- 생물군집 내의 한 생물과 다른 생물 사이에 서로 주고받는 영향
  - 예 식물이 광합성을 통해 방출한 O_2를 동물은 호흡에 이용하고, 동물이 호흡을 통해 방출한 CO_2를 식물이 광합성에 이용
  - 예 포식, 경쟁, 기생 등이 상호작용에 속함.

3) 생태계의 3대 특징

① 미지성

- 생물의 많은 종으로 구성되어있고 서로가 상호관계를 가지고 복잡한 구조를 형성
- 생태계의 많은 요소, 구조, 기능이 알려지지 않음.

② 안정성

- 종수가 많고, 복잡할수록 그 시스템은 안정
- 진화과정에서 생물간 상호작용 발달하여 있음.

③ 제어성

- 극히 한정된 측면만이 인위적 제어의 대상이 됨.
- 생물의 개체나 종간의 관계를 인위적으로 제어하기는 불가능

3) 생태계의 목표

❑ 생물과 무기환경의 작용·반작용, 생물간의 상호작용을 통한 동적평형 유지

1.4.2 생태계의 구성요소

❑ 생태계의 구성요소는 생물적(biotic) 요소와 비생물적(abiotic) 요소로 구성되어 있으며, 영양단계에 따라 분해자, 생산자, 1차 소비자, 2차 소비자 등의 구조로 이루어짐.

1) 생물적 구성요소

① 생산자(producer)

- 무기물질을 영양물질로 이용하고, 에너지원인 태양에너지를 받아 유기물을 생산하여 증식
- 생산된 유기물질은 자신의 물질대사에도 쓰여지나 동물, 미생물군 등 종속영양 생물체의 영양물질이자 에너지원이 됨.
- 군집 내에서 가장 많은 생체량을 가지고 있으며 독립영양성 생물(녹색식물, 녹조류 등)

※무기물질 : CO_2, NO_3^-, PO_4^{3-}, Ca_2^+, Fe_2^+, 유기물질 : 탄수화물, 단백질 등

② 소비자(heterotrophs)

- 생산자에 의해 만들어진 유기물을 주된 영양원으로 생활
- 생산자를 섭취하여 활동에너지로 사용하며 호흡을 통해 CO_2 방출
- 1차 소비자 : 초식동물 → 생산자를 직접 이용하는 소비자
양, 소, 기타 가축 등
- 2차 소비자 : 육식동물 → 1차 소비자를 주로 이용하는 소비자
1차 소비자에서 영양분 섭취
- 3차 소비자 : 대형육식동물, 인간

※2, 3차 소비자를 고차 소비자라 함.

③ 분해자(decomposer)

- 세균(bacteria), 곰팡이 및 조류와 흰개미 · 구더기 등의 소동물
- 효소를 분비하여 죽은 식물체, 동물체를 무기물로 분해하여 생태계 환원
- 분해자는 물질 순환에 매우 중요한 역할을 하며, 분해기능은 자연생태계 물질순환의 원동력이 됨.

2) 비생물(무생물)적 구성요소

- 물질순환에 관여하는 C, N, CO_2, H_2O 등의 무기질
- 생물과 무생물을 연결하는 단백질, 탄수화물, 지방, 부식질 등의 유기화합물
- 빛, 온도, 공기, 습도, 토양, 기후 등의 물리적 요소

3) 교란

- 생태계의 기본 구성요소 중 어느 한 고리가 단절되거나 기능을 상실하면 생태계의 평형을 잃고 교란이 일어나며 다른 요소에 영향을 끼침.

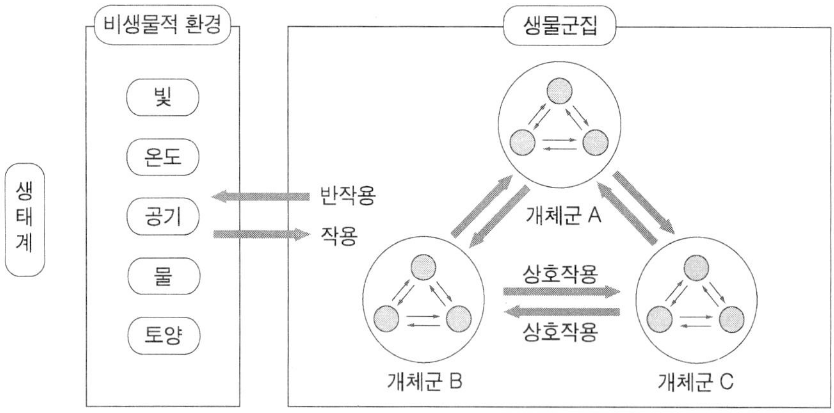

그림 3-2 생태계 구성요소들 간의 상호관계

표 3-3 생태계의 구성

구 분	구성요소군	세부구성요소
비생물적 구성요소	물리 및 기후조건	온도, 태양광의 조사, 바람, 파도, 물의 흐름, 압력, 탁도, 토양입자의 크기 등
	무기물질	용존산소, 수분, 지형, 지질, 대기질, 수질, NO_3^-, CO_3^{2-}, PO_4^{3-}, SiO_2, Fe^{2+}, Ca^{2+}, Cl^- 등
	유기물질	단백질, 탄수화물, 핵산, 지방질, 부식질 등
생물적 구성요소	생산자	육상초본류, 목본류, 수중조류, 철세균, 유황세균, 수초 등
	소비자	육상동물, 곤충류, 어류, 연체동물, 원생동물, 환형동물, 조류 등
	분해자	종속 영양세균, 곰팡이 등

1.5 생태계의 기능

1.5.1 에너지흐름

1) 에너지 법칙

❏ 에너지 : 일을 하는 능력으로 일은 한 형태의 에너지가 다른 형태로 변할 때 생성되며 모든 형태의 에너지는 100% 열로 전환

❏ 에너지의 거동 : 열역학 제1법칙과 열역학 제2법칙에 의하여 지배됨.

① 열역학 제1법칙(에너지 보존법칙)

- 에너지 보존법칙으로서 에너지는 생기지도 없어지지도 않고 단지 한 형태에서 다른 형태로 바뀔 뿐임(예 빛 → 영양물질).
- 태양에너지(A)가 광합성에 의하여 먹이에너지(C)로 변환되는데 태양에너지는 열소실(B)과 먹이에너지의 합을 나타냄. 즉 A=B+C

② 열역학 제2법칙(엔트로피의 법칙)

- 엔트로피의 법칙으로 물질과 에너지는 한 방향으로만 작용함을 그 원칙으로 하며 에너지가 한 형태에서 다른 형태로 변환될 때 그 중 일부는 흩어져서 덜 유용한 형태로 변함.
- 어떤 에너지 변환도 집중형(화석에너지)에서 분산형(열)로의 에너지 쇠퇴 이외에는 자발적인 변환이 일어나지 않음.
- 변환과정 중에서 에너지(A)의 일부가 열로 소실되므로 먹이에너지(C)는 태양에너지보다 적음. 즉 A > C

※엔트로피 - en(안에)+trophe(변환) : 변환과정에서 생성되는 이용할 수 없는 에너지량, 무질서의 척도로서 사용

2) 에너지 흐름

❏ 에너지흐름은 태양에서 시작되는데, 대기권에 도달한 태양에너지 중 약 30%는 우주로 반사되고, 20%는 대기권에 흡수되며, 나머지 50%는 지표, 물 및 식물에 흡수됨. 그리고 대기권에 도달한 태양에너지 중에서 1% 미만이 광합성으로 고정.

① 광합성작용

- 태양으로부터 생태계로 유입된 일부의 복사에너지는 식물의 광합성을 통하여 탄수화물의 화학에너지로 변환된 후 유기물 분자결합 속에 저장
- $6CO_2 + 12H_2O +$ 복사에너지 $\rightarrow C_6H_{12}O_6 + 6H_2O + 6O_2$

② 호흡작용

- 식물이 저장하고 있는 화학 에너지는 식물, 동물, 기타 생물체의 세포내에서 세포호흡을 통해 방출되며, 이때 방출되는 에너지는 생체유지나 생물학적 일을 하는데 사용
- $C_6H_{12}O_6 + 6H_2O + 6O_2 \rightarrow 6CO_2 + 12H_2O +$ 에너지

3) 생태계 내에서 에너지 이동

① 먹이사슬(food chain)

- 여러 동식물간의 포식과 피식의 관계를 단계적으로 모식화하여 이를 사슬 모양으로 가장 간단하게 나타나며 먹이사슬의 단계는 4~5단계로 한정
- 먹이사슬에 있어서 상부 영양단계로 이동할 때마다 약 90%의 에너지가 소실됨. 즉 1kcal의 초식동물을 생산하기 위해서는 10kcal의 식물이 소요되고, 1kcal의 육식동물을 생산하기 위해서는 10kcal의 초식동물이 요구.
- 10%법칙 : 먹이사슬의 각 단계마다 이용 가능한 에너지가 1/10로 줄어듦.
- 육식동물은 먹이사슬의 끝에 위치하여 생태계에서 수가 적고 에너지 소비가 큼.
- 먹이사슬의 위치에 따라 생산자, 소비자, 분해자 등의 각 영양단계로 구분

※영양단계(trophic level) : 먹이사슬에서의 각 단계로 생산자인 녹색식물은 제1영양단계, 녹색식물을 섭취하는 초식동물은 제2영양단계, 육식동물은 제3영양단계임.

② 먹이사슬의 종류

- 초식먹이사슬 : 살아있는 녹색식물로부터 초식동물, 육식동물로 이어짐.
- 잔재먹이사슬 : 죽은 생물의 사체나 배설물에서 기인하는 비생물성 유기물이 분해자에 의해 섭치, 분해되는 과정. 분해자는 다시 그 포식자에 의해 섭취되며 또한 초식먹이사슬 속으로 들어가기도 함.
- 용해성 먹이사슬 : 세균이나 균류에 의하여 소비되고 이것들은 다시 원생동물이나 선형동물에 의하여 포식. 용해성 먹이사슬은 바다나 토양권에서

그 역할이 커서 바다에서의 1차 생산성의 30~50%가 조류 등에서 빠져나온 DOM으로 생성

③ 먹이망(food web)

- 특정 생태계 내에 존재하는 다양한 생물적 요소들간의 상관성, 피식과 포식을 포함하여 수직·수평적 상호작용, 직·간접적인 영향을 표현함.
- 먹이사슬이 서로 복잡하게 연결되어 있으며 먹이망이 복잡할수록 구조와 기능면에서 안정되고 생태계 다양성 유지
- 먹이그물은 수백 또는 수천 종류의 생물로 구성

표 3-4 먹이사슬과 먹이망의 비교

먹이사슬	먹이망
· 수직적 상호작용(피식-포식)	· 수직·수평적 상호작용(피식-포식, 경쟁 등)
· 직접적인 영향	· 직·간접적인 영향
· 단순하며 이론적	· 복잡하며 실제적
· 1개의 영양단계에 1생물군	· 1개의 영양단계에 다수의 생물군

4) 생물학적 농축(biological concentration)

- ❑ 축적된 오염물질이 저차소비자에서 고차소비자로 갈수록 생물체내에 축적
- ❑ DDT를 포함한 먹이를 초식동물이 먹으면 배설이 되지 않고 체내 지방조직에 저장
- ❑ 잘 분해되지 않고 상위단계로 갈수록 더욱 쌓이고 농축
- ❑ 주요오염 물질 : 수은, 카드뮴, 다이옥신, 고엽제

  ※수은중독 : 잘 걷지 못하고 전신마비, 신경마비(미나마타병)
  카드뮴중독 : 온몸에 통증, 골절(이타이이타이병)
- ❑ 대책 : 화학비료와 농약사용을 억제, 중금속, 폐수오염을 막기위한 정화시설을 설치, 수은전지, 온도계, 납축전지의 분리수거

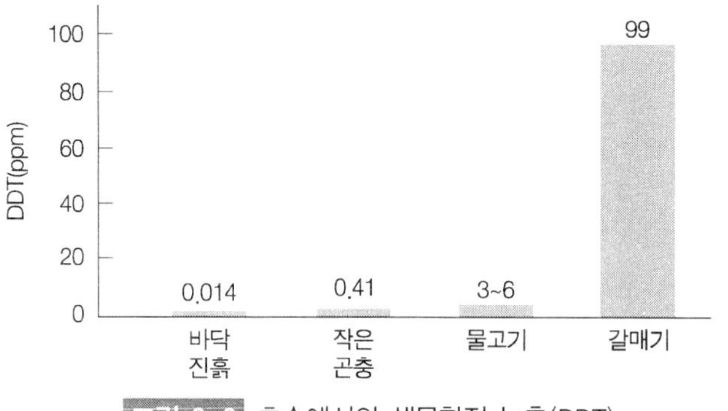

그림 3-3 호수에서의 생물학적 농축(DDT)

5) C3식물과 C4식물

❑ 탄산가스를 환원시키는 광합성에서의 생화학적 경로에 따라 고등식물을 C3와 C4로 구분

① C3식물(Carbon-3)

- 적당한 광도와 온도에서 광합성율이 최대값을 보이며 높은 광도와 고온에서 오히려 방해를 받음. 낮은 광합성 효율에도 불구하고 밀, 쌀, 감자, 채소 등과 같은 대부분의 인간의 식량작물은 C3식물에 속함.

② C4식물(Carbon-4)

- 강한 빛과 고온에 적응하기가 쉽고 C3식물보다 물을 효율적으로 사용하며 옥수수, 사탕수수 등과 같은 열대작물은 C4식물에 속함.

6) 생태적 피라미드(ecological pyramid)

❑ 생태계의 구조와 에너지 흐름을 평가하기 위한 방법으로 개체수, 생물량, 에너지 피라미드 3가지 유형이 있으며 피라미드 모양

❑ 영양단계가 올라갈수록 양은 감소하고, 에너지효율은 높아지고, 생물농축도 증가함.

❑ 영양단계별 생물의 수, 생체량은 일반적으로 식물>초식동물>육식동물 순서

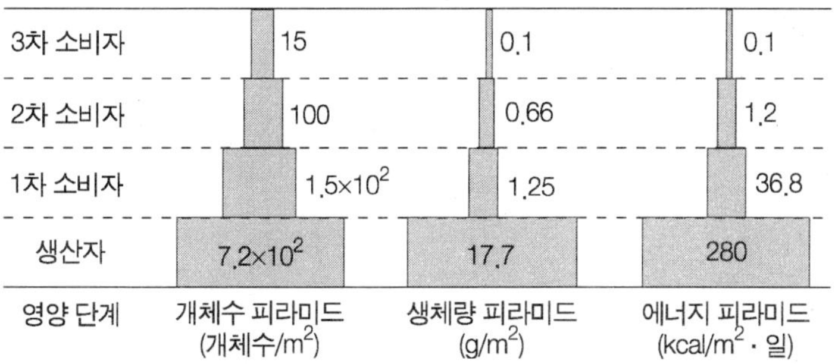

그림 3-4 생태적 피라미드(김준호 등, 2008)

① 개체수 피라미드(pyramid of number)
- 각 영양단계별 생물의 개체수(개체수/m^2)를 도식화
- 하위단계에서 상위단계로 갈수록 개체수 줄어듦.

② 생체량 피라미드(pyramid of biomass)
- 각 영양단계별 생물 생체량(g/m^2)을 나타냄.
- 지구 생물량 99%가 1차 생산자 단계

③ 에너지 피라미드(ecological of energy)
- 각 영양단계가 보유한 총 에너지(kcal/m^2·day)
- 영양단계가 올라갈수록 에너지 일부는 흡수되지 않고 버려짐.

7) 에너지 전환

❑ 태양의 복사에너지는 독립영양생물의 광합성에 의하여 화학에너지로 전환되고 화학에너지는 종속영양생물의 세포대사에 의하여 기계에너지와 열에너지로 전환됨.

1.5.2 물질순환

❑ 식물은 대기로부터 이산화탄소를 흡수하고 토양으로부터 물과 무기염류 등을 흡수하여 탄수화물, 지방, 단백질과 같은 유기물을 생산한다. 소비자가 식물을 먹으면 이 원소들은 동물로 이동한다. 이와 같이 생물계로 이동된 원소들이 분해자의 배설과정을 통하여 다시 비생물계로 이동하는 과정을 물질순

환이라 함.

❑ 에너지와 물질은 생태계의 먹이사슬을 통하여 이동하는데 에너지가 한 쪽 방향으로만 진행하는 것과는 대조적으로 물질은 생물계와 비생물계를 순환

1) 물질순환의 기능

❑ 생태계의 균형 유지
❑ 각 영양단계를 따라 영양물질(유기물) 옮겨 감.
❑ 상위단계에 오를 때마다 대략 20%씩 감소
❑ 최종적으로 분해자에 의해 무기물로 분해되어 재순환

2) 물질순환의 기본형태

❑ 기체형(gaseous type) : 대기와 물에 커다란 저장소를 가지며 탄소와 질소같이 대기의 상당 부분을 구성하는 기체상 원소로서 지구 전역으로 이동 파악이 용이함.
❑ 침적형(sedimentary type) : 지각의 토양과 침적토에 저장소를 가지며 대부분의 원소와 화합물, 인이나 황, 칼슘과 같이 기체상에 존재하지 않은 원소로서 이동 파악이 곤란

3) 물의 순환

❑ 날씨와 기후에 영향을 끼침.
❑ 저장소가 대기중에 있으며 작지만 활동적, 인위적인 교환에 약함.
❑ 물의 유형은 표면유출수, 토양 침투수, 지하수면, 대수층, 증발산이 있음.
❑ 인이나 칼슘과 같은 침전형 순환은 물의 순환과 연관되어 진행

4) 탄소(C)의 순환

❑ 생물 건조 중량의 약 50%를 차지하는 생물에 있어 가장 중요한 원소
❑ 대기중의 CO_2의 농도는 약 300ppm으로서 대륙이나 바다에 있는 탄소량에 비하여 매우 작음.
❑ 식물은 대기로부터 CO_2를 얻고 광합성을 통해 산소를 방출하고 자가 생물량의 유기물을 생성

❑ 화석연료의 과다소비로 CO_2는 자연계의 탄소순환용량을 넘어 지구온난화 문제를 일으킴.

5) 질소(N)의 순환

❑ 생물체 내의 세포구성의 주요 화합물로서 단백질 및 아미노산의 구성요소
❑ 대기에 70%정도 존재하는 분자상의 질소(N_2)는 식물체에 암모니아성질소(NH_4^+), 질산성질소(NO_2^-)의 형태로 흡수됨.
❑ 자연계에서 주요한 질소변환 과정은 질소고정, 광물질화작용, 질산화작용, 질소동화작용, 탈질작용임.

6) 인의 순환

❑ DNA, RNA 등의 주요 구성 성분으로서 원형질(생명체)과 물질을 구분하는 에너지 전환에 필요불가결한 원소
❑ 토양 속의 인은 주요 불용성인 상태로 존재하므로 식물생장의 제한요인으로 작용
❑ 생물체 내 희소 원소로서 질소의 1/23(Hutchinson, 1944)
❑ 인을 포함하고 있는 유기화합물은 식물에 의해 다시 이용될 수 있는 인산염으로 분해

7) 황 순환

❑ 침적토에 큰 저장소가, 대기에 작은 저장소가 있음.
❑ 아미노산의 형태로 섭취
❑ 빠르게 변동하는 집소에서 각각 특수한 화학적 변환 기능을 가지는 전문화된 미생물들이 중심 구실
❑ 깊은 침전물 속에서 느린 속도로 순환되며 얕은 침전물에서는 급속히 순환

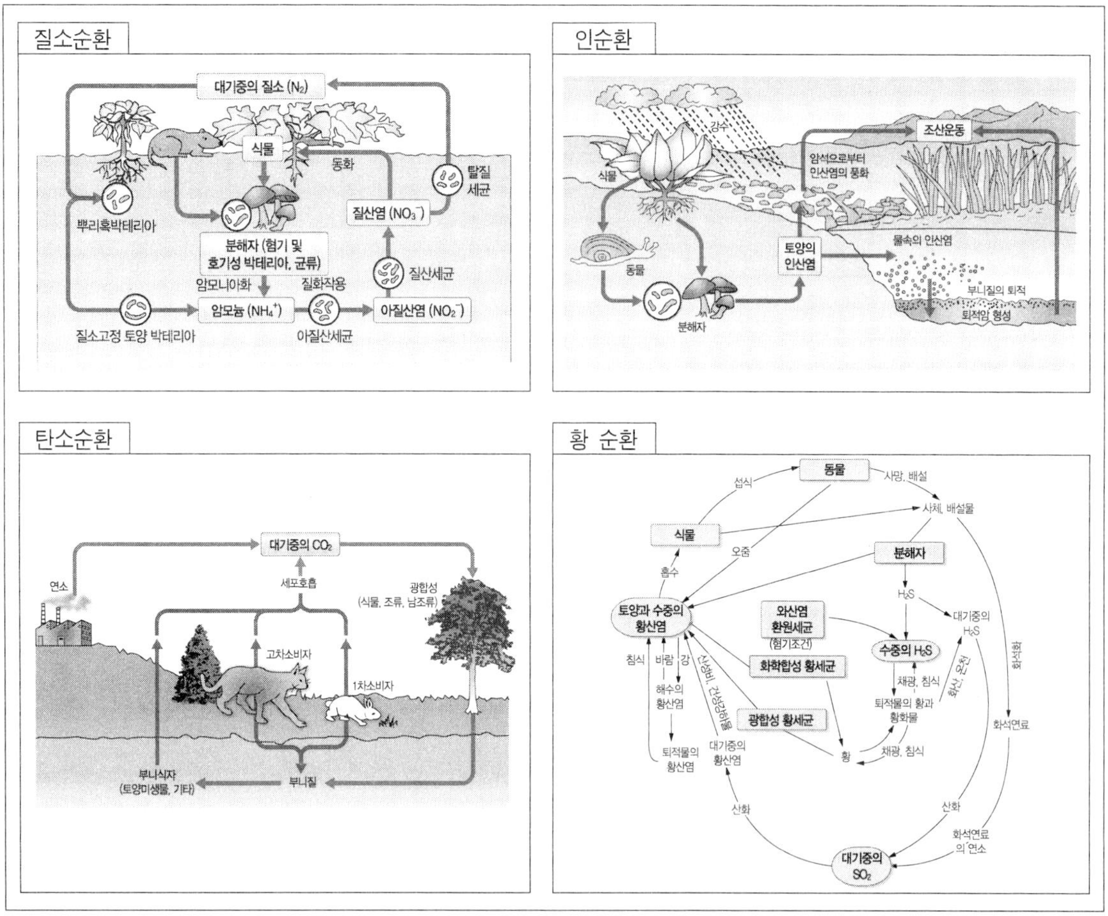

그림 3-5 물질순환(김준호 등, 2008)

1.6 생태계의 종류

1.6.1 인간간섭에 의한 종류

1) 자연생태계

❑ 인위적 영향이 없거나 극히 적은 생태계
❑ 산림, 습지 등 사람의 개입이 적음.

2) 반자연생태계

❑ '순치 생태계'라고 하며 길들여진 생태계
❑ 규칙적이고 인위적 행위가 반복적으로 행해짐.
❑ 농업 · 농촌 생태계, 초지생태계

3) 인공생태계

❑ 오염이 강한종, 귀화생물이 비정상적으로 분포된 생태계
❑ 도시생태계처럼 인간간섭이 지속적으로 실시됨.

1.6.2 구성성분에 의한 종류

1) 육상생태계

① 툰드라
- 분포 : 극지와 고산지대
- 토양 : 영구동토와 배수 불량, 표토에는 이탄층이 발달
- 기후 : 9개월 이상 서리, 가장 더운 달의 평균기온 10℃ 이내
- 식물과 식생 : 지의류, 사초류, 관목류 등이며 대표적 포유류는 순록

② 북방침엽수림(타이가)
- 분포 : 북아메리카 북부, 북유럽, 시베리아, 아시아북부
- 기후 : 겨울이 길고 습윤, 생육기간 120일 이내
- 토양 : 포드졸 토양, 기후와 식생에 의해 두꺼운 부식질층
- 식물과 식생 : 상록침엽수 발달, 늑대, 곰 등 대형, 소형 포유류 분포

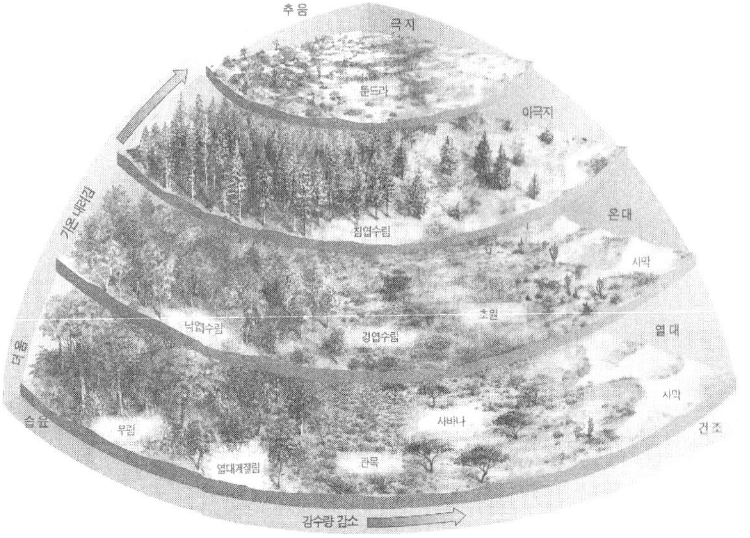

그림 3-6 생태계 분포(김준호, 2006)

③ 온대낙엽수림
- 분포 : 북미 동부, 서부 유럽, 한국, 일본 중국의 동부 및 칠레
- 기후 : 더운 여름과 추운 겨울이 뚜렷하게 구분
- 토양 : 포드졸 토양, 부식질이 풍부
- 식물과 식생 : 낙엽활엽수 많이 분포, 다양한 포유류와 파충류, 양서류 등 생물다양성 풍부

④ 초원
- 분포 : 대부분의 초원은 대륙의 안쪽의 다소 건조한 국소지역을 중심으로 발생하며 열대초원, 온대초원, 한대초원으로 구분
- 기후 : 연 강우량 50~70cm, 여름은 덥고 겨울은 춥거나 온화
- 토양 : 몰리솔, 비옥하며 중성
- 식물과 식생 : 초본류가 우점하는 지역으로 다양한 초식동물이 서식

⑤ 열대우림
- 분포 : 적도를 중심으로 10℃ 이내인 지역, 아마존유역, 콩고분지, 말레이시아

- 기후 : 강우량이 많고(200cm~250cm) 온도가 높아 겨울이 없음.
- 토양 : 오랫동안 풍화를 받아 대부분이 노년기 토양, 옥시솔
- 식물과 식생 : 종다양성이 가장 우수한 생물군계, 낮은 우점도와 많은 생물종, 생태계 내의 물질순환이 가장 빠름.

⑥ 사막(desert)

- 분포 : 산악지대의 비그늘에 의해 이루어진 건조한 지역과 대륙내부에서 나타남.
- 기후 : 연간 강우량이 25cm 이하의 매우 건조한 지역
- 토양 : 입자가 굵고, 중성 또는 약알칼리성, 아리도솔, 몰리솔
- 식물과 식생 : 지역에 따라 식생이 다양, 선인장, 유카나무, 조수아나무, 몸이 작고 잘 숨는 동물

2) 수계생태계

① 담수생태계

- 수생식물 및 생물다양성 풍부
- 하천(강), 연못(호소), 습지(늪)

② 해양생태계

- 지구표면의 70% 점유, 육지의 환경과 서로 연속되어 있음.
- 무생물지대가 없고 생물의 밀도는 대륙이나 섬주변에서 높음.

1.7 생태계 내의 생물과 환경

1.7.1 서식환경과 서식지

1) 서식지(Habitat)와 에코톱(Ecotope)

❑ 서식지는 생물이 살기위한 에너지를 얻거나, 번식과 월동 등의 생활을 하는 장소이며 에코톱은 지질이나 지형, 토양이나 지하수의 흐름 등의 비생물적인 입지조건이 비교적 질적으로 균일한 공간인 물리적 공간(physiotope)과 생물에 의해 만들어 질적으로 비교적 균일한 공간인 비오톱을 중첩시킨 것.

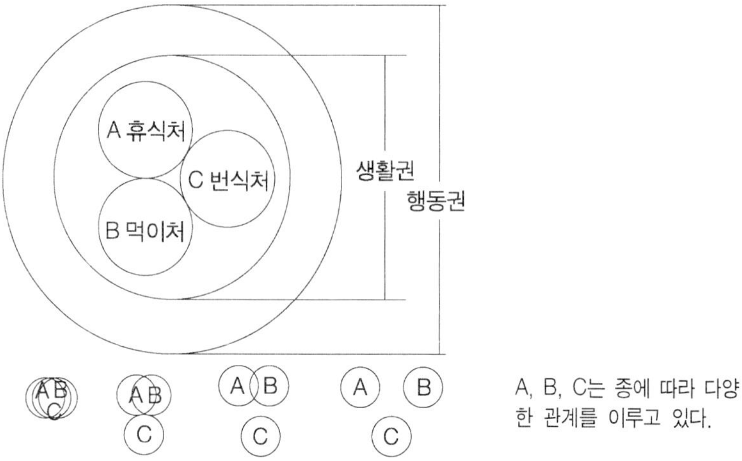

그림 3-7 동물행동권 모식도(문석기 등, 2004)

2) 동물의 서식공간

- ❑ 식물은 이동할 수 없기 때문에 생육공간의 위치를 고정적으로 나타낼 수 있으나, 동물은 이동하기 때문에 식물처럼 서식공간을 고정적으로 나타내는 것이 불가능 함.
- ❑ 행동 패턴을 기준으로 휴식처, 먹이터, 번식처 등으로 이루어진 생활권과 생활권을 핵으로 하는 행동권(home range)으로 구분하여 표기

1.7.2 생물의 이동

- ❑ 생물의 이동이란, 생물의 개체나 개체군이 어느 서식장소로부터 다른 장소로 옮겨가는 것으로 생물의 이동은 유전자를 공간적으로 다른 장소로 옮기는 역할을 함.
- ❑ 생물유전자의 이동은 개체군의 존속에 있어서 본질적인 역할을 하며 생물유전자의 이동기회를 보장한다는 것은 개체군이나 종 멸종을 막기 위해 중요

1) 동물의 이동목적

① 부적합한 환경의 장소를 회피

· 부적합한 환경을 지리적, 시간적으로 회피

- 대부분의 조류와 날아다니는 곤충, 박쥐 등과 같은 포유류의 일부

② 동물의 번식

- 비번식기와 번식기의 번식처나 산란지가 각각 다른 경우에 해당
- 양서류(개구리류, 도롱뇽)는 비번식기에는 산림내의 육상에서 생육하고 있다가 번식기에는 물이 고인 곳으로 이동하여 산란

③ 개체군의 분산

- 새끼가 어느 정도 커지면 모친 개체와 떨어져 이동
- 호랑이, 표범 등 육식포유류, 조류 등 일부

표 3-5 환경의 시간 · 공간적 변화에 따른 4가지 선택패턴

시간 / 공간	지금이 적합	머지않아 적합해짐
이곳이 적합	지금 · 이곳에 번식	휴면해서 번식
다른 곳이 적합	이동해서 번식	이동 · 휴면해서 번식

2) 이동공간으로 본 동물

① 공중이동동물

- 자연적 · 인공적 장해가 적으며 장거리 이동이 용이
- 대부분의 조류와 날아다니는 곤충, 박쥐 등과 같은 포유류의 일부

② 육상이동동물

- 서식장소의 인위적 단편화의 영향을 가장 받기 쉬움.
- 포유류, 파충류, 양서류의 성체, 보행성 곤충류 등
- 대부분 지표를 이동하나 두더지는 지중이동동물로 구분

③ 수중이동동물

- 댐, 하천의 횡단구조물은 어류이동을 저해하는 가장 큰 요인
- 어류, 일부의 포유류, 양서류의 유생, 수생곤충류

※복수공간 이동동물 : 거북(육상과 수중 다 같이 이동)
생활패턴 속에서 이동공간 바꿈 : 수생곤충(물방개), 유충일 때 수중, 성충은 공중이동

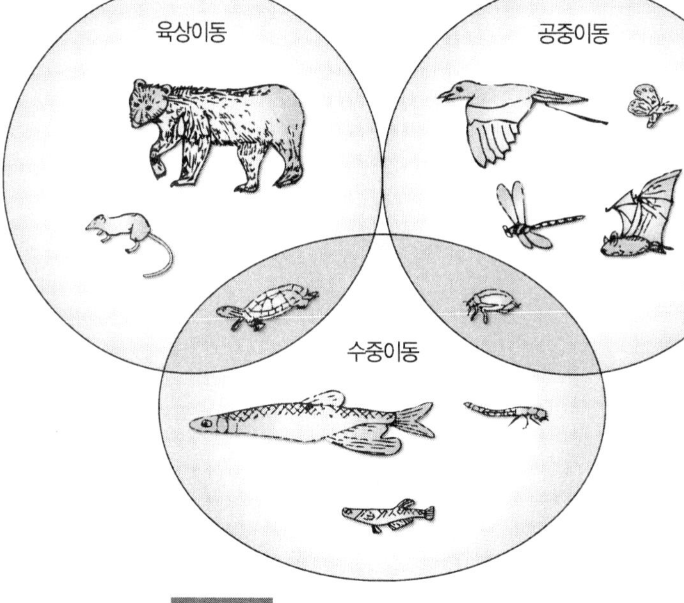

그림 3-8 동물의 이동공간(문석기 등, 2004)

3) 식물의 유전자 이동

① 꽃가루에 의한 유전자 이동

- 화분(꽃가루)의 매개방법에 따라 바람으로 운반되는 풍매화, 곤충으로 운반되는 충매화, 조류로 운반되는 조매화, 물로 운반되는 수매화 등으로 분류됨.

※폴리네이터(pollinator) : 화분(꽃가루)운반자로 꿀이나 꽃가루의 일부를 섭취, 충매화와 조매화에 적용 폴리네이터를 이용하는 이동은 동물과 식물 모두에게 이익이 되는 상리공생관계

② 종자에 의한 유전자 이동

- 부모식물의 직접적인 영향을 경감하여 자손을 보다 쉽게 남기게 하기 위한 방법
- 너도밤나무과 식물 등의 중력산포, 버드나무, 국화과 식물 등의 풍산포, 야자과 식물 등의 수산포, 봉선화 등의 기계산포, 도꼬마리, 도둑놈의 갈고리 등의 동물산포, 이들을 서로 조합한 복합산포

※녹음효과 : 부모식물의 매우 가까운 곳에 종자가 떨어진 경우, 부모식물이 빛을 가리게 되어 잎의 파장선택적 광흡수 때문에 태양광에 비해 적색광과 근적외광의 비가 현저하게 커짐. 이와 같이 변질된 빛에 의한 종자의 발아저해나 휴면 유도되는 현상

표 3-6 종자에 의한 유전자 이동

산포법		산포방식	주요종 및 특징
풍산포		바람에 의해 이동	자작나무, 적송 등 양수 천이의 초기에 출현하는 선구종
수산포		물에 띄워 하천의 유수나 해류를 타고 종자를 산포	수변을 서식장소로 하는 종
기계산포 (자동산포)		종자를 흩어 뿌림	흩어 뿌리는 거리는 수십 미터 내
동물 산포	부착형산포	동물의 몸에 종자를 부착	종자가 부착하기 쉽도록 갈고리 형태
	피식형산포	동물의 체내에 집어넣어져 종자가 분으로 배출	조류와 포유류 조산포 : 새에게 운반되는 방식
	저식형산포	종자를 저장하는 동물이 땅속에 저장	설치류와 다람쥐류, 조류(어치 등)

1.7.3 생물과 인간의 거리

1) 도주거리(flight distance)

- ❑ 동물이 포식자 등 적과의 만남 즉, 적이 일정한 거리에 달하면 도망을 하는 거리
- ❑ 도주거리와 동물의 신체크기와는 상관관계가 있으며 신체가 클수록 도주거리는 큼.

※위장술, 가시, 불쾌한 냄새를 풍기는 방어방법이 있는 동물의 도주거리는 방어방법이 없는 동물보다 짧음.

2) 공격거리(attack distance)

- ❑ 도주거리를 침범당하여 적으로부터 도망치려고 하는 동물의 도주반응
- ❑ 방어적 의미를 가진다는 점에서 방위거리라고도 일컬음.

※산길에서 갑자기 만난 곰이 위험한 것은 곰의 공격거리 안에 들어있다는 점과 관계가 있음.

3) 임계거리(critical distance)

- ❑ 도주거리와 공격거리간의 임계반응을 나타내는 거리의 폭
- ❑ 서커스의 사육사는 사자의 임계거리를 아주 정확하게 숙지하고 있어서 센티미터의 단위까지도 측정할 수 있다고 함.

1.7.4 조류와 인간의 거리관계

1) 비간섭거리

❑ 조류가 인간의 모습을 알아차리면서도 달아나거나 경계의 자세를 취하는 일 없이 모이를 계속 먹거나 휴식을 계속할 수 있는 거리

2) 경계거리

❑ 인간의 존재에 대하여는 경계를 취하나 그 장소로부터 이동하는 행동은 취하고 있지 않은 상태

3) 회피거리

❑ 인간이 접근하면 수십cm에서 수cm를 걸어 다니거나 또는 가볍게 뛰기도 하면서 물러서서 인간과의 일정한 거리를 유지하려고 하는 거리

4) 도피거리

❑ 인간이 접근함에 따라 단숨에 장거리를 날아가면서 도피를 시작하는 거리

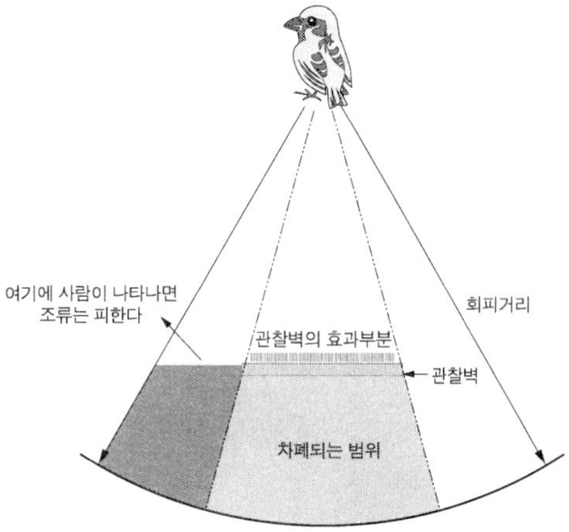

그림 3-9 관찰벽에 의한 단절효과 (문석기 등, 2004)

표 3-7 조류의 도피, 회피, 경계 및 비간섭거리(문석기 등, 2004)

구 분	도피거리(m)	회피거리(m)	경계거리(m)	비간섭거리(m)
대백로	95	102	109	188
흰뺨검둥오리	82	106	110	111
깝작도요	34	44	53	77
호도애	39	39	40	69
종다리	15	20	25	42
백할미새	21	28	33	52
찌르레기	36	43	54	65

※거리는 샘플의 중앙치임.

1.7.5 생물과의 만남방법

❑ 생물과의 접촉은 지적호기심이나 아름다운 것을 보고 싶다고 하는 의식을 충족시켜주는 것으로 무엇보다도 생명관을 기를 수 있으므로 인간의 정신생활에 필요한 행위다. 그러나 그 전제로서 생물의 생활에 방해가 되는 행동은 하지 않는다는 태도가 절실히 요구됨.

1) 관찰벽

❑ 인간의 모습을 감추기 위한 차폐벽으로 쌍안경 등으로 관찰하기 위한 작은 창으로 수변에 모이는 조류를 관찰하는데 흔히 이용됨.
❑ 관찰벽을 경계로 그 이상은 인간이 접근하지 않는다는 것을 학습했기 때문에 벽의 존재를 단절효과라 부름.

2) 사파리차

❑ 전망이 좋은 개방적인 경관인 아프리카의 사바나에서 동물을 만나는 방법
❑ 동물이 중립적인 존재로 인정하면 동물은 자동차에 무관심하기 때문에 도주거리는 줄어듦.

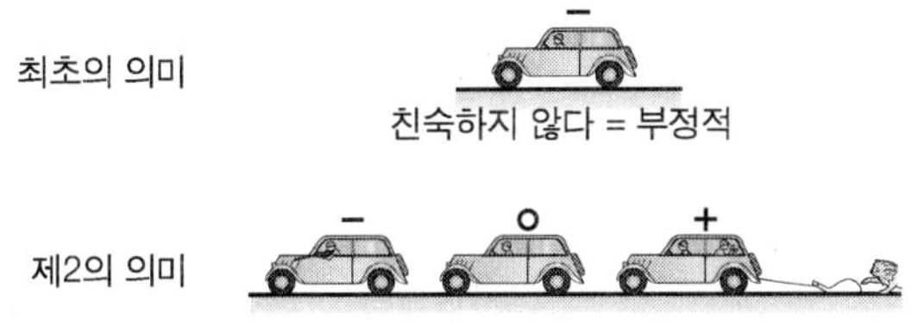

그림 3-10 동물에게 있어서 사파리차 의미(문석기 등, 2004)

3) 먹이를 매달아 주는 것

❑ 먹이를 가져다 주거나 매달아 놓는 것 등 야생동물을 인간 앞에 유인해내는 방법
❑ 야생동물이 수동적으로 먹이를 공급받게 하는 것은 야생동물의 생활을 바꾸는 행위로 주의 필요

2. 개체군

2.1 종과 개체

2.1.1 생태계 구성원의 계층

1) 계층(hierarchy) : 자연을 이루는 구성원을 상·중·하층으로 배열

① 개체(individual)

- 더 이상 분리할 수 없는 단일 생물체
- 공간적으로 단일하며 생활하기 위해 필요한 충분한 구조와 기능을 가지고 있는 것.
- 개체는 세포들의 집합체인 조직과 기관으로 이루어져 있으며 생존에 있어서 하나의 최소단위로서 행동

② 개체군(population)

- 한 지역 내에서 사는 동일 종의 집단
- 특정 서식지에서 구성 개체 사이에 교배를 통해 긴 세월 동안 공진화를 거침.
- 설악산의 노루개체군, 속리산의 여우개체군, 서울의 인구 등

③ 군집(community)

- 여러 종류의 개체군이 한 장소에 모여 서로 상호작용하면서 살아감.
- 특정한 지역에서 생활하는 개체군들이 모인 하나의 유기적 단위로서 종조성, 다양성, 층위구조, 먹이사슬 등의 속성을 갖음.

④ 생태계(ecosystem)

- 군집과 그 서식지를 포함하는 계로서 생물환경과 비생물 환경이 상호관계를 하여 구성된 것.
- 생물환경과 비생물 환경이 상호관계를 하여 구성된 것.
- 영양단계에 따라 분해자, 생산자, 1차, 2차, 3차 소비자 구조로 이루어짐.

⑤ 경관(landscape)

- 한 지역에 인위적으로 변형된 몇 개의 생태계가 모여 형성
- 인위적 구조물이나 인위적으로 변형된 여러 가지 생태계로 형성

⑥ 생물군계(biome)

- 넓은 지역에 조금씩 다른 경관이 모인 것
- 극상 우점종의 뚜렷한 상관의 차이로 결정되는 지리적 범위의 생물군집으로 식생만의 단위가 아닌 비슷한 기후, 토양, 식물, 동물 등이 자리잡고 있는 군집 전체의 단위

⑦ 생물지리지역(biogeographical region)

- 넓은 대륙이나 해양에서 제각기 특이한 식물상과 동물상을 갖는 생물군계
- 동물지리구(zoogeographic region)와 식물구계(floristic region)로 구성

※동물지리구(zoogeographic region) : 동물지리학자들이 각 지역의 특징적인 동물상에 따라 전세계를 6~7개 지역으로 나눈 것으로 각 지역은 주요대륙과 일부 일치하며 대양·산맥·사막을 경계로 하여 구북구·에티오피아구(아프리카 사하라 남부)·동양구·오스트레일리아구·신북구·신열대구·남구로 나누어짐.

※식물구계(floristic region) : 식물의 종류와 특징에 따라 크게 4구로 나뉘며 기후 조건보다는 오히려 그 지역이 지구의 생성과 변화에서 어떤 위치에 있었는가 하는 것에 더 많은 영향을 받음. 북구, 구열대구, 신열대구, 남구로 나뉨.

⑧ 생물권(biosphere)

- 지구상의 모든 생태계를 통합한 단위
- 생물권은 지구상에서 생물이 활동하는 범위로 해수면의 상하 10km 이내에 존재

2.1.2 종(species)

1) 종(species)

❑ 종은 생물 분류의 기본단위로 상호간에 교배(交配)가 가능하며 유전자를 자손에게 물려줄 수 있는 집단

❑ 생물의 분류는 종을 기본으로 하여 종·속·과·목·강·문·계의 순으로 계층적인 구분을 함.

❑ 형태적 특징에서 아종(亞種), 변종(變種), 품종(品種) 등으로 나눔.

2) 생물의 분포

- ❏ 어떤 지역에 생육하는 모든 생물의 종을 통틀어 생물상이라 하며 그 중에서도 식물부분을 식물상(flora), 동물부분을 동물상(fauna)이라 함.
- ❏ 생물지리구(biogeographic region)는 서로 다른 생물상의 차이로 구분되는 지역으로 동물지리구(zoogeographic region), 식물지리구(floristic region) 구성

2.1.3 개체(individual)

1) 유성생식과 무성생식

- ❏ 유성생식 : 부모의 유전정보를 일부분 교환하는 것으로 다양한 형질을 가진 다음 세대가 태어나며 환경변화에 대한 적응력이 높음.
- ❏ 무성생식 : 암수의 성과 관계없이 다음 세대를 남기는 생식방법으로 다음세대의 유전정보는 부모와 동일하고 환경적응력은 비교적 낮음.
  예 세균, 아메바

2) 종자번식과 영양번식

- ❏ 종자번식 : 종자에 의한 번식이 가능한 식물을 다량으로 증식할 때 사용하며 유전적 다양성을 가질 수 있다. 부모개체가 되기까지에는 많은 시간이 걸리는 단점이 있음.
- ❏ 영양번식 : 인간에게 도움을 주는 형질을 가진 식물의 유전적 조직구성을 변경하지 않고 증식할 수 있음.
  예 삽목, 접목, 포기나누기

2.2 개체군

2.2.1 개체군의 특성

1) 개체군(population)

- ❏ 한 지역 내에서 사는 동일 종의 집단으로 개체가 서로 유전 정보를 교환할 수 있는 집단

❑ 특정시간에 특정공간을 차지하고 있는 같은 종의 생물군
❑ 설악산의 노루개체군, 속리산의 여우개체군, 서울의 인구 등.

2) 개체군의 특징

❑ 집단에만 나타나는 여러 가지 특성(밀도, 출생률, 사망률, 연령분포, 번식능력, 분산, 생장형 등)을 가짐.
❑ 개체군내에서는 종내경쟁, 상호보상작용이 발생
❑ 각 개체군 특유의 유전적 특성인 적응성, 생식 적합도 및 영속성이 포함.

3) Allee효과

❑ 개체군은 생물의 개체 모양으로 일정한 구조와 구성을 가지고 있으며 시간의 경과에 따라 변화
❑ 개체와는 달리 출생률과 사망률에 따라 크기가 달라질 뿐 죽지 않고 오랫동안 존재하며, 크기가 지나치게 크거나 작으면 기능 약화
❑ 즉, 집합의 정도는 전체밀도와 같이 최적의 개체군 생장과 생존을 가져오는 밀도가 있으며, 지나치게 작거나 큰 겨우 제한요인이 된다.

4) 개체군의 속성

❑ 출생률(birth rate, natality)
- 새로운 개체가 생식에 의해 개체군에 추가되는 비율
- 최대출생률 : 출생률 또는 생리적 출생률로서 생태적 제한 요인 없이 오직 번식을 위한 조건에서 최다수의 각 개체군에서 새로운 개체를 낳을 능력
- 생태적출생률 : 현실 출생률로서 실제적, 특정한 환경조건 아래에서 개체군 증가

❑ 사망률(death rate, mortality)
- 죽음에 의해 시간당 개체들이 줄어드는 비율
- 최소 사망률 : 개체군에 의해 일정하며 이상적이고 제한 요인이 작용하지 않는 조건 아래에서의 사망
- 현실사망률 : 어떤 환경조건 아래에서 개체의 사망은 개체군과 환경조건에 의해 변화

5) 개체군의 생존곡선

❑ 생리적 수명에 대한 생태적 수명의 상대적인 비에 따라 살아 남은 개체수를 그래프로 나타나며 볼록형, 사선형, 오목형 곡선으로 구분함.

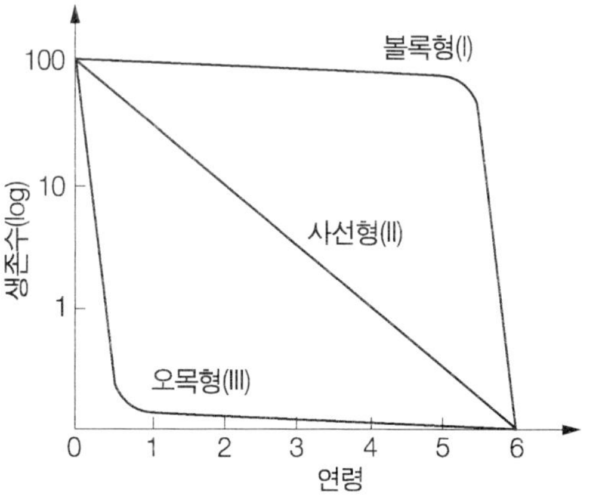

그림 3-11 개체군의 생존곡선(생태복원연구회, 2007)

❑ I형(볼록형) : 어릴 때 생존율이 높고, 일정 연령에 이르러 사망률이 높은 생물 예 1년생 식물 개체군, 포유류 개체군, 사람

❑ II형(사선형) : 연령별 사망률이 일정한 생물
 예 곤충 개체군, 히드라

❑ III형(오목형) : 어린 시기에 사망률이 높고 그 후에 낮아지는 개체군
 예 다년생 목본 식물, 알을 낳은 어류, 굴

※생리적 수명 : 최적조건에서 개체군이 노쇠하여 죽었을 때의 평균 수명
※생태적 수명 : 자연조건에서 질병이나 피식, 먹이부족 등으로 생리적 수명을 다하지 못하고 죽는 개체군의 평균 수명

6) 개체군의 생장곡선

❑ 개체군은 시간이 흐를수록 개체수(또는 생체량)가 증가하는데 이를 개체군의 생장이라고 하며, 생장곡선의 형태는 J자형 또는 S자형으로 나타남.

❑ 지수생장곡선(J형)
- 타종의 간섭이 배제된 최적의 환경에서 시간경과에 따라 개체수를 조사하면 초기에는 완만하게 증가하고 후기에는 급격히 증가하는 J자형 곡선
- 대체로 개체가 작고 수명이 짧으며, 생식력이 높고 발생속도가 빠르고, 생

식횟수는 대개 일생 중 1회인 것이 많음.

예 1년생 초본, 모기, 추수 끝난 후의 벼메뚜기

※J자형 개체군 생장곡선의 요구조건 : 최대번식률, 충분한 먹이자원, 타종에 의한 영향(경쟁, 포식, 기생 등의 생물적 작용) 배제, 최적의 환경조건

❑ 로지스틱생장(S형)

- 초기에는 지수적으로 성장하나 시간이 충분히 지나면 일정수를 유지
- 시간이 지나면 일정개체수를 유지하는 환경수용능력에 달함.
- 암수, 노소의 차가 큰 포유류 및 식물개체군 생장에는 맞지 않음.

※환경저항 : 환경이 개체군을 유지하는 한계점에 달했을 때 그 한계를 환경의 포용능력(환경수용력(carrying capacity))이라 함.

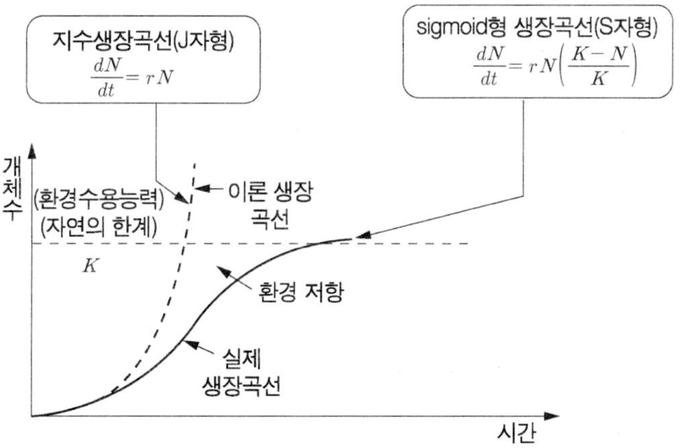

그림 3-12 개체군의 생장곡선(생태복원연구회, 2007)

7) 개체군의 밀도와 조절

❑ 환경수용능력 : 환경이 수용 할 수 있는 개체군의 최대크기로 기후, 영양소, 적절한 공간 중에서 한 요인 또는 몇 요인에 의해 결정

❑ 개체군 조절에 영향을 미치는 요인 : 종내경쟁, 이입과 이출(내적요인), 포식, 기생, 질병 및 종간경쟁(외적요인), 생태계의 교란

8) 개체군의 생활사

① 밀도와 경쟁력

- 밀도가 높지 않은 상태의 환경에서는 높은 번식력을 가진 종이 그렇지 못

한 종보다 생태적 우위를 차지할 수 있으며, 이에 비해 과밀한 조건은 낮은 성장력을 가지고 희소한 자원에 대한 경쟁력이 높은 종에게 유리한 선택압력으로 작용

② r-선택 및 K-선택 생물

- *r*-선택 생물 : 불안정하고 일시적이며 변동하기 쉬운 서식지의 개체군
- *K*-선택 생물 : 안정한 서식지에 사는 개체군

※r-성장률, K-수용능력

표 3-8 *r*-선택과 *K*-선택 생물의 특징

r-선택 생물	*K*-선택 생물
·일찍 성숙함.	·늦게 성숙함.
·몸집이 작은 다수의 자손 생산	·몸집이 큰 소수의 자손 생산
·짧은 생활사, 1년생	·긴 생활사, 다년생
·부모로부터 자원분배 적음(시간과 에너지의 부족).	·부모로부터 자원분배 많음(어린 생물의 생존율 높음).
·낮은 경쟁력	·높은 경쟁력
·부적합한 환경에 유리하도록 산포력이 매우 큼.	·경쟁이나 근친교배를 피하기 위하여 산포력이 좋음.
·1년 묵은밭 돼지풀	·삼림, 십자화과의 다년생 식물

③ 선택과 생장형

- 경쟁력이 낮은 상태에서 높은 번식력 → 생태적 우위를 차지함 → r-선택 → J자형 생장형을 보이는 개체군
- 경쟁력이 높은 상태에서 낮은 번식력 → 유리한 선택압력으로 작용 → K-선택 → S자형 생장형을 보이는 개체군

④ 개체군의 변동

- 개체군의 변동에는 편평형 급변형, 주기형이 있다. 주기형은 시간경과에 따라 거의 일정한 간격으로 규칙적으로 변하는 데 비하여, 급변형은 일시적으로 급격히 증가되는 점이 차이임.

⑤ 개체군의 분산

- 개체군 내의 각 개체는 주어진 공간에 분산되어 생활하는데, 이것을 개체

군 분산형태라고 하며 개체군 분산형태는 대개 균일형(규칙분포), 임의형, 괴상형(집중분포)의 3가지로 구분

⑥ Grime 식물 생활사 전략

- 식물의 생활사를 스트레스, 교란 및 경쟁의 정도에 따라 구분
- R-선택, C-선택 및 S-선택 생물

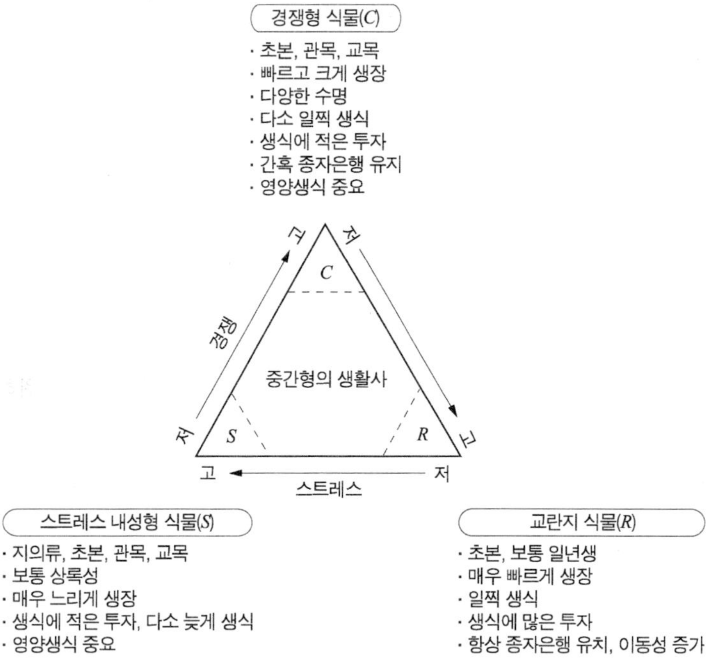

그림 3-13 Grime 식물 생활사 전략

2.2.2 개체군의 유형

1) 지역개체군

❑ 특정한 지역을 차지하여 생식이나 번식 단위를 이루는 개체군

2) 국지개체군

❑ 일정하게 한정된 지역에서 생육하는 개체군으로 일정지역에서만 분포

3) 메타개체군

❑ 메타개체군은 국지적으로 모여 생육하는 개체군이며 메타개체군은 유전자 교류가 가능한 최상위의 개체군임.

2.2.3 개체군의 소실

1) 개체군의 소실 요인

❑ 개체군의 소실 요인 : 인구학적 확률성, 환경의 확률성, 카타스트로프(대변동), 유전적 확률성

❑ 개체군 크기가 작아지면 그 영향이 보다 크게 작용하여, 그것이 증폭되어 국지개체군이 절멸함(절멸의 소용돌이).

2) MVP, MVA

① 존속가능최소개체군(minimum viable population)

- 한종의 지속성을 보장할 수 있는 개체수
- 국지개체군이 존속하기 위해서 최소한으로 확보해야만 하는 개체군 크기
  예 산양, 반달곰 50개체, 새 100쌍

② 존속가능최소면적(minimum viable area)

- 존속가능최소개체수(MVA)가 생활하기 위한 면적

3) 종절멸 원인

❑ 유전적 소실 : 근친교배

❑ 개체수 변동 : 출생, 사망

❑ 자연재해 : 불, 홍수

❑ 환경변동 : 포식, 피식

표 3-9 파편화에 의한 멸종 가능성이 높은 종(이동근 등, 2004)

멸종 가능성이 높은 종	특 징	사 례
지리적 분포 범위가 좁은 종	· 지리적으로 몇 개의 지역에만 분포 · 분포지역에 대한 인간의 간섭은 멸종으로 이어짐.	· 고립된 도서의 조류 · 특정 호수에 사는 어류
하나 또는 소수의 개체군으로 구성된 종	· 소수 개체군에 대한 환경 또는 인간에 의한 교란은 멸종을 의미	· 미국 남서부 사막에 사는 desert pupfish
개체군의 크기가 작은 종	· 개체군의 크기가 작은 종은 유전적 변이가 낮아 환경 변화 민감	· 반달가슴곰 · 호랑이
개체군의 크기가 감소하는 종	· 개체군 크기 감소 종은 멸종의 신호이므로 원인을 찾아 대책을 수립	
개체군의 밀도가 낮은 종	· 개체군 밀도가 낮은 종의 서식지가 파편화되면 개체군 크기가 매우 작아짐.	· 희귀종 · 멸종위기종
넓은 행동권을 요구하는 종	· 행동권의 일부가 파괴되거나 인간활동으로 파편화되면 개체군 유지가 곤란	
몸체가 큰 종	· 개체의 활동범위가 넓고, 먹이요구량이 많으며, 사냥감이 될 확률이 높음. · 먹이사슬의 최상위를 점하는 종이 많음.	· 고래, 표범, 독수리 · 코끼리, 사슴 등
종의 확산이 어려운 종	· 서식환경이 변하는 경우 이동이 필요한데 이동이 어려운 종은 멸종위기에 놓임.	· 이동성이 낮은 종
계절적 이주 종	· 계절적 이주 종은 2개 이상의 서식처를 필요	· 철새 · 연어
유전적 변이가 낮은 종	· 유전적 변이가 낮은 종은 질병, 포식자, 환경변화에 적응력이 낮아짐.	· 치타
특이한 생태적 지위를 요구하는 종	· 서식지가 인위적 영향을 받으면 생태적 지위에 변화가 생겨 서식이 어려워짐.	· 식이조건이 까다로운 종 (단 한 종의 새털만 먹고 사는 진드기)
안정된 환경에서만 생육하는 종	· 안정된 산림에 사는 종은 벌채, 방목, 산불 등 환경변화에 견디지 못함.	
집합체를 형성하는 종	· 특정지역에서 무리지어 생활하는 종은 집단포획의 가능성이 높음.	· 박쥐(낮에 특정 동굴에 집단으로 서식) · 물소 등
인간에 의해 포획되는 종	· 인간에게 경제적 가치가 높은 종은 남획의 위험이 있음.	· 고래, 곰 등

2.3 개체군의 상호작용

2.3.1 동종개체군의 상호작용

1) 세력권(텃새)

- ❑ 일정한 범위의 공간을 차지하고 있으면서 다른 개체나 개체군의 침입을 막는 것
- ❑ 생활조건이 같은 개체들을 분산시켜 개체군의 밀도를 조절
- ❑ 은어는 물 속의 돌을 중심으로 한 마리가 $1m^2$의 세력권을 형성

2) 순위제

- ❑ 동종 개체군의 구성원 사이에서 먹이나 배우자를 얻을 때 힘의 강약에 의해 순위가 결정
- ❑ 개체군 내의 혼란을 막고 질서를 유지하는 데 중요한 역할
- ❑ 닭 개체군에서 모이를 먹는 순서

3) 리더제

- ❑ 동물 개체군에서 개체군의 행동을 통솔하는 한 마리의 리더가 있고 다른 개체들은 리더의 명령에 복종하며 리더는 경험이 많거나 힘이 세고 영리함.
- ❑ 원숭이는 힘센 수컷, 코끼리 경험 많은 암컷

4) 사회생활

- ❑ 개체군 내에서 개체들의 역할이 나뉘어 있어 전체적으로 분업 구조를 이룸.
- ❑ 꿀벌, 개미개체군은 여왕을 중심으로 구조나 기능이 분업화

2.3.2 이종개체군의 상호작용

1) 포식과 피식

- ❑ 영양 단계가 다를 때 먹는 쪽을 포식자, 먹히는 쪽을 피식자라 함.
- ❑ 포식은 포식자가 피식자를 먹음으로서 피식자의 생명을 빼앗음.
- ❑ 얼룩말과 사자, 톰슨가젤과 하이에나

2) 기생

❑ 기생은 숙주로부터 일방적으로 영양을 얻는 기생생물과 숙주의 상호작용
❑ 숙주에게는 부정적, 기생충에게는 긍정적임.
❑ 겨우살이, 오리나무더부살이, 뻐꾸기의 탁란

3) 부생

❑ 죽었거나 죽어가는 생물로부터 에너지를 얻는 상호작용
❑ 분해작용을 통해 유기물질을 무기화합물로 생성
❑ 북방장송벌레, 쉬파리, 금파리

4) 경쟁

❑ 두 개체군이 서로를 억제하거나 어떤 종류의 부정적인 영향을 끼침.
❑ 종간경쟁(다른 종과 경쟁)과 종내경쟁(같은 종의 개체간 경쟁)

※경쟁배타의 원리(Gause의 법칙) : 한 자원에 대한 종간경쟁이 심하게 일어나면 한 종이 멸종하고 다른 종은 살아남는다.

5) 공생

① 편리공생
- 서로 작용하는 두 개체군 사이에 한 종에게는 이익이 되고 다른 종에게는 영향이 없다.
- 해삼과 숨이고기, 민물조개와 납자루

② 편해공생
- 한 종이 해를 입고 다른 종이 아무런 영향을 받지 않음.
- 소나무숲에서는 다른 식물이 잘 자라지 못함.

③ 원시협동
- 쌍방의 개체군 성장이나 생존에 이익이 있으나 상호의존 관계가 절대적인 것은 아니어서 두 생물이 혼자서도 살 수 있음.
- 게와 강장동물, 소와 소등에 앉아서 진드기를 쪼아먹는 새

④ 상리공생

- 쌍방의 개체군 생장이나 생존에 이익이 있으며, 어느 것이나 상대방이 없으면 자연상태에서는 생존 못함. 두 종의 생존에 절대적인 관계
- 콩과식물과 질소고정박테리아, 반추동물과 위속에 사는 박테리아

6) 분서

❑ 생활 조건이 비슷한 개체군이라도 생활 공간을 나누어 살아감으로써 경쟁을 피함.

❑ 은어와 피라미드는 같은 냇물에 살면서 먹이도 비슷하지만 피라미는 냇물의 가장자리, 은어는 냇물의 중앙부에 살아감으로써 경쟁을 피함.

7) 공진화

❑ 둘 이상의 종이 상호작용하여 일어나는 진화

❑ 공진화는 두 종에서 모두 일어나는 변화

❑ 피식자들은 보다 빨리 뛰고 잘 숨는 방향으로, 포식자들은 날카로운 눈과 예민한 코가 발달

※공생자와 공진화 : 공생관계를 맺고 있는 당사자들을 공생자(symbionts)라고 부르며, 공생은 공진화의 결과이며, 공진화는 상호작용하는 두 종이 상호의존하며 진화하는 것임.

표 3-10 베르그만법칙, 엘렌의 법칙

베르그만 법칙	엘렌의 법칙
· 포유류의 몸의 크기는 온도와 상관 관계를 나타낸다는 법칙 · 추운 지방에 사는 동물은 따뜻한 지방에 사는 동물보다 몸의 크기가 크다. 예 사막여우 < 붉은여우 < 북극여우	· 같은 종의 항온동물에서는 한랭한 지방에서 서식하는 개체의 몸의 돌출부(다리·꼬리·귀·얼굴·코 등)가 온난한 지방의 개체의 것보다 비교적 작은 현상 예 사막여우 귀 > 붉은여우 귀 > 북극여우 귀

3. 군 집

3.1 군집의 구조

3.1.1 군집의 구조 및 특성

1) 군집의 구조

❑ 종조성 : 군집은 일정한 지역에서 생육하는 특정한 여러 개체군의 집합체로서 개체군의 상대수는 각각 다름.

❑ 상관(physiognomy) : 군집은 층위구조나 공간적인 분포유형과 같은 고유한 특징을 보유

❑ 주기성 : 군집의 구조는 하루 또는 계절을 주기로 반복

❑ 영양구조 : 군집은 먹이사슬과 영양단계를 포함한 특정한 에너지흐름의 유기성을 갖음.

※경관과 상관 : 상관은 경관과 비슷하나 더 좁은 의미로 사용되며 식물생태학에서 식물군락을 외관적으로 파악한 모양을 의미

2) 군집의 주요 특성

❑ 우점종(dominant species) : 일정한 군집 내에서 중요한 역할을 수행하고 다른 종에 영향을 미치는 종을 말하며 이러한 역할은 종과 환경 사이의 반작용과 상호작용을 통하여 이루어짐.

❑ 핵심종(keystone species) : 생태계의 종 가운데 종의 다양성을 유지하는데 결정적 역할을 하는 동·식물종으로 핵심종이 멸종되면 다른 모든 종의 생존에 큰 영향을 주며 생태계의 변화를 일으킴.

❑ 깃대종(flagship species) : 한 지역의 생태계를 대표하는 중요하고 특징적인 동·식물(예 월드컵공원 맹꽁이, 부산 동백꽃 등)을 의미하여 유엔환경회의(UNEP)에서 제시한 것으로, 그 지역 생태계 회복의 개척자적인 이미지를 깃발의 뜻으로 형상화

❑ 화합물의 효과 : 상극작용(allelopathy), 페로몬(pheromone)

※상극작용(allelopathy) : 상극작용 화합물이 다른 종에 영향을 미치는 것으로 예로 스컹크의 분비물질이 기피제로 이용, 식충 식물의 분비물이 유인제 등으로 이용

※페로몬(pheromone) : 화합물이 같은 종 사이에 영향을 주는 물질로 동물들의 짝짓기, 세력권 표시

❑ 지위유사종(synusia)과 길드 : 군집에서 생활형이 같은 종의 무리로 때때로 군집의 층을 나타내기도 하지만 실제의 층구조는 아님. 길드는 동물군집에서의 지위유사종

예 열대우림의 대형 착생식물, 착엽식물인 조류나 지의류 등

❑ 주기성 : 일변화와 계절변화

※일변화 : 대부분의 생물은 활동, 세포분열, 생리적 활성의 일주기성(daily cycle)을 갖음. 주행성, 야행성, 황혼성으로 구분

※계절변화 : 생태계는 온도, 강수 및 광주기와 같은 환경 요인의 계절변화에 따라 구조와 기능이 달라짐. 열대우림의 경우 계절변화가 없는 것처럼 보이지만 그 구성종들의 활동은 일년을 주기로 변화함.

3.1.2 생태적지위(niche)와 길드(guild)

❑ 생태적지위(ecological niche) : 어떤 종이 생태계에서 수행하는 전반적인 역할을 의미하며 생물이 생태계에서 차지하는 구조적, 기능적 역할을 종합적으로 나타내는 개념

❑ 생태적지위의 범주

- 온도, 물 등의 다양한 물리적, 화학적 조건에 대한 내성범위
- 먹이나 양분으로 사용될 수 있는 자원의 종류
- 소속된 생태계에서 다른 생물적, 비생물적 구성요소들과의 상호작용
- 생태계 내의 에너지 흐름과 물질순환에서 수행하는 역할

1) 공간지위(spatial niche)

❑ 생태계에서 한 생물이 차지하는 공간적 위치와 기능적 역할에 초점, 생태적 지위는 종에 따라 다르고, 종의 분포를 결정하는 구조적이며 기능적 제한요인이란 의미에서 단순히 미서식지라고 정의 - Grinnell(1917)

2) 영양지위(trophical niche)

❑ 생태계에서 한 종과 다른 종의 상대적 위치로 인식하여 역할이 다른 신분의 의미로 사용하였으며, 먹이사슬의 에너지관계에 역점 - Elton(1927)

3) 다차원 지위(hypervolume niche)

❑ 생물이 군집 내에서 살아가기 위해서는 다른 여러 생물 및 비생물 요인에 적응하여야 하므로 다차원적 공간의 개념을 도입. 다차원적 공간은 먹이의 종류, 크기 등 생물적 공간과 온도, 광선, 수분 등의 비생물적 공간을 모두 포함 - Hutchinson(1957)

※서식지는 주소와 같고, 생태적 지위는 직업과 같은 것 - Odum(1959)

※생태적 동위종(ecological equivalent) : 다른 지역에서 유사한 생태적 지위를 갖는 종으로 사막에서 다육식물과 북미의 선인장 종류, 아프리카의 대극과

4) 길드(guild)

❑ 생물공동체나 군집에서 동일한 생활자원을 비슷한 방법으로 이용하는 생물종의 그룹으로 조류군집의 분석에 많이 이용됨.

❑ 길드를 구성하는 종은 고정적이지 않고, 생활패턴의 단계에 따라 달라지며 둥지와 관련된 영소길드(Nesting guild)와 먹이자원 이용에 관련된 채이길드(Foraging guild)로 구분

예 나비유충 → 너도밤나무과 식물의 잎을 먹이자원으로 하는 길드,
성충 → 꽃의 꿀을 이용하는 길드

표 3-11 조류 군집의 길드 이용분류

구 분	분 류	내 용
영소길드 (nesting guild) : 둥지 짓는 장소	나무구멍 영소길드	나무구멍을 둥지로 이용하는 종
	수관층 영소길드	수관층을 둥지로 이용
	관목층 영소길드	관목층이나 지면을 둥지로 이용
채이길드 (foraging guild) : 먹이 먹는 장소	수관층 채이길드	수관층에서 먹이자원을 이용
	관목층 채이길드	관목이나 지면에서 먹이자원 이용
	공중 채이길드	공중에서 먹이자원을 이용

3.2 군집의 유형 및 군집조사방법

3.2.1 군집의 유형

1) 독립성

- 고차군집(major community) : 비교적 높은 독립성을 갖고 있는 규모가 크고, 조직이 안정된 군집, 인접하는 군집과의 접촉에는 거의 영향이 없는 군집
- 저차군집(minor community) : 주위 집단에 다소나마 의존하고 있는 군집

2) 형태

- 개방군집(open community) : 삼림처럼 다른 군집과 혼합하여 존재하는 형태로 구성됨.
- 폐쇄군집(minor community) : 동굴처럼 뚜렷한 경계를 갖는 군집

3.2.2 군집조사방법

1) 전수조사(total counts)

- 대형생물 또는 눈에 두드러지게 띄는 것 혹은 집체를 형성하는 생물에 대하여 적용

2) 방형구법(quadrat sampling)

- 조사지에 일정 면적($1m^2$, $16m^2$, $25m^2$) 등의 면적을 가지는 사각형틀을 설치하고 그 속의 개체수, 빈도, 무게를 측정함으로써 추정밀도 또는 수관 투영도나 입면도 등을 산출

3) 재포획법(marking-recapture method)

- 대체군의 일부를 자료로 포획하여 표시한 다음 놓아주고 그 후 재차 포획된 자료에 포함되는 표식개체의 비율을 토대로 전체의 개체를 결정, 운동성이 있는 동물에 유효

4) 제거법(removal sampling)

❑ 어떤 지역으로부터 연속으로 시료를 채취하여 이제까지 누적 개체수와 각 회마다 제거한 새 포획 개체를 그래프상에 점으로 그려놓고 이를 토대로 개체를 결정

5) 비구획법(plotless method)

❑ 나무와 같은 착생생물에 적용하는 방법으로 일련의 랜덤상태에서 기점을 취하고 그 곳을 중심으로 분각한 다음 각 지역 내에서 기점에 가장 가까운 개체의 거리를 측정하는 방법

3.2.3 군집의 변화

1) 군집 변화의 유형

❑ 비방향성 변화 : 군집을 일정한 방향으로 영구적으로 변화시키기 못하는 것으로 일변화, 계절변화, 교체변화, 방황변이적인 변동
❑ 방향성 변화 : 군집을 일정한 방향으로 영구적으로 변화시키는 것으로 장기적인 기후변화, 천이에 의한 극상군집 등

2) 교체변화

❑ 안정된 군집에서 평형상태를 유지하며 생물이 교체되는 것으로 교체과정이 순환적으로 반복되는 순환교체와 삼림의 수관교체로 구분

※순환교체 : 군집 자체의 동적 특성에 의하여 일어나는 것과 화재와 같은 외적인 요인에 의해 발생

3) 변동

❑ 서식지 환경의 변화로 군집구조나 종조성이 교대되는 것으로 변동이 예측 가능한 서식지에서는 주기적 변동의 어느 한 시기에만 번성하는 종의 교체가 일어남.

예 1930년 미국의 대평원에서 대한발기간과 그 후 초지식생의 변화

3.3 천이(succession)

❑ 시간이 지남에 따라 한 지역에서 상이한 군집이 연속적으로 변화되는 것으로 궁극적으로 주위환경과 조화를 이룸으로써 생물상의 변화가 거의 없어지는 안정상태로 유도되는 과정이며 최후의 안정된 시기를 극상(climax)이라고 함.

3.3.1 천이의 유형

1) 발생시점의 식생 상태

❑ 1차 천이(primary succession) : 새로 형성된 사구나 용암대지와 같이 과거에 식생이 없던 불모지에서 시작되는 천이, 장소에 따라 습성천이, 건성천이, 중성천이로 세분

❑ 2차 천이(secondary succession) : 군집이 자연적 또는 인위적인 교란에 의하여 파괴된 장소나 휴경지에서 시작되는 천이, 1차 천이보다 진행 속도가 빠름.

2) 발생원인에 따른 분류

❑ 자생천이 : 토양속 유기물, 수분, pH 등의 변화로 인해 식물자체 결과로 발생(1차 천이 유형)

❑ 타생천이 : 외부의 물리적 영향으로 발생(2차 천이 유형)

3) 수분의 유무에 따른 분류

❑ 건성천이(1차 천이 유형) : 양분, 수분이 전혀 없는 암반 나지에서 시작
나지 → 지의류 → 초원 → 관목림 → 양수림 → 혼합림 → 음수림

❑ 습성천이(1차 천이 유형) : 호수, 습원 등의 수중환경에서 시작
빈영양호가 토양으로 메꾸어져 초원화되는 과정
빈영양호 → 부영양호 → 수생식물습원 → 초원 → 관목림 → 양수림 → 음수림

4) 천이의 진행과정에 따른 분류

- ❑ 진행천이(1차 천이 유형) : 초본 → 관목림 → 양수림 → 혼합림 → 음수림으로 진행
  천이가 진행되면 신갈, 서어나무군의 극상에 도달
  극상에 도달시 식물, 동물, 환경상호간의 생태적 평형관계가 유지
- ❑ 퇴행천이(2차 천이 유형) : 과도한 개발로 산림황폐화, 방목으로 초원의 나지화. 아까시, 칡 등에 의한 우점으로 기존 수림 잠식

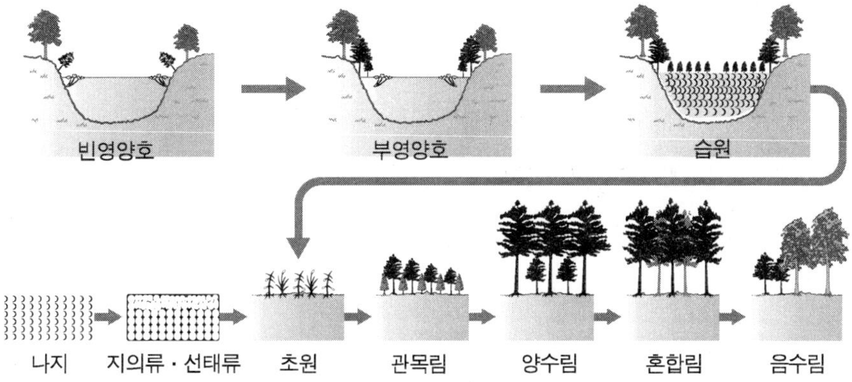

그림 3-14 건성천이와 습성천이(김준호 등, 2008)

3.3.2 천이의 모델

1) 촉진모델(facilitation model)

- ❑ 초기종의 반작용으로 후기종에게 적합한 환경이 조성되는 경우로 천이 초기종이 후기종의 정착을 촉진한다. 자신이 변화시킨 환경에서 천이 초기종이 불리하고 다른 종에게 유리하여 결국 천이 초기종은 사라짐.

2) 내성모델(tolerance model)

- ❑ 초기종의 반작용이 후기종의 생장에 거의 영향을 주지 않는 경우로 천이 초기종이 후기종의 정착을 촉진하지 않고 천이 후기종은 천이 초기 단계의 환경에서 견딜 수 있다. 가장 내성이 강한 종만 남을 때 극상에 도달

3) 억제모델(inhibition model)

❑ 초기종에 의한 환경의 변화가 자기 자신 뿐만 아니라 천이 후기종에게도 불리. 먼저 정착한 종이 다른 종의 정착을 방해하여 수명이 길고 교란에 잘 견디는 생물이 극상 상태 차지

3.3.3 극상 군집

❑ 천이의 최종단계로 환경과 평형을 이루며 종의 경쟁, 구조 및 에너지 흐름이 정상상태
❑ 단극상, 다극상 및 극상유형의 세 가지 가설이 대표적 가설

3.3.4 천이의 생태적 이용

1) 생태계 보존을 위한 활용

❑ 천이 진행에 따른 생태계 안정성 회복
❑ 생태계의 다양성과 종다양성 보호

2) 사방, 조림, 갱신 등 훼손지 복원

❑ 천이 유도를 위한 초기 정착종 활용
❑ 중, 장기적 천이 진행 유도

3) 폐광지, 매립지, 오염훼손지 복구

❑ 입지조건을 고려한 식생조성
❑ 자연적 회복 유도

4) 인접지와의 연결성 부여

❑ 주연부를 이용한 서식공간 조성
❑ 야생동물 이동 유도

4. 생물다양성

4.1 생물다양성 개념 및 가치

4.1.1 생물다양성의 개념

❑ 육상 생태계, 해양과 기타 수생생태계와 이들의 복합 생태계를 포함하는 모든 원천에서 발생한 생물체의 다양성을 말하며, 종내·종간 및 생태계의 다양성을 포함한다. 즉, 생물다양성이란 생물종(species)의 다양성, 생물이 서식하는 생태계(ecosystem)의 다양성, 생물이 지닌 유전자(gene)의 다양성을 총체적으로 지칭.

1) 종다양성(species diversity)

❑ 한 지역 내의 종의 다양성 정도를 말하는 것으로 분류학적 다양성을 지칭, 종다양성은 종풍부도와 개체수의 상대적 균형성을 뜻하는 것으로 군집의 복잡성을 나타냄.

❑ 어떤 특정환경에 대한 생물종의 진화적 생태적적응의 모든 양상으로 나타나 사람들에게 자원과 대체자원을 제공

2) 생태계 다양성(ecosystem diversity)

❑ 한 생태계에 속하는 모든 생물과 무생물의 상호작용에 관한 다양성을 말한다. 생물요소의 상호간 또는 무생물 환경과 반응하는 삼림, 사막, 목초지, 하천, 호수, 습지, 바다 및 여타 생물군집들의 다양성으로 평가되는 요소

3) 유전적 다양성(genetic diversity)

❑ 종 내의 유전자 변이를 말하는 것으로 같은 종 내의 여러 집단들을 의미하거나 한 집단 내 개체들 사이의 유전적 변이를 의미

❑ 생물종으로 하여금 생식적 활력이나, 질병에 대한 저항, 그리고 변화하는 환경조건에 적응하는 능력 등을 지속

4.1.2 생물다양성 가치

1) 이용 가치

① 직접적 가치

- 식량원 및 생활 및 산업자원, 의약품과 천연물질 제공
- 생명공학의 발달로 야생종의 유전자를 이용 연간 작물 생산량 50% 증가

② 간접사용가치

- 다양한 오염원을 흡수하고 정화함.
- 레크리에이션과 관광, 교육적 가치

2) 경제적 부가가치

① 경제적 가치

- 목재, 식량 등 물적 산출
- 미국 생태관광 연간 약 1,000억불의 경제적 효과

② 미래산업 가치

- 관광 및 휴양자원, 이산화탄소의 흡수원
- 이산화탄소 분해를 통한 온실효과 감소

3) 존재가치와 윤리

① 생태적 존재가치

- 생태계의 보호와 전통적 방식의 문화적 의미 내포
- 독특하고 특이한 생물종 서식처
- 진화역사와 독특한 생태적 역할

② 사회적 부가가치

- 윤리적, 미학적, 문화적 가치로 대변
- 살아있는 생명, 존재 그 자체로의 가치
- 고귀한 존재로서 지속가능한 발전

4.2 종다양성

4.2.1 다양성 구배 요인

1) 역사 및 시간

- 시간에 따라 다양화하며, 결과적으로 오래된 군집이 보다 많은 종을 포함.
- 온대하고 습윤한 열대의 생물상은 온대, 극지방보다 더욱 급속한 다양화

2) 공간적 이질성

- 물리적 환경이 이질적이고 복잡할수록, 군집이 다양하고 복잡하며 종다양성이 높음.
- 열대우림은 식생의 수직적 계층구조가 뚜렷하고 다양성이 큼.

3) 경쟁

- 열대우림 생물학적 경쟁이 진화의 주요한 부분
- 열대에서 경쟁이 더 강하고, 생태적 지위는 더 작음.

4) 기후

- 환경적 변수(온도, 습도, 산소, 염소 등)가 안정할수록 더 많은 종의 분화와 적응 가능
- 가혹하거나, 예측할 수 없는 환경은 다양성이 낮은 서식처임.

5) 포식

- 열대에 포식자와 기생자가 더 많고 이는 피식지사시의 경쟁을 낮춤.
- 감소된 경쟁은 더 많은 피식자와 그에 대한 새로운 포식자의 첨가가 가능

6) 생산력

- 생산성이 낮은 지역보다는 높은 지역에서 많은 종들이 공존

7) 교란

- 교란이 거의 없으면 극상에 도달한 종이 우점하고 다른 종들은 거의 사라지며, 적당히 교란되면 많은 종이 공존

4.2.2 다양성 지수

1) 종풍부도(species richness)

- 군집 내에 서식하고 있는 종의 수
- 두 군집을 비교할 수 있는 간단한 지표

2) 종균등도(species evenness)

- 군집 내의 개체수의 분포 정도
- 상대적 우점도를 측정

3) 연속비교지수(SCI)

- 채집된 시료에서 동일종으로 이루어진 개체들의 모임인 무리의 수를 총개체수로 나눈 값
- 야외에서 간단히 계산

연속비교지수(SCI)

$$\text{SCI} = \frac{\text{출현 무리수}}{\text{출현 개체수}}$$

Shannon-Wiener 지수(H')

$$\text{H}' = -\sum P_i \log P_i$$

Simpson 지수(S)

$$\text{S} = 1 - \sum P_i^{\,2}$$

단, $P_i = N_i / N$, N=총개체수, $N_i = i$종의 개체수

그림 3-15 다양성지수를 계산하기 위한 공식(김준호 등, 2008)

4) Shannon-Wiener 지수

- ❑ 연속된 두 개체가 같은 종일 확률을 측정
- ❑ 정보 이론에서 도출

5) Simpson 지수

- ❑ 무작위로 두 개체를 뽑을 경우 두 개체가 같은 종에 포함될 확률을 측정

chapter **4**

경관생태학

1. 경관생태학이란?
2. 경관의 기능적 관계
3. 경관이론
4. 비오톱
5. GIS & RS, LiDAR

1. 경관생태학이란?

1.1 경관과 경관생태학의 정의

- ❑ 공간적 모자이크 개념
- ❑ 식생, 서식처, 자원, 먹이자원, 인간이 만든 구조물, 지형 등 자원과 사물이 조각난 형태(patch)로 분포
- ❑ 경관을 구성하는 요소는 점적인 요소(patch), 선적인 요소(corridor), 이들을 둘러싸고 있는 면적인 요소(matrix)임.
- ❑ 일반적으로 경관은 시각적 · 지각적 개념이나 경관은 다의적 의미임.
- ❑ 경관생태학이란 생물공동체와 주변 환경조건 사이의 존재하는 종합적인, 일정 법칙 하에 복합적인 상호작용을 하는 현상을 해명하는 학문임.
- ❑ 경관생태학에서는 경관모자이크, 경관패턴 등 특정한 분포나 질서를 가진 자연지역 단위를 연구대상으로 함.

1.1.1 경관생태학자

1) 지리학자 Troll

- ❑ 경관이라는 말은 지역이라는 공간적인 의미를 갖고 있음.
- ❑ 항공사진의 발달로 경관의 모자이크 개념을 파악하기 시작함.
- ❑ 경관생태학 분야를 제창한 인물
- ❑ 경관을 지권 및 생물권과 인공물이 통합된 인간 생존공간의 총체적인 공간적, 시각적 실체라고 정의하였고, 경관에 있어서 전체를 의미하는 통합된 실체로 지칭함.
- ❑ 1939년 독일의 국제식생학회 식물사회학과 경관생태학 심포지엄 강연
  : 경관생태학은 경관과 생태학 각각이 갖는 개념들이 통합된 개념으로 과학의 전문화와 연구의 세분화가 진행되어 자연현상 및 사회현상이 분석적으로 해석되는데 반대하고, 종합적인 접근과 평가 및 해석을 하고자 하는 과학자의 노력에 의해 발생했다고 주장함.

2) 경관생태학자 Forman

❑ 경관생태학의 세 가지 측면에 초점을 맞춤.
❑ 구조, 기능, 변화
❑ 경관의 구조 : 구별되는 생태계나 거기에 존재하는 요소. 즉 에너지, 물질, 종(크기, 형태, 수, 종류)의 분포나 생태계 사이의 공간관계를 파악함.
❑ 경관의 기능 : 공간요소의 상호관계 즉 구성하고 있는 생태계 내의 에너지, 물질, 종의 이동을 말함.
❑ 경관의 변화 : 모자이크의 구조 및 기능의 시간적인 치환을 의미함.

1.1.2 경관생태학의 4대 원칙

1) 패치

① 패치의 크기와 SLOSS
- 종다양성 측면 : 작게 파편화 될 때 주연부가 증가하게 되고, 종다양성이 증가되지만 내부종은 감소하게 됨.
- 국지적 멸종 가능성 : 패치크기가 작고, 서식처 질이 낮을 때 높음.
- 큰 패치는 내부종 보호에 유리, 작은 여러 개 패치는 종다양성을 증진시킴.

② 패치의 수
- 큰 패치가 많은 종을 포함할 때 개수가 적어도 종풍부도는 유지됨.
- 작은 패치가 한정된 종을 포함할 때 여러 개 패치가 필요함.
- 집약적 분포가 효율적인 효과를 나타냄.

③ 연결성
- 주요한 서식처에 인접한 패치는 멀리 떨어진 패치보다 이입기회가 큼.
- 연결성의 경우 큰 패치일 때 멸종가능성이 낮음.

2) 주연부와 경계

① 주연부 폭
- 다양한 층위 구조와 넓은 폭을 가진 주연부는 종다양성이 높고, 내부 서식처 보호에 유리하므로 가장자리에 대한 관심이 필요함.

② 연성경계와 경성경계

- 내부로 갈수록 온도, 습도, 광량이 점진적으로 변하는 연성경계가 유리함.
- 연성경계 : 경계선의 양쪽으로 변하는 정도가 상대적으로 적고, 곡선으로 구성되어 있으며 일반적으로 자연적으로 형성된 경계가 인위적으로 형성된 경계보다 급변도가 낮은 연성경계로 되어있는 경우가 많음.
- 경성경계 : 경계 양쪽의 이웃 요소들 사이에 대비도가 크고, 직선형 경계를 말하며 콘크리트 수변의 경우 하천과 육지의 경계가 뚜렷하게 구분됨.
- 경계대비도가 클수록 확산과 흐름은 비례하지만 동식물 이동은 반비례함.

3) 코리더와 연결성

① 기능

- 코리더는 주요 목표종 대상이나 조성목적에 따라 서식처, 이동통로, 장벽효과, 여과 필터, 종의 공급원·수용처의 기능을 가지고 있음.

② 구조적 특성

- 양안은 서로 다른 환경특성, 중심부는 각 지역만의 독특한 특성을 나타냄.
- 물과 동물 군집의 특성은 수직적 구조와 종풍부도 등을 포함하고 있음.

4) 모자이크

① 매트릭스와 연결성

- 매트릭스의 연결성과 질에 따라 동물의 이동률은 달라질 수 있음.
- Good : 두 개의 서식처가 연결되어 있고, 주변 서식처 질이 좋을 때
- Medium : 주변서식처 질이 보통이며 징검다리형으로 연결되어 있을 때, 완전히 연결되어 있지 않을 때, 주변경계가 뚜렷하지 않을 때, 주변서식처의 질이 좋지 않지만 완전히 연결될 때
- Bad : 징검다리형 서식처가 드문드문 위치할 때, 이동통로 중간에 서식처 질이 좋지 않아 단절되었지만 주변 서식처가 보통일 때, 연결통로가 없으나 주변 서식처 질이 보통일 때

② 매트릭스와 파편화

- 미세하게 파편화된 서식처는 연속적으로 연결되어 있는 것으로 보이지만 거칠게 파편화된 서식처는 불연속적으로 연결되어 보임.

1.2 경관의 구조

1.2.1 경관구조의 이해

1) Patch-matrix model

- ❏ 경관을 점, 선, 면에 의해 분석하고, 내부 생태계를 관찰함.
- ❏ 경관의 구조, 기능, 변화가 서로 복잡하게 얽혀 작용하게 됨(그림 4-1).
- ❏ 경관을 지배하는 7가지 원리는 경관구조와 시간에 따른 흐름을 설명해 줌.

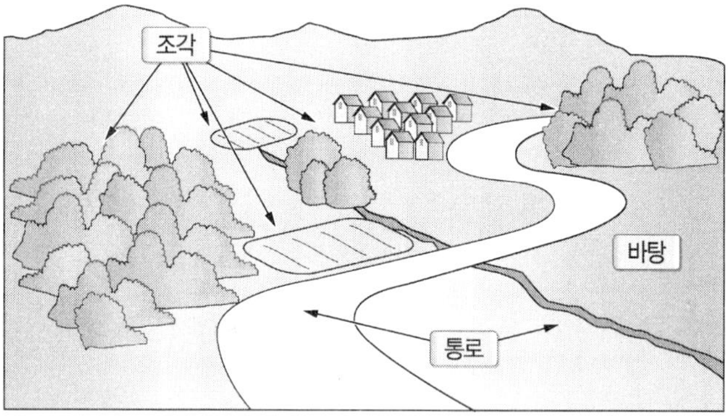

그림 4-1 경관의 구조(이도원, 2001)

① 경관의 구조 : patch, corridor, matrix

- patch : 바탕에 형성된 비선형적인 모양, 위치, 크기, 모양, 수 파악
- corridor : 하천, 강과 같은 선형적인 모습, 징검다리, 너비, 연결성 파악
- matrix : 가장 넓은 면적 형성, 크기, 거칠기, 형태 파악

② 경관의 기능 : 확산, 이동, 흐름

- 확산 : 농도가 높은 곳에서 낮은 곳으로 흐름.
- 이동 : 새나 짐승이 이주하는 현상
- 흐름 : 바람이나 물에 실려 이동하는 것

③ 경관의 변화 : 기후변화, 생물종의 절멸, 파편화

- 기후변화 : 도시열섬화, 지구온난화, 산성비
- 생물종의 절멸 : 최소존속개체군 이내일 경우

④ 경관을 지배하는 7가지 원리

- 생물 다양성 : 다양한 서식환경에 따라 다양한 생물종이 서식함.
- 종 흐름의 원리 : 주연부, 가장자리를 통한 동·식물종 이동이 발생함.
- 물질순환의 원리 : 유기물, 무기물 등은 경관 내·외로 유출입이 가능함.
- 에너지 흐름의 원리 : 생산자, 1차, 2차 소비자가 서로 포식하는 행위임.
- 경관 변화의 원리 : 경관구조와 기능이 시간흐름에 따라 변함.
- 경관 안정성의 원리 : 자연경관의 구조상, 기능상 안정성 확보를 의미함.

2) 도서생물지리설

① SLOSS 논쟁(Single Large Or Several Small)

- 생태적으로 작은 경관조각이 좋은가? 큰 경관조각이 좋은가? (표 4-1)
- 총 면적이 같은 경우 하나의 큰 경관조각과 작은 여러 개의 경관조각 중 어느 것이 생태적으로 건전한가에 대한 논쟁을 말함.
- 1976년 Science지에 실린 Simberloff and Abele, Diamond의 글에서 시작
- SLOSS 논쟁은 큰 보호지 하나(SL)와 작은 보호지 몇몇이 모여 있는 것(SS)이 좋은지에 관한 이론임.
- SL은 임내종, SS는 임연종에게 유리하며 종 수 또한 많음.

표 4-1 서식처 크기에 따른 생태학적 가치

서식처 크기	생태학적 가치
크기가 큰 서식처	1. 대수층과 호수의 수질보호에 유리하다. 2. 낮은 차수의 하천망 연결성을 높이고, 어류와 육상생물의 이동을 용이하게 한다. 3. 내부종의 유지를 도와준다. 4. 대형척추동물의 행동권 내의 은신처와 서식처 역할을 한다. 5. 매트릭스를 통하여 종의 공급처 역할을 한다. 6. 다양한 서식처를 요구하는 종들에게 미소서식처를 제공한다. 7. 교란이 필요한 종들에게 자연교란과 가까운 체계를 제공한다. 8. 환경이 변화하는 동안 멸종에 대비한 완충작용을 한다.
크기가 작은 서식처	1. 내부종의 지역적 멸종 후 종분산과 재정착을 위한 서식처와 징검다리 역할을 한다. 2. 가장자리종의 종밀도가 높고, 개체군의 크기가 크다. 3. 매트릭스의 이질성은 토양의 침식을 감소시키고, 포식자로부터 은신처를 제공한다. 4. 크기가 작은 공간에 서식하는 종들을 위해 서식처를 제공한다. 5. 흩어져 있는 작은 서식처와 희귀종을 보호한다.

Forman(1995)

② 다이아몬드 이론

- Diamond(1972)는 도서생물지리학을 응용하여 서식처 크기, 개수, 거리, 연결성, 형태에 대해 보호구 설계지침을 만듦(그림 4-2).
  (A) 서식처의 크기가 큰 것이 작은 것보다 더 좋고,
  (B) 같은 면적시 작은 여러 개의 서식처보다 하나의 큰 서식처가 유리
  (C) 서식처끼리의 거리가 짧을수록,
  (D) 각각의 거리가 동일할수록 더 좋으며,
  (E) 이동통로가 있어야 하고,
  (F) 길쭉한 형태보다는 원형일 때 생태적으로 더 건강한 서식처를 형성함.

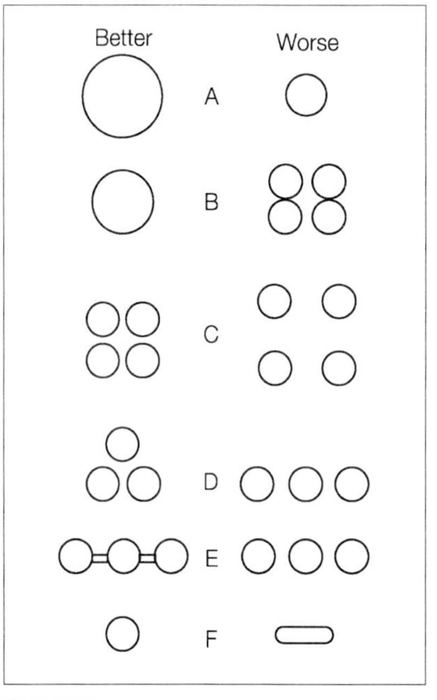

그림 4-2 보호구 설계지침(Diamond, 1972)

③ 국제자연보호연합(IUCN)이 제창한 경관요소의 공간배열원칙

- 생물이 서식할 수 있는 면적이 클수록 유리
- 같은 면적일지라도 분할되지 않은 상태가 유리
- 분할되었을 경우 공간이 분산되지 않고, 모여있을 때 유리
- 불연속적 공간일 경우 생태통로 이용시 연결 유리
- 서식지 공간을 원형에 가까운 형태로 확보하고, 생태통로가 있을 때 유리

1.2.2 MATRIX

1) 정의

- ❑ 한국어로 번역하면 바탕 또는 기질로 풀이될 수 있음.
- ❑ 단위 경관 중 가장 큰 면적 차지(일반적으로 전체면적의 50% 이상)
- ❑ 규모를 산정하지는 않지만 최소면적 250ha 이상, 침엽수림 1,000ha 이상
- ❑ 매트릭스 면적이 큰 경우 매트릭스에 의해 패치가 잠식될 우려가 높음.
- ❑ 경관요소 중 경관역동성을 좌우하며 가장 큰 영향력과 통제력이 있음.

2) 의미

- ❑ 도시에서는 시가지가 매트릭스, 파편화된 숲이 패치가 됨.
- ❑ 농촌에서는 농경지가 매트릭스, 집이나 마을 등이 패치가 됨.
- ❑ 농경지가 도시로 변화됨으로써 많은 기능 변화를 초래함.
- ❑ 이는 생물이 서식할 수 있는 공간의 감소와 도시열섬화 현상을 증가시킴.

3) 역할

- ❑ 초지보다는 산림이 바람흐름을 약화시킴.
- ❑ 산림에서는 토양침식과 유실이 적어짐.
- ❑ 수목의 구성이 상·중·하층으로 구성될수록 생물이 서식할 수 있는 생활환경이 다양해지므로 종다양성이 높아져 다층구조 식재기법이 필요함.

4) 파편화

- ❑ 길이나 하천에 의해 매트릭스가 분절되는 경우가 발생함.
- ❑ 서식처의 파편화는 내부종이 서식할 수 있는 서식처와 내부종의 감소를 유발하지만 가장자리면에는 주연부 효과가 발생하여 종다양성이 높아짐.

1.2.3 PATCH

1) 정의

❑ 한국어로 번역하면 조각이라는 뜻이나 패치라고 명명되기도 함.
❑ 생성요인에 따라 잔류조각, 재생조각, 도입조각, 환경자원조각, 교란조각, 일시적 조각으로 구분되기도 함.

2) 종류

① 잔류조각
- 서울의 남산과 같이 줄어든 조각이나 도시에 잠식되어 가고 있는 숲
- 매트릭스의 확장으로 잠식될 확률이 높음.

② 재생조각
- 교란된 지역의 회복 재생이나 화전지역의 2차 천이 진행
- 교란이 멈추면 천이가 진행되고, 장기간 방치하면 습생천이 진행

③ 도입조각
- 산지에 골프장이나 스키장 건설
- 농경지 매트릭스 내에 새로 도입된 도시 조각

④ 환경자원 조각
- 주변환경과 다른 환경조각
- 암석, 산림수종 차이에 의한 조각

⑤ 교란조각
- 벌목, 삼림 내 임도개설 등과 같은 인위적 교란
- 수해, 풍해와 같은 자연적 교란에 의해 생성

⑥ 일시적 조각
- 비닐하우스
- 도입조각과의 차이는 일시적·영구적으로 조성되는지에 따라 구분됨.

1.2.4 CORRIDOR

1) 정의

- ❑ 한국어로 번역하면 생태통로, 이동통로로 불리움.
- ❑ 야생동물 이동이나 물질흐름을 원활하게 하여 생태적 다양성과 연결성 증진
- ❑ 자연환경보전법(환경부, 2010)에 의하면 도로·댐·수중보·하구언 등으로 인하여 야생동·식물의 서식지가 단절되거나 훼손 또는 파괴되는 것을 방지하기 위해 설치하는 구조물로 생태계 연속성 유지를 위하여 설치하는 인공 구조물·식생 등의 생태적 공간을 일컬음.
- ❑ 자연환경보전법 제2조에서 "야생동물 이동통로"라고 정의하고 있으며 도로나 철도 등에 의해서 단절된 서식처를 야생동물의 이동로로 고려하여 연결시켜주는 것을 말함.
- ❑ 생태통로의 조성은 유럽 전체적인 차원에서 서식처의 단절 및 이에 따른 종다양성의 감소 추세를 방지하고, 생태네트워크를 구축하기 위하여 제안된 EEONET(The European Ecological Network) 선언을 비롯하여 이를 구체화한 EU의 'Natura 2000', 독일의 '전유럽 보호지역 네트워크(pan-European network of protected areas)' 등에 의하여 뒷받침(ECNC, 1997) 함.
- ❑ 유럽전체 차원에서의 네트워크의 형성과 더불어 국가차원에서의 'Natural Framework'(리투아니아), 'National Ecological Network'(네덜란드), 'Interwoven Biotope System'(독일) 등의 계획이 수립되고 있으며 지역적 차원의 'Green Structure'(플란더스, 벨기에) 등 다양한 측면에서 생태적 네트워크의 형성계획이 수립되고 있음.

2) 종류

① 자연통로

- line corridor, strip corridor, stream corridor, stepping stones, landscape corridor로 나눌 수 있음(그림 4-3).
- 넓은 의미의 생태통로
- 동물의 이동로에 따라 자연스럽게 조성된 통로
- line corridor : 도로, 철도 주변의 선형 통로
- strip corridor : 선형보다는 일정 폭 이상의 너비가 있는 통로로 내부종의 이동 유무로 판별

· stream corridor : 하천과 같이 물줄기가 형성되어 있는 선형통로
· stepping stones : 휴식형, 은신형 통로로 네트워크 구축 필요
  조류, 곤충류 대상
· landscape corridor : 미적 경관과 생태적 경관을 포괄
  백두대간, DMZ과 같이 대규모 면적, 크기 형성

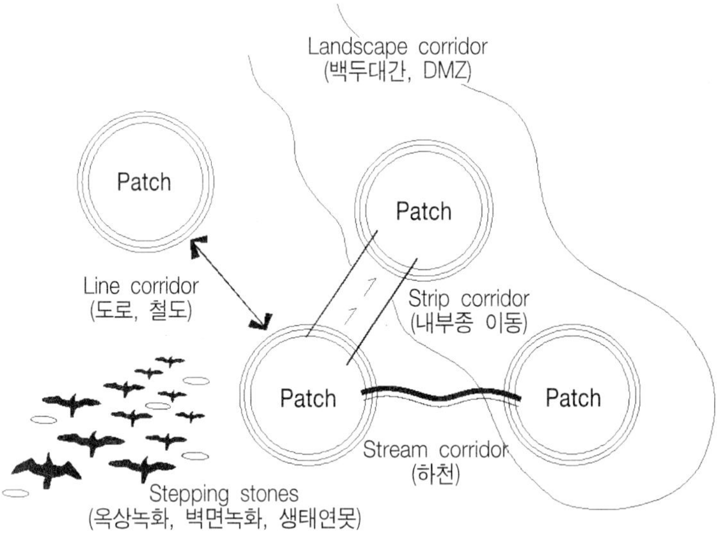

그림 4-3 자연통로의 종류

② 인공통로(그림 4-4)
- 터널형, 육교형, 선형, 파이프형(암거형)
- 동물의 이동을 목적으로 인공의 재료를 이용하여 인공적으로 만든 구조물
- 선형 : 도로, 철도 혹은 하천변을 따라 조성, 주로 식생 이용
- 육교형 : 횡단부위가 넓은 곳, 장애물로 통로조성이 어려운 곳에 조성
- 터널형 : 인간영향이 빈번한 지역, 육상통로를 조성하기 위한 연결지역이 지상에 없을 경우, 지하에 중·소하천이 있는 경우 조성
- 파이프형(암거형) : 설치류와 같은 소형포유류를 위해 조성

③ 생성요인에 따른 분류(Forman, 1995)
- 교란통로 : 대상의 교란으로 인해 생기는 통로로 도로, 동력선, 동물 이동로, 선형의 벌채, 철도, 송전선을 예로 들 수 있음.

- 잔류통로 : 주변부 바탕에 대한 교란으로 인해 생기는 통로로 벌목 후 남겨놓은 산울타리나 숲을 예로 들 수 있음.
- 환경통로 : 환경자원의 이질적이고, 선형적 분포에 의해 생기며 계곡통로나 동물의 통로, 식생완충대와 같은 하천변의 숲 띠를 예로 들 수 있음.
- 도입통로 : 사람이 식재해서 생기는 통로로 가로수나 방풍림 등이 있음.
- 재생통로 : 교란지역에 식생이 새로 나면서 생기는 통로로 담을 따라 자라는 생울타리와 도시 녹지대를 예로 들 수 있음.

④ 수평적인 크기와 형태에 따른 분류

- 선통로 : 너비가 거의 면적을 차지하지 않을 정도로 좁은 경우를 뜻함.
- 띠통로 : 선 통로보다 넓고, 너비가 좁은 띠 통로는 좁은 길, 울타리, 배수로, 관개수로, 고속도로 등이 있으며 넓은 띠 통로로는 가장자리에 사는 종과 내부에 사는 종의 특성에 따라 달라짐.
- 혼합통로 : 넓은 가로와 가로수, 넓은 하천과 수로 주변을 따라 형성된 숲

⑤ 표면특성에 따른 분류

- 오목통로 : 주변바탕보다 낮은 경우로 숲 사이로 난 도로나 철도, 도랑, 가축의 통로, 등산로, 동물 이동로, 대형 가스파이프 등이 있음.
- 볼록통로 : 주변 바탕보다 식생의 키가 큰 통로로 생울타리가 대표적임.

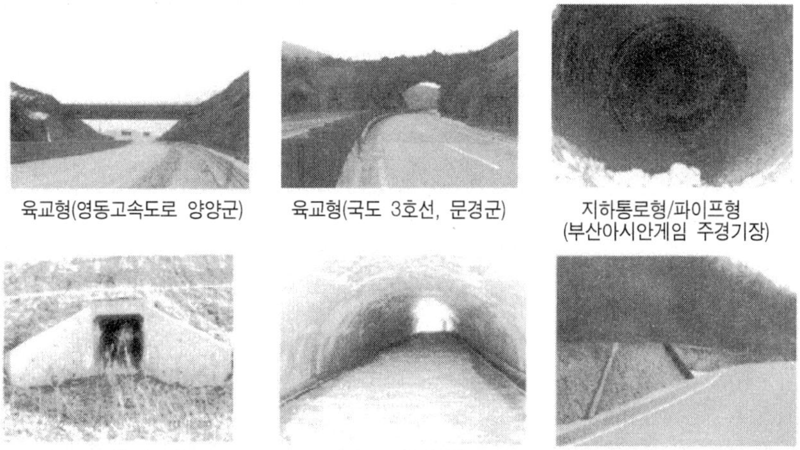

육교형(영동고속도로 양양군) 육교형(국도 3호선, 문경군) 지하통로형/파이프형 (부산아시안게임 주경기장)

지하통로형/박스형 (군산시 임피면 국도 27호선) 지하통로형(아치형) 경사로형(난지도 하늘공원)

그림 4-4 생태통로 설치유형 사례(김명수 등, 2005)

읽을 거리

경관투과성이론(Landscape Permeability theory)

핵심지역 또는 개체가 풍부한 지역으로 움직이기 위해 어떤 종이 소비하는 비용을 계산하는 것을 의미한다. 야생동물의 이동은 크게 토지피복 등과 같은 경관구조, 표고, 경사 등과 같은 지형적 요인, 도로밀도 등의 인위적인 장애요인에 영향을 받는다. 이러한 저항값은 동물종이나 서식환경에 따라 달라지기 때문에 일반화 시키는 것은 어렵다. 따라서 모든 종들을 고려하여 생태축을 구축하는 것은 매우 어려운 문제이기 때문에 대상지의 조건을 고려하여 이동이 필요하고, 서식처 다양성이 요구되는 많은 분류학상의 그룹들로부터 주요종 선정과정이 필요하다. 즉 경관투과성 이론은 대상지의 토지피복 등 환경정보를 고려한 현실적인 야생동물 이동경로를 계산할 수 있는 방법론이라 할 수 있다.

주요종 선정하는 기준은 다음과 같이 4가지로 살펴볼 수 있다.

① 대상종의 이동에 대한 충분한 정보가 있어 분석에 사용하는 자료를 통해 가중비용거리추정이 합리적으로 가능한 종일 것
② 분석을 위해 구축한 자료들이 그 종의 이동능력을 반영할 것
③ 연결하려는 핵심지역 모두에게 서식이 가능한 종
④ 핵심지역 간 유전적 흐름이 기후변화 등의 환경교란 보다 빠르게 나타날 것

최소비용경로(Least Cost Path)

핵심 서식처 또는 개체군들 사이에서 가능한 모든 경로 비용을 계산하고, 동물이동을 위해 최소비용이 소요되는 경로를 확인한다. 이는 보전계획에서 사용하기 위한 도면상의 가장 적합한 경로기입과정으로 결정될 수 있다. 여기에서 '비용(cost)'은 이동가능성을 나타내는 것으로 명확하게 용어를 구분짓는 경계는 모호한 개념이다.

최소 비용거리 모델링을 위한 두 가지 전제과정은 다음과 같다.

① 동물의 이동은 경관조건에 따라 복잡한 형태를 보인다.
② 동물의 이동선택에 있어서 최소거리를 따른다.

공간그래프이론(Spatial graph theory)

단일 네트워크를 지역전체로 확대하여 생태네트워크 적용가능성을 검토할 수 있는 방법으로 대두된 개념이다. 그래프이론이란 그래프의 특성을 연구하는 분야로서 특정집단 내 대상들 간의 관계를 그래프로 나타내는 수학적 구조를 연구하는 분야이다. 1939년 이후 생물학, 심리학, 경관생태학, 보전생물학 분야에서 다수 이용되고 있다.
그래프는 링크(links, 선)로 연결되는 노드(nodes, 점)의 집합을 표현하는 개념으로서 하나의 링크란 연결된 두 노드 사이의 기능적 연결을 의미한다. 경관생태학 분야에서 노드는 일반적으로 서식지 패치를 나타내고, 링크는 패치 사이에서 확산하는 잠재성 또는 빈도를 의미한다. 따라서 경관생태학 분야에서 서식지간의 연결지역의 개념을 면적이 가지는 노드와 곡선의 링크에 대입하여 적용해 보았을 때 그 활용도는 높다 할 수 있다. 이는 서식지 모자이크 메타개체군 모델을 유도하는 데 큰 기여를 하고 있고, 파편화된 경관에서 야생동물의 이동을 유지시키는 보전계획 수립시 서식지와 통로의 공간적 위치를 선정하고자 하였을 때 공간그래프이론의 활용가능성의 가치는 무궁무진하게 될 것이다.

표 4-2 전통적 그래프이론과 공간그래프의 차이점(송원경, 2010)

구 분	전통적 그래프이론		공간그래프이론	
노드 (nodes)	· 0차원의 포인트 · 임의의 위치		· 2차원의 패치 · 공간정보를 포함하는 가치	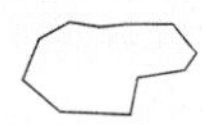
링크 (links)	· 1차원의 선 · 임의의 통로 · 외부적으로 정의된 가중치	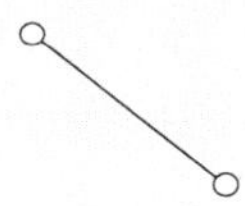	· 1차원의 선 · 공간정보를 포함하는 통로 · 기하학적 가중치(유클리디언, 최소비용 등)	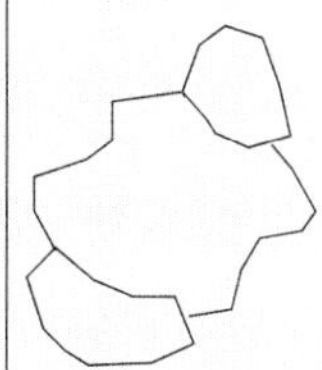

즉 공간그래프이론은 패치를 노드의 연장으로 인식하고, 링크에 실제 경관요소를 반영한 값을 대입하므로 경관투과성이론의 최소비용거리 개념도입이 가능하다. 대상종의 이동성이나 행동반경을 고려하여 연결성이 높은 서식지를 확인할 수 있으며 서식지간의 연결정도를 정량화 하거나 나타낼 수 있다. 생태네트워크로 제안된 다양한 링크를 통해 지역전체의 연결성을 확인하고, 연결이 취약한 지역분석을 통해 서식지의 연결성 증진을 위한 계획수립으로 정책적인 연구결과를 위한 기초자료로 사용될 수 있다.

3) 단계별 조성기준

- 효율적인 생태통로의 조성을 위해서는 현장 특성 및 설치 효율성 등을 고려하여 단계별, 선별적 기준을 적용해야 함.

① 1단계 : 일반적 기준

- 일반적으로 사고 발생률이 빈번한 고라니 등을 기본종으로 하되, 목표종이 뚜렷하게 설정된 경우 그에 필요한 최소기준을 적용해야함.

② 2단계 : 강화 기준

- 설치지역의 생태적 보전가치 및 위계(법정 보전 지역 등)를 고려하여 적용

③ 3단계 : 특별기준

- 생태통로 설치 후 사후 모니터링을 실시하여 사고발생이 지속되는 구간에 대하여 생물종의 생태적 특성에 따라 특별기준을 적용해야 함.

4) 조성방법

① 입지선정

- 야생동물 서식지 이용 및 생태 특성 등을 파악하여 야생동물의 예상 이동지점, 교통사고 다발구간을 고려하여 선정해야 함.
- 주요 대상 동물 파악 : 대상지의 우점 동물, 주요 대상 동물의 서식지 특성 파악, 기존 이동로의 특징, 선호하는 먹이 등
- 기존 이동로 파악 : 기존 이동로의 위치 및 개수, 이용한 흔적이 있는 종
- 주변부와 연결방안 고려 : 주변 서식지와의 생태적 연속성, 서식지 네트워크 형성 및 유지 가능 여부, 장애물 존재 여부 등
- 개발계획 및 경관 생태학적 분석 필요 : 주변 지역의 개발계획, GIS기법을 이용한 경관생태학적 기능 평가 등

② 설계기준

- 최소폭 30m, 목표종이 대형일 경우 50m 폭 이상
- 토양층은 0.5~2m 정도 깊이
- 주변과 유사한 식생 도입

③ 규모와 재질(그림 4-5)

- 길이가 길어질수록 폭이 넓은 것이 유리
- 바닥은 흙, 자갈, 낙엽을 이용
- 통로 양쪽은 유도펜스, 방음벽의 높이를 최소 2m 이상
- 나무 그루터기, 초지, 습지 조성

④ 기타

- 동물이 불안감을 느끼지 않도록 위요감 있게 조성
- 초본+관목+아교목+교목의 수직적 다층구조로 설계
- 현재 자생종인 식이식물 식재

⑤ 육교형 통로의 경우(그림 4-5)

- 산등성이나 평지에서 야생동물이 이용하는 길을 연결하기 위해 조성하며, 일반적으로 터널형 통로에 비해 대규모로 조성되고 많은 비용이 필요함.

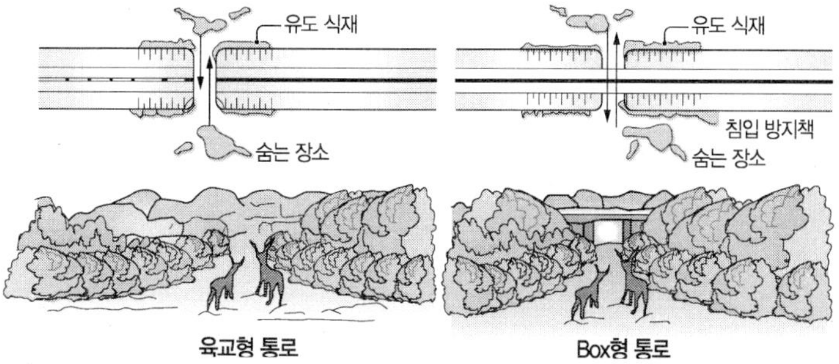

그림 4-5 생태통로 종류(육교형, 박스형)

- 위치 : 양쪽 모두가 절토된 지역에 설치하는 것이 바람직하며 차량 통행에 문제가 되지 않는 높이를 확보해야 함.
- 형태별 유형 : 직선형과 모래시계형으로 구분할 수 있음.
- 시공성 : 넓은 면적의 보호구역이 단절되거나 생태적 가치가 우수하여 설치의 필요성이 높은 지역에 적용하는 것이 바람직함.
- 대상동물 : 대형·중형·소형 포유류, 조류, 양서·파충류 등 대부분의 동물이 이용 가능함.
- 설치방법 : 폭은 넓을수록 유리하며 유도울타리 등의 부대시설을 통해 접근을 유도, 중앙부보다는 입구를 넓게, 이동 중 고사목, 돌무덤 등을 활용하여 은신처를 조성해야 함.

⑥ 박스형 및 터널형 통로의 경우(그림 4-5)
- 주로 계곡부나 저지대에 위치하며 도로의 성토구간에 주로 적용되는 유형
- 위치 : 평지나 개활지, 계곡부를 관통하는 고속도로 성토면 횡단으로 설치
- 대상동물 : 포유류, 일부 조류, 양서·파충류 등이 될 수 있으며, 파이프형 생태통로에 비하여 대형동물 이용이 가능하도록 설계해야 함.
- 설치 방법 : 소형 포유류의 경우 2×2m 이상, 중·대형 포유류는 최소 4×4m 이상으로 설치해야 함.
- 개방도(Openness index, Openness ratio) : 통로의 단면적을 통로의 길이로 나눈 수치를 말함. 예를 들어 길이 25m의 터널형 통로를 설치할 경우에는 폭 5m, 높이 3.5m의 통로박스를 조성하여 고라니, 노루 등의 사슴과 동물의 이동을 원활하게 유도할 수 있음(그림 4-6).

  예 고라니의 경우 개방도 0.7 이상일 때 원활한 이동을 보임.

04 경관생태학

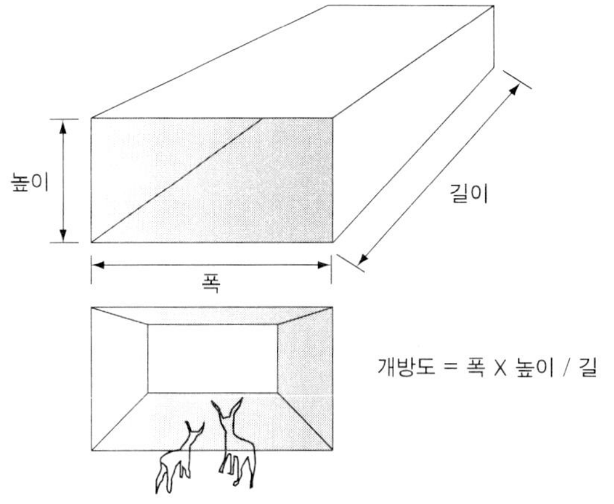

그림 4-6 개방도와 효율적인 터널의 규모(환경부, 2010)

⑦ 파이프형 통로의 경우

· 도로건설을 위해 성토된 계곡부나 평지에 설치하며, 도로가 농수로나 개울을 통과하는 지점, 야산과 하천, 습지, 논 등 소형 동물의 서식지를 긴밀히 연결해야 하는 지점에 설치해야 함(그림 4-7).

· 대상동물 : 주로 소형 동물의 이동을 위한 시설로 양서·파충류부터 중·소형 포유류와 직경 크기에 따라 일부 조류 이용이 가능함.

· 설치방법 : 생태통로 위쪽은 도로로부터의 소음과 빛을 차단할 수 있는 식재를 하고, 고속도로 침입이 불가능하도록 유도울타리나 방지턱 등 조성

그림 4-7 파이프형 암거의 입면도(환경부, 2003)

5) 목표종별 생태통로

① 대형 포유류를 위한 생태통로

· 구조적으로 흔들리지 않고, 야간에 차량 불빛이 보이지 않는 것이 중요

- 산림에서 입구로 접근이 가능한 곳에 마운딩을 통해 완만한 경사 조성
- 바닥은 포장되지 않은 자연상태의 토양, 낙엽 등을 활용
- 이동을 유도할 수 있는 물웅덩이나 개울을 조성

② 중·소형 포유류를 위한 생태통로

- 중·소형 야생동물들은 생울타리, 숲 가장자리 등의 은폐 및 먹이 등이 제공되는 곳으로 이동하는 습성을 고려하여 조성
- 유도울타리와 식재 등을 통해 생태통로까지 유도
- 인간접근이 어렵거나 이용이 없는 곳을 선택, 입구높이는 지면과 일치
- 대체 루트가 있는 것이 좋으며 다양한 작은 서식처를 포함할 것

③ 양서류를 위한 생태통로

- 생태적 특성상 특정시기에 산란 장소 및 동면장소로 이동하는 습성이 있어 교통사고가 다발하는 구간 파악이 중요
- 물과 육지가 동시에 존재하는 공간의 단절을 막는 것이 가장 좋은 방법
- 양서류는 이동시 물이 매우 중요하므로 통로내부가 건조하지 않도록 설치
- 바닥은 평평하고, 통로내부는 습하거나 작은 물줄기가 흐르도록 함.

④ 특수종을 위한 생태통로

- 하늘다람쥐와 같이 활공을 하는 동물은 고속도로의 중앙분리대와 양측면으로 나무껍질이나 새끼 등을 감은 거친 면의 통나무나 전신주를 세워 이동하도록 함.
- 목표종별 생태통로 규격은 다음 표 4-3과 같음.

표 4-3 목표종별 생태통로 규격

목표종	유형	규격	비고
고라니를 포함한 대부분의 포유류	육교형	· 국가핵심축 : 최소 30m · 그 외 : 최소 7m 이상	
	통로박스	· 개방도 : 최소 0.7 이상	
	교량하부형	· 국가핵심축 : 최소 15m · 그 외 : 최소 7m 이상	
중소형 포유류	육교형	· 국가핵심축 : 최소 7m	
	파이프형	· 지름 : 최소 100cm 이상	
양서파충류	파이프형	· 지름 : 최소 100cm 이상	
하늘바람쥐	징검다리형	· 징검다리 높이 10cm 이상	

읽을 거리

유도울타리(Wildlife-proof fence, Wildlife-exclusion fence)

유도울타리는 야생동물이 도로로 침입하여 발생하는 로드킬을 방지하거나 생태통로까지 안전하게 유도하기 위해 설치하는 구조물로서 대개 철망을 이용하여 만들며 탈출용 경사로, 야생동물의 진입이 어려운 경우 출입문과 침입방지 노면 등의 부대시설을 함께 조성해야 한다.

- 유도울타리의 종류
  - ① 목표종에 따른 구분
    : 포유류 울타리, 양서·파충류 울타리, 일체형 울타리(포유류와 양서·파충류 모두 대상)
  - ② 망의 형태에 따른 구분
    : 능형, 방형, 가시철선형
  - ③ 설치방법에 따른 구분
    : 포유류를 대상으로 하는 울타리의 하단부에 양서·파충류 망을 덧대어 시공하는 경우
    : 포유류 울타리와 양서·파충류망이 일체형으로 제작된 울타리를 설치하는 경우

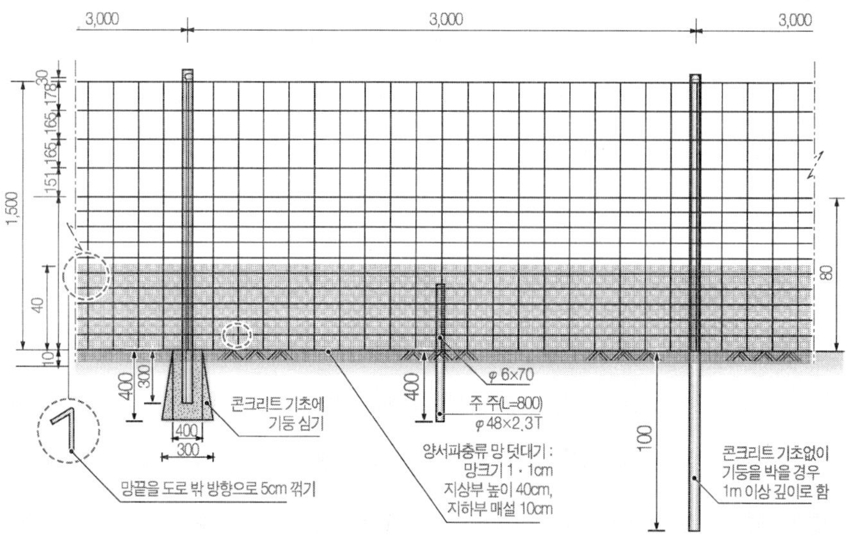

그림 4-8 포유류를 대상으로 하는 울타리의 하단부에 양서·파충류 망을 덧대어 시공하는 경우(환경부, 2010)

- 유도울타리 규격(표 4-4)
  - ① 포유류 울타리
    : 동af이 뛰어넘기 용이한 구간은 가급적 1.5m 높이로 설치할 것
  - ② 양서·파충류 울타리

③ 조류 울타리

표 4-4 유도울타리 규격

구 분		내 용
포유류 울타리	울타리높이	· 1.2~1.5m · 동물이 뛰어넘기 용이한 구간은 가급적 1.5m 높이 · 종 특성에 따라 더 높게 가능
	울타리 메쉬규격	· 0~80cm, 10cm 이내 · 80cm 이상 20cm 이내 · 양서파충류 울타리 병행시 : 0~40cm, 1cm 이내
양서·파충류 울타리	울타리 높이	· 40cm 이상
	울타리 메쉬규격	· 최대 1cm×1cm 이내
조류 울타리	울타리 높이	· 조류 비행고도 조절 · 대형차량 높이보다 더 높게 조성 · 울타리, 기둥, 가로수 등 활용
	기타	· 가로수 하부식재 가급적 배제 · 투명재질 방음벽 설치시 : 벽면에 불투명 세로 줄무늬 표시 (너비는 2cm 이상, 간격은 10cm 이내) : 조류 비행시 마찰 방지목적

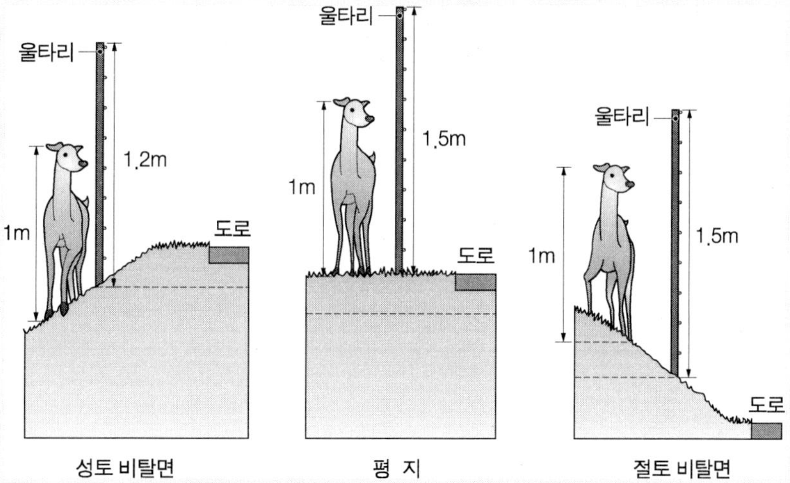

그림 4-9 지형에 따른 울타리 높이(환경부, 2010)

6) 기능

❑ Forman(1995)은 생태통로의 경우 서식처, 이동로, 여과대, 공급원, 수용처의 기능을 제공한다고 이야기함(그림 4-10).

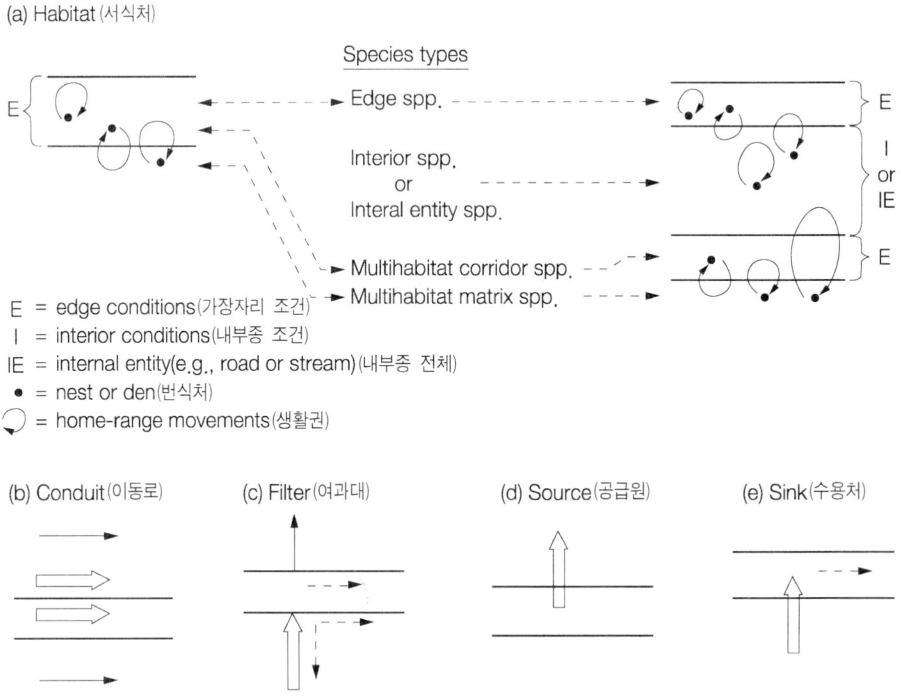

그림 4-10 생태통로 기능(Forman, 1995)

① 서식처(habitat)

- 생물이동을 연결하고, 개체군의 유전자 흐름을 용이하게 함.
- 번식, 휴식, 포식, 채식의 서식기능 제공함.
- 식물군락의 다양성, 삼림의 울창한 정도, 통로의 폭과 길이, 매트릭스에 따라 다름.
- 내부종보다는 숲의 가장자리종이 많이 발견됨.
- 매트릭스 코리더의 중앙부에는 내부종이 서식하기도 함.
  : 백두대간이나 DMZ처럼 넓은 통로의 경우

② 이동로(conduit or corridor)

- 에너지, 바람, 동물, 식물의 씨앗 등의 통로, 사람은 등산로로 이동함.
- 통로들끼리 연결된 서식처가 높은 밀도의 개체군 유지
- 산불, 병원균, 외래종의 확산통로가 되기도 함.

③ 장벽(barrier)

- 도로와 철도는 동물의 이동을 제한하며 장벽기능은 로드킬의 대표적 예
- 너무 좁은 생태통로는 위협감을 조성하므로 이동폭의 심층적 연구 필요
- 장벽을 완화시키기 위해서는 주변과 비슷한 재질로 복원해야 함.

④ 여과대(filter)

- 방풍림을 거쳐오는 해풍의 경우 좋은 사례
- 해안습지는 완충여과대 역할
- 통로를 구성하는 소재의 거칠기는 여과기능의 주요한 물리적 기능
- 식생여과대(vegetation filter strip)는 N, P 여과

⑤ 공급원(source)

- 굽은 통로의 경우 주변으로 종이 공급될 확률이 높음.
- 통로에 사는 생물이 주변으로 이동하기도 함.
- 식물이나 동물종의 번식 후 주변으로 확산

⑥ 수용처(sink)

- 위기에 처한 동물의 은신처
- 산림의 유기물이 빗물에 의해 운반되어 하천통로에 집적
- 해변에서 바람에 날린 모래가 생울타리 통로에 수용

7) 주안점

① 은신처(cover)

- 기후, 적, 기타 위험으로부터 보호
- 동물의 서식활동을 보조해 주는 안식처
- 야생동물의 생존기간동안 번식과 생육 가능 장소
- shelter(휴식처)와는 구분해서 사용해야 함.

② 먹이(food)
- 식생천이를 조절하여 다양한 식생 성립
- 먹이연쇄가 복잡하게 유도
- 다양한 환경을 조성하여 먹이 제공

③ 물(water)
- 음수제공, 먹이, 번식지 제공
- 야생조류를 유치하기위한 환경조성
- 저습지의 경우 생산력이 높음에 따라 야생동물 개체수가 많아짐.

④ 이동로(corridor)
- 연결성 유지, 안전이동, 자원제공 기능이 있음.
- line corridor, strip corridor, stream corridor, landscape corridor 등

8) 유용성과 한계성

① 유용성
- 동물이동을 통한 유전적 다양성 증진
- 행동권, 세력권이 높은 야생동물 이동
- 서식지의 위험요소와 천적으로부터 피난기능
- 단편화된 생태계의 연결 및 연속성 유지
- 과도한 개발 억제 효과

② 한계성
- 야생동물의 증가는 질병과 산불확산 위험 상존
- 생태통로에서 밀렵과 포식자에 대한 위협 증가
- 외래종 확산 용이하고, 서로 다른 개체군 간의 교잡으로 잡종 형성
- 특별관리가 필요한 보호 대상종의 이동
- 효과에 비해 비용부담이 큼.

③ 효과증진 방안
- 밀렵군, 천적에 의한 피해 가능성 최소화
- 식물의 경우 외래종 확산 대책 강구

9) 생태통로를 이용하는 동물의 확인방법(7가지)

① 족적조사 모래판
- 확실한 이동로에 설치해야하고, 크기는 설치위치, 대상종에 따라 달라짐.
- 모래판의 깊이를 5~10cm 정도로 하여 발자국이 깊게 찍힐 수 있게
- 발자국이 장기간 남아있을 수 있도록 고운 모래 사용
- 조사범위가 한정적이고, 훼손의 위험이 큼.
- 동물의 종, 개체수, 이동방향 등을 조사

② 족적조사관
- 원통 중앙에 발자국이 찍힐 수 있도록 흰색 종이 도구 사용
- 족적조사용 모래판의 용도와 같음.

③ 무선추적방법
- 동물 신체에 발신기를 부착하여 위치를 수신기로 조사
- 조사연구결과는 정확하지만 인력, 기간, 동원장비, 예산 낭비 우려
- 동물 생태조사에 필수적

④ 포획조사
- 동물 크기에 맞는 포획기를 이동로, 잠자리, 서식지에 설치하여 포획
- 조사연구결과는 비교적 정확하나 포획기 분실 위험이 큼.
- 특정지역 서식밀도조사에 적합.

⑤ 야간조명 이용조사
- 야간에 빛이 강한 램프를 이용하여 빛을 받는 눈의 섬광으로 동물조사
- 빛을 본 동물이 머뭇거리는 동안 신속하게 특징 파악
- 야간조사이므로 동물종 식별, 연령, 암수 등의 구분이 어려움.
- 동물저항에 유의

⑥ 비디오 / ⑦ 사진관찰 조사
- 동물이동 지역에 설치하여 동물행동 기록 조사
- 장기간에 걸친 동물행동 파악에 편리하지만 장비고장 문제
- 탐조관 내 비디오시설 설치하여 실시간 동영상을 관찰할 수 있도록 함.

10) 이동과 관련된 개체군

① 메타개체군(metapopulation)

- 공간적으로 넓게 나뉘어 분포하는 국소개체군(아개체군)들이 분산능력에 의해 서로 연결될 수 있는 집합체를 말함.
- 메타개체군은 지역적으로 전체적인 개체군 유지가 가능토록 하는 구조를 이루고 있음.
- 비록 국소개체군의 일부가 소멸되더라도 인근의 다른 개체군이 소멸된 지역으로 분산 이동하여 메타개체군은 유지될 수 있는 것임.
- 이러한 분산은 메타개체군을 함께 묶는 접착제 기능을 수행하는 것임.
- 높은 분산능력은 국소개체군들에게 동시성을 강화하게 되고, 국소개체군 소멸이 메타개체군 소멸로 연결될 수 있음.
- 낮은 분산능력은 개체군을 고립시키고, 개체군이 소멸된 패치에 새로운 개체군이 형성되는 것을 방해하는 요인으로 작용함.
- 그러므로 메타개체군 동태(metapopulation dynamics)를 형성하는 패치의 기하학 연결성과 적정 수준의 분산능력은 매우 중요함.
  → John Wiens(1997)는 Goldlock's Zone이라는 용어를 사용함.
  → 골드락이란 영국의 전래동화에서 나오는 용어로 한쪽으로 치우치지 않고, 적정한 수준을 유지하고 있는 상황이나 조건을 의미함.

11) 로드킬

- 로드킬은 도로상에서 차량과 야생동물의 충돌사고를 의미하며 국토개발과 도로교통의 발달 등에 따라 필연적으로 발생하는 현상을 말함.
- 일반적으로 로드킬은 도로망과 교통량, 야생동물 행동패턴, 환경 요인의 세 가지 요소가 상호 작용하는 결과로 발생하게 됨(표 4-5).

표 4-5 로드킬 발생원인

야생동물 행동패턴	교통요인	환경요인
· 생태적 특성 · 서식밀도 · 번식기 · 이동경로 등	· 도로망의 위치 · 교통량과 속도 · 야생동물에 대한 인간의 반응속도	· 수환경 · 서식지 구성요소 · 서식지의 교란 및 훼손

2. 경관의 기능적 관계

2.1 수직적 구조

❏ 교목층, 초본층 등 구성요소들 간의 상호관계, 지형, 지질 토양, 물, 식생, 동물군집, 기후 등의 입체적인 상호관계를 의미함.

1) 의미

❏ 자연생태계 구성요소의 입체적 상호관계를 말함.
❏ 자연요소 즉 지형, 토양 등의 지생태학(geoecology)을 일컬음.

2) 체계

❏ 기후적 영역은 지층, 대기권층, 상층권 층을 포함함.
❏ 토양층 영역은 부식층, 중간층, 모재층으로 나뉠 수 있음.
❏ 생물공동체 영역은 수관층, 수간층, 접지층으로 나뉨.
❏ 산림생태계의 경우 산림성 조류길드의 서식공간은 수관층, 관목층 등의 수직구조에 따라 달라질 수 있음(표 4-6).

표 4-6 산림성 조류의 길드 구분

길 드		설 명
영소길드 nesting guild	수동 영소길드 (Hole-nesting guild)	나무구멍을 둥지로 이용하는 종류
	수관층 영소길드 (Canopy-nesting guild)	수관층을 둥지로 이용하는 종류(수고 2m 이상의 교목 상층에 형성)
	관목층 영소길드 (Bush-nesting guild)	지면, 관목, 덩굴수목 등에 둥지를 짓는 종류
	임연부 영소길드 (Edge-nesting guild)	산림의 임연부를 자원으로 이용하는 종류
채이길드 foraging guild	외부 채이길드 (outside-foraging guild)	산림 이외의 장소, 임연부에서 먹이자원을 이용하는 종류
	수관층 채이길드 (canopy-foraging guild)	공중, 잎, 가지, 줄기, 새순 등에서 먹이자원을 이용하는 종류
	관목층 채이길드 (bush-foraging guild)	덩굴, 낙엽, 고사목, 덤불에서 먹이자원을 이용하는 종류

이우신과 박찬열(1995)

❑ 수생태계의 경우 물새종 조류길드의 서식공간은 수심에 따른 수직구조에 따라 달라질 수 있음(그림 4-11).

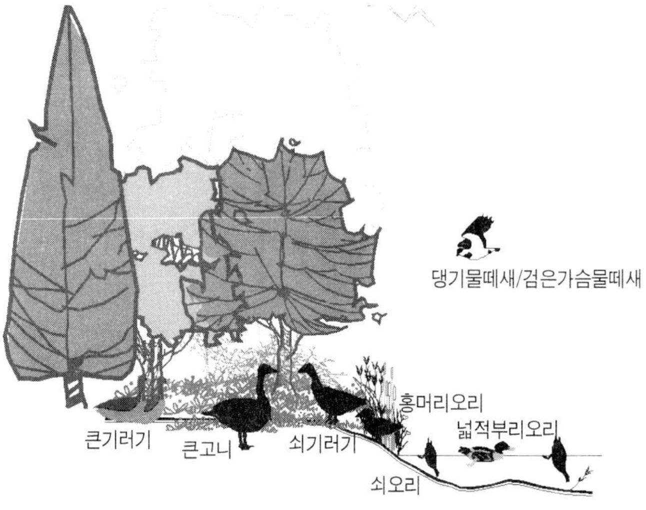

그림 4-11 수심에 따른 조류 분포도(김보미, 2010)

2.2 수평적 구조

❑ 수평적 구조를 하나의 생태계로 간주하여 복잡하고, 이질적인 생태계의 지역적 분포와 상호 관련성의 관계를 파악하고자 함.

❑ 카테나(catena)란?

: 연쇄적 연구방식으로 라틴어로 쇠사슬을 의미

: 환경단위가 옆으로 연결되어 하나의 덩어리를 형성한다는 개념

1) 수평적 구조의 상호관련성

❑ 경관단위로서 종합적, 연쇄적 관계를 통한 다양한 효과를 창출하고자 함.

❑ 평면상에서 수평적인 구조를 나타내며 시간적 흐름의 과정, 즉 천이의 과정을 나타내기도 함.

❑ 동일 시간대를 구성하는 하나의 경관단위로 공간적 스케일에 따라 나타나는 경관이 달라질 수 있음.

❑ 산림생태계, 초지생태계, 하천생태계, 습지생태계, 사구생태계, 해안생태계 등 같은 공간 내에서 많은 경관단위가 나타날 수 있음(그림 4-12).

❑ 각각의 생태계 내에서 수직적 구조를 분석할 수 있음.

❑ 우량한 토지와 열악한 토지의 수평적 관계 논의는 거의 없음.

→ 토양의 등질적인 지역단위 구분 필요

→ 등질지역(homogeneus region)과 결절지역 혹은 기능지역(functional region)으로 구분 가능

① 등질지역(homogeneus region)

- 한 지역의 내부구조는 특정 지리성이 유사하게 나타남.
- 주거지역 · 상업지역 · 공업지역 등과 같이 지역분화에 수반되어 나타나는 구성요소의 배열상태를 분석하는데 초점을 맞춰야 함.

② 기능지역(functional region) or 결절지역

- 각 지구의 구성요소가 상호적으로 밀접하게 연결되는 범위
- 인구이동 · 물자유동 · 정보이동 등의 공간 상호작용에 의한 지역특성을 파악하는 것임.

2) 물질의 수직 · 수평적 이동과 효과의 관계규명

❑ 경관 기능, 구조, 변화의 상호관련성을 파악이 필요함.

❑ 주로 공간적인 요소로 시간변화를 중점적으로 보고자 함.

그림 4-12 수평적 공간 개념도 (GAONE, 2005)

2.3 경관의 기능적 관계 연구

2.3.1 연구기법

1) 최소지표 접근법

❑ 토지가 갖는 특성 중 중요 지역을 적지로 선정하는 방법
❑ 절대적 합의에 의해 인정시 적용 가능
❑ 정량치보다 현실적 중요지역을 인정하는 정성적 방법론
❑ 통계치나 가중치 방법론의 한계 극복
❑ 이용범위 - 토지등급화, 환경부 토지환경성 평가

2) 정규 식생지수(NDVI) 기법

❑ 인공위성을 측정하는 RS 기법(그림 4-13)
❑ 근적외선 파장대 반사량과 적색 파장대의 반사량 차의 합
❑ -1값에서 1값으로 표현됨.
❑ 음수는 물, 구름 등 지표면으로 나타남.
❑ 양수는 식생지역
❑ 1에 가까울수록 활력도 높음.
❑ 이용범위
: 엽면적 지수
: 생체량 추정
: 식생피복비
: 광합성 지수
: 계절별 식생활력도
: 변화 전후 분석시 이용 가능

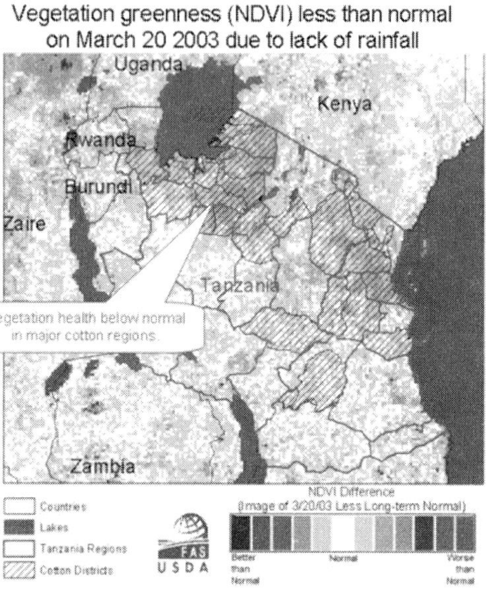

그림 4-13 정규식생지수를 이용한 분석방법
(www.fas.usda.gov)

2.3.2 연구결과 분석

1) 중첩분석법(overlay method)

❑ 각 요소들을 지도상 중첩하여 등급화
❑ 절대보전지역(1등급), 상대보전지역(2등급), 완충지역(3등급)
❑ 최소지표법과 절충하여 사용
❑ 시간보다는 공간적 특성

2) 중력모형방식

❑ 환경요소들의 토지특성 요인분석
❑ 공간보다 시간적 변화 요인분석
❑ 상태와 변화의 경향, 복원관리정도 파악 가능

3. 경관이론

3.1 경관의 이질화

- ❑ 모자이크 이론을 대표하며 경관의 다양한 요소들이 모자이크처럼 구성되는 정도를 나타냄.
- ❑ 공간적인 이질성의 발달과 역동성, 이질적인 경관사이 상호작용과 교환, 생물적·비생물적 과정에 대한 영향, 관리부분을 포함함.

3.2 주연부(가장자리) 효과

- ❑ 주연부란 두 가지 이상의 생태계가 만나서 형성되는 일정한 폭의 선적인 지역을 나타내며 다른 지역과는 독특한 생태적, 환경적 특성이 있음.
- ❑ 패치 내부의 급격한 환경변화를 막아줌.
- ❑ 주연부(가장자리) 효과는 다른 지역과는 달리 주연부에서 개체군의 밀도나 종다양성이 높아지는 현상을 말함(그림 4-14).
- ❑ 종다양성이 높은 이유는 주연부에는 각각의 생태계에서 서식하는 종이 모두 출현할 수 있고, 두 가지 이상의 생태계를 요구하는 종은 이 지역에서만 출현할 수 있기 때문임.

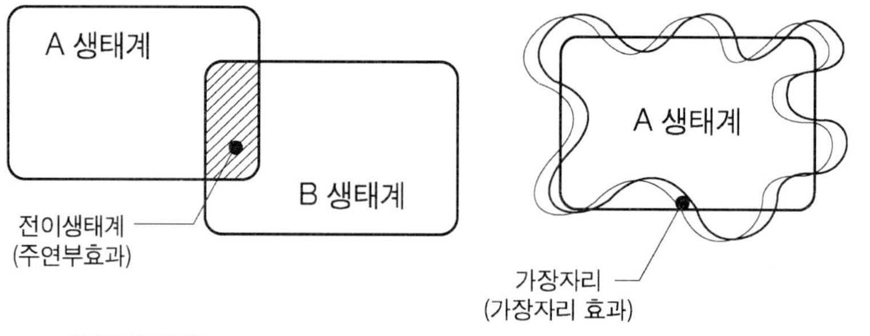

그림 4-14 주연부(ecotone)와 가장자리 효과(edge effect) 차이점

1) 일반종(generalist-general species)

- ❑ 일반종은 외부간섭에 대한 적응성이 높음.
- ❑ 대비되는 두 가지 환경을 모두 좋아함.
- ❑ 대부분 주연부 종은 일반적인 경관에서 쉽게 볼 수 있는 종

2) 특수종(specialist-special species)

- ❑ 일반종과 대비되어 먹이나 잠자리, 서식환경이 특수한 종을 일컬음.
- ❑ 코알라(먹이 : 유칼립투스), 산림 내부종(서식처) 등

3) 다양한 서식처를 요구하는 종(multi-habitat species)

- ❑ 두 개 이상의 서식처 요구
- ❑ 두 가지 서식처를 넘나들며 먹이를 구하고, 번식처와 휴식처를 구함.
- ❑ 대표적인 예 : 양서류

3.3 경관조각 굴곡 효과

1) 반도효과(peninsula effect)

- ❑ 종다양성은 본토(mainland)에서보다 반도에서 종종 더 낮게 나타남.
- ❑ 반도의 기부(base)에서 끝으로 갈수록 종이 점진적으로 줄어듦.
- ❑ 돌출부가 넓은 경우 조각내부 환경과 차이가 크지 않으므로 생물 종수 변화는 미미하게 나타남.
- ❑ 미소 서식처 변화에 따라 종수는 증감됨.

2) 깔때기 효과(funnel effect)

- ❑ 넓은 지역에서 좁은 지역으로 이동시 혹은 그 반대 상황일 때 돌출부를 통로로 삼는 경향이 나타남.
- ❑ 생물보호구역 설정시 응용할 수 있는 원리임.

3) 울타리 효과(drift-fence effect)

- 돌출부는 경관 통과종을 가로채 조각 내부로 끌어들이는 효과가 있음.
- 역으로 외부종이나 해충을 끌어들이기도 함.
- 생물보호구역이나 삼림 설계시 재정착 속도를 향상시켜 국지적 멸종을 방지하는데 도움이 됨.

4) 창시자 효과(founder effect, drift effect)

- 종이 이주한 초기 개체군 크기가 작은 경우 발생함.
- 시간이 지남에 따라 개체군의 크기가 커져 부분적으로 병목효과와 같은 개체군의 몰림 현상이 발생함.

5) 병목 효과(bottle neck effect)

- 현재의 개체군 크기보다도 어떠한 외부 작용에 의해 개체수가 감소한 시기의 영향을 강조함.
- 개체군 크기가 급격히 감소했을 때 부분적으로 발생함.
- 개체군 크기가 커지더라도 유전적 다양성은 커지지 않는 것을 볼 수 있음.

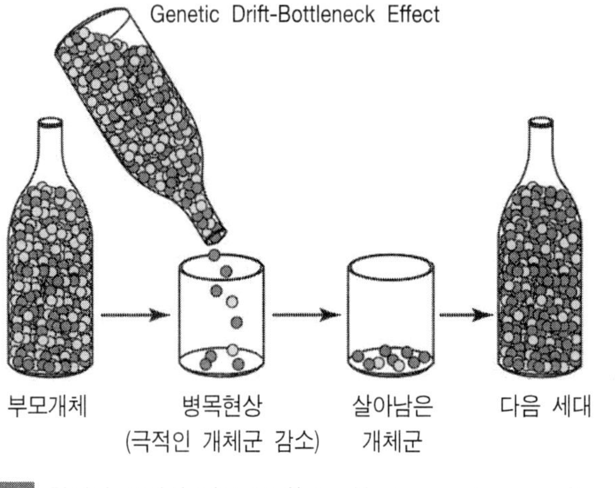

그림 4-15 창시자 효과와 병목 효과(http://kr.blog.yahoo.com/livedyks)

6) 벤추리 효과(venturi effect)

- ❑ 조각을 관통하는 덩어리 흐름이 돌출부에 의해 갈라져 좁고, 우묵 들어간 곳으로 집중되는 현상을 일컬음.
- ❑ 굴곡이 많은 조각을 관통하는 바람의 경우 우묵 들어간 곳에서 풍속이 훨씬 높게 나타나는 경향이 있음.
- ❑ 섬에서 우묵 들어간 곳은 바람을 피해 배를 정박시키는데 적절한 장소가 됨.

3.4 파편화 영향

- ❑ 커다란 서식처가 두 개 이상의 작은 서식처로 나누어지는 것(그림 4-16)
- ❑ 서식처가 파편화되면 각각의 면적이 줄고, 장벽이 생김.

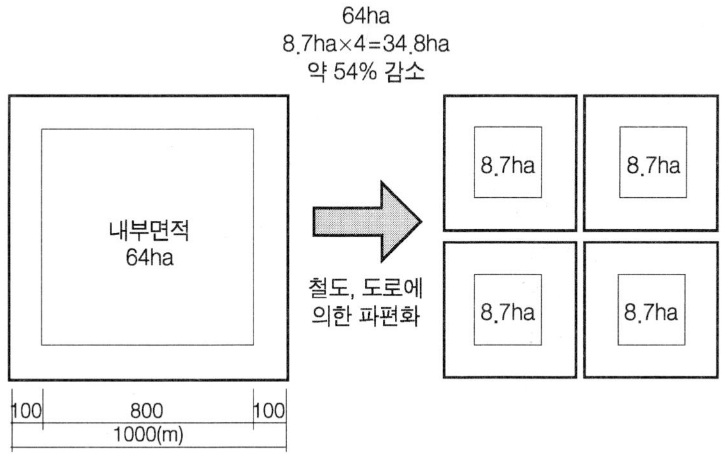

그림 4-16 도로 · 철도에 의한 파편화 영향

- ❑ 주요원인은 도로건설, 도시개발, 댐건설 등 토지이용활동에 의해 발생함.
- ❑ 파편화의 정도를 측정할 때는 파편화된 각 패치의 면적, 패치의 형태, 파편화된 각 패치간의 이격거리, 파편화된 패치의 배열을 고려해야 함.
- ❑ 서식처의 파편화를 경관 구조적 측면에서 보면 각각의 서식처 면적을 감소시키고, 서식처간의 단절을 가져오며 주연부의 증대와 내부면적의 감소를 가져오고, 이는 내부종에게 치명적인 결과를 야기함.

1) 초기배제효과(intial exclusion)

- ❏ 큰 면적을 요구하는 종이나 간섭에 민감한 종은 파편화 초기에 다른 서식처로 이동하거나 간섭의 영향으로 사라짐.
- ❏ 큰 면적을 요구하는 대형 포유류나 간섭에 민감하고, 독특한 서식처를 요구하는 희귀종은 파편화에 민감하며 가장 먼저 멸종할 가망성이 높음.

2) 장벽과 격리화

- ❏ 파편화 발생시 기존 서식처가 분리되며 파편화가 일어나게 한 도로, 댐 등이 다른 서식처로 이동되는 것을 막는 현상을 일컬음.
- ❏ 서식처간 개체군 이동이 단절되면 단위개체군 크기가 작아지고, 결국 유지 가능한 최소개체군 이하로 줄어들어 개체군의 크기가 작아지게 됨.
- ❏ 시간이 흐름에 따라 개체군은 근친교배에 의한 침체와 자연적, 인위적 간섭에 의해 개체군의 크기가 작아지게 되고, 결국 멸종에 이르게 됨.
- ❏ 동물의 이동하는 능력(공중이동동물, 육상이동동물, 수중이동동물)이나 몸집의 크기(소형동물, 대형동물) 등에 따라 달라짐.

3) 혼잡효과

- ❏ 파편화 초기 파편화된 어느 한 패치로 많은 개체들이 모여들게 됨.
- ❏ 혼잡효과는 파편화된 초기에 일시적으로 일어나는 현상
- ❏ 한 패치에 많은 개체들의 수용능력 이상으로 모여들 경우 자원에 대한 경쟁이 치열해져 개체군의 밀도가 낮아짐.
- ❏ 따라서 전체 메타개체군 측면에서 보면 한 패치에 일시적으로 많은 개체가 모여들면 혼잡효과에 의해 초기에 줄어들게 됨.

4) 국지적 멸종

- ❏ 장기적 관점으로 보면 국지적으로 특정종의 멸종을 가져옴.
- ❏ 파편화에 의해 멸종에 취약한 종은 영양단계가 높은 종, 지리적 분포범위가 좁은 종, 개체군 크기가 작은 종, 이동성이 낮은 종, 특이한 서식처를 요구하는 종 등으로 들 수 있음.
- ❏ 멸종에 영향을 주는 요인으로는 개체군 크기가 작아지는 경우, 개체군의 공간적 분포가 변화하는 경우, 개체군의 크기가 감소하여 유전적 풀(pool)이 줄

어서 유전자의 다양성이 감소하는 경우, 개체군의 크기가 감소하여 환경에 대한 적응성이 감소하는 경우임.

① 절멸의 소용돌이(extinction vortex)

- 개체군이 소실하는 원인은 개체군 크기가 작아지면 그 영향이 보다 크게 작용하여 증폭되면서 결국 국지개체군이 절멸하게 되는 원리
- 개체군 크기가 순차적으로 감소하는 것을 나타내고, 작아짐으로써 절멸의 위기가 증폭됨.
- 개발 등에 의한 서식지의 단편화 → 구석진 장소의 서식환경 악화 → 서식지의 도상화(조각) → 서식지의 고립화 → 공생적 관계가 깊은 종의 절멸 → 절멸의 순으로 악화됨(그림 4-17).

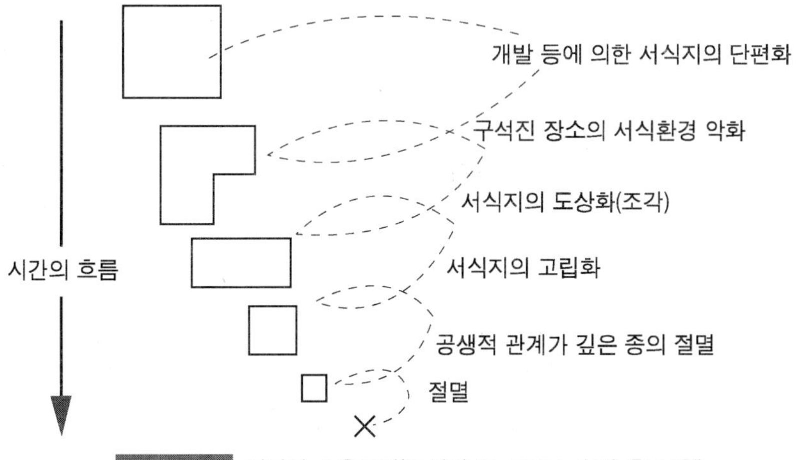

그림 4-17 절멸의 소용돌이(문석기 등, 2004 수정 후 보완)

② 멸종가능성이 있는 종

- 절멸종 : 과거 50년간 야외 조사지에서 확인되지 않는 종
- 위기종 : 보호대책이 없으면 가까운 장래에 멸종할 것으로 생각되는 종
- 취약종 : 금새 절멸할 위험은 없으나 확실히 절멸할 가능성이 있는 종
- 희귀종 : 개체수를 감소시키는 압박요인은 없으나 개체수가 특히 적은 종
- 불확실종 : 현상파악이 정확하지 않아 판단을 할 수 없는 종

3.5 유네스코 맵(UNESCO MAB)

3.5.1 정 의

❑ UNESCO MAB(Man and the Biosphere Programme)은 생물권보전지역 사업을 수행하고 있는 정부 간의 프로그램으로 동식물, 대기, 해안 등의 자연뿐 아니라 인간을 포함한 전체 생물권에 인간이 어떻게 영향을 미치는지를 연구하고, 생물권 파괴를 막기 위하여 전 세계가 함께 동참하고자 출범함.

❑ 지구의 생태적 다양성과 인간적 다양성을 설명하고 있는 특별한 지역을 지정하고, 보전기능, 개발기능, 지원기능의 상호보완적 3가지 기본기능을 충족시키도록 하고 있음.

1) 유네스코 생물권 보전지역(biosphere reserve)

❑ 지구의 생태적 다양성과 인간적 다양성을 설명해주는 특별지역

❑ 각 생물권 보전지역에서는 사회경제적 발전이 자연자원에 피해를 끼치지 않도록 해결책을 모색하고자 함.

- MAB programme
  : 내륙, 해안, 도서, 평야, 산과 같은 지구상의 모든 형태의 생태계 위치

❑ 한반도에는 설악산(1982), 백두산(1989), 제주도(2002), 구월산(2004), 신안다도해(2009), 묘향산(2009), 광릉숲(2010) 총 7곳이 지정되어 있음.

2) 도시 생물권 보전지역(urban biosphere reserve)

❑ 복원된 지역의 가치를 인식하여 생물권 보전지역으로 지정 논의에서 시작

❑ 복원지역 내에서 생태적 과정이 일어나고 생물종이 되돌아올시 그 지역은 생물권 보전지역의 핵심지역으로 지정될 수 있다는 주장 제기(The 8th of UNESCO-MAB, 2003)

❑ 도시 생물다양성의 보전, 지속가능한 도시개발, 도시의 생태적 발자국 증진, 도시 생태네트워크 조성을 목적으로 함.

3.5.2 기본기능

❑ 생물권보전지역은 국제적 협약이나 협정의 적용을 받지 않으나 세 가지 기능을 적절히 수행하는데 필요한 기준들을 만족해야 함.
❑ 보전과 발전, 논리적 지지(logistic support)의 기능을 수행함(그림 4-18).

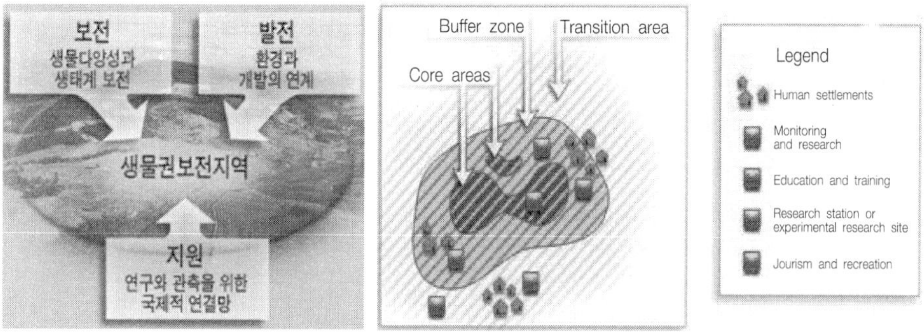

그림 4-18 생물권보전지역의 세 가지 기능(http://mab.unesco.or.kr)

1) 보전기능(conservation)

❑ 경관, 생태계, 종, 유전적 변이의 보전

2) 발전기능(development)

❑ 사회·문화적, 생태적으로 지속가능한 경제와 인간의 발전

3) 지원기능(logistic support)

❑ 시범사업, 환경교육, 연구 및 모니터링을 통해 위 두 가지 기능이 용이하게 수행될 수 있도록 지원

3.5.3 충족기준

❑ 필요한 공간과 경관(Landscape)의 구획
❑ 다양한 인간의 간섭 포함
❑ 과학적 프로그램
❑ 지방주민 대표의 공식적인 승인

3.5.4 용도구획

❑ 유네스코 맵에 의거 핵심지역, 완충지역, 전이지역으로 나뉨(그림 4-19).

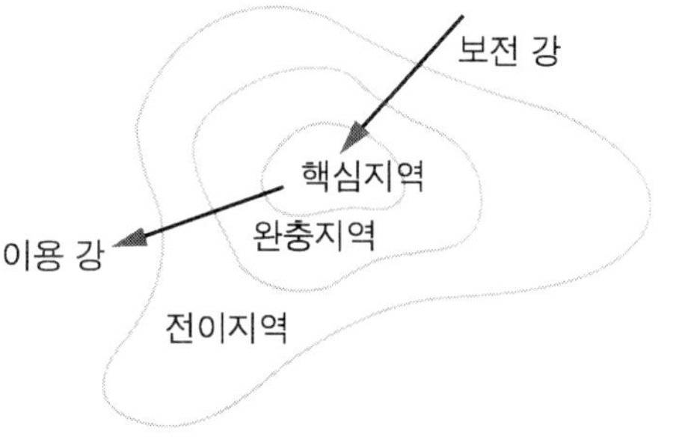

그림 4-19 생물권보전지역의 용도구획 지정

1) 핵심지역(core area)

❑ 엄격히 보호되는 하나 또는 여러 개 지역
❑ 생물다양성의 보전과 간섭을 최소화한 생태계 모니터링
❑ 파괴적이지 않는 조사연구나 영향이 작은 이용(교육) 등을 할 수 있음.
❑ 생물다양성 및 보전가치가 높아 학술적 연구가치가 큰 지역
❑ 자연상태가 원시성 및 특이한 자연경관 유지
❑ 희귀종, 고유종, 멸종위기종이 다수 분포
❑ 자연, 해양, 야생동식물 생태계 특별보호구역

2) 완충지역(buffer area)

❑ 핵심지역을 둘러싸고 있거나 이에 인접한 지역으로 환경교육, 레크리에이션, 생태관광, 기초연구 및 응용연구 등의 건전한 생태적 활동에 적합한 협력활동을 위해 이용됨.
❑ 핵심지역의 보호를 위해 필요한 지역
❑ 환경교육, 생태관광, 생태적 연구활동 지역으로 보전과 이용의 중간지점

3) 전이지역(transition area)

❑ 신축성 있는 전이지역, 협력지역, 핵심 및 완충지역 이외의 인접지역
❑ 다양한 농업활동, 주거지, 기타 다른 용도로 활용됨.
❑ 지역의 자원을 함께 관리하고, 지속가능한 방식으로 개발하기 위해 지역사회, 관리당국, 비정부단체(NGO), 문화단체, 경제적 이해집단과 기타 이해당사자들이 함께 일하는 곳임.

- 생태계 보전지역의 관리를 위해 필요한 지역, 자연공원의 자연취락 지구 등의 녹색관광지역, 레크리에이션 지역
- 보전보다는 이용의 강도가 높게 나타남.

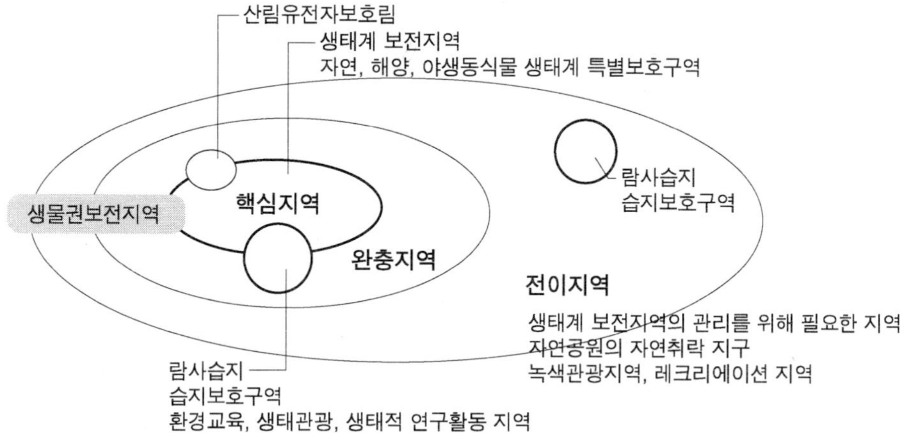

그림 4-20 생물권보전지역과 국내 개별법 관계예시(환경부, 2004 수정 후 보완)

생물다양성 중점지역(Biodiversity hotspots)

읽을거리

서식지의 손실이 심각한 열대우림지역 10군데를 최초로 Norman Myers(1988)에 의해 Hotspot이 지정된 후 2010년 기준 34군데로 확대지정·운영되고 있다. 이 지역은 전 세계 면적의 약 16%, 육지 척추동물 약 42%, 식물종 약 50%가 서식하고 있는 중요서식지이다. 국내에서는 생물다양성 집중지역, 생물다양성 중점지역, 생물다양성 핵심지역, 생물다양성 위험지역, 생물다양성 보존 중요지역 등으로 다양하게 해석되고 있다.

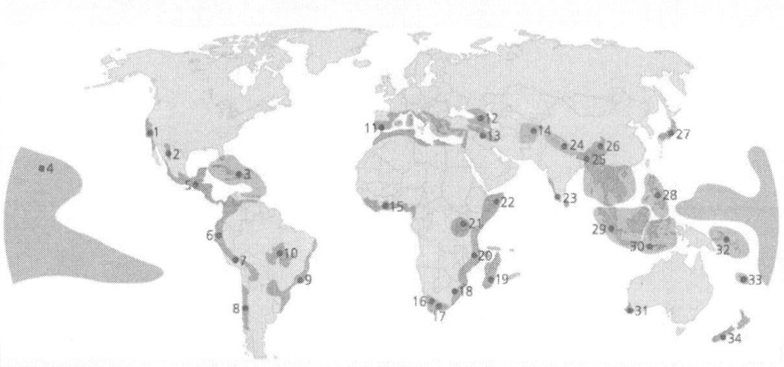

그림 4-21 국제보호협회가 지정한 생물다양성 중점지역 34곳(한국생태학회, 2010)

중점지역의 경계는 여러 판단기준에 따라 지정된다.

① '생물학적 공통성(biological commonalities)'에 따라 결정된다. 각 중점지역들은 생물지리적 단위로써 생물상(biota) 분리 또는 종의 군집으로 구분된다.
- 섬·군도 : 뉴칼레도니아, 뉴질랜드, 캐러비안, 폴리네시아/미크로네시아, 마다가스타르와 필리핀 등
- 생태적 섬 : 탄자니아/케냐의 Eastern Arc 또는 해안산림 등

② 윌리스선(Sundaland와 Wallacea)[1], Kangar-Pattani Line(Indo-Burma와 Sundaland)

③ 각 분야 전문가들의 판단

생물다양성 중점지역이 되기 위해서는 최소 1,500종 이상의 유관속 식물을 고유종으로 포함하고 있어야 하며 이전 서식지 상태에 비해 현 서식지 상태가 최소 70% 이상 손실된 지역으로 보존하지 않으면 위급한 지역을 중점적으로 지정, 관리하고 있다. 이러한 지역을 선정하기 위해서는 전체 면적, 현존가능한 서식지면적, 고유의 동물, 식물종, 멸종위기종과 절멸종, 그 지역 내 거주하고 있는 인구밀도 등을 주로 조사한다.

표 4-7 국제보호협회가 지정한 생물다양성 중점지역 34곳(위치 그림참조)

순번	지역명	특징
1	캘리포니아 지방 (California Floristic Province)	지중해성 기후 8천여종의 식물, 그중 3,400종 고유종
2	마드리안 참나무-소나무 삼림지 (Oak-Pine Woodlands)	멕시코 식물의 1/4 서식
3	카리브해 섬 (Caribbean Islands)	산림-관목림 등 다양한 생태계 분포 쿠바악어 등 멸종위기종
4	폴리네시아와 마이크로네시아 (Polynesia and Micronesia)	남태평양 약 4,500개 섬 멸종위기종 다수 분포
5	중부아메리카 삼림 (Mesoamerican Forest)	아마존 2번째 면적 17,000여 종 고유식물종 하울러원숭이 등
6	툼베스-초코-막달레나 (Tumbes-Choco-Magdalena)	중부아메리카산림과 안데스산맥 사이에 위치
7	열대 안데스 (Tropical Andes)	종다양성이 가장 풍부한 지역 서계 육지의 1% 이하 면적 약 45,000종 식물, 3,000여종 동물 서식
8	칠레 발디비아 삼림 (Chilean Valdivian Forest)	태평양, 안데스 산맥, 아타카마 사막으로 둘러싸임 다양한 고유동식물 서식
9	브라질 대서양 삼림 (Atlantic Forest)	20,000여 종 식물종, 이전 산림 10% 이하 잔존
10	브라질 세하도 (Brazilian Cerrado)	농경지와 초지면적 확장으로 대형포유류 서식지 위협
11	지중해 유역 (Mediterranean Basin)	지중해성 기후 22,500여종의 고유식물종 바리원숭이 등 멸종위기종

1) 월리스 선(영국의 박물학자인 A. Wallace가 생물의 분포를 조사하여 설정한 동물 지리학상 동양 구역과 오스트레일리아 구역 사이의 가상 경계선)

순번	지역명	특징
12	코카서스 (Caucasus)	사막, 사바나 산림지 많은 고유식물종 분포 멸종위기종 코카서스산 염소 서식
13	이란 아나톨리아 삼림 (Irano-Anatolian)	산악 및 분지지역
14	중앙아시아 (Central Asia)	열매품종 기원식물 분포 다양한 유제류 동물종 서식
15	기니 삼림 (Guinean Forest)	20종 이상의 영장류 아프리카 포유류의 1/4
16	서큘런트 카루 지역 (Succulent Karoo)	전체 중 69% 고유식물종 가장 풍부한 다육성식물상
17	케이프 식물구 (Cape Floristic Region)	지중해성 기후 열대지역 제외 후 육상식물 다양성이 가장 높음.
18	마퓨타랜드-폰도랜드-알바니 (Maputaland-Pondoland-Albany)	가장 높은 목본류 종다양성
19	마다가스카르/인도양 섬 (Madagascar/Indian Ocean Islands)	세계에서 유일한 식물 8종, 조류 4종, 영장류 5종 서식
20	동부 아프리카의 해안 삼림지역 (Coastal forests of eastern Africa)	아프리카제비꽃
21	아프리카 동부 산악지역 (Eastern Afromontane)	산악지대 아프리카 지역내 가장 많은 포유류, 조류, 양서류 고유종 서식
22	아프리카의 뿔 지역 (Horn of Africa)	건조지역
23	서인도와 스리랑카 (Western India and SriLanka)	풍부한 식물, 파충류, 양서류 고유종 서식
24	히말라야(Himalaya)	세계에서 가장 높은 산악지대
25	인도-버마(Indo-Burma)	진귀한 종 발견
26	중국 남서부 산악지대 (Southwest China)	기후와 지형 급변하는 지역 세계에서 가장 풍부한 온대식물 서식
27	일본(Japan)	다양한 기후와 생태계
28	필리핀(Philippines)	6,000여종의 식물종
29	순다랜드(Sundaland)	동식물의 극심한 감소지역
30	월리시아(Wallacea)	다양한 생물상
31	호주 남서부 (Southwest Australia)	지중해성 기후 사막, 건조지역
32	동멜라네시아 섬 (East Melanesian Islands)	세계에서 가장 복잡한 지리형상 다양한 종 서식
33	뉴칼레도니아 (New Caledonia)	높은 식물다양성 지역 유일 무이 기생성 구과식물 서식
34	뉴질랜드(New Zealand)	주변지역과 매우 다른 생물상

4. 비오톱

4.1 정 의

❑ 비오톱이란 생물이 서식하고 있는 최소단위공간인 생물소공간

❑ 국내에서는 생물소공간과 생태소공간의 용어구분이 확실하지 않고, 혼용해서 사용되고 있음.

❑어떤 지리권 속에서 최소한 하나의 균질한 최소토지단위

❑ 생물공동체가 생활하는 구체적인 공간

❑ biotop은 독일어로 영어의 habitat와 비슷한 개념임.

❑ 용어의 어원은 Bio(생물)+Top(장소)의 조합어
 : Top은 희랍어로 장소(site) or 서식처(habiat) 의미 포함.

❑ 수목이 생육하는 삼림비오톱, 토양미생물이 생육하는 토양비오톱, 수생식물이 서식하는 습지비오톱으로 모든 자연환경이 대상이 될 수 있음.

4.2 종 류

❑ 비오톱 종류에는 조성방식에 따라 창조형, 복원형, 개선형, 보전형으로 나뉠 수 있음(그림 4-22).

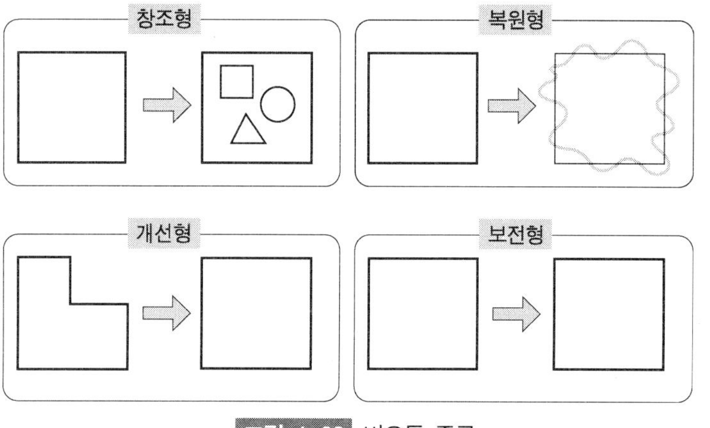

그림 4-22 비오톱 종류

- 창조형 : 새로운 생물의 세계 조성
- 복원형 : 그 땅에 있던 원래 자연에 가까운 것을 문자 그대로 복원하는 것
- 개선형 : 인위적으로 환경의 질을 높임으로써 생태계 유치
- 보전형 : 현재에 존재하는 자연생태계를 보호하면서 생물서식장소 보전

4.3 비오톱 재생능력 검토

1) 일년생초본군락, 동물상

- ❑ 화전지 잡초군락, 습생일년생 초본
- ❑ 1~4년
- ❑ 매토종자, 제초제의 분해속도, 종 공급원에 의해 결정됨.

2) 부영양수역 식생

- ❑ 8~15년
- ❑ 동물의 경우 이동력이 큰 대표적인 종만이 종의 공급원으로 되는 수역에서 재생된 수역으로 이주하는데 성공

3) 식재에 의해 조성된 울타리의 경우

- ❑ 10~15년
- ❑ 장소에 특화된 곤충류의 정착은 거의 없음.
- ❑ 종의 공급원까지 수 킬로미터 떨어져 있는 경우에는 수십 년 경과되더라도 새로운 종의 정착은 거의 일어나지 않음.

4) 빈영양단경초지

- ❑ 초지나 반건조단경초지는 집약적인 시비와 풀베기에 의해 부영양화된 초지로 바뀌게 됨.
- ❑ 많은 지역에서는 10년이 걸려 원래대로 되돌아가지만 대개는 불완전한 상태로 유지되는 경향이 있음.

5) 빈영양수역의 식물

- ❑ 근처에 종공급원이 있을 경우 정비한 후 20~30년이 지나도 빈약한 상태 그대로 유지됨.

6) 채석장, 동굴

- ❑ 종 이입만 100~200년 걸림.

7) 식재지

- ❑ 산림의 생태계는 성숙할 때까지 매우 긴 기간을 필요
- ❑ 최근 식재한 산림에서는 곤충의 경우 특징적인 종만 소수 발견
- ❑ 토양 동물상은 장기간 토양형성 과정 중 토양발달단계를 반영
- ❑ 종조성은 수십 년 뒤에 최초로 삼림성의 종이 우점하게 됨.
- ❑ 삼림의 성숙도는 수동(나무 구멍 : 樹洞)에 둥지를 짓는 조류종과 그 밖의 조류종 비율로 설명될 수 있음.

8) 잔존원생림

- ❑ 고유한 동물상은 수백 년으로는 회복될 수 없음.

9) 고층습원

- ❑ 거의 천년이 걸려 1m 토탄층이 형성됨.

4.4 비오톱 지도화

- ❑ 비오톱 지도화는 자연환경복원계획을 수립하는데 있어 정확한 위치를 파악하고, 한눈에 대상지역에 대한 종합적인 정보를 습득할 수 있는 중요한 자료가 되므로 반드시 작성되어야 함.
- ❑ 이 단계에서는 서식처 경계를 명확히 결정하며 서식처가 불분명한 지역을 확정하여 코딩에 따라 컬러나 모양을 넣어 표시하며 자연식생 서식처, 습지 서식처, 동물 서식처 등으로 상세히 구분하여 작성
- ❑ 도시지역에서 비오톱 지도화의 방법은 선택적 지도화, 대표적 지도화, 포괄적 지도화로 구분할 수 있음(표 4-8).

표 4-8 비오톱 지도화 방법

유형	내용	특성
선택적 지도화	·보호할 가치가 높은 특별지도에 한해서 조사하는 방법	·단기적으로 신속하고 저렴한 비용으로 지도제작 가능 ·국토단위 대규모 비오톱 지도제작 유리 ·세부적인 정보를 제공하지 못함.
포괄적 지도화	·전체 조사지역에 대한 자세한 비오톱의 생물학적, 생태학적 특성을 조사하는 방법	·도시 및 지역단위의 생태계 보전 등을 위한 자료로 활용 가능함. ·많은 인력과 시간, 돈이 소요됨.
대표적 지도화	·대표성이 있는 비오톱 유형을 조사하여 이를 동일하거나 유사한 비오톱 유형에 적용하는 방법	·비오톱에 대한 많은 자료가 구축된 상태에서 적용이 용이함.

이동근 등(2004)

4.4.1 비오톱 지도화 과정

- ❑ 환경부(2007) 도시생태현황지도(비오톱지도) 작성지침 마련함.
- ❑ 일반적으로 준비단계, 조사단계, 분석 및 평가단계로 구분함(그림 4-23).

1) 준비단계

- ❑ 조사지역 범위 지도상 설정
- ❑ 자료 수집 및 분석은 문헌, 보고서, 지도, 항공사진, 토지이용현황을 통하여 이루어짐.

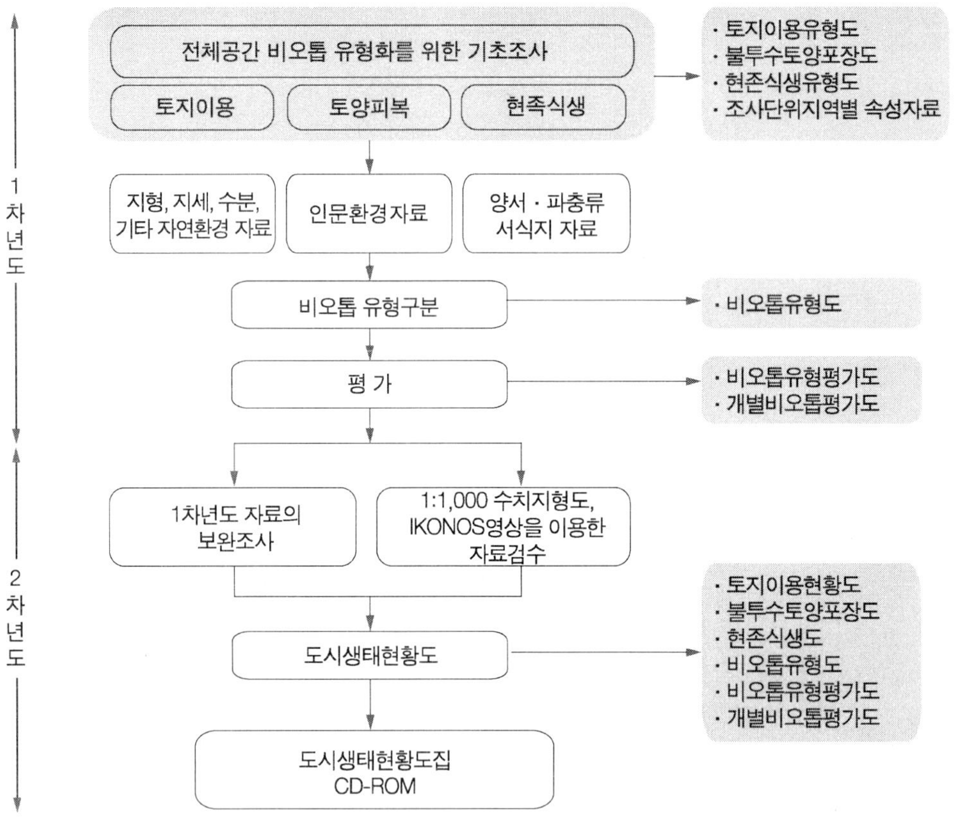

그림 4-23 도시생태현황도 작성과정(환경부, 2007)

2) 조사단계

❑ 비오톱 유형의 지도화는 유사한 비오톱을 하나의 유형으로 묶어 작성함.

❑ 조사대상 지역을 선정함.

❑ 사례지역 지도화는 동·식물, 토양, 녹화현황, 잠재성 등 세부적으로 기록함.

3) 분석 및 평가단계

❑ 현황자료를 종합적으로 분석하고, 비오톱 유형 구분 및 평가를 실시함.

❑ 유형은 자연형, 근자연형, 비자연형, 특수 비오톱으로 나뉠 수 있고, 등급은 서식지 기능, 지형, 비오톱가치, 희귀도를 기준으로 5등급으로 나눌 수 있음.

❑ 비오톱 유지·보호를 위한 구체적인 프로그램을 적용함.

4.4.2 서울시 비오톱 유형

1) 자연형 비오톱

- 인위적 영향을 다소 받은 유형

2) 근자연형 비오톱

- 생물이 살아가기 적합한 공간
- 인위적으로 조성된 공간으로 토양포장도가 낮은 유형
- 녹지, 경작지, 산림지, 하천 및 습지, 공업지 및 도시기반 시설지, 유휴지

3) 비자연형 비오톱

- 토지이용이 집약적으로 이루어진 공간으로 토양포장도가 높음.
- 인공적으로 조성된 주거지, 상업 및 업무지, 공업지 및 시설지, 교통시설 등

4) 기타 비오톱

- 위의 3가지 항목에 명확히 속하지 않은 공간
- 비교방식으로 평가되지 않음.
- 건설현장 또는 특수 비오톱을 예로 들 수 있음.

5. GIS & RS, LiDAR

5.1 지리정보과학

5.1.1 정 의

1) NCGIA core curriculum(1997)

❑ 지리정보시스템과 지리정보기술의 기반이 되는 이론과 개념들에 대한 연구를 위한 학문

2) Longley et al(2001)

❑ 지리정보시스템의 논리적, 이론적 모델들에 대한 연구를 위한 학문
❑ 지리정보시스템의 구축에 필요한 지식과 운영상 근본적인 문제들의 해결을 위한 학문

3) **지리정보과학(GIS ; Geographic Information Science)이란?**

❑ 지리적인 정보(지구상의 장소에 관한 정보 : 위치)를 알아내는 방법
❑ 지역적 정보에서부터 세부적 정보를 알아낼 수 있음.
❑ 광역적 정보 : 지역의 기후파악이나 전체지역의 인구밀도 측면 분석
❑ 세부적 정보 : 도심 내의 모든 건물의 위치, 산림 내의 각각의 나무 정보취득 가능, 해상도에 따라 달라질 수 있음.

5.1.2 지리학적 정보를 다루고 수집하는 기술(3가지 방법)

1) GPS(global positioning system)

❑ 인공위성 자동위치측정시스템
❑ 1970년대 후반 미국 국방부에서 군사 목적으로 개발
❑ 간편한 장치로 정확한 위치 측정을 연속적으로 할 수 있음.
❑ 컴퓨터와 연결해 다양한 서비스 가능
: 비행기, 선박, 자동차 등의 항법장치로 활용

2) RS(remote sensing)

- ❑ 원격탐사
- ❑ 물질이 태양에너지를 받아 반사하거나 방사하는 전자파의 세기의 분포를 이용하여 물질의 정체를 밝히거나 변화하는 현상을 알아내는 기술
- ❑ 지상에서 측정하는 경우도 있으나 최근에는 항공기나 인공위성을 이용
- ❑ 지구차원의 탐사나 환경변화의 감시, 곡물의 수확 예상 등
- ❑ 넓은 파장역의 전파를 이용하기 때문에 눈으로 볼 수 없는 물질이나 현상까지도 신속하게 발견할 수 있음.

3) GIS(Geographic Information System)

- ❑ 지리정보체계
- ❑ 지리적 정보를 다루는 정보시스템으로 맵핑 소프트웨어라고도 함.

5.2 GIS

- ❑ GIS는 현재 탐색, 인구통계, 속달, 추적 및 지도 작성을 포함한 다양한 응용 프로그램에서 사용되고 있음.
- ❑ 미국 지질 연구소 및 기타 단체에서는 인공위성 및 위성사진을 사용하여 세계 대부분 지역에 대한 디지털 맵을 개발함.
- ❑ 종이 지도와는 달리 디지털 맵은 여러 정보 레이어를 결합할 수 있음.
- ❑ 지리정보는 컴퓨터 내의 많은 정보인 숫자, 글자, 이미지, 표, 그림, 소리, 지도 작성 등에 사용되고 있음.
- ❑ 자료의 수집, 저장, 갱신, 처리, 분석, 출력하기 위해 이용되는 하드웨어, 소프트웨어, 지리자료, 인적자원의 통합적 시스템으로서 일반사람들이 활용하기 쉽게 제작됨.

5.2.1 GIS의 다양한 정의

1) 분석도구로서의 GIS

① 미국환경부(1987)
- 지구상의 공간적 위치를 기반
- 자료의 획득, 저장, 검토, 조작, 분석, 표현을 위한 체계

② Parker(1988)
- 공간자료와 비공간자료의 저장, 분석, 표현과 관련된 정보기술의 일종

③ Burrough(1986)
- 실세계 자료를 수집, 저장, 인출, 변환, 표현하기 위한 강력한 기능의 도구

2) 자료기반으로서의 GIS

① Smith et al(1987)
- 자료기반 체계의 일종으로서 공간적 위치와 관련된 자료를 이용
- 공간상에 관한 질의를 수행하는 도구

② Aronoff(1989)
- 지리적인 자료를 저장, 조작하기 위한 수동적 또는 컴퓨터 기반을 둔 과정

3) 활용조직에 중점을 둔 GIS

① Ozemoy et al(1989)
- 전문가들에게 발전된 지리위치자료의 저장, 인출, 조작, 표현기술을 제공
- 자동화된 기능들의 집합

② Cowen(1988)
- 공간문제의 해결을 위한 공간자료의 통합과 관련된 의사결정체계의 일종

5.2.2 GIS의 구성요소

❑ 자료, 소프트웨어, 하드웨어, 이용자, 방법론 5가지 요소가 유기적으로 연계되어야 적합한 결과를 획득할 수 있음(그림 4-26).

1) 자료(data)

❑ 가장 중요한 핵심요소
❑ 공간자료와 속성자료로 구성(그림 4-25)

① 공간자료(spatial data)

- 현 세계의 공간상에 있는 객체나 현상의 공간적인 위치를 지도학상의 좌표체계에 따라 표현하는 자료로 정의할 수 있음.
- 이에 대한 도형자료로는 점, 선, 다각형의 세 가지 유형으로 분류됨.

- 점(point)
  · 공간상 대상물에 대한 지점 또는 장소를 나타내고, 단순한 도식기호(symbol)로 표현됨.
  · 주소나 교통사고와 같은 면적을 점하지 않는 무형의 대상에 대한 위치 표현

- 선(line)
  · 1차원의 대상을 표현
  · 길이를 포함하지만 넓이를 포함하지 않음.
  · 도로나 강처럼 실질적인 대상과, 행정구역 경계와 같은 무형의 대상을 표현
  · 종종 선의 두께를 이용하여 대상의 특성이나 유형 설명

- 다각형(polygon)
  · 최소한 3개 이상의 변이 존재하는 2차원의 폐쇄된 공간 의미
  · 대상물 영역과 경계를 표현
  · 땅의 한 필지, 농업구역, 선거구역

- DEM(Digital Elevation Model)
  - 1955년 milker. C.L 교수에 의해 연구 시작
  - 지형의 위치에 대한 표고를 일정한 간격으로 배열한 수치정보
  - 레스터 데이터 구조기반으로 X, Y좌표와 Z좌표로 저장
  - Z값은 고도 즉 높이값을 가지므로 지형에 대한 지도 디스플레이 가능
  - DEM 데이터 : DEM 모델로 구축된 데이터
  - 도로설계와 같은 일반도로분야와 같은 일반토목분야에서 시작
  - 지도제작분야 및 기타산업분야로 확대(그림 4-24)
  - 하천, 하천유역, 산림 등의 산출 가능

그림 4-24 DEM 자료 (http://tahoe.usgs.gov/images/4ds/dem)

② 속성자료(attribute data)

- 공간자료와 연관되어 대상물 설명, 특성에 대한 설명 자료를 의미함.
- 문자, 숫자의 형태로 저장되고, 영상, 소리 등의 자료들도 포함됨.
- 자료의 효율적 관리, 검색, 질의 수행을 위해 데이터베이스 시스템에서 표의 형태로 저장됨.
- 속성자료를 구성하기 위한 다섯 가지 주된 자료구조는 단순 파일, 역순, 계층적 구조, 네트워크 구조, 관계형 구조가 있음.

- 단순파일(flat file)
  - 단순한 카드 박스와 같은 구조로 파일들은 서로 연관성을 갖기 힘들기 때문에 가장 단순한 GIS가 아니면 사용하지 않음.

- 역순(invert list)
  - 저장된 기록들의 열의 순서가 인출에 매우 중요
  - 주 검색 필드가 지정되고, 보조적인 지수인 Invert list가 생성되어 디스크에 자료가 저장됨.
  - 널리 사용되지는 않지만 자료인출이 매우 빠르다는 장점이 있음.

- 계층적 구조(hierarchical structure)
  · 일종의 tree구조
  · 각각의 대상물들은 계층구조에서 낮은 수준의 요소들과 여러 연결 관계를 가질 수 있음.
  · 하지만 높은 수준과는 하나의 연결 관계만을 갖게 됨.
  · 일대다수 관계를 다룰 수는 있지만 다수 대 다수 관계에는 부적합

- 네트워크 구조(network structure)
  · 계층적 구조의 한계를 극복하고 모든 수준에서 다수 대 다수의 관계를 다룰 수 있음.
  · 비교적 효율적이나 복잡한 구조로 인해 지리적 데이터베이스를 생성하는 데는 한계가 있음.

- 관계형 구조(relational structure)
  · 비교적 단순한 구조를 가짐.
  · 자료는 일련의 표로 구성되며 공통의 주요 필드로 연결됨.
  · 이해하기 쉽고, 만들기 쉬우며 많은 응용분야에서의 사용으로 인해 광범위하게 사용됨.

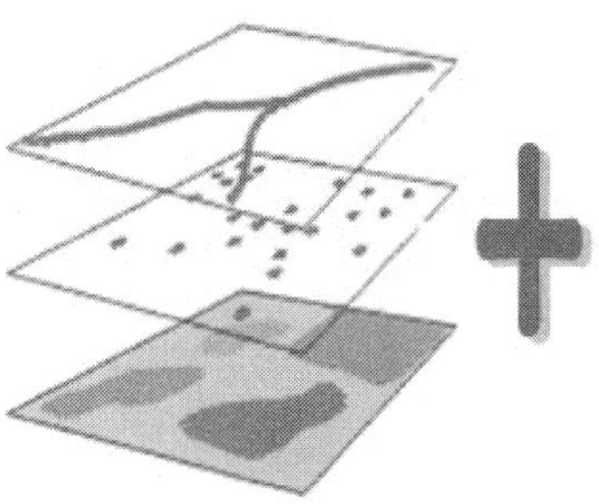

지번	면적	소유주	토질	..
1	100,500	김민석	상	..
2	2,000	한수희	중	..
3	500	한동엽	하	..
4	3,000	이정호	상	..
5	35,000	조영욱	중	..
:	:	:	:	:

그림 4-25 공간자료와 속성자료 예시(http://ngis.go.kr/egis)

2) 소프트웨어(software)

❑ 패키지화된 소프트웨어와 개발을 위한 형태로 개발
❑ 정해진 목적과 대상을 염두에 두고 개발되는 경우가 대부분
❑ 운영체계발달로 인해 개선된 운영체제에 적합한 GIS 소프트웨어 등장

3) 하드웨어(hardware)

❏ 데이터 구축, 저장, 분석을 위해 수행되는 장치
❏ PC 본체, 스캐너, 디지타이저, 키보드, 모니터, 출력장치 등

4) 이용자(people)

❏ 기본적인 GIS 운영을 위한 주체로 사용자(user)와 개발자(developer)로 나뉨.
❏ 사용자는 크게 소프트웨어의 모든 기능을 제어하는 전문가와 응용분야의 활용에 초점을 둔 일반사용자로 나뉠 수 있으며 초급자, 중급자, 고급자로 다시 나뉠 수 있음.
❏ 개발자는 데이터베이스 구축, 프로그램 개발, 응용기능 구현
❏ GIS 소프트웨어, 데이터 등 사용방법이 중요함.

5) 방법(methods, approaches)

❏ 하나의 공간문제를 해결하고, 지역 및 공간계획수립에 대한 솔루션 제공
❏ 목표 및 목적에 따라 적용되는 방법론, 절차, 구성내용 등이 달라져야 함.

그림 4-26 GIS 구성요소(latlabrafael.wordpress.com)

5.3 RS

❑ 지구표면 방출 에너지를 시스템에 기록하는 것으로 사진발명에서 출발함.
❑ 비궤도형(항공사진), 궤도형(인공위성) 플랫폼에 탑재되며 발전함.
❑ 광범위한 지역의 공간정보를 획득하기 용이하고, 컴퓨터로 쉽게 분석가능
❑ 분석된 정보를 시각적으로 표현하여 지도의 형태로 제공됨.

5.3.1 정 의

1) 1983년 미국사진 측량 및 원격탐사학회

· ASPRS : American Society for Photogrammetry and Remote Sensing
· 관심의 대상이 되는 물체나 현상에 물리적인 접촉없이 기록장치를 이용하여 그들의 특징에 관한 정보를 측정하거나 수집하는 것으로 정의함.

2) Clwell(1997)

· 비접촉 센서시스템을 이용하여 기록, 측정, 화상해석, 에너지 패턴의 디지털 표시 등을 함으로써 관심대상이 되는 물체와 환경의 물리적 특징에 관한 신뢰성 높은 정보를 얻는 예술, 과학 및 기술이라고 포괄적으로 정의함.

5.3.2 시스템 원리

1) 개요

❑ 원격탐사는 방출되거나 반사되어온 전자파의 양을 측정하여 판독하거나 필요한 값을 얻는 것을 주원리로 이용함(그림 4-26).
❑ 전자파는 자연상태(태양, 지열)와 인공상태에서 발생시킨 것이 있음.

2) 태양광을 이용한 시스템

❑ 태양에너지와 대상물에서 반사되는 에너지간의 관계에서 기인함.
❑ 에너지원, 방사와 대기, 관심 대상자와의 반응, 센서에 의한 에너지의 기록, 전달 · 수집 · 처리, 해석과 분석, 자료의 응용과정을 거침.

5.3.3 원격탐사 위성의 종류

1) Landsat TM/ETM+

- ❑ Landsat 위성은 미국이 운용하는 위성
- ❑ 1972년 1호가 처음 발사되어 현재 7호가 활동 중
- ❑ 공간해상도는 60m, 30m, 15m로 제공되며 8개의 밴드색을 통해 차이 파악
- ❑ 30m에서는 파란색일 경우 물 투과에 의한 연안역 조사, 토양·식생의 판별이 가능하고, 녹색의 경우 식생판별 및 활력도 조사가 가능하며 붉은 색은 엽록소 흡수량을 측정하여 식물종 구분이 가능함.
- ❑ 자원탐사 위성 중 가장 오랜 기간 동안 많은 정보를 제공해옴.

2) IRS 영상

- ❑ 인도 우주연구사업단이 주도하는 인도 고유의 지구 관측 위성
- ❑ 1988년 3월 이래 총 5기의 위성이 발사됨.
- ❑ 국제협약에 의해 위성해상도를 최대 10m로 해오던 제한을 최초로 파기
- ❑ 공간 해상도 5.8m를 지닌 실용위성으로 분야발전을 꾀함.
- ❑ 영상 획득보다 정밀하면서 스펙트럼 대역을 일부 확장시킨 위성

3) 아리랑 영상

- ❑ 1999년 12월 21일 한국항공우주연구소에서 발사함.
- ❑ 한반도 지도제작을 위한 자료 수집, 해양관측자료 수집, 우주 환경에 대한 연구, 아리랑 위성의 상태 데이터의 수집을 위해 운영 중
- ❑ 아리랑 1호는 다목적 실용위성으로 전자지도제작, 해양관측, 우주환경관측이나 가장 중요 목적은 전자지도 제작이며 공간해상도는 6.6m임.
- ❑ 아리랑 2호는 한반도 지역에서 발생할 수 있는 대규모의 자연재해를 감시하고, 각종 자원의 이용 실태를 파악할 수 있으며 GIS에 활용 가능한 고해상도의 지구 관측 영상을 제공하는 것임.

4) IKONOS

- ❑ 1999년 9월 미국 반덴버그 공군기지에서 발사된 세계 최초 첩보급 위성
- ❑ 1m 해상도와 4m 해상도의 다중대역 이미지 동시 취득(아리랑 2호와 동일)

❑ 환경부 토지피복지도 제작사업에서 도시지형 관찰을 위해 이용되고 있음.

❑ 활용분야는 정밀 수치지형모델 추출, 수치지도 제작, 주요 농작물 식별, 산림 면적조사 및 산림자원관리 등 다양하게 활용됨.

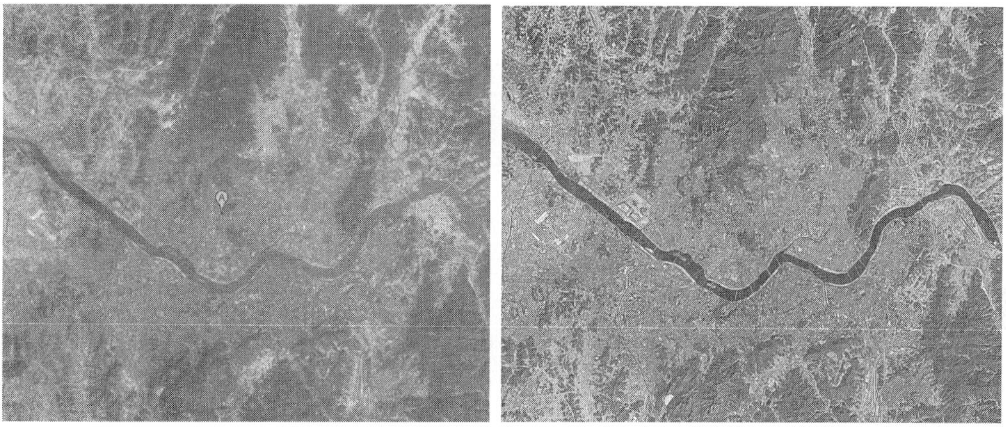

그림 4-27 위성영상과 항공사진자료

(퀵버드 영상 좌 : http://maps.google.co.kr, 항공사진 우 : http://local.daum.net/map)

5.3.4 위성영상의 해상도 종류

❑ 위성영상자료는 공간해상도, 분광해상도, 주기해상도, 복사해상도 등에 따라 그 특성이 각기 다르기 때문에 활용분야 또한 다르게 나타남.

❑ 지도를 제작하는 경우 공간해상도가 높은 panchromatic 영상을 많이 사용하는 반면 토지피복분류나 식생분류에는 다중분광영상을 많이 사용함.

1) 위성영상자료 특성

① 광역성 : 넓은 지역을 대상으로 빠른 시간 내에 관련정보 취득이 가능함.

② 동시성 : 동시다발적으로 여러 가지 정보 취득이 가능함.

③ 주기성 : 지정된 시간대 별로 주기적인 관측이 가능함.

④ 객관성 : 과학적 자료를 바탕으로 한 신뢰도 높은 자료 구축이 가능함.

2) 해상도 종류

① 공간해상도

- 센서에 의해 화소(pixel)가 나타낼 수 있는 지상면적, 물체크기 의미
- 공간해상도의 값이 작을수록 지형지물의 세밀한 모습까지 확인이 가능하고, 이 경우 해상도는 높다고 할 수 있음.
- 예로 15m 해상도를 지니는 SPOT 위성영상 이미지는 30m 해상도의 Landsat 위성영상 이미지보다 공간해상도가 좋음.
- 수평 해상도, 수직 해상도, 대각 해상도 등으로 구분할 수 있음.

② 분광해상도

- 센서가 감지하는 파장대의 수와 크기를 나타내는 말
- 좀 더 많은 밴드를 통해 다양한 정보를 획득할수록 분광해상도가 높음.

③ 주기해상도(시간해상도)

- 특정 지역의 영상을 얼마나 자주 기록하는가, 즉 동일한 지역을 얼마나 자주 방문하는가를 의미하며 동일 지역을 자주 방문할수록 시간 또는 주기해상도가 높다고 할 수 있음.

④ 복사해상도(방사해상도)

- 식별이 가능한 신호레벨의 수를 의미하는 개념으로 복사에너지가 센서에 기록될 때 신호강도에 따른 센서의 민감도를 나타냄.
- 위성영상 데이터의 비트수(bit : 대상물체를 식별할 수 있는 범위값)가 커질수록 다양하고, 세분화된 색상을 나타낼 수 있으므로 해상도가 좋음.
- Landsat TM과 SPOT 위성영상 데이터가 8비트(0～255 사이의 값) 데이터를 취득하는 반면, IKONOS 위성영상 자료는 11비트(0～2047) 데이터로서 지형지물의 모습을 좀 더 세밀하게 표현할 수 있음.

5.4 LiDAR

- 기존 현장조사에서는 시간 및 경비, 정확성과 관련하여 한계점 존재
- 위성영상의 경우 2차원 데이터로 공간의 수직정보가 부정확하여 이를 보완하기 위한 방법으로 부각됨.

5.4.1 정 의

- LiDAR(Light Detection and Ranging)
- 주로 항공기에 장비를 탑재하여 측량을 수행하므로 ALS(Airbone Laser Scanner), 레이저를 사용하므로 LADAR(LAser Detection and Ranging)라고 함.
- 1953년 Middleton, Spihaus에 의해 처음 사용된 두문자어
- 항공기에 지상 측정레이저를 부착하고, 대상지를 스캐닝하여 고도 측정
- 시스템은 Backscatter LiDAR, Differential Absorption LiDAR, Doppler Lidar, Fluorecence LiDAR, Ramen LiDAR로 크게 구분됨.

5.4.2 시스템 개요

1) 개요

- 시스템은 GPS, IMU(Inertial Measuring Unit), 레이저스캐너로 구성
- 데이터의 처리와 장비의 운영 및 실제 관측을 위한 데이터 저장매체, 지상기준 국용 GPS, 작업계획 및 데이터 처리를 위한 소프트웨어, 항법장치 및 추가적인 자료획득 보조 장비로 비디오나 디지털 사진기가 사용되기도 함.

2) 항공레이저 측량

- LiDAR 시스템을 항공기에 장착하여 레이저 펄스(pulse)를 지표면에 주사하고, 반사된 레이저 펄스의 시간을 측정함으로써 반사 지점의 공간 위치 좌표를 계산하여 지표면에 대한 지형정보를 추출하는 측량기법(그림 4-28)
- GPS가 센서위치를 파악하고, INS는 센서의 자세를 레이저가 센서 지표면과의 거리를 측정하여 지표면의 표고점에 대한 3차원 X, Y, Z 좌표를 결정함.
- 스캐닝 각도, 스캐닝 비율, 비행고도, 비행속도, 초당 레이저 측정횟수 등이

측량의 밀도와 특성을 결정하게 됨.

- LiDAR 기술을 이용한 항공 레이저 측량을 통하여 3차원 포인트 데이터는 수치표고모델(DEM : Digital Elevation Model), 수치표면모델(DSM : Digital Surface Model)로 가공됨.

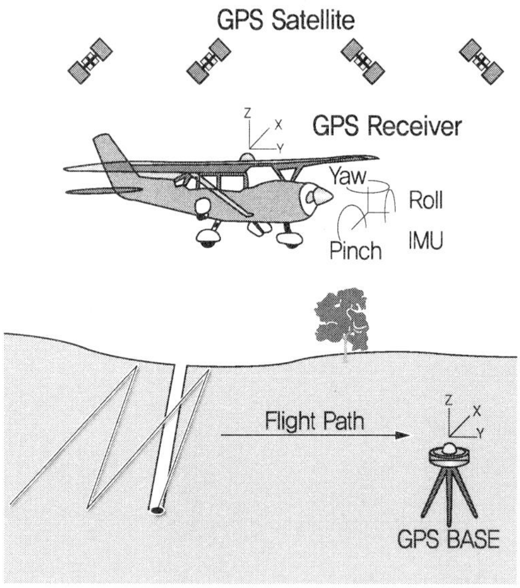

그림 4-28 LiDAR 측량기법(한수희 등, 2003)

5.4.3 활용방안

1) 유용성

- 3차원 측정 및 자동화가 가능하여 단시간 내에 광범위한 자료 획득 가능
- 항공기에서 발사된 레이저 펄스가 지표물에서 반사되어 오는 시간을 측정하여 지표물의 정확한 좌표를 얻는 3차원 정보값을 가지므로 수평정보만을 지닌 위성영상 분석을 대체할 수 있음.
- 자동처리가 가능하기 때문에 처리속도가 빠름.
- 자체적으로 레이저를 발사하고, 반사광을 측정하는 능동적 센서 부착.
- 일광을 필요로 하지 않아 날씨에 구애를 받지 않고, 측량이 가능함.
- 레이저센서 전면에 부착된 거울이 회전하여 지표면을 스캐닝하므로 보다 넓은 지역을 측정할 수 있음.
- 일반적으로 수직 15cm, 수평 30cm의 우수한 정확도를 확보함.

2) 한계점

❑ 공간해상도와 고가의 비용 소모
❑ 아날로그 방식의 작업환경
❑ 작업자의 숙련도에 의해 성과품의 품질에 많은 영향을 줌.

3) 활용도

❑ 1990년대 중반부터 상용화된 장비 출시된 이후 정확도 향상, 자료처리 및 활용 등의 기술개발에 따라 지형지물의 위치자료를 획득하는 주요 수단으로 선진국에서는 활용하고 있음.
❑ 지형, 도시의 건물, 인공 구조물, 시설물 등의 모델링시 사용
❑ 산림지역의 경우 수목에 가려져 항공사진상에 나타나지 않는 산악지의 지면을 정확히 묘사하려는데 한계가 존재하지만 LiDAR의 경우 레이저 반사 신호가 임목의 특성에 따라 다르게 나타나는 성질을 보여주므로 산림의 수직적 구조를 분석하는 산림측정분야에서 활용도가 증가되고 있음.

chapter 5

비탈면녹화와 산림

1. 비탈면녹화

1.1 비탈면이란?

1.1.1 정 의

❑ 도로건설, 택지개발, 댐 등 각종 개발사업으로 인해 발생되는 경사면으로서 구조적, 생태적, 경관적으로 매우 불안정한 공간임.
❑ 일정한 기울기를 가지고 중력의 영향을 받으며 흘러내리려는 성질을 갖는 자연적·인공적 대상물

1.1.2 발생원인

❑ 도시화, 산업화, 물류의 증가(대량생산, 대량소비)
❑ 도로, 철도, 고속철도 등 대규모 토목공사
❑ 무분별한 개발, 지속 불가능한 개발

1.1.3 비탈면의 특성

1) 구조적 특성

① 침식, 붕괴, 낙석 등 재해발생요인을 잠재적으로 가지고 있는 공간
② 외부의 힘에 의해 파괴된 공간으로 구조적으로 불안정한 상태
③ 성토비탈면은 토질을 균일하게 조정할 수 있고, 안정처리도 비교적 용이함.
④ 절토비탈면은 지질이 다양하여 주변 지형, 기상, 피복식물의 영향을 많이 받고 구조적으로 불안정한 경우가 많음.

2) 생태적 특성

① 식물생육에 필요한 양분 결핍 등 식물생육환경 조건이 열악한 경우가 대부분임.
② 식생의 천이과정이 순조롭게 진행되지 않는 경우가 많음.

③ 경사가 급할수록 식생의 침입빈도가 적음.
④ 동·식물 서식지의 단절
⑤ 절토비탈면
- 단단한 토양층이 많아 식물근계가 신장할 수 있는 유효토양층이 불량하여 식물의 정착에 열악한 환경

3) 경관적 특성

① 경관이 불량하고 불안정 함.
② 인위적인 경관형성으로 주변 자연경관과의 이질감
③ 단절된 생태경관 형성

1.1.4 비탈면의 종류

1) 발생요인별

① 자연 비탈면 : 지진, 화산, 자연절벽, 단층애
② 인공 비탈면 : 토질의 형질 변경공사(채석, 채광, 도로, 토지조성, 교량건설 등)

2) 경사별

① 토양의 안식각을 한계로 함.
- 안식각은 흙을 쌓아 올렸을 때 자연상태에서 그 경사를 유지할 수 있는 최대경사각을 말함.

② 성토(흙쌓기) 비탈면
- 보통토양에 대한 기준경사 1 : 1.5～1.8
- 식재를 고려할 경우 1 : 2 이하가 바람직 함.
- 낮은 흙쌓기 공사는 1 : 1.5
- 높은 흙쌓기 공사는 1 : 1.8

③ 절토(흙깍기) 비탈면
- 급경사 1 : 0.3～1.5
- 토사 35～44°, 연암 41～51°, 경암 50～60°
- 식생을 도입하거나 경관이 중요한 곳은 가능한 완경사 유지

3) 이용형태별

❑ 도로, 매립지, 광산, 댐, 폐광산지, 골프장 등

4) 훼손지 비탈면의 유형

① 성토사면(흙쌓기 비탈면)
- 암석쌓기 비탈면
- 사력쌓기 비탈면
- 흙쌓기 비탈면

② 절토사면(땅깎기 비탈면)
- 암석비탈면 - 경암비탈면, 연암비탈면, 풍화암비탈면
- 토사비탈면 - 사력비탈면, 토사비탈면
- 토석비탈면 - 바위 박힌 비탈면, 호박돌 섞인 비탈면

1.2 비탈면의 생육 조건

❑ 비탈면에서 수목이 생육하기 위하여 경사도, 토양경도 및 토성별 공법선정이 필요함.

표 5-1 비탈면의 유형별 생육 조건

구 분		내 용
경사도	30° 이하 (1 : 2경사)	· 군락 복원 · 재래종이나 향토종의 침입이 가능 · 잔디식재, 종자부착거적 덮기 · 비탈면의 수림대화가 바람직함.
	45° 이하 (1 : 1경사)	· 초본, 관목위주의 녹화 · 식물생육이 다소 불량하고 천이가 줄어듦. · 식생매트공, 코아네트, 쥬트네트공법
	60° 이하 (1 : 0.5경사)	· 암반틈새의 부분녹화가 바람직함. · 초본의 뿌리가 중력방향으로 발달 시 슬라이딩 위험이 높음. · 종비토 뿜어붙이기 공법 사용 · 경사가 급할수록 식생기반재의 두께가 두꺼워짐.

구 분		내 용
토양경도	18mm 이하	· 식물생육은 양호함. · 비탈면 붕괴의 위험이 있음.
	18mm~23mm	· 식물의 근계 생장에 가장 적당
	23mm~27mm	· 식물생육은 양호함. · 생육활성이 그다지 좋지는 않음.
	27mm 이상	· 식물생육이 곤란함.
토성	토사	· 떼붙임, 종자뿜어붙이기(seed spray)
	암사면	· 토양경도 27mm 이상에서는 식생기반재 사용

1.2.1 녹화공법 선정 기준

1) 비탈면 입지조건별 공법 선정 기준

❑ 비탈면의 토성, 경사, 토양비옥도나 토양경도 등 조건에 따라 녹화 공법을 선정함.

표 5-2 비탈면 입지조건별 공법 선정

비 탈 면 조 건				녹 화 공 법
토성	경사	토양비옥도	토양경도	
토사	45° 미만	높음	23mm 미만	떼붙임공, 식생매트공, 종자뿜어붙이기(Seed Spray)
		낮음	27mm 미만	떼붙임공, 식생매트공, 식생기반재뿜어붙이기(1~2cm)
	45°~60°		27mm 이상	식생혈공, 식생기반재뿜어붙이기(3~5cm)
연암, 경암				식생기반재 뿜어붙이기(5cm 이상)

(조경설계기준)

2) 비탈면 토양에 대한 설계기준

① 토양경도 : 23mm 이하

② 투수계수 : 10~4cm/sec

③ 유효수분 : 80ℓ/m^3

④ pH : 5.0~7.5

1.3 비탈면 녹화

1.3.1 비탈면 녹화란?

❑ 자연적인 재해에 의한 산사태 등과 도로개설, 택지개발, 부지조성 등의 절토나 성토에 의해 발생된 비탈면에 식생을 인위적으로 식재하거나 종자를 파종하여 녹화하는 것임.

1.3.2 복원(녹화)의 목적

❑ 도로비탈면 복원과 관련된 공법은 다른 공법에 비해서 비교적 오래되었으며 우리나라에서는 경부고속도로를 조성하면서 발생한 비탈면을 녹화하기 위한 것이 본격적인 시작

❑ 식물군락의 생존을 도모하여 군락이 가진 제반 기능을 최대로 발현할 수 있도록 촉진함으로써, 법면생태계의 회복과 보전, 황폐한 환경의 회복과 보전, 경관의 창조와 보전 등을 도모

1) 비탈면 안정 : 침식, 붕괴 방지

① 지표면의 침식 세굴방지로 토양보전
② 장기적으로 식생 근계의 네트화
③ 표층 슬라이딩 예방

2) 생태복원 측면

① 생태적 식생기반 조성
② 재래초본 중 선구수종의 적극도입으로 지속적인 식생천이 유도
③ 다양한 식물도입으로 식생군락 조성
④ 숲의 구조인 다층구조적 식재로 수림화
⑤ 야생동식물의 서식공간 조성

3) 자연스런 경관 창출

① 재래초본에 의한 아름답고 자연스러운 경관 형성
② 주위경관과의 연계성 및 조화로움 확보
③ 자연경관의 조기 회복

1.3.3 복원의 기본방향

1) 자연회복 유도

① 자연 스스로가 진행하도록 하고 자연의 힘을 도와주는 방향으로 작업 진행
② 표토의 적극적인 보존과 이용
③ 식물생육이 용이한 상태로 나지를 정비하여 주고 이것을 기초로 한 식물군락의 재생 고려

2) 종자로부터 자연의 군락 복원

① 종자로부터 성장한 식물은 그 장소에서 적합한 생육을 하기 때문에 자연에 보다 근접한 상태로 회복되고, 보전기능면에서 유효한 군락조성이 쉬움.
② 비탈면의 환경복원을 위해서는 단순 초본류에 의한 녹화가 아닌 수림조성을 기본으로 녹지의 조기재생이 필요
③ 종자에 의한 식생도입은 군락조성에 많은 시간이 소요되므로 어린묘목 식재를 병행 하여 녹화하는 방법이 바람직함.

3) 자연에 가까운 방법으로 군락재생

① 천이의 촉진을 도모하고 자연의 흐름을 존중하는 것을 의미함.
② 주변식생조사에 근거한 다양하고 풍부한 종을 사용하는 것이 바람직
③ 가급적 많은 종자를 도입하여 주어진 환경조건에서 가장 잘 적응하는 식물로 복원되도록 유도하고, 이때 지나치게 우점하여 다른 식물의 생육을 방해하는 식물의 사용은 제한

4) 다양하고 풍부한 종 사용

① 토질, 주변환경, 토양수분 등 다양한 요인이 작용하므로 가급적 많은 종자 도입

② 환경조건에서 가장 잘 적응하는 식물로 복원 유도
③ 다른 식물의 생육을 방해하거나 지나치게 우점하는 식물은 사용 금지

1.3.4 비탈면 복원 과정

❑ 비탈면 복원은 조사, 종자설계 및 배합, 시공, 뒷정리의 과정을 거쳐 이루어짐.

표 5-3 복원 과정 흐름

비탈면 조사	토질, 경사, 토양경도, 균열간격 및 크기, 사면향, 굴곡크기, 풍화토심, 표면풍화, 침식상태
↓	
종자설계 및 종자배합	종자종수 및 배합비 조사 종자 발아 시험
↓	
시 공	면정리, 시공
↓	
뒷정리	청소 및 뒷정리

1.4 비탈면 녹화공법

1.4.1 비탈면 녹화 설계

❑ 비탈면을 녹화하기 위한 현장조사와 목표설정에서부터 설계도 작성까지의 과정

❑ 현장여건 사전조사는 주변에 어떤 식물의 많이 분포하고 있는가를 고목, 저목, 지피식물 등으로 구분하여 조사를 실시하는 주변식생의 조사와 녹화공사에 영향을 미칠 수 있는 현장의 제반조건을 조사하는 생육기반 여건의 조사로 이루어짐.

❑ 녹화복원목표로는 녹화속도 측면에서 조기녹화, 장기녹화, 경관조성 측면에서 전면녹화, 경관녹화, 부분녹화, 생태복원 측면에서 초본형녹화, 단순림녹화, 다층구조삼림형 녹화 등으로 구분됨.

표 5-4 비탈면 녹화 설계 과정

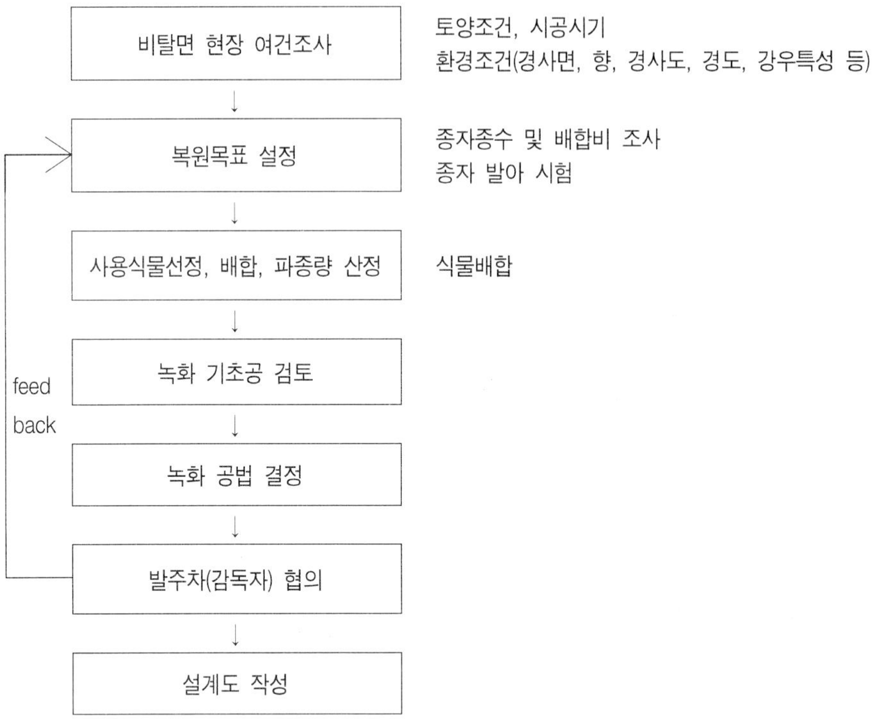

1.4.2 비탈면의 기능별 공법

1) 비탈면 보호 공법

① 비탈면에 식물을 도입하고, 토목적 수단으로 피복 · 보호하는 방법의 총칭
- 식물에 의한 비탈면보호 공법
- 시설물+식물에 의한 비탈면보호 공법
- 시설물에 의한 비탈면 보호공법

② 불안정한 훼손지 표면의 고정을 목적으로 시공
- 비탈표면의 토사 유출 방지 및 구조적 안정

③ 공법의 종류
- 식생공법, 옹벽공법, 비탈틀공법, 비탈돌붙이기, 콘크리트블록붙이기, 모르타르 · 콘크리트뿜어붙이기 등

2) 비탈면 안정 공법

① 비탈면을 안정하기 위한 공법
② 소규모 방지책 : 자체틀공법, 블록공법
③ 대규모 방지책 : 배토공법, 지하수 배제공법

3) 비탈면 녹화 공법

① 녹의 재생, 복원, 회복, 창출, 보호 등에 관한 계획, 시공, 관리 등의 행위를 총괄하는 명칭

② 녹화공법의 목적
- 자연생태계의 회복과 보전
- 황폐한 녹색환경의 회복
- 식생경관의 조성과 보전

표 5-5 녹화기능별 공법의 종류 및 내용

종 류	내 용
녹화기초공법	· 생육환경을 정비하는 공법
식생조성공법	· 식물을 도입하는 공법 · 파종공법 : 종자로써 식생을 도입하는 공법 실파공법, 분사파종공법 · 식재공법 : 식재에 의해서 식생을 도입하는 공법 수목식재, 초본식재 · 식생유도공법 : 식생의 자연침입을 촉진하는 공법
식생관리공법	· 목표로 하는 군락에 조기에 확실하게 접근하고, 유지하고, 보호하는 공법 · 육성관리 : 복원목표에 조기에 확실히 도달하기 위한 관리 · 유지관리 : 좋은 식생군락상태를 유지하기 위한 관리 · 보호관리 : 식생의 보호, 피해의 회복을 도모하기 위한 관리

1.4.3 비탈면 녹화 공법

❑ 발생된 비탈면을 녹화하는 공법에는 크게 식재녹화와 파종녹화가 있음.

표 5-6 비탈면 녹화공법의 분류

녹 화 공 법			종 류
식재공	전면식재(인력시공)		· 떼심기 · 일반 묘목식재
	부분식재(인력시공)		· 포트묘 식재공법 · 차폐수벽(green Wall) · 소단상 객토 식재공법
파종공	전면파종	기계시공	· 종자분사 파종공법(Seed Spray) · 식생기반재 뿜어붙이기(종비토) · 네트+종자파종공법
		인력시공	· 볏짚거적덮기 · 종자부탁 볏짚덮기 · 식생매트공법
	부분파종	기계시공	· 식생혈공
		인력시공	· 식생반공, 식생자루공법

1) 비탈면 식재녹화 공법

❑ 비탈면에 떼심기, 야생화, 관목, 교목, 식생매트 등 식재를 통한 녹화 공법

표 5-7 비탈면 식재녹화 공법별 장·단점

공 법		적용대상	장 점	단 점
잔디 심기	평떼심기공법	토사	· 주변경관과 조화 · 종차·치수 침입활발 · 다목적으로 활용(휴게공간)	· 인건비 많이 소요 · 숙련된 기술 필요 · 기술자 부족(인력부족) · 지속적 유지관리 필요
	줄떼심기공법			
	줄떼다지기공법			
	선떼붙이기공법			
넷트잔디공법		토사, 마사토	· 시공간편 · 경관양호	· 인력이 많이 소요 · 넷트고정 불량 시 붕괴 · 비탈이 불안정시 위험
잔디줄기살포공법		토사	· 시공방법 간편 · 국내 떼를 이용 녹화 · 세계최초 개발	· 착근이 불량 · 지속적인 유지관리 필요 · 살포시기의 제한(봄철)
잔디줄기쉬트공법		토사	· 시공시 인력 절감 · 경관양호 · 시공방법 간편	· 시공과정이 불편 · 주로 평지에 시공

공　법	적용대상	장　점	단　점
잔디씨발아대	토사, 마사토	· 평지시공에 유리 · 시공이 간편 · 녹화효과 우수	· 비탈시공 불리 · 지속적인 유지관리 · 비탈시공 시 기술 필요
식생매트공법	토사	· 내구성 양호 · 표면침식 방지 · 작업이 용이	· 인력시공 · 주름이 생기지 않도록 시공
식생대공법	토사	· 시공이 간편 · 녹화효과 빠름	· 인력시공 · 내구성이 짧음
새심기공법	토사	· 주변경관과 조화 · 다목적으로 활용(휴게공간)	· 인건비가 많이 소요 · 기술자 부족(인력부족) · 인부의 노령화
식생반공법	토사	· 녹화효과가 빠름 · 시공비 저렴 · 종자유실 방지	· 인력시공 · 건조 피해가 발생하기 쉬움
식생자루공법	토사, 마사토	· 종자, 비료 유실이 적음 · 시공이 간편 · 내구성이 양호	· 인력시공 · 자루나 접촉부위 유실
식생구멍공법	토사, 연암	· 부분녹화에 유리 · 시공이 간편	· 전면녹화 불리 · 효과가 짧음 · 지속적인 유지관리
분묘묘식재공법	토사, 마사토	· 부분녹화 유리 · 시공이 간편	· 인력시공 · 전면녹화 불리
소단상객토식수공법	토사, 암반	· 부분녹화 유리 · 재래 수목을 이용	· 녹화효과가 짧음 · 계속적인 유지 관리 · 인력시공
새집공법	암반	· 부분녹화 유리 · 재래종자, 수목을 이용	· 인력시공 · 전면녹화 불리 · 숙련된 기술 필요
차폐수벽공법	암반	· 시공이 간편 · 시공비 저렴	· 인력시공

(우보명, 1998)

2) 비탈면 파종녹화 공법

❑ 비탈면에 식재가 아닌 종자로부터 발아하여 녹화하는 공법

표 5-8 비탈면 파종녹화 공법

<table>
<tr><th colspan="2">공 법</th><th>적용대상</th><th>장 점</th><th>단 점</th></tr>
<tr><td rowspan="5">네트·종자
뿜어붙이기
공법</td><td>코이어넷트</td><td rowspan="5">토사</td><td rowspan="5">· 시공이 간편
· 짧은 시간에 대규모 시공
· 가격이 저렴
· 강우시 종자유식 방시
· 보습력 증대</td><td rowspan="5">· 내구성이 불량
· 경관 불량
· 집중호우시 침식 발생</td></tr>
<tr><td>쥬트넷트</td></tr>
<tr><td>코이어메쉬</td></tr>
<tr><td>쥬트메쉬</td></tr>
<tr><td>코이어매트</td></tr>
<tr><td colspan="2">볏짚거적덮기공법</td><td>토사</td><td>· 가격이 저렴
· 단시간 내 대규모 시공
· 시공방법이 간편
· 강우시 종자유실 방지</td><td>· 내구성이 불량(3년)
· 집중호우시 침식 발생</td></tr>
<tr><td colspan="2">종자뿜어붙이기공법</td><td>토사,
연암</td><td>· 가격이 저렴
· 짧은 시간 내 대규모 시공
· 시공방법이 간편</td><td>· 강우시 종자 표토 유실
· 떼붙이기에 비해 천이 지연
· 암반부에 식생활착 불량</td></tr>
<tr><td colspan="2">암반사면 부분녹화공법</td><td>암반</td><td>· 자연성 최대 활용
· 경관양호</td><td>· 시공비가 고가
· 인력시공
· 전면녹화 불리</td></tr>
<tr><td colspan="2">폐타이어 법면녹화공법
(안전공법)</td><td>토사,
마사토</td><td>· 폐자재 활용
· 비탈안정 유리</td><td>· 식생생육 불리한 기반재
· 지속적인 유지관리</td></tr>
<tr><td rowspan="6">종비토
뿜어붙이기
공법</td><td>R/S
녹색토공법</td><td>암반</td><td>· 시공이 간편
· 녹화효과 빠름
· 하수슬러지 이용</td><td>· 자연식생천이 불리
· 지속적인 유지관리</td></tr>
<tr><td>배합토뿜어
붙이기공법
(식양토)</td><td>암반</td><td>· 시공이 간편
· 녹화효과 빠름
· 폐자재 이용</td><td>· 자연식생천이 불리
· 지속적인 유지관리</td></tr>
<tr><td>텍솔녹화토
공법</td><td>암반</td><td>· 시공이 간편
· 녹화효과 빠름
· 연속장섬유 사용</td><td>· 자연식생천이 불리
· 환경문제 야기
· 지속적인 유지관리</td></tr>
<tr><td>SF녹화
공법</td><td>토사,
연암</td><td>· 시공이 간편
· 녹화효과 빠름
· 생태적인 면 고려</td><td>· 시공의 연속성 불량
· 지속적인 유지관리</td></tr>
<tr><td>원지반식생
정착공법</td><td>토사,
연안</td><td>· 시공이 간편
· 천연재료 이용</td><td>· 식생생육 불리한 기반재
· 지속적인 유지관리</td></tr>
<tr><td>ASNA공법</td><td>암반</td><td>· 시공시스템 체계적
· 녹화효과 빠름</td><td>· 시공의 연속성이 떨어짐
· 자연식생천이 불리</td></tr>
</table>

공 법	적용대상	장 점	단 점
힘줄박기공법 (안전공법)	토사	· 비탈안전 유리 · 타공법과 병용	· 시공이 복잡 · 숙련된 기술 필요 · 장비가 많이 소요
격자틀붙이기공법 (안전공법)	토사	· 비탈안전 유리 · 타공법과 병용 · 시공이 간편	· 숙련된 기술 필요 · 인력시공
블록붙이기공법 (안전공법)	토사	· 시공이 간편 · 비탈안정 유리	· 숙련된 기술 필요 · 인력시공
콘크리트·모르타르뿜어 붙이기공법(안전공법)	암반	· 시공이 간편 · 비탈안정 유리	· 경관불량 · 용출수 배출 불리

(우보명, 1998)

3) 식재공과 파종공의 비교

① 종자에 의한 비탈면녹화의 특징

- 종자에 의한 식물생장은 묘목식재 경우보다 뿌리가 땅속 깊이 침투하여 지반을 강화
- 자연본래의 생육상태와 유사하여 식물간의 건전한 자연도태가 장기간에 걸쳐 이루어진 자연과 친화된 경관을 조성
- 종자로부터 성장한 식물은 그 환경에서 적합한 생육을 하기 때문에 자연에 보다 가까운 상태의 회복이 도모되고, 보전 기능면에서 유효한 군락이 조성되기 쉬움.
- 자연친화적인 복원을 위해서는 종자를 사용하여야 함.

② 식재에 의한 비탈면녹화의 특징

- 경관을 재현하기는 쉬우나 그 후 생육속도가 파종보다 느리고 풍화침식 되는 토양을 보호하는데 미흡
- 경관적이나 시간적으로 꼭 필요한 경우에 이를 식재공으로 보강하는 수법이 바람직함.

표 5-9 식재공과 파종공의 비교

구 분	식 재 공	파 종 공
주근 발달	 주근이 소멸하며 짧게 뻗음	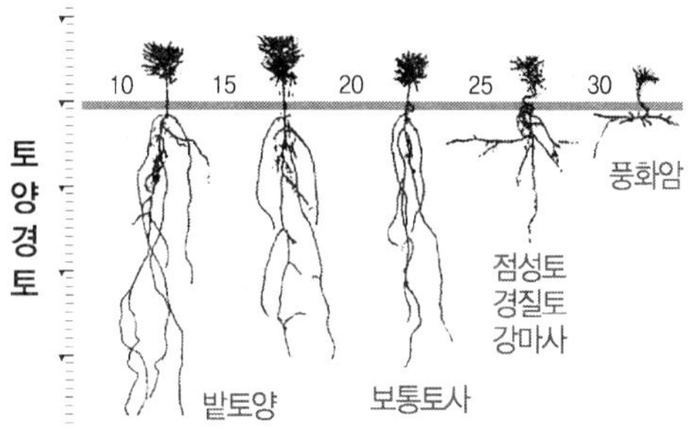 주근이 소멸하지 않으며 길게 뻗음
근계 발달	 근계는 가늘고 짧으며 수는 많지만, 뒤엉킴이 적어 침식 및 붕괴방지 효과가 적음	 근계의 수는 적지만, 굵고 길며 뒤엉킴이 많아 침식 및 붕괴방지 효과가 큼
기반 풍화	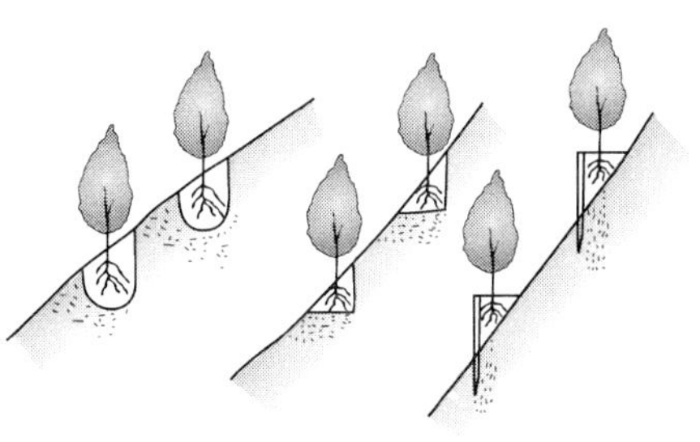 기반의 풍화를 촉진시킴	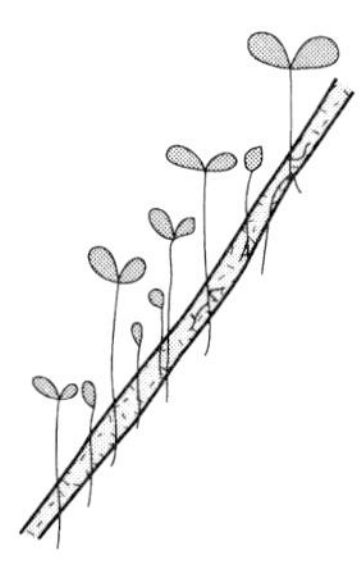 기반의 풍화를 억제함

(한국조경학회, 2003)

4) 종자뿜어붙이기공법(Seed spray)

① 주요재료

- 식물성 섬유재, 토양안정제, 비료, 종자, 색소, 물

표 5-10 종자뿜어붙이기 공법의 주요재료의 종류 및 특징

종 류	내 용
식물성 섬유재	· 토양을 결집시켜 유실을 방지하고 보수성을 높이기 위해 화이버 또는 식물성 섬유류를 사용 · 토양층의 피복재로서의 역할도 함. · 일반적으로 물 4ℓ에 250g/m^2를 표준으로 사용
토양 안정제	· 전착제와 같은 액체상태의 토양침식방지제 · 시공 시 토양의 표층부를 고결시키고, 피막을 형성하여 종자, 식물성 섬유재, 비료 등이 흘러내리는 것을 방지하고 토양침식을 억제하기 위하여 사용
비 료	· 속효성 복합비료와 지효성 복합비료를 같이 사용하면 효과적
종 자	· 주로 초본종자를 사용하지만, 수림화를 조기에 달성하기 위해서는 초·목본종자를 혼합하여 파종 · 외국도입종자 사용시에는 품질보증서와 종자검사서가 있어야 함.
색 소	· 분사파종시에 종자를 살포한 곳과 살포하지 않은 곳을 색깔로서 구분하기 위하여 첨가 · 주로 마아카이드 그린을 사용
물	· 깨끗한 시냇물이나 상수도 물을 사용 · 오염되거나 식물생육에 불리한 이물질이 섞여 있는 물을 사용해서는 안 됨.

② 2층종자 뿜어붙이기

- 생육기반을 두껍게 조성하기 위하여, 한번 뿜어붙이기 하고 물이 빠진 다음에 그 위에 다시 한번 더 뿜어붙이기 공사를 하는 방법

③ 건식종자 뿜어붙이기

- 종자뿜어붙이기 공법 중 식생기재, 침식방지제 및 종자 등을 압축공기를 이용하여 압송하여 뿜어붙이는 공법
- 에어컴프레셔를 이용하여 뿜어붙이는 공법과 중간층·두꺼운층 기재뿜어붙이기공법이 있음.
- 압력이 높고, 혼합물량이 적으므로 재료의 유실이 적고 보수성이 높음.

④ 습식종자 뿜어붙이기

- 종자뿜어붙이기 공법 중 식생기재, 침식방지제 및 종자 등을 압력수를 사용하여 압송하여 뿜어붙이는 공법
- 하이드로시더를 사용하는 종자산포공법, 객토종자뿜어붙이기공법 등
- 도달거리가 길어 시공성이 좋으나, 뿜어붙일 때 토양의 유실이 쉽고, 두껍게 붙일 수 없는 단점이 있음.

5) 종비토뿜어붙이기공법

① 자재의 종류 및 특징

- 주로 암반 절개비탈 및 채석장 잔벽 비탈의 전면적인 속성녹화를 목표로 시공하는 암반비탈녹화공법
- 주요재료는 물, 초본·목본류의 식물종자, 비료, 비토(흙 또는 유기물이 많은 대용 토양), 화이버류, 색소, 전착제, 양생제, 기타 토양미생물제 등
- 두꺼운 부착을 위해서는 철망(부착망), 앵커바, 앵커핀(접지핀), 고정 와이어로프(철근) 등이 사용됨.

표 5-11 종비토 뿜어붙이기 공법 자재의 종류 및 특징

자재의 종류	재 료	특 징
생육기반재	자연토양	·보비성, 보수성 및 응집성이 있으며 경량인 것
	유기물	·피트모스, 바크퇴비 등 장기적 양분공급원
접합제	시멘트	·강도증대용, 과다시 알칼리 장해와 고결화 우려
	합성수지	·기반의 접착성을 증가시킴(침식방지제)
보조자재	pH완충제	·시멘트 알칼리 장해의 완화
	지효성비료	·장기적 양분공급
	단립화제	·사용 토사의 단립화 형성
	보수제	·아크릴수지, 펄라이트 등(보수력 향상)
	보강섬유	·사질계 토사의 안정화(침식방지 효과)
지지구조자재	철망류	·생육기반재의 이탈 방지
	앵커	·철망 고정
	락볼트	·철망 고정
	수평보	·철망 고정

② 종류

- 얇은층기재 뿜어붙이기
  - 식생기재두께 3cm 미만
- 중간층기재 뿜어붙이기
  - 식생기재두께 4~6cm, 경질기반과 연암에 적용
  - 얇은층기재 뿜어붙이기와 두꺼운층기재 뿜어붙이기의 중간
  - 녹화기초공법으로 철사망 덮기공법을 사용함.
- 두꺼운층 객토공법
  - 암질지대와 굳은 사질토 등에 녹화 기반 조성을 목적으로 하여 비옥한 흙을 두껍게 객토하는 공법의 총칭임.
  - 비탈 격자틀 등에 기계로 두껍게 뿜어 붙이는 공법도 포함됨.
- 두꺼운층기재 뿜어붙이기
  - 식생기재두께 7cm 이상
  - 암반, 모르타르 뿜어붙이기를 실시한 비탈면과 같이 녹화가 곤란한 곳을 대상으로 개발된 분사식씨뿌리기 공법
  - 녹화기초공법으로 철사망 덮기공법을 사용함.

6) 종비토 뿜어붙이기의 유형(수분유무에 따른 공법 구분)

① 건식종자뿜어붙이기

- R/S 녹생토 공법
  - 암반 절개지를 시공하는 공법으로 전면적인 속성 녹화
  - 공장에서 배합된 토양자재 와 미생물 혼합제를 운반하여 현지에서 종자와 혼합취부
  - 사람이 직접 비탈면에 매달려 고압분사기 노즐로 뿜어 붙임.
  - 종자배합시 주로 양잔디 위주의 배합이 문제시 됨.
- NGR공법
  - 술패랭이 등 자생화 위주로 완경사 비탈면 녹화에 효과적임.
  - 세덤류를 비롯한 자생초화류의 생육이 용이한 식생 조성
  - 급경사에서 사용시 주의 요함.
- PEC4공법
  - 유기재 인공토양을 뿜어붙이기하는 공법

- 바크를 주 식생기반재로 이용하여 PVC코팅 능형망을 앵커핀으로 고정 후 5~10cm 두께로 취부
- 식생의 생육기반이 없는 급경사 암반지역 녹화에도 사용 가능

· 연속장섬류공법(Texol공법)
- 경암의 급경사 잔벽에 적용
- 모래를 압축공기로 타설하면서 동시에 폴리에스터 화학섬유(실끈)를 고압수로 뿌린 후 잘 다지면 모래와 실이 뒤엉켜 모래입자들이 흐트러지지 않는 접착강도를 발휘하면서 텍솔구조물이 형성됨.
- 타설 즉시 강도가 발휘 되고 재료가 단단하게 됨.
- 텍솔 $1m^3$당 2~4kg의 연속장섬유가 소요
- 암사면 보호, 바람이나 우수에 의한 침식방지 등에 사용

② 습식종자뿜어붙이기

· SF공법(자연표토복원공법)
- 단립구조를 지닌 자연표토와 유기질과 점토를 포함한 식양토를 이용해 재생하여 녹화를 유도하는 공법
- 산림토양의 토양단면을 층별로 재현하여 훼손된 지역을 주변식생과 생태적·경관적으로 복구
- 내침식성이 우수, 자연토양이 사용되므로 자연식물군락으로 복원 가능
- 균열이 있는 암반비탈면, 모래땅, 건조지 등 녹화가 곤란한 지역에 시공

· ASNA공법(비탈면배토습식공법, artificial soil net agglutination)
- 암반에 식생매트를 접착시켜 철망과 앵커로 지반을 안정시키고 식생매트를 고정시키는 공법
- 식생매트는 식물이 생육할 수 있도록 인위적으로 조성한 식생대
- 양잔디 위주의 녹화공사

· CODRA시스템(원지반식재정착공법)
- 초기단계의 식생천이과정에 개입하여 다음 세대로의 식생천이가 빠르게 이행되도록 하는 공법
- 생육보조제는 식물발아 및 초기성장에 필요한 최소한의 조건 충족
- 식물이 암반의 절리와 균열지점을 찾아 뿌리를 직접 착생

1.4.4 발생 위치별 공법 구분

1) 댐 저수지 수위 변동 구간 녹화

① 건조와 침수의 반복 환경
- 침수시 식생의 고사
- 표층토의 파랑에 의한 토양의 유실

② 식물 뿌리의 결속력 어려움
- 급경사로 인한 피해 현상
- 침식에 의한 식생의 도입 어려움

③ 녹화공법의 유형
- 식생자루 공법 : 식생자루에 토양을 담아 묘목 식재
- 식생매트 공법 : 식물 종자와 매트를 현장에 피복
  파랑에 의해 유실되므로 완경사에 시공
- 계단식 틀 공 : 철망 내에 돌을 넣어 토양을 덮음
  토양 유실이 심하고 파장이 심한 곳에 시공

2) 토취장의 복원

① 제한요소
- 생육 토심의 확보 어려움
- 토질이 척박하고 식물의 성장 어려움
- 양질 토사의 구입 어려움

② 친환경적 복원 방법
- 자연 표토 복원공법과 같은 친환경적 녹화공법 선정
- 식생 기반재 뿜어붙이기로 토양 기반 마련
- 부분적으로 볏짚이나 네트를 이용한 파종 공법 이용
- 식재 방법의 혼용으로 시각적, 경관적 우수성 효과
- 상단부와 하단부의 식재 계획의 다층화
- 장기적 관점에서의 식재 계획

③ 녹화 식물의 선정
- 건조에 강한 식이 식물의 식재
- 질소 고정 수목의 식재로 토양의 유기질화
- 야생화 등의 파종으로 경관의 조성

3) 산림 표층토 활용 비탈면

① 산림 표층토의 특징
- 표토 10cm 이내의 산림 토양
- 표층토 100% : 초본류가 많이 출현
- 표층토 30% 혼합 : 초본과 목본의 다양한 출현

② 이용방법
- 표층토의 적절한 배합비가 필요
- 표층토 30%＋식생토 70%가 효율적임.
- 소량의 양잔디와 자생 초목본과 혼파
- 매토 종자 발아와 생육에 효과적임.

③ 매토 목본 종자의 종류와 특성
- 발아력이 우수하고 발아 후에도 건조에 잘 견딤
- 척박지에도 생육이 잘되며 천이를 조장함.
- 선구 식물은 토양을 비옥하게 함.

4) 건설현장 발생재의 활용 비탈면

① 발생재의 종류
- 벌목재 파쇄목 및 식물 발생재
- 현장 발생토

② 이용방법
- 미분해된 우드 칩과 현장 발생토의 혼합
- 경사면의 생육 기반재로서 이용
- 식재지의 토양 멀칭화로 토양의 유기질화

③ 배합비
- 적정 식재 기반 이용시
- 파쇄목 : 식양토 : 자연 복원 표토자재 : 배합종자 = 2 : 3 : 3 : 1
- 효과적인 식재 기반위해 목본류와 상부 생우드칩 배합비를 높임.
- 식생의 다양화 창출

1.5 비탈면녹화 식생

1.5.1 비탈면 식생의 기능

1) 안전의 기능

① 침식, 붕괴 방지
② 물, 바람, 중력 등에 의한 경사면 보호

2) 환경적 기능

① 경관조성
② 미기후 조절
③ 녹의 현존량 증대

3) 토양보존의 기능

① 토양 생성촉진 및 활성화

4) 생태적 기능

① 생태천이 유도
② 먹이사슬 중 생산자의 역할 증가로 생태적 평형 유지
③ 동식물의 서식환경 조성

1.5.2 식생의 선정 기준

- ❑ 초기발아율이 우수하고, 발아세가 양호하며 성장이 빠른 수종
- ❑ 열악한 토양과 고온과 저온, 건조 등의 극단적인 기후변화에 대한 적응성이 높은 식물
- ❑ 생태학적으로 내건성과 내한성, 내척박성, 내침식성 등 내성이 강하고 경관미가 있는 수종
- ❑ 야생동물의 서식에 기여
- ❑ 종자구입이 쉽고 발아력과 발아세가 우수한 수종
- ❑ 근계 발달이 왕성하며, 향토식생으로 주변경관과 조화가 용이한 목본류의 개발이 요구됨.
- ❑ 파종시 향토식물과 도입식물을 혼합하거나, 초본류와 목본류를 혼합하여 파종함.

1.5.3 식생 도입시 고려사항

1) 토양보전 효과가 우수한 수종

2) 급속녹화 수종

① 초기피복을 위한 외래종 : 톨훼스큐, 페레니얼라이그라스, 위핑러브그라스
② 한랭지 : 켄터키블루그라스
③ 난지 : 버뮤다그라스
④ 재래종 : 쑥, 비수리, 억새

3) 관상가치가 있는 수종

- 구절초, 들국화, 달맞이꽃, 코스모스, 패랭이

4) 발아속도가 빠른 수종

- 일반적으로 초본이 목본에 비하여 발아속도가 빠름.

1.5.4 녹화 설계기법

1) 다층구조의 산림형성

① 목 본 : 붉나무, 자귀나무, 산수유, 해송
② 관 목 : 참싸리, 낭아초
③ 자생화 : 산국, 쑥부쟁이, 패랭이

2) 화려한 자생화 경관 형성

① 목 본 : 해송, 상수리나무를 잠재 종자로 파종
② 자생화 : 수크렁, 개미취, 금계국, 패랭이

3) 향기있는 꽃밭

- 자생화 : 민들레, 유채, 패랭이, 벌노랑이

4) 야생경관

① 목 본 : 해송
② 관 목 : 개쉬땅나무, 참싸리, 낭아초
③ 자생화 : 억새, 패랭이, 쑥부쟁이

1.5.5 재래종과 외래종의 특성 비교

- ❑ 비탈면녹화 식생도입시 재래종은 채종이 곤란하고 발아율이 저조하지만 식생이 성립되면 장기간 생육이 가능하고 안정적인 식생군락 형성이 함.
- ❑ 외래종은 종자의 품종이 다양하고 발아율이 높지만 개별적 환경특성에 부합되지 못하여 수 년 내에 쇠퇴하여 사라질 우려가 높음.

표 5-12 재래종과 외래종의 비교

재 래 종	외 래 종
·채종이 곤란, 대량 종자 구입이 어려움 ·종자가 고가, 발아율이 저조 ·인력파종공법으로는 좋으나 분사식파종공법에는 곤란 ·향토종으로 자연생태환경에 잘 적응 ·식생이 성립되면 장기간 생육이 가능하고 안정적인 식생군락이 형성됨.	·종자의 품종이 다양하고, 구입이 용이 ·발아율이 높고, 뿌리 발달이 양호 ·훼손지의 선구식물로 도입하여 자연천이를 유도하기 위하여 많이 사용 ·개별적 환경특성에 부합되지 못하여 수 년 내에 쇠퇴하여 사라질 우려가 높음

1.5.6 자생식물의 종류

❏ 그 지역에 옛날부터 저절로 퍼져서 살고 있는 고유한 식물인 자생식물 중 비탈면녹화에 사용되는 종류는 쑥부쟁이, 패랭이, 자귀나무, 붉나무, 담쟁이 등이 있음.

표 5-13 자생식물의 종류

구 분	종 류
자 생 초 본	쑥부쟁이, 개미취, 구절초, 기린초, 꿀풀, 도라지, 두메부추, 마타리 돌마타리, 물레나물, 부처꽃, 산국, 술패랭이, 수크렁, 층꽃, 타래붓꽃 통풀, 패랭이, 비수리
자 생 목 본	·교목 : 자귀나무, 붉나무, 잣나무, 적송, 노간주나무, 참나무류, 해송 ·관목 : 낭아초, 싸리류, 덜꿩, 조팝, 개나리, 댕강, 백당
덩 굴 형	·근상흡반력 : 담쟁이, 아이비, 송악, 줄사철, 마삭줄 ·덩굴손형 : 으아리, 포도, 장미덩굴, 청가시덩굴 ·전요경 : 등나무, 노박덩굴, 능소화

1.5.7 자생식물(향토종)의 조달방법

❏ 향토종을 이용한 녹화에 사용할 수 있는 식물재료의 조달방법에는 표토채취, 매트이식, 종자파종, 묘목재배, 근주이식, 소스이식 등이 있음.

표 5-14 식물재료의 조달방법

구 분	내 용
표 토 채 취	매토종자를 포함한 표토를 채취하여 녹화할 장소에 뿌리는 방법으로 주로 습지, 2차림 등의 복원에 이용
매 트 이 식	매토종자나 근경을 포함한 표토를 매트모양으로 벗기고 녹화할 장소에 붙이는 방법으로 원래의 장소와 아주 비슷한 식생을 복원할 수 있고, 주로 초원의 복원에 이용
종 자 파 종	다량의 종자를 채취하여 녹화할 장소에 파종 또는 내뿜는 방법으로 주로 비탈면 녹화에 이용
묘 목 재 배	목본종자를 채취하여 대량으로 묘목을 육성해 이를 녹화장소에 이식하는 방법으로 주로 공장외주부, 도로식수대 등 대상의 녹지대 조성에 이용
근 주 이 식	수목을 근원 가까이에서 벌채하여 그 근주를 이식하는 방법으로 맹아성이 있는 수목을 이식할 때 주로 이용
소 스 이 식	종자가 붙은 식물개체를 녹화할 장소에 이식하여 그 곳으로부터 종자를 자연스럽게 파종하는 것으로서 주위에 그 종의 개체를 늘리는 방법인데, 주로 군락 내에서 개체수가 적은 수종의 이식에 이용

(김석기 등, 2004)

훼손지 토양침식 및 유실

읽을거리

- 토양침식(土壤侵蝕, soil erosion)은 주로 물이나 바람의 작용에 의하여 토양입자가 분리되고 이동·유실·비산되는 현상
- 물에 의한 침식을 물침식(水蝕, water erosion), 바람에 의한 침식을 바람침식(風蝕, wind erosion)이라고 함.

① 발생요인별 토양침식의 유형

- 자연침식 : 인간에 의해 교란되지 않고 자연적인 환경조건에서 물이나 빙하 등에 의해 지표 토양이 깍여 나가는 것, 정상적 침식이라고도 함.
- 가속침식 : 사람들의 잘못된 토지이용의 결과 비, 바람의 작용을 직접 받게 되어 가속적으로 침식이 진행되는 것, 이상적 침식이라고도 함. 훼손지토양에서는 주로 가속침식이 문제가 됨.

② 가속침식의 종류

- 물침식(水蝕, water erosion)
  - 빗방울침식은 지표면의 토양입자를 빗방울이 타격하여 흙입자를 분산 및 비산시키는 분산작용과 운반작용에 의하여 일어나는 침식현장의 가장 초기과정으로 우적침식, 타격침식 또는 토양입단파괴침식이라고 함.
  - 면상침식은 빗방울의 튐(raindrop splash)과 표면유거수의 작용으로 일어나는 토양의 이동으로, 이것은 층상침식, 표면침식, 평면침식, 표층침식 또는 우세침식이라고도 함.
  - 누구침식은 경사진 훼손지에서 면상침식이 더욱 진전되어 비탈면 상하방향의 물길, 또는 자연적인 비탈면 요부에 표면유거수가 집수되어 유하세력이 점차 증대됨에 따라 하나의 분명한 작은 물길, 즉 누구(淚溝, rill)를 형성하면서 진행되는 침식형태
  - 구곡침식은 누구침식이 점점 더 진행, 악화되어 그 규모가 커져서 보다 깊고 넓은 침식골, 구곡(溝谷, gully, sel)을 형성하는 왕성한 침식형태
  - 야계침식은 구곡이 더욱 발전된 상태로 이미 협소한 소규모의 유로, 하천 성격을 가지게 된 것
  - 하천침식은 야계가 더욱 발전된 침식으로 가로침식과 세로침식 방지공사를 시행하고, 주로 둑쌓기공사, 바닥막이공사, 기슭막이공사 등을 활용

표 5-15 물에 의한 토양침식의 형태 및 유형

형태		유형
물침식	빗물침식우수침식 (지표면침식)	· 빗방울침식(우적침식, 타격침식) · 면상침식(층상침식, 평면침식) · 누구침식(누로침식, 우열침식) · 구곡침식(세륜침식, 걸리침식) · 예계침식(계천침식, 계간침식) · 하천침식
	지중침식 (바닥침식)	· 용출침식(용수침식) · 복류수침식(지중세굴침식, 파이핑침식)

05 비탈면녹화와 산림

- 중력침식(重力, gravity erosion)
  - 중력의 영향으로 비탈면에서 토층이 이동하는 침식의 특수형태
  - 지표상의 어느 비탈 지점에서 상당히 깊은 토층이 수분으로 포화되어 중력작용에 의하여 포화된 토층이 집단적으로 밀려 내려는 지괴침식(地塊侵蝕, mass movement of soil)으로서 이것을 후층침식(厚層侵蝕)이라고도 함.

표 5-16 중력에 의한 토양침식의 형태 및 유형

형태		유형
중력침식	붕괴형침식	· 산사태 및 산붕 · 붕락 및 포락
	동상침식	· 토사비탈에서 과습한 토양과 기타 다른 포화된 입상물질이 비탈 아래 부위로 서서히 포행하는 침식형태 · 특히 서리작용에 의하여 영속적으로 지층이 어는 지방에서 토양 입자와 돌 부스러기 등의 선택적 이동을 빙상동결융해침식이라 함. · 동결융해작용에 의하여 발생
	지활형침식	· 산비탈 토양층에 호우 또는 지중수 등에 기인하여 땅 속의 전단저항이나 점착력이 약한 부분에 따라 그 상층부의 지괴가 서서히 하향 이동하는 현상 · 땅밀림
	유동형침식	· 침식현상이 단독으로 발생하는 것보다는 붕괴형침식이나 지활형침식의 결과로서 그 유동물에 의한 침식작용으로 발생되는 것 · 토석류, 토류, 암석류 등이 있음.

- 바람침식(風蝕, wind erosion)
  - 바람에 의한 토양 유실이나 암석이 사막화되는 현상
  - 주요인자는 바람의 세기, 토양입자의 응집성, 토양수분, 지형, 피복상태, 장애물의 유무 등
  - 일반적으로 토양표면이 건조하면 약 3m/sec의 풍속에서도 침식이 발생하기 시작
  - 황사(黃沙, yellow sand, sand dust)는 바람침식의 산물
  - 바람침식 예방을 위해서는 지표면 피복이 가장 중요한 요건
  - 방풍림, 방풍울타리 설치도 중요

1.6 Recycling Eco 녹화공법

1.6.1 개 념

- 각종 개발행위에 의해 산림훼손에 의한 식물자원, 산림표토, 고사목 발생
- 발생된 산림자원을 재활용하는 생태공학적 녹화공법임.
- recycle(자원재활용)＋eco녹화(생태학적 접근을 통해 자연을 재현하는 녹화 방법)
- 자원을 재활용하여 생태학적으로 녹화하는 것을 의미
- 기본 이념은 생태계 보전
- "귀중한 녹의 자원"인 식물이나 토양을 생태계의 system에 유효하게 조합시키는 기술이 요구됨.

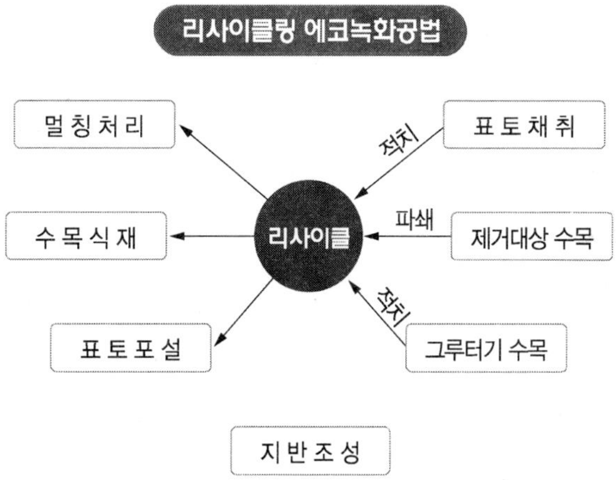

그림 5-1 리사이클링 개념도

1.6.2 공법효과

1) 폐자원 재활용

① 불가피하게 발생하는 산림훼손지에서 산림표토, 폐목, 수목그루터기 등 폐자원을 재활용

② 산림 내 관목, 초본류, 토양소동물, 토양미생물, 매토종자 등 다양한 생물자원의 리사이클링

2) 생물다양성 증진

① 식물활착 및 생장이 불량한 녹화 지반층에 도입식물의 조기 활착과 식물생장을 촉진
② 산림표토를 재활용하여 토양 내 종자 등에 의하여 생물다양성을 증진

3) 산림 식생구조 조기 재현

① 식물활착 및 생장이 불량한 녹화 지반층에 산림 훼손지에서 버려지는 수목그루터기를 이용
② 산림구조를 조기에 복원하거나 재현

4) 편리하고 경제적인 녹화공사

① 공법이 비교적 간단
② 그루터기 식재공사가 간편하고 지주가 필요하지 않아 경제적

1.6.3 Recycle 방법

1) 식물의 리사이클

① 근주이식 : 환상박피를 이용하여 뿌리분 이식
② 줄기 삽목이용

2) 표토의 리사이클

① 재이용 : 단지개발, 도로개설 시 적극 이용
② 매토종자 이용 : 표토 내 발아하지 못하고 있는 매토종자를 이용한 복원방법

3) 식물질 폐기물의 리사이클

① 연료
② 비료 및 토양개량
③ 동물이나 가축의 사료
④ 펄프
⑤ 유용물질 추출

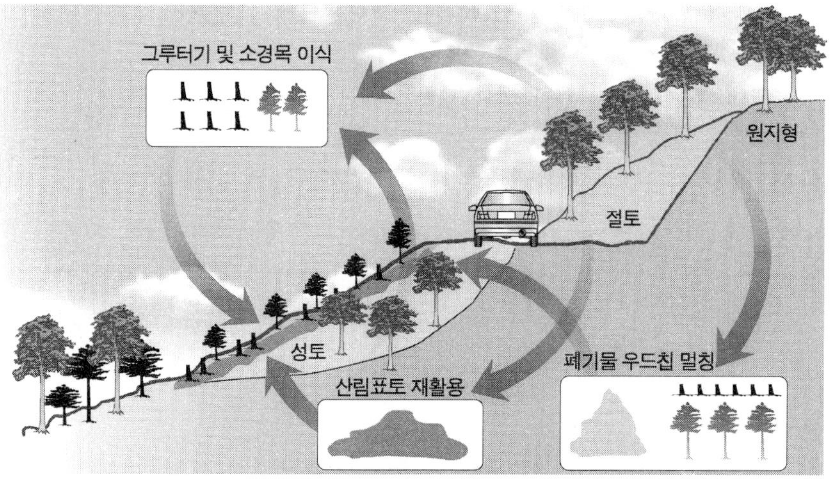

그림 5-2 리사이클링에코 녹화공법 개념도(오구균과 김도균, 2006)

1.6.4 시공 방법

1) 표토채취

① 10cm 내외의 깊이

② 표토층이 발달 될수록 많은 양의 자원 재활용 가능

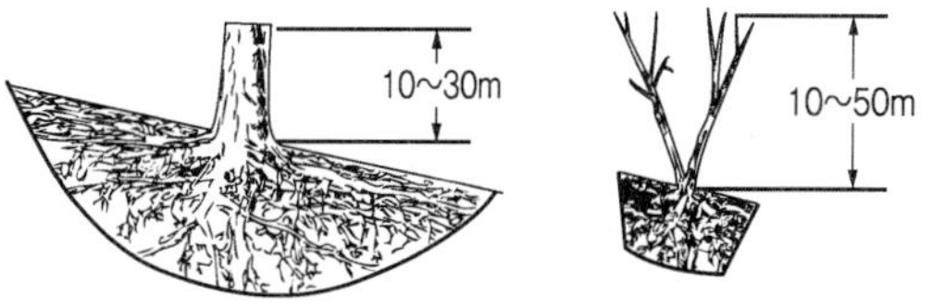

그림 5-3 수목그루터기 수간길이 (오구균과 김도균, 2006)

2) 수목그루터기 굴취

① 맹아력이 우수한 자생수종 선정

② 근원경 10~30cm가 적당

③ 근원부 길이 : 교목류 - 10~30cm, 관목류 - 10~50cm 정도

3) 폐기목 분쇄

① 분쇄기 크기에 맞게 수간부와 가지부 절단

② 분쇄기를 이용하여 분쇄

③ 바크, 퇴비, 포장재, 멀칭재로 사용

4) 경사지의 생육기반환경 조성

① 토질별 안식각을 고려한 사면정리
② 산마루측구 등 종·횡단배수로 설치 및 정비
③ 소단 조성

5) 시공

① 리사이클링에코 녹화공법 예시 단면도

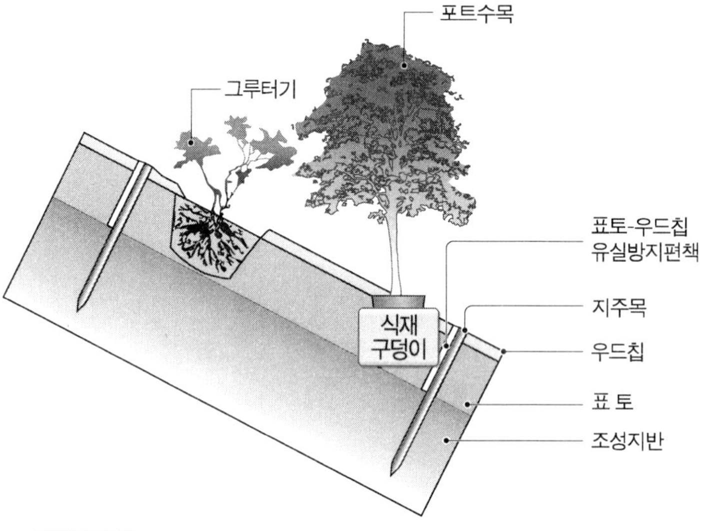

그림 5-4 리사이클링에코 녹화공법 단면도(오구균과 김도균, 2006)

2. 산 림

2.1 산림이란?

2.1.1 정 의

1) 산림이란 수목이 집단적으로 생육하고 있는 토지를 말함

2) 『산림자원의 조성 및 관리에 관한 법률』에 의하면

- ❑ 집단으로 자라고 있던 입목·죽이 일시적으로 없어지게 된 토지
- ❑ 입목·죽을 집단적으로 키우는 데에 사용하게 된 토지
- ❑ 산림의 경영 및 관리를 위하여 설치한 도로(임도(林道))
- ❑ 위의 토지에 있는 암석지(巖石地)와 소택지(沼澤地 : 늪과 연못으로 둘러싸인 습한 땅)
- ❑ 단, 농지, 초지(草地), 주택지, 도로, 그 밖의 대통령령으로 정하는 토지에 있는 입목(立木)·죽(竹)과 그 토지는 제외

3) 산림보호구역 『산림보호법』

- ❑ 산림에서 생활환경·경관의 보호와 수원(水源) 함양, 재해 방지 및 산림유전자원의 보전·증진이 특별히 필요하여 지정·고시한 구역 말함.
- ❑ 종류

① 생활환경보호구역 : 도시, 공단, 주요 병원 및 요양소의 주변 등 생활환경의 보호·유지와 보건위생을 위하여 필요하다고 인정되는 구역

② 경관보호구역 : 명승지·유적지·관광지·공원·유원지 등의 주위, 그 진입도로의 주변 또는 도로·철도·해안의 주변으로서 경관 보호를 위하여 필요하다고 인정되는 구역

③ 수원함양보호구역 : 수원의 함양, 홍수의 방지나 상수원 수질관리를 위하여 필요하다고 인정되는 구역

④ 재해방지보호구역 : 토사 유출 및 낙석의 방지와 해풍·해일·모래 등으로 인한 피해의 방지를 위하여 필요하다고 인정되는 구역

⑤ 산림유전자원보호구역 : 산림에 있는 식물의 유전자와 종(種) 또는 산림 생태계의 보전을 위하여 필요하다고 인정되는 구역

4) 생태숲『산림보호법』

❑ 산림생태계가 안정되어 있거나 산림생물 다양성이 높아 특별히 현지 내 보전·관리가 필요한 숲을 말함.

5) 도시림『산림자원의 조성 및 관리에 관한 법률』

❑ 도시에서 국민 보건 휴양·정서함양 및 체험활동 등을 위하여 조성·관리하는 산림 및 수목을 말하며, 면 지역과 「자연공원법」 제2조에 따른 공원구역을 제외함.

❑ 도시림의 기능별 구분『산림자원의 조성 및 관리에 관한 법률 시행규칙』

① 공원형 : 자연체험, 레크리에이션, 환경교육 등 산림교육·문화의 장소로 이용하는 산림

② 경관형 : 심리적 안정감을 주고 시각적으로 풍요로움을 주는 산림

③ 방풍·방음형 : 바람, 소음, 대기오염물질을 완화시켜 쾌적한 거주환경이 되도록 하는 산림

④ 생산형 : 쾌적한 거주환경을 훼손하지 아니하는 범위 안에서 목재나 버섯 등의 임산물을 생산하는 산림

6) 생활림『산림자원의 조성 및 관리에 관한 법률』

❑ 마을숲 등 생활권 주변지역 및 「초·중등교육법」 제2조에 따른 학교와 그 주변지역에서 국민들에게 쾌적한 생활환경과 아름다운 경관의 제공 및 자연학습교육 등을 위하여 조성·관리하는 산림 및 수목으로서 대통령령으로 정하는 것을 말함.

7) 자연휴양림, 삼림욕장, 치유의 숲『산림문화, 휴양에 관한 법률』

❑ "자연휴양림"이라 함은 국민의 정서함양·보건휴양 및 산림교육 등을 위하여 조성한 산림(휴양시설과 그 토지를 포함한다)을 말함.

❑ "산림욕장"이란 국민의 건강증진을 위하여 산림 안에서 맑은 공기를 호흡하고 접촉하며 산책 및 체력단련 등을 할 수 있도록 조성한 산림(시설과 그 토지를 포함한다)을 말함.

❑ “치유의 숲”이란 인체의 면역력을 높이고 건강을 증진시키기 위하여 향기, 경관 등 산림의 다양한 요소를 활용할 수 있도록 조성한 산림(시설과 그 토지를 포함한다)을 말함.

❑ “산림문화자산”이란 산림 또는 산림과 관련되어 형성된 것으로서 생태적·경관적·정서적으로 보존할 가치가 큰 유형·무형의 자산을 말함.

8) 수목원, 수목유전자원 『수목원 조성 및 진흥에 관한 법률』

❑ “수목원(樹木園)”이라 함은 수목을 중심으로 수목유전자원을 수집·증식·보존·관리 및 전시하고 그 자원화를 위한 학술적·산업적 연구 등을 실시하는 시설로서 농림수산식품부령이 정하는 기준에 따라 다음 각목의 시설을 갖춘 것을 말한다.

가. 수목유전자원의 증식 및 재배시설

나. 수목유전자원의 관리시설

다. 화목원·자생식물원 등 농림수산식품부령으로 정하는 수목유전자원 전시시설

라. 그 밖에 수목원의 관리·운영에 필요한 시설

❑ “수목유전자원”이라 함은 수목 등 산림식물(자생·재배식물을 포함한다)과 그 식물의 종자·조직·세포·화분·포자 및 이들의 유전자 등으로서 학술적·산업적 가치가 있는 유전자원을 말함.

❑ 수목원의 구분

① 국립수목원 : 산림청장이 조성·운영하는 수목원

② 공립수목원 : 지방자치단체가 조성·운영하는 수목원

③ 사립수목원 : 법인·단체 또는 개인이 조성·운영하는 수목원

④ 학교수목원 : 『초·중등교육법』 및 『고등교육법』의 규정에 의한 학교 또는 다른 법률의 규정에 의하여 설립된 교육기관이 교육지원시설로 조성·운영하는 수목원

9) 도시환경림 『지속가능한 신도시 계획기준』

❑ 악화된 도시생활환경의 질을 개선하기 위해 산림이 지닌 다양한 환경보전의 기능(수자원함양, 재해방지, 위생유지, 어메니티, 레크리에이션 장소, 문화기반 등의 기능)을 효과적으로 이용하기 위해 인공적으로 조성한 숲을 말함.

10) 마을숲『전통마을숲 보존관리지침(문화재청 행정지침)』

❑ "마을숲"은 역사·민속·학술·교육적으로 가치가 높고 지역주민을 결속하는 전통문화공간이자 마을경관의 주요 요소를 이루는 숲으로 생물, 무생물, 지형, 하천 등 자연물과 인공시설을 포함한 것을 말함.

2.1.2 산림의 기능

❑ 산림 내에서 생산되는 환경적, 문화적 기능 등을 통틀어서 말함.
❑ 공공재(公共財)로서 국민들에게 없어서는 안 될 무한의 다양한 혜택을 무상으로 제공
❑ 주요 기능들로는 수자원함양 및 수질정화, 이산화탄소 흡수 및 산소공급, 자연생태계 보호와 생물다양성의 보전, 보건휴양 및 생활환경 개선, 토사의 유출·붕괴방지 등으로서 산림이 발휘하는 유형·무형의 기능 등이 있음.

1) 수원함양기능

· 홍수를 막아주고 가뭄시에도 끊임없이 물을 공급해주는 기능

2) 국토보전기능

· 토사유출과 산사태 등의 지표 토양침식을 막아주는 기능

3) 산림정수기능

· 깨끗한 물을 제공하는 정수기의 역할을 하는 기능

4) 대기정화기능

· 광합성 작용을 통하여 이산화탄소나 대기오염 물질을 흡수하고 맑은 공기를 만들어내는 기능

5) 산림휴양기능

· 쾌적한 휴식공간을 제공하는 기능

6) 야생동물보호기능

- 새와 짐승들의 살기 좋은 보금자리를 제공하는 기능

7) 기타

- 소음과 바람을 막아주거나 기상을 완화하며 다양한 생물종을 보전하는 기능 등

2.1.3 산림의 구분

1) 소유자에 따른 구분

① 국유림 : 국가가 소유하는 산림
② 공유림 : 지방자치단체나 그 밖의 공공단체가 소유하는 산림
③ 사유림 : 국·공유림 외의 산림

2) 기능에 따른 구분『산림자원의 조성 및 관리에 관한 법률』

① 수원의 함양
- 수자원 함양과 수질정화를 위하여 필요한 산림

② 산림재해방지
- 산사태, 토사유출, 대형산불, 산림병해충 등 각종 산림재해의 방지 및 임지의 보전에 필요한 산림

③ 자연환경 보전
- 생태, 문화, 역사, 경관, 학술적 가치 보전에 필요한 산림

④ 목재 생산
- 생태적 안전을 기반으로 하여 국민경제 활동에 필요한 양질의 목재를 지속적·효율적으로 생산·공급할 수 있는 산림

⑤ 산림 휴양
- 산림휴양 및 휴식공간제공을 위하여 필요한 산림

⑥ 생활환경 보전

- 도시 또는 생활권 주변의 경관유지, 쾌적한 생활환경의 유지를 위하여 필요한 산림

2.1.4 산림의 유형

1) 자연림

- 자연식생의 원시림(처녀림, virgin forest)을 지칭
- 교목층 속에 수령 및 수형 그리고 높이가 상이한 거목이 드물게 산재함.
- 단위식생을 구성하고 있는 출현종 가운데 종보전등급Ⅲ 이상의 감시대상 식물종이 5~10%를 차지
- 철쭉, 함박꽃나무 등 개엽전에 개화하는 목본식물종의 출현빈도가 높고, 때죽나무의 출현빈도가 낮음.

2) 이차림

- 자연림이 인간간섭 또는 자연교란(태풍, 지진, 산사태, 해일, 산불 등)에 의하여 파괴된 것으로부터 이차적으로 발달하여 유지되는 산림자연식생의 원시림(처녀림, virgin forest)을 지칭
- 단위식생을 구성하고 있는 출현종 가운데 종보전등급Ⅲ 이상의 감시대상 식물종이 5% 미만
- 인접식생대를 구성하는 식물종이 혼생하며, 환경조건이 보다 열악한 입지에서 발달하는 상부 식생형에 의하여 대체됨.

3) 인공림

- 산지의 조림지 식생을 의미하고, 층구조가 단순하며, 특히 교목층을 구성하는 우점종의 수령과 형태 그리고 높이가 균질함.

2.2 산림식생과 산림 표토

2.2.1 산림식생의 구조

1) 수직적 구조

① 산림군집에는 최상부층부터 지표면까지 산림 식물들이 몇 개의 층을 이루고 있는데 이러한 양상을 수직적구조(vertical structure) 또는 층화(stratification)라고 함.

② 교목, 아교목, 관목, 초본, 선태류

③ 다층구조적 식재

④ 망토군락, 소매군락, 산림군락

- 망토군락, 임연군락은 삼림군락의 가장자리(임연군락)에서 연속적으로 발달
- 삼림군락은 망토, 소매군락에 비하여 입지의 안정성이 지속적으로 확보
- Edge effect증진을 위한 숲가장자리 보존
- 망토군락은 소매군락으로부터 산림군락으로 이행하는 식생유형이며, 산림군락에 대한 가장자리 효과를 완충하는 스크램블기능을 가지고, 숲내부로 침투하는 측광차단, 숲바닥의 수분증발과 풍동완충, 인간의 접근성을 방해하는 물리적 구조체로써 기여하기도 함.
- 소매군락은 망토군락으로부터 개방입지로 이행하는 식생유형이며 망토군락에 대한 완충기능을 하며, 초본식물사회로 띠형을 이루며 소형동물(특히 곤충)의 이동통로로 기여

그림 5-5 삼림군락(김종원, 2006)

2) 수평적 구조

① 지형에 따른 분포(계곡, 사면, 능선)
② 산의 고도에 따른 분포(구릉지, 산록, 산복, 산정)
③ 토양 및 미세기후에 따른 분포(사질양토, 석회질토/남사면, 북사면 등)

2.2.2 산림표토

1) 정의

- ❑ 지표면을 이루는 토양으로 풍화가 진행되고 부식이 많이 이루어져 흑색 또는 암색을 띠고 유기물이 풍부하여 토양미생물이 많고 식물의 양분, 수분의 공급원이 됨.
- ❑ 토양 단면구조의 0층(유기물층)과 A층(용탈층)에 해당
- ❑ 지역 고유종이나 주변식생 종자를 보유하고 있어 자연천이 촉진 고려시 매우 중요한 자원

2) 표토의 특징

① 다양한 공극을 가진 입단구조
② 토양의 입단화로 식물 생장 촉진
③ 풍부한 유기물을 함유하고 있어 토양비옥도 증진
④ 토양 미생물의 활동이 활발하여 생물 분해자 요소가 다양
⑤ 생육에 필요한 토양경도(18～23mm) 유지

3) 산림표토의 유용성

① 산림 내 표층에 포함된 잠재종자를 이용한 녹화로 장기적인 수림대 기대
② 매토종자이용으로 생태적 천이도모와 유전적 교란 감소 및 주변산림과 유사한 환경 복원
   - 매토종자 : 야외에서 성숙하여 산포된 종자 중에서 발아하지 않고 그대로 토양에 묻혀 토양 속에서 휴면하면서 보존되는 종자

③ 장점
   - 비용이 저렴하고 식생종이 다양
   - 천이가 빠르고 양호한 식생군락 형성
   - 잠재종자 발아 시 유전적 교란이 거의 없음.

④ 단점
- 매토종자만으로 조기 녹화가 어려움.
- 종다양성 확보가 곤란
- 표토 내 잠재종자의 양이 충분치 않음.

4) 표토 채취 방법

① 표토 채취 가능 장소 확인
② 10cm 이내에서 채취
③ 장소는 종다양성이 우수하고 토성이 좋은 곳
④ 낙엽층과 입경이 큰 돌 등 분순물은 제거

5) 표토를 활용한 녹화 방법

① 선구 식물 종자와 혼합 파종
② 표토(30%)+식양토 배합 파종
- 자원활용적 측면과 초본과 목본의 다양성이 높음.
- 표토 100% 이용시 초본류가 많음.

③ 일반적 종자파종보다 소량 파종하는 것이 매토종자 발아에 유리함.

6) 표토 야적(보관) 방법

① 보관장소에 배수로와 측구, 울타리를 설치
② 야적 높이는 1.5m를 표준으로 하여 3m 이내
③ 이물질 등을 제거하고 강우에 유실되지 않도록 비닐 등 덮기

2.3 산 불

2.3.1 정 의

❑ 『산림보호법』에 의하면 산림이나 산림에 잇닿은 지역의 나무·풀·낙엽 등이 인위적으로나 자연적으로 발생한 불에 타는 것을 말함.

❑ 산림 내 낙엽, 낙지, 초류, 임목 등이 연소되는 화재로서 사람에 의한 실화, 방화, 낙뢰 등으로 인한 불씨가 산림 내 가연물질을 연소시키는 것을 말함.

2.3.2 산불의 효과

1) 식생에 미치는 효과

- 기존 수목의 갱신과 새로운 숲의 조성과 산림천이의 조정, 간벌효과, 병충해의 증감, 초원형성과 야생동물의 먹이제공 및 종자발아 촉진과 양지식물의 성장을 촉진시킴.

2) 야생동물에 미치는 효과

- 동물은 이동성이 있어 직접적인 피해는 거의 없음.
- 다만 화재로 인한 서식지의 소실이나 이동성의 제한을 받는 곤충류나 늙거나 병든 개체의 피해가 있음.

3) 토양에 미치는 효과

- 토양의 물리, 화학적 성질을 변화시키고 지피식물의 제거로 인한 온도 상승 및 바람과 강수에 의한 토양침식 작용의 증가
- 토양의 보수력 감소 → 토양공극 감소 → 불투수층형성 → 강수의 침투기능 저하
- 표층의 유기물연소와 무기영양염류(N, P, K, Ca, Mg 등) 농도 증가와 질소고정 박테리아 증가 및 토양 pH 상승

2.3.3 산불의 종류

1) 지표화(地表火)

① 지표에 있는 낙엽이나 마른 풀 등의 지피물과 관목, 유목 등이 불에 타는 것
② 암석지나 초원 등지에서 가장 흔히 일어나는 산불
③ 불길의 강도가 낮고 비교적 빠른 속도로 진전되어 수목의 피해는 적음.
④ 진화는 비교적 용이
⑤ 나무껍질이 두껍고, 지름이 큰 나무는 지표화에 견디는 힘이 강함.

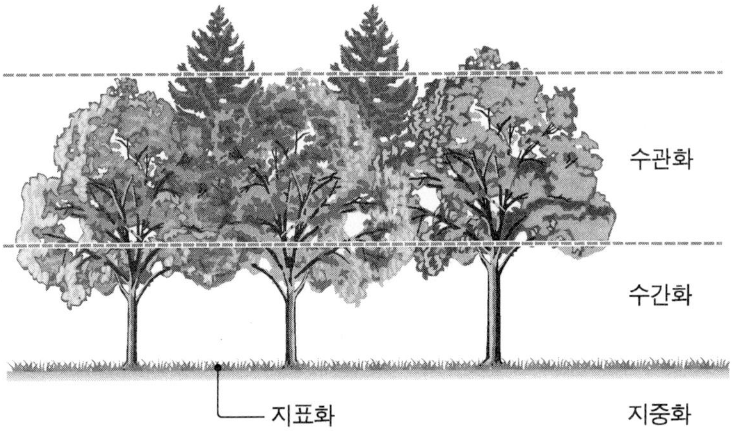

그림 5-6 산불의 종류

2) 수간화(樹幹火)

① 나무의 줄기가 타는 불
② 지표화로 연소되는 경우와 낙뢰로 인한 경우 발생

3) 수관화(樹冠火)

① 지표 및 수간화가 수관부에 닿아 바람과 불길이 세어지면 수관화로 발달
② 불길이 수관으로 번져 옆 나무의 수관으로 연속해서 전파
③ 불길이 강해 수목에 큰 피해를 주고, 진화도 어려움
④ 활엽수림보다 침엽수림에서 주로 발생

4) 지중화(地中火)

① 두꺼운 유기물층을 가진 산림의 땅속에서 서서히 불꽃 없이 연소되는 산불
② 이탄층이나 낙엽층이 두꺼운 냉온대림에서 자주 발생
③ 산소공급이 막혀 연기도 적고, 불꽃도 없이 서서히 연소되나 강한 열이 오래 지속
④ 진화가 어렵고, 고산지대는 재발의 우려가 있음.
⑤ 뿌리층에 피해를 주고, 땅속 종자까지도 피해를 입어 갱신이 지연됨.

2.3.4 산불의 요소 및 영향인자

1) 발생요소

① 연료

- 식물성 고체성 연료도 습도 60% 이하에서 쉽게 불이 붙고 건조 상태일수록 잘 연소됨.

② 열

- 불 발생의 착화 및 인화점에 달하면 연소되어 더 높은 열 생성

③ 산소

- 공기 중 20%의 산소가 연료와 열을 결합, 산화작용을 진행

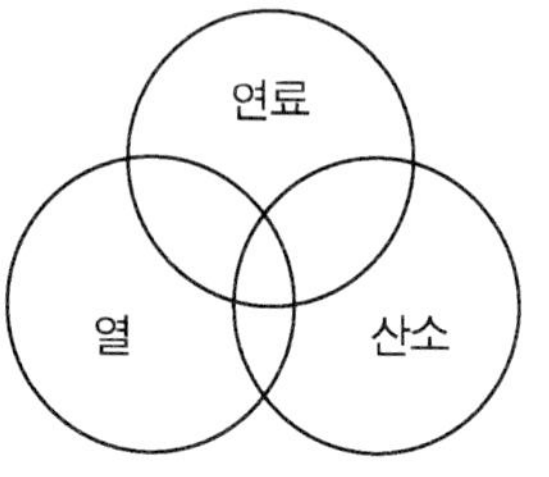

그림 5-7 산불의 발생요소

2) 발생원인

① 입산자 실화 42%, 논밭두렁의 소각 20% 등이 주원인
② 어린이 불장난, 성묘객 실화 등
③ 휴일발생이 전체 산불의 40% 차지
- 집중적 산불 감시와 계도 필요

④ 화산, 지진 등 자연적 요인도 있음.

3) 영향인자

① 연료

- 불의 연소 진행을 결정하는 중요 인자
- 연료의 형태, 크기, 배열, 밀도, 상태의 5요소 관여

② 지형

- 산불의 진행방향과 확산속도에 중요한 영향을 미침.
- 지표모양에 따라 구릉지, 평탄지, 절벽, 물의 유무, 경사도, 지세 등으로 분류

③ 기상인자
- 강수량 : 가연물의 연료 습도를 좌우하는 직접적 요인
- 바람 : 풍속은 연소 속도를 좌우하며, 풍향은 방향 좌우
- 습도 : 임내 가연물의 건조도, 연소진행 속도에 영향을 줌.
- 온도 : 연료의 건조도 및 기류형성의 원인이 됨.

2.3.5 산불발생지역의 복구 방안

1) 복구 방안 조사

① GIS 기법의 활용
- Overlay 기법의 사용
- 잠재자연식생도를 감안한 복구계획도 작성
- 토양도 활용
- 항공사진을 이용한 임도 개설

② 주민의사를 고려한 복구방안 수립
- 지역주민은 인공조림 선호
- 경관 복구 및 묘목 무상지원 등 행정적 지원 요구
- 대체 산림소득원 재배 참여의향은 긍정적
- 복합경영을 위한 소득자원 식물 식재

2) 피해복구방안

① 자연복구지역
- 산불이 지표면만 태운 피해가 경미한 지역
- 상수리나무, 굴참나무 등의 새로운 싹의 발생이 왕성한 지역
- 능선부는 지형보전을 위하여 소나무, 굴참나무 위주 관리
- 건강한 숲으로 유도하기 위한 맹아관리

② 인공복구지역
- 다양한 목적의 수림단지 조성
- 20~30년 단기간에 목재를 생산하는 단벌림 단지
- 소나무, 상수리나무 등 경제성이 높은 나무를 장기간에 걸쳐 생산하는 경제수림 단지

- 밤나무 위주로 조성한 유실수 단지
- 저수지 주변 등 수자원을 보호하기 위한 수자원보호림 지대
- 산림복합경영단지는 경제수종, 표고자목, 속성수 등 목재생산 단지와 두릅나무, 산초나무, 음나무 등 식용수목단지와 더덕, 도라지, 장뇌삼, 산마늘 등 산채작물 단지로 구분

2.4 산림병해충

2.4.1 정 의

❑『산림보호법』에 의하면 산림에 있는 식물에 해를 끼치는 병과 해충을 말함.

❑ "예찰"이란 산림병해충이 발생할 우려가 있거나 발생한 지역에 대하여 발생여부, 발생정도, 피해 상황 등을 조사하거나 진단하는 것을 말하고 "방제"란 산림병해충이 발생하지 아니하도록 예방하거나, 이미 발생한 산림병해충을 약화시키거나 제거하는 모든 활동을 말함.

2.4.2 방제 방법

1) 생물학적 방제

① 천적을 이용한 해충개체군 밀도의 억제방법

② 산림생태계의 균형유지를 통해 피해를 방지할 수 있는 근원적이고 항구적인 방제법

③ 효과의 발현에 장기간이 소요되는 큰 단점이 있고 생물적 방제의 수단으로는 기생성, 포식성 천적과 병원미생물이 주로 이용

2) 화학적 방제

① 화학물질을 이용한 해충방제

② 가장 널리 사용되는 것으로는 살충제가 있으며 기타 생리활성물질이 있음.

③ 비교적 적은 노력으로 사용이 가능하다는 장점

④ 산림생태계에 미치는 부작용, 특히 천적을 비롯한 유용생물에 미치는 영향과

방제 후 해충밀도의 급격한 회복에 의한 피해의 재발 및 저항성 해충의 출현, 2차 해충문제 등의 부작용

3) 임업적 방제

① 해충발생에 불리하도록 하는 각종 산림시업적 조치
② 갱신, 무육, 벌채 등 산림시업 등
③ 단순림은 혼효림에 비하여 해충발생에 의한 피해가 많으며 이는 단순림이 해충의 먹이가 풍부하고 환경저항이 적어 해충이 더 많이 발생할 수 있기 때문
④ 내충성 품종, 간벌, 시비 등

4) 기계적, 생리적 방제

① 기계적 방제는 간단한 기계나 기구 또는 손으로 해충을 방제하는 방법이며 생리적 방제는 광선, 온도, 색채, 음파 등을 이용하는 방제법
② 포살, 유살, 차단 등

2.4.3 방제 사례

1) 소나무재선충병

① 소나무재선충병이란?

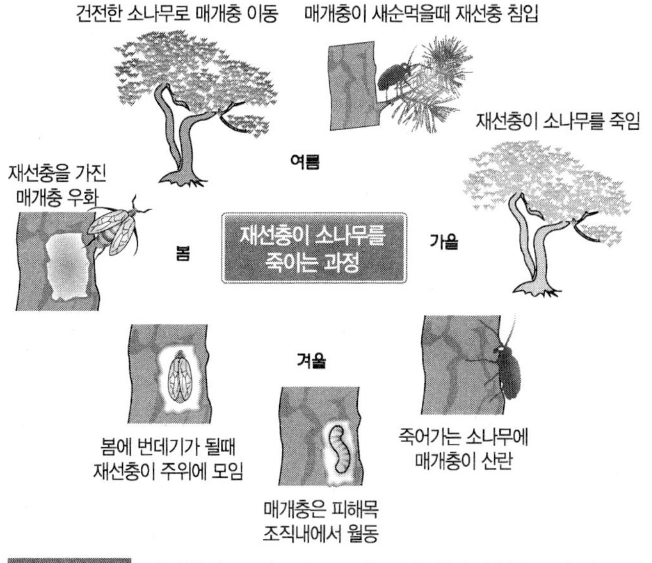

그림 5-8 재선충이 소나무를 죽이는 과정(산림청홍보자료)

- 소나무재선충은 크기 1mm 내외의 실같은 선충으로서 나무 조직 내에 수분, 양분 이동통로를 막아 나무를 죽게 하는 해충으로 가해수종은 해송, 적송, 잣나무 등으로 치료약이 없고 매개충에 대한 천적도 없어 한번 감염되면 100% 고사함.
- 재선충 침입 6일째부터 잎이 처지고 20일째에 잎이 시들기 시작하여 30일 후 잎이 급속하게 붉은 색으로 변색하며 고사
- 소나무재선충병에 감염되는 수종 : 소나무, 해송, 잣나무

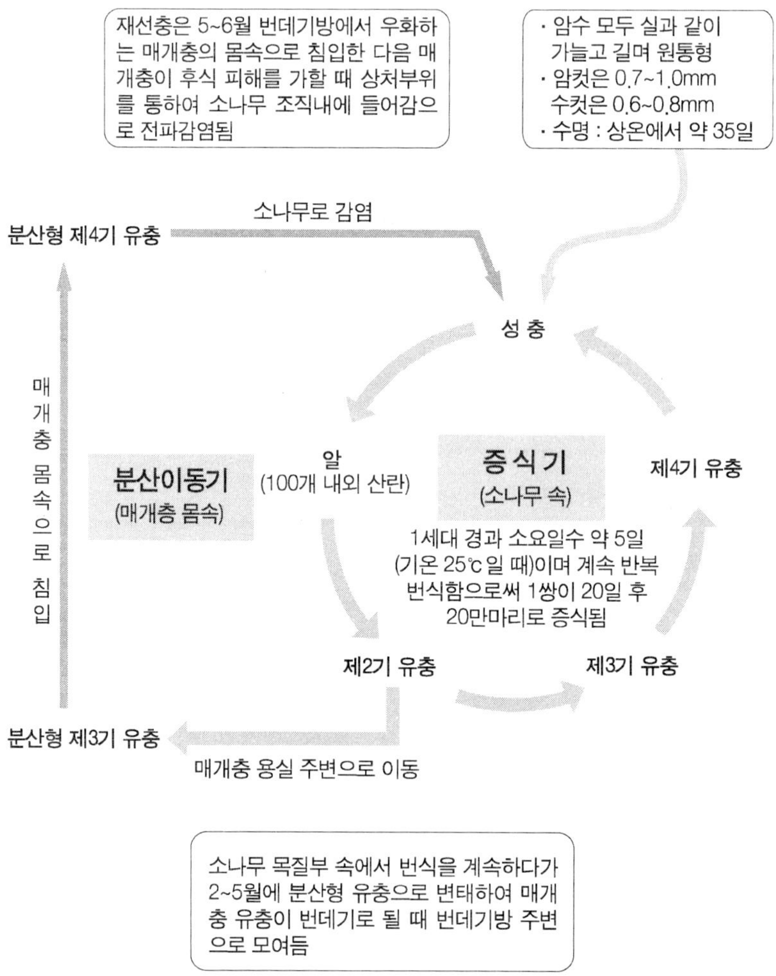

그림 5-9 소나무재선충의 생활사(산림청홍보자료)

② 확산요인

- 매개충인 솔수염하늘소 및 북방수염하늘소의 자력 이동(자연적 요인)
  - 먹이 조건이 좋을 경우 이동거리는 100m 이내
  - 강한 비산능력이 있어 부적절한 조건에서는 장거리(5km) 이동 가능
  - 태풍 루사·매미, 여름철 고온, 다른 병해충과 합병으로 확산
- 감염목 무단반출 및 불법 이용(인위적 요인)
  - 목재짐깔개(pallet), 생선상자, 임산연료, 조경목 등의 유통

※강력한 이동제한조치가 없을 경우 전국 어디에서나 발생 가능

③ 예방방법

- 나무주사
  - 약제 : 아바멕틴 1.8% 유제, 에마멕틴벤조에이트 2.15% 유제
  - 횟수 : 2년/1회
  - 대상목선정 : 외관상 건전한 소나무에 실시, 소나무 잎의 상태를 육안으로 관찰하여 이상 징후가 있는 나무는 대상목에서 제외
  - 천공방법 : 지상 50cm 이하 높이에서 나무의 수직방향 30°로 아래로 천공, 구멍은 천공기를 사용하여 직경 6.5mm, 깊이 8～10cm 크기로 뚫음.

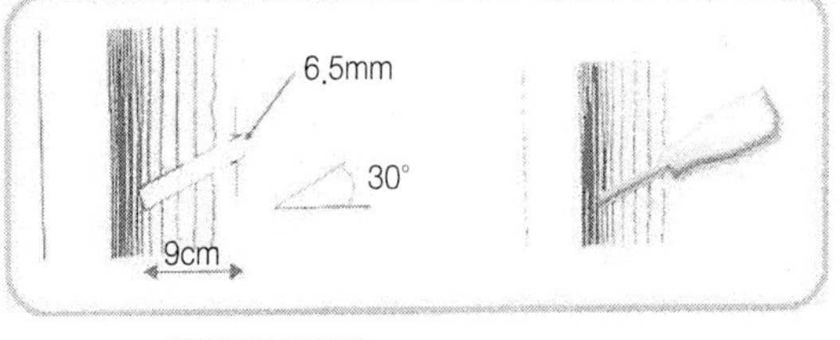

그림 5-10 수간주사 천공부위

- 수관약제살포
  - 대상해충 : 솔수염하늘소, 북방수염하늘소
  - 약제 : 페니트로티온(메프) 50% 유제, 티아클로프리드 10% 액상수화제
  - 작업시기 : 매개충 우화시기인 5～8월
  - 처리방법 및 횟수 : 수관살포, 년 3～5회
  - 약제살포방법 : 매개충 우화시기인 5～8월 사이에 동력 분무기를 이용하여 잎과 줄기에 약액이 충분히 묻도록 골고루 살포

2) 참나무시들음병

① 참나무시들음병이란?

- 참나무시들음병은 2004년 8월 하순 경기도 성남시 '이배재'에서 처음 발견되었으며, 일단 병원균에 감염되면 참나무류(주로 신갈나무)가 7월 말경부터 빠르게 시들면서 빨갛게 말라 죽는 병
- 병원균 : Raffaelea sp.(레펠리아 속의 신종 곰팡이)
- 매개충 : 광릉긴나무좀(Platypus koryoensis)
- 기　주 : 참나무류(주로 신갈나무), 서어나무 등

② 피해특성

- 외부 증상 : 7월 말경에 줄기(특히 아래부위)에 매개충이 침입한 구멍(직경 1mm 정도)이 많이 있고, 침입한 구멍 부위 및 뿌리와 접한 땅 위에는 목분 배출물이 많이 나옴.
- 내부 증상 : 죽은 나무의 피해부위를 잘라보면 변재부에 매개충이 침입한 갱도를 따라 불규칙한 암갈색의 변색부가 형성되어 있는데 이 변색부는 병원균에 의하여 변색된 것이고 알콜 냄새가 약간 나는 것이 특징
- 고사원인 : 병원균을 지닌 매개충이 생입목에 침입하여 변재부에서 곰팡이를 감염시키면 곰팡이가 침입갱도를 따라 많이 퍼지고 퍼진 곰팡이가 도관을 막아 수분과 양분의 상승을 차단함으로써 빠르게 시들면서 고사

표 5-17 방제방법별 장·단점

방제방법	작업시기·방법	장 점	단 점
소구역 모두베기	·춘·추기(2회) ·피해구역을 규모 있게 모두베기하여 훈증 또는 소각	·매개충 밀도 저하 ·침입된 매개충 100% 살충 ·수종갱신으로 재피해 우려 없고 일부 산물 활용 가능	·급경사지 작업 어려움 ·산물이 많아 처리 어려움 ·안전사고 위험 우려
벌채·훈증	·대상 : 고사목, 피해 "심"목 ·춘·추기(2회) ·피해부위를 1m 길이로 잘라 쌓은 후 훈증	·매개충 밀도 저하 ·침입한 매개충 100% 살충	·벌채시 주변 입목 피해, 급경사지 집재 훈증 어려움 ·대경목은 처리과정이 힘들고 비용과다 소요, 능률저조 ·안전사고 위험 우려
소 각	·대상 : 고사목, 피해 "심"목 ·연중 수시 ·피해부위만 잘라 소각	·매개충 밀도 저하 ·침입한 매개충 100% 살충	·환경문제와 산불위험 등으로 극히 제한적임. ·소각하는데 많은 시간이 소요

방제방법	작업시기·방법	장 점	단 점
약제주입	·대상 : 생입목 ·연중(7~9월) ·침입공에 주사기로 약제주입	·접촉성 살충제 주입으로 살충효과 매우 우수 ·비용절감 및 작업이 쉬움	·침입공의 수가 많아 누락 우려가 있음 ·침입공을 찾는데 어려움이 있음
수간 약제 살포	·6~7월(3회) ·2주 간격으로 메프유제 200배액을 나무에 살포	·성충 우화기 집중방제로 밀도 저하에 도움	·고산지역 약재살포·이동이 힘들고 환경오염 문제 등 민원야기 우려
접착성 도포제 살포	·대상 : 생입목 ·5~7월(2회) ·접착성 도포제를 피해부위 줄기에 살포	·매개충 우화기 침입 방지에 유리 ·침입된 매개충의 정상적인 생활환경 악화로 살충효과기대	·접착성 도포성능 및 분무기 개발 전제 ·일정높이 이상은 처리가 어려움
약제 침적한 이쑤시개 활용	·대상 : 생입목 ·연중(6~8월)	·작업이 쉬움	·침입공이 많아 천공 누락 우려가 있음 ·살충제 원액 사용으로 안전사고에 유의
비닐주머니 훈증	·대상 : 고사목, 피해 “중”목 ·춘·추기(2회) ·피해부위를 0.5m 정도의 길이로 잘라 주머니에 넣고 밀폐(훈증)	·매개충 밀도 저하 ·침입한 매개충 100% 살충 ·석력지·암석지 등 훈증처리가 곤란한 지역에 유리	·대경목은 처리과정이 힘들고 비용과다 소요, 능률저조 ·안전사고 위험 우려
입목비닐 훈증	·대상 : 고사목, 피해 “중”목 ·춘·추기(2회) ·6월말 약제 살포	·매개충 밀도 저하 ·급경사지 등 벌채가 어려운 지역에서 유리	·생입목의 경우 약해피해가 발생 ·상층부 매개충 누락 우려
입목비닐피복 후 살충	·대상 : 생입목 ·4월까지 비닐피복 ·6월말 약제 살포	·우화된 매개충의 확산 방치	·상층부 매개충 누락 우려

3) 솔잎혹파리

① 솔잎혹파리란?

- 소나무와 해송에 가장 큰 피해를 주는 해충으로 1929년 서울 비원과 전남 목포에서 최초로 발견되어 1990년 제주도 서귀포시와 제주지, 경상북도 울릉도에까지 발생하여 현재는 강원도 일부지역을 제외한 우리나라 전역에 확산되어 있음.

표 5-18 솔잎혹파리의 생활사, 피해현상, 방제방법

구 분		내 용
생 활 사		· 년 1회 발생하여 유충으로 월동 · 5월 상순부터 고치를 짓고 약 1개월 동안 번데기 · 5월 중순~7월 상순경 우화(6월 초~중순경이 우화 최성기) 후 알은 5~7일 후 부화 · 6월 하순 유충은 조직을 갉아 양분을 빨아먹고, 기부는 서로 합쳐지면서 미미한 혹이 생김. · 7월 기부의 혹 커짐. · 8월 피해엽의 길이가 짧아지고 혹이 커져서 건전한 잎과 쉽게 구별되고, 엽초를 벗기면 혹 부위가 갈색으로 변함. · 9월 혹 속에 있는 유충이 성숙하여 육안으로 관찰할 수 있고 기부의 혹 전체가 갈색으로 변함. · 9월 하순부터 겨울잠을 자기 위하여 솔잎 기부에서 기어나와 땅으로 떨어짐, 낙하 최성기는 11월, 피해잎은 마르고 붉은색을 띠면서 떨어짐.
피 해 현 상		· 유충이 솔잎 기부에 파고들어 엽조직을 갉아 먹으면서 수액을 빨아먹고 자람. · 피해엽은 6월 하순부터 생장 정지되고, 7월 중순경에는 기부가 팽대해지면서 건전한 잎의 1/2 이하가 되고, 10월부터는 황색으로 변하여 늦가을에서 이듬에 봄 사이에 고사 · 이러한 피해가 2~3년 반복되면 광합성작용의 저하로 수세가 약화되고 나무좀류 등의 2차성 해충의 공격을 받아서 고사
방제방법	임업적 방제	· 피해목벌채, 적기는 9월 중순~10월 초 · 시비 : 새순의 성장을 촉진시키며 동시에 수세 회복 · 비닐피복 : 우화하는 성충 차단 및 나무에서 떨어지는 유충을 수거하여 소각
	생물적 방제	· 천적 이용 : 솔잎혹파리먹좀벌, 혹파리살이 먹좀벌, 혹파리등뿔먹좀벌, 혹파리반뿔먹좀벌 · 조류보호 : 새들이 솔잎혹파리의 유충 포식
	화학적 방제	· 수관살포 : 6월 상순 메프유제 · 수관주사 : 5월 중순~6월경 포스팜액제 또는 모노포액제 주사 · 근부 토양관주 : 4월 하순~5월 하순경 뿌리주위에 카보입제, 이미다클로프리드입제 묻어 줌. · 지면살포 : 11월 하순~12월 상순경에 토양속 애벌레구제를 목적으로 다수진입제, 에토프입제를 지면에 살포

국립공원 케이블카 논란에 대한 여러 입장

읽을 거리

정부가 지난 해 말 국립공원 7곳 가운데 1곳 이상에 케이블카 설치를 허용하겠다고 밝힌 뒤로 지방자치단체 7곳의 선정 경쟁은 물론 케이블카 설치에 반대하는 주민과 환경단체들의 우직임도 더욱 격화하고 있다.

환경부가 지난 해 12월 28일 국립공원위원회에서 케이블카 설치를 신청한 후보자 7곳을 검토해 오는 6월까지 1곳 이상을 시범사업 대상지로 선정하겠다고 밝히면서 유치 경쟁과 반대 운동이 재점화했다. 케이블카를 짓겠다는 곳은 전남 구례, 전북 남원, 경남 산청·함양(지리산), 강원 양양(설악선), 전남 영암(월출산), 경남 사천(한려해상) 등이다. '최소 1곳 이상 선정'이라는 환경부의 다소 모호한 방침이 각 시·군 사이의 유치경쟁을 더욱 달아오르게 했다.

지리산 권역에서 4개 시·군이 올해 들어 잇따라 결의대회를 열고 서명운동·홍보전을 벌이는 등 과열 양상을 보이고 있다. 전남 구례군과 전북 남원시, 경남 산청군은 "케이블카가 도입되면 등산로를 줄이고 동물 서식지를 끊은 지리산 관통도로의 통행량도 줄어 생태계가 복원될 것"이라며 환경보전에 오히려 케이블카가 필요하다는 논리를 편다.

경남 함양군은 "케이블카가 들어서면 노약자와 장애인이 그토록 꿈꾸던 지리산 천왕봉에 오를 수 있다"며 이들의 이동권 보장을 내세운다.

강원 양양군과 전남 영암군은 "대다수의 주민이 케이블카 설치에 찬성하고, 주변 관광지에도 관람객이 늘어 지역경제에 도움이 될 것"이라며 케이블카 유치에 사력을 다할 태세다. 경남 사천시는 "케이블카를 설치하려는 구간은 환경 훼손 우려가 없고 관광 입지 여건이 좋다"는 점을 강조한다.

하지만 국립공원에 케이블카를 설치하면 생태·환경이 급속하게 훼손될 것이라는 이유로 반대하는 목소리도 커지고 있다. 지리산 권역에선 지리산생명연대, 남원생협, 지리산 사람들, 함양시민연대 등으로 이뤄진 '지리산권 시민사회단체협의회'와 화엄사·쌍계사·벽송사·대원사·실상사 등이 꾸린 '민족성지 지리산을 위한 불교연대' 등이 연대해 반대운동의 강도를 높이기로 했다.

윤주옥 국립공원을 지키는 시민의 모임 사무처장은 "노약자와 장애인의 보행권을 위해 케이블카를 설치해야 한다는 주장은 핑계일 뿐"이라며 "정부가 나서서 지자체들의 경쟁을 차단하고, 모든 국립공원을 대상으로 케이블카 설치 타당성을 검토해 환경 훼손을 최소화하는 방안을 찾아야 한다"고 지적했다.

설악녹색연합 박그림 대표도 "설악산의 자연이 더는 훼손돼서는 안 된다"며 "모든 방법을 동원해 설악산 케이블카 설치를 막겠다"고 말했다.

양양/박수혁 기자, 전국종합

출처 : '12.1.16(월), 한겨레

국립공원 케이블카 논란에 대한 환경부 입장

□ 보도개요

○ 일시 및 매체 : '12.1.16(월), 한겨레 지역 13면

○ 보도내용

가. 6월까지 시범사업 최소 1곳 이상 선정

- 지난해 12월 케이블카 설치를 신청한 후보지 7곳을 검토해 오는 6월까지 최소 1곳 이상 선정방침 발표로 시·군 사이의 유치 경쟁 가열

※ '11.12.28일 환경부에서 국립공원위원회 방침 발표

나. 케이블카가 들어서면 노약자 및 장애인 등이 지리산 천왕봉에 오를 수 있음

※ 경남 함양군 발언 관련

다. 모든 국립공원을 대상으로 케이블카 설치 타당성 검토 필요

※ 국립공원을 지키는 시민의 모임 윤주옥 사무처장

□ 설명내용

〈가. "6월까지 시범사업 최소 1곳 이상 선정"에 대하여〉

○ "시범사업 최소 1곳 이상 선정" 방침을 결정한 사실이 없음

○ 환경성·경제성·공익성·기술성 등이 충족된 지역에 한해 삭도 시범사업대상으로 선정되며 기준 부적합시 모두 시범사업에서 제외됨

〈나. "케이블카가 들어서면 노약자 및 장애인 등이 지리산 천왕봉에 오를 수 있음"에 대하여〉

○ 주요봉우리 회피, 왕복이용 전제, 기존 탐방로와의 연계회피 등 「자연공원 삭도(索道) 설치·운영 가이드라인」에 따라 폐쇄형 케이블카만을 검토대상으로 하고 있어 케이블카 이용객이 천왕봉에는 오를 수 없음

〈다. "모든 국립공원을 대상으로 케이블카 설치 타당성 검토 필요"에 대하여〉

○ 모든 국립공원이 아니라 신청서를 제출한 7곳을 대상으로 정밀 검토 중

- 환경성·경제성·공익성·기술성 등 검토기준에 따라 민간전문위원회 정밀검토, 공청회 개최를 통한 지자체 신청서에 대한 적극적인 의견수렴 등 환경훼손이 최소화 되도록 공정하고 엄격하게 선정절차 진행

출처 : 환경부 보도 설명자료

별첨 도로비탈면 녹화공사의 설계 및 시공 지침

국토해양부(2009.6)

1.1 총 칙

1.1.1 목 적

❑ 각종 도로건설공사 등으로 발생된 비탈면의 자연경관과 생태계를 복원

❑ 도로 이용자들에게 안정감과 쾌적함을 제공

❑ 주변 생태환경에 적합한 환경친화적인 비탈면 녹화공법 설계 및 시공에 관한 사항을 정함.

1.1.2 적용범위

❑ 도로건설공사로 인해 발생하여 구조적으로 안정된 비탈면 중 녹화에 의한 표면보호와 경관복원이 필요한 비탈면의 자연생태복원 및 녹화사업에 적용

❑ 적용대상 : 고속도로, 일반국도, 국도대체우회도로, 국가지원지방도

1.1.3 도로비탈면 녹화공사 업무 흐름도

별첨 표 1-1 비탈면 녹화공사 업무 흐름도

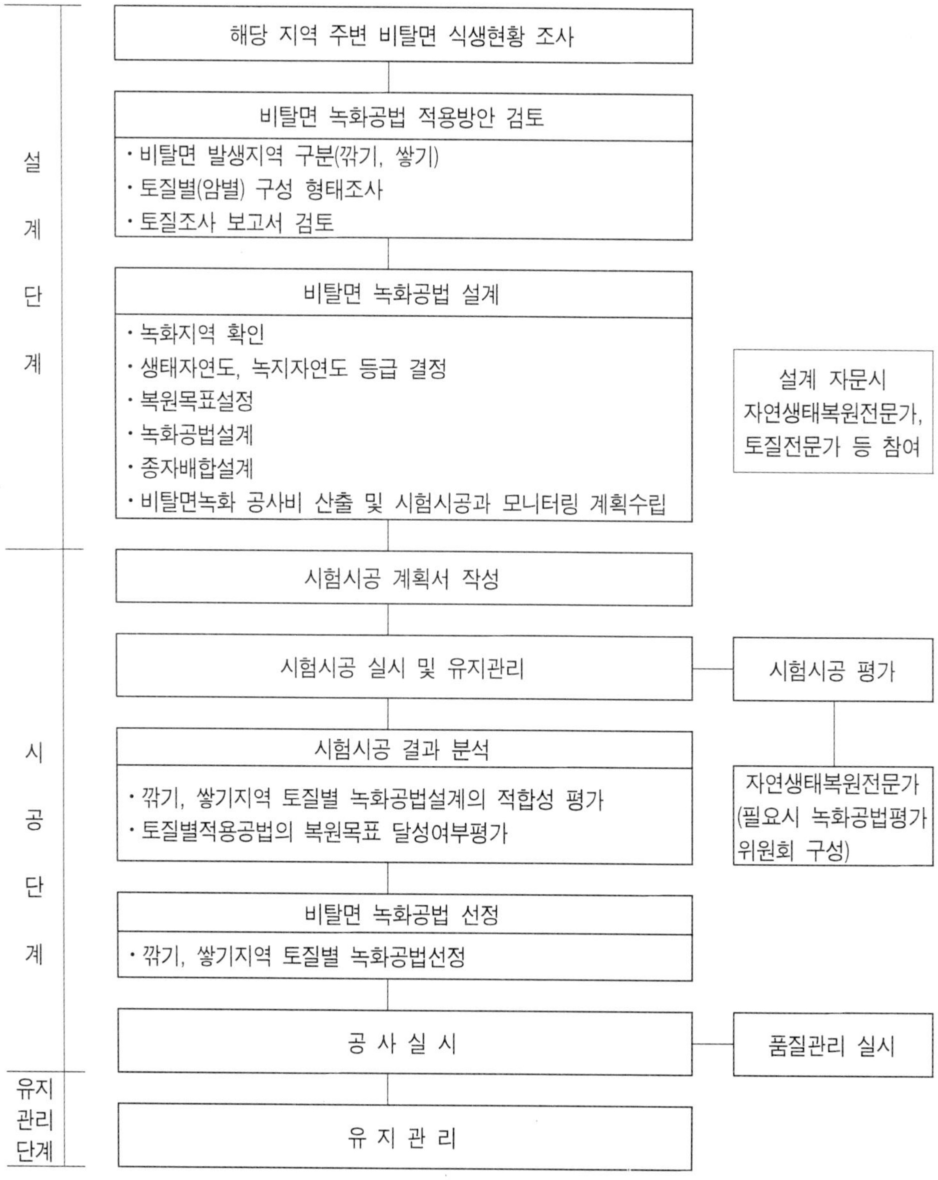

1.1.4 도로비탈면의 구조와 명칭

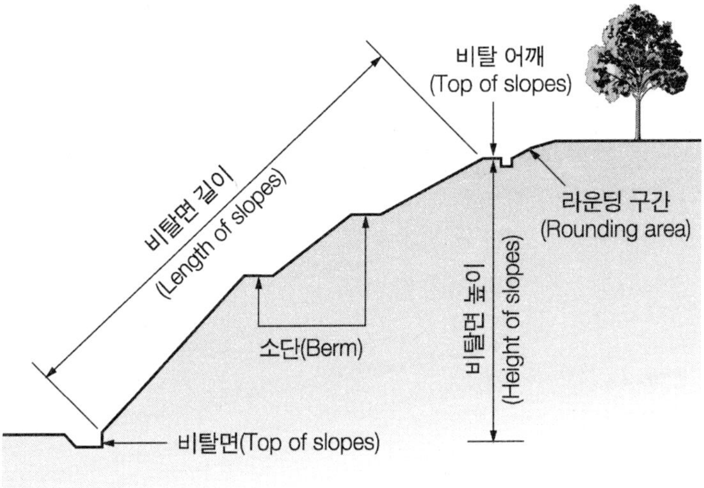

별첨 그림 1-1 도로비탈면의 구조와 명칭

1.2 도로비탈면 녹화공사의 설계

1.2.1 설계순서

① 녹화대상지역이 녹화지역의 구분 중 어느 지역에 해당하는지를 확인하고 복원목표를 정함.

② 깎기 비탈면과 쌓기 비탈면으로 구분하고, 비탈면의 토질조건과 식생기반조건에 대한 분석결과를 바탕으로 비탈면 녹화공법 선정절차에 따라 비탈면 복원목표, 비탈면의 경사도, 토질(암질)조건, 주변 환경, 지역여건 등을 종합적으로 고려하여 최적의 녹화공법을 적용

③ 녹화공법을 선정할 때에는 현장을 방문하여 설계 조건을 확인

④ 선정된 녹화공법에 적용할 종자배합을 설계

⑤ 평면도를 이용하여 전개도를 작성하고 녹화공법별 수량을 산출

⑥ 녹화공법별 설계단가, 설계내역서를 작성

1.2.2 복원목표

① 녹화지역과 생태자연도 등급에 따라 초본위주형, 초본·관목혼합형, 목본군락형, 자연경관복원형으로 구분
② 생태자연도 1등급지역과 별도관리지역은 자연경관과 생태계 복원가치가 높은 지역이므로 자연경관복원형으로 복원
③ 해안지역에서는 해안생태계의 특성에 적합한 식물을 고려
④ 내륙 지역에서는 경관적인 측면을 고려하여 생태자연도 등급과 녹지자연도 등급에 따라 비탈면의 형상과 토질을 고려하여 복원목표를 정함.

1.2.3 녹화지역의 구분

❑ 기후환경, 지역환경, 산림환경, 토질조건 등을 고려하여 구분
① 태백산맥을 중심으로 한 국토핵심생태녹지축지역
② 해안일대와 도서지역을 포함한 해안생태계지역
③ 내륙생태계지역

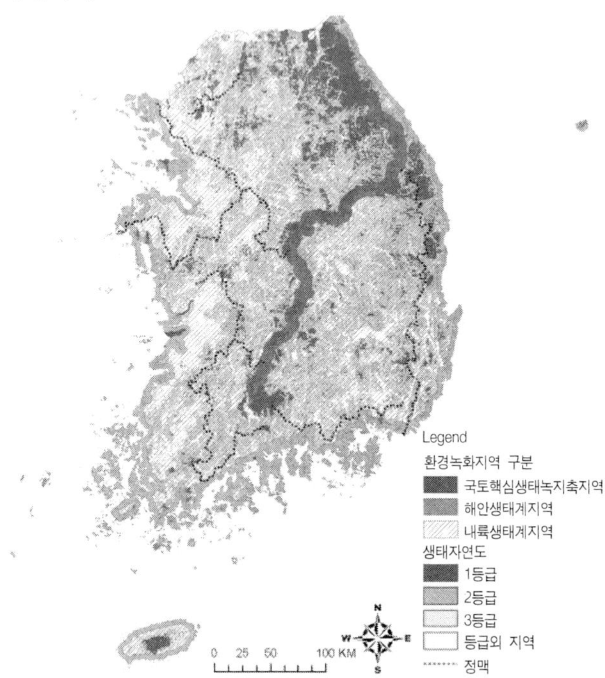

별첨 그림 1-2 녹화지역구분과 생태자연도 등급분류도

1.2.4 생태자연도 등급별 비탈면 복원목표 적용

❑ 비탈면 복원목표는 생태자연도의 등급과 주변 생태계의 특성(녹지자연도 등급)을 고려하여 적용

별첨 표 1-2 생태자연도 평가 등급별 비탈면 복원 목표

생태자연도 등급	복원목표	
	일반 복원형	자연경관복원형
1		○
2	○	
3	○	

※별도관리지역은 생태자연도 1등급으로 본다.
※생태자연도 등급이 설정되지 않은 기타 등급 외 지역은 생태자연도 3등급의 기준을 적용한다.
※복원목표별로 시험시공을 통해 품질이 우수한 녹화공법을 선정하고, 특히, 자연경관복원형은 현지에 적합한 식물 위주로 설계한다. 「표 2.3, 2.4 참조」

별첨 표 1-3 녹화지역과 생태자연도별 비탈면 복원목표

<table>
<tr><td colspan="2" rowspan="4">복원목표
녹화지역구분</td><td colspan="6">생태자연도 등급별 복원목표</td></tr>
<tr><td>1등급</td><td colspan="3">2등급</td><td colspan="2">3등급</td></tr>
<tr><td rowspan="2">자연경관 복원형</td><td colspan="3">일반 복원형</td><td colspan="2">일반 복원형</td></tr>
<tr><td>목본 군락형</td><td>초본관목 혼합형</td><td>초본 위주형</td><td>초본관목 혼합형</td><td>초본 위주형</td></tr>
<tr><td colspan="2">국토핵심생태녹지축지역</td><td>○</td><td>○</td><td>○</td><td>○</td><td>○</td><td>○</td></tr>
<tr><td colspan="2">해안생태계지역</td><td>○</td><td>○</td><td>○</td><td>○</td><td>○</td><td>○</td></tr>
<tr><td rowspan="2">내륙생태계 지역</td><td>녹지자연도 8등급 이상</td><td>○</td><td>○</td><td>○</td><td>○</td><td>○</td><td>○</td></tr>
<tr><td>녹지자연도 7등급 이하</td><td></td><td>○</td><td>○</td><td>○</td><td>○</td><td>○</td></tr>
</table>

※생태자연도 등급기준은 녹지자연도 등급기준 보다 우선하여 적용한다. 녹지자연도 7등급이라도 생태자연도가 1등급인 경우에는 자연경관복원형의 목표를 정한다.
※별도관리지역은 생태자연도 1등급으로 본다.
※해안생태계지역은 해안생태계의 식물상을 반영한 식물배합을 하되 주변 자연경관과 조화되는 경관녹화에 주력한다.

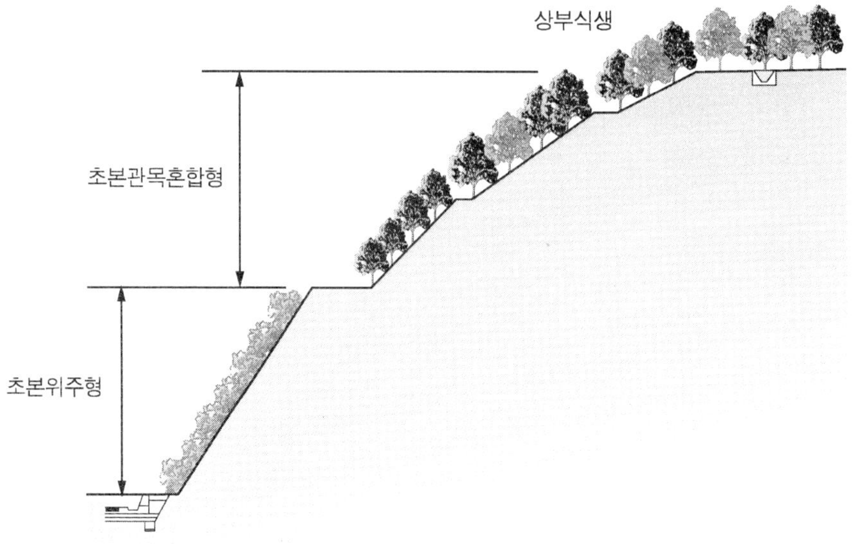

별첨 그림 1-3 일반적인 깍기지역 비탈면녹화 모형도(예시)

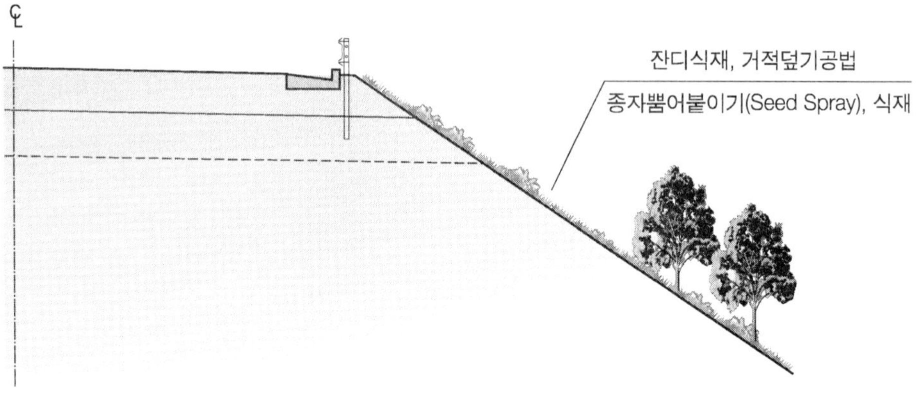

별첨 그림 1-4 일반적인 쌓기지역 비탈면녹화 모형도(예시)

1.2.5 녹화설계 일반사항

❑ 비탈면 녹화설계는 환경친화적이면서 비탈면의 안정성 유지, 토양유실방지, 경관복원, 자연식생천이 유도, 이산화탄소 저감에 유리한 식생구조를 조성하기 위해 자연환경, 토양환경, 지질 및 토질(암질)특성, 식생기반재 기준 등을 종합적으로 고려하여 진행

❑ 지역 환경에 대한 선행조사, 분석, 평가 등의 절차를 거쳐
❑ 녹화지역구분과 생태자연도의 등급에 따라 설정된 비탈면 복원목표를 효과적으로 달성할 수 있도록 녹화공법을 설계
❑ 녹화공법이 선정된 다음에는 복원목표 달성을 위한 종자배합을 설계
❑ 시험시공계획 및 모니터링계획, 유지관리계획을 수립하여 세부수량을 산출

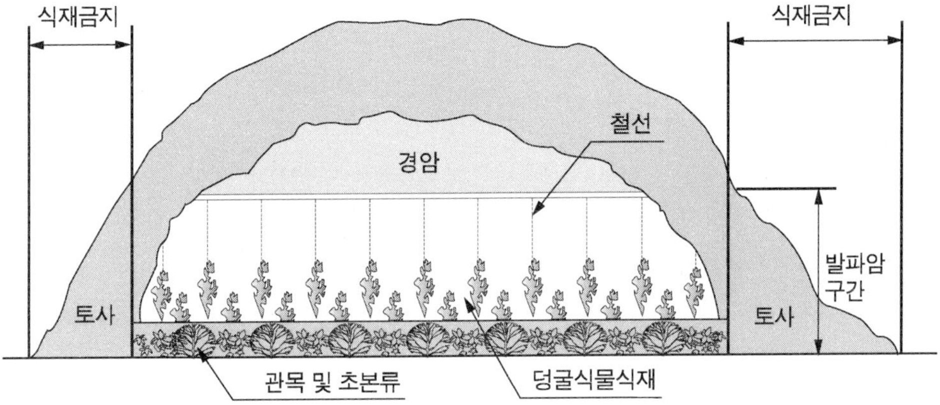

별첨 그림 1-5 암질이 양호한 지역 덩굴식물 식재 모형도(예시)

1.2.6 비탈면 녹화공법 선정

① 비탈면 녹화공법 선정 절차
- 비탈면 녹화공법은 별첨 그림 1-6과 같은 선정절차에 따라 선정
- 아래에 제시한 공법은 토질과 경사도에 따른 일반적인 녹화공법의 예시
- 전문가의 의견을 수렴하고 다양한 녹화공법을 검토하여 여건에 맞는 녹화공법을 선정하여야 함.

② 특수한 암질의 녹화공법 선정
- 이암(셰일) 등 특수한 암질인 경우는 유사사례를 조사, 분석하고 전문가의 자문을 받아 적정한 녹화공법을 선정해야 함.

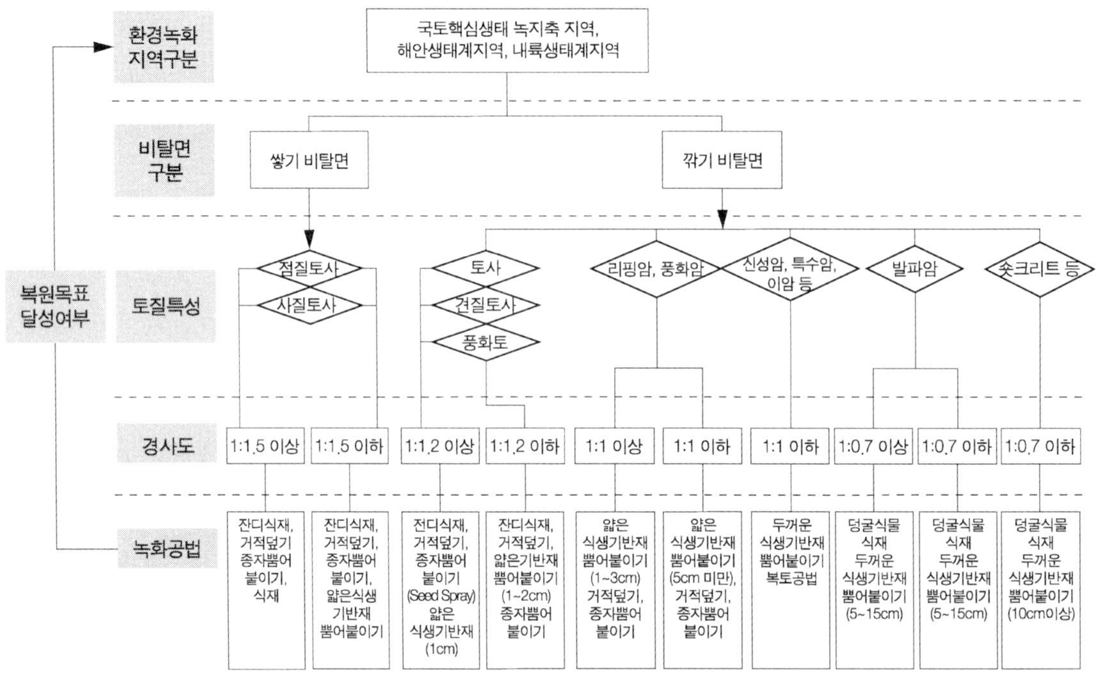

별첨 그림 1-6 비탈면 녹화공법 선정절차

1.2.7 종자배합설계

① 일반사항

- 녹화공법별 종자 배합은 도로 주변환경을 고려하고, 녹화지역, 복원목표, 비탈면 토질(암질) 및 경사도에 따라 적합하게 설계
- 녹화지역별 종자배합 설계는 초보위주형, 초본·관목혼합형, 목본군락형, 자연경관복원형 등의 복원목표에 부합되도록 함.
- 목본군락형, 자연경관복원형의 복원목표 달성을 위해 생태복원녹화공법들의 특성에 맞게 주변에서 채취한 표토활용, 종자파종 및 자생종의 묘목식생 이식 등의 방법을 검토하고, 식생기반재뿜어붙이기와 병용하는 방안과 자연천이를 촉진 및 유도하는 방안 등을 강구할 수 있음.

별첨 표 1-4 자연경관복원형 적용지역 녹화공법 종자배합비율 조견표

복 원 목 표	식 생 구 분	종자배합비율(%)
초본 위주형	관목류	20~40[1]
	초본, 야생화류	40~80

복 원 목 표	식 생 구 분	종자배합비율(%)
초본 위주형	외래초종(양잔디류)	0~10
	합 계	100[2)]
초본·관목 혼합형	관목류	30~50
	초본, 야생화류	45~70
	외래초종(양잔디류)	0~5
	합 계	100[2)]
목본 군락형	교목류, 아교목류, 관목류	40~70
	초본, 야생화류	30~70
	외래초종(양잔디류)	0
	합 계	100[2)]

주1) 숫자는 중량배합비율을 의미한다.
2) 종자배합 시 외래초종의 중량배합비율을 우선 정한 다음 초본, 야생화류, 관목류 등 전체 종자 배합량의 합이 100이 되도록 정한다.

별첨 표 1-5 기타 적용지역 녹화공법 종자배합비율 조건표

복 원 목 표	식 생 구 분	종자배합비율(%)
초본 위주형	관목류	10~40[1)]
	초본, 야생화류	40~80
	외래초종(양잔디류)	10~20
	합 계	100[2)]
초본·관목 혼합형	관목류, 아교목류	30~50
	초본, 야생화류	40~70
	외래초종(양잔디류)	5~15
	합 계	100[2)]
목본 군락형	교목류, 아교목류, 관목류	35~60
	초본, 야생화류	35~65
	외래초종(양잔디류)	3~10
	합 계	100[2)]

② 종자배합시 고려사항

- 종자의 배합비율은 계절, 토질(암질), 기후특성 등을 고려하여 정함.
- 혼합한 후 종자가 골고루 살포되도록 함.
- 주위 경관과 조화할 수 있도록 식물종을 배합하여 적용
- 재래종과 외래초종(양잔디류)의 배합시에는 재래종의 비율을 높게 하고 외래초종(양잔디류)에 의하여 피압 당하지 않도록 하여야 하며, 외래초종(양잔디류)을 사용할 경우에는 초장이 짧은 종을 사용
- 종자배합시 한 종류의 발생기대본수는 총 발생기본대수의 40% 이상이 되지 않도록 함.
- 자연공원, 자연생태 · 경관보전지역, 문화재 보호구역, IC구간, 터널입출구

등 경관을 특별히 고려할 필요가 있는 지역에서는 환경영향평가서를 참고하여 지역 고유의 자생종 종자를 혼합

- 시거장애방지 및 효율적인 유지관리를 위해 쌓기 비탈면 최상단 및 깎기 비타면 최하단에 키가 큰 수목종자(싸리류, 낭아초 등)의 사용은 피함.
- 주변 식물군락의 유형에 따라 초본·관목혼합형 및 목본군락형 녹화지역에 내음성이 강한 수종을 1종 이상 선정하여 파종할 수 있음.
- 종자배합설계시 비탈면의 방향과 고도, 주변생태계의 특성을 종합적으로 고려하여 종자배합설계를 다르게 적용할 수 있다. 특히, 비탈면의 방향과 해발고도 등을 고려할 때 수분의 고갈이나 온도, 제설, 일조량 등으로 식물의 원만한 생육이 어렵다고 판단되는 경우, 전문가 자문을 받아 종자배합을 다르게 적용할 수 있음.
- 전문가의 자문을 통해 녹화식물 배합 설계

별첨 표 1-6 자연경관복원형 적용지역의 얇은 식생기반재뿜어붙이기 (두께 5cm 미만)의 종자배합량 조건표 예시

단위 : (g/m^2)

복원목표	종 자 배 합		종자량(종자배합비율)
초본 위주형	관목	병꽃나무 등 관목류	9.0
	초본, 야생화	억새 등 새류 일반재래초본류(도입야생화포함)	15.0
		쑥류, 야생화, 지역고유종	3.0
	외래초종 (양잔디류)	Tall fescue Kentucky bluegrass Perennial ryegrass Creeping red fescue 등	3.0
	합 계		30(30 : 60 : 10)
초본·관목 혼합형	관목류 아교목류	붉나무, 병꽃나무, 개쉬땅나무 등 관목류, 아교목류	10.5
	초본, 야생화	새류, 비수리, 숙류 등 초종	10.0
		구절초, 산국, 쑥부쟁이 등 지역고유 야생화류	8.0
	외래초종 (양잔디류)	Kentucky bluegrass 등	1.5
	합 계		30(35 : 60 : 5)
목본 군락형	관목류 아교목류	소나무, 참나무류, 호랑버들, 산초나무, 붉나무, 병꽃나무, 개쉬땅나무 등 관목류, 아교목류, 교목류	12.0
	초본, 야생화	새류, 비수리, 숙류, 까치수염 등 초종	10.0
		구절초, 산국, 감국, 쑥부쟁이, 양지꽃, 산마늘, 마타리, 뚝갈 등의 지역고유 야생화류	8.0

복원목표	종 자 배 합		종자량(종자배합비율)
목본 군락형	외래초종 (양잔디류)	Kentucky bluegrass 등	0
	합 계		30(40 : 60 : 0)

※자연경관복원을 위해 새류, 쑥류, 억새류, 도라지, 구절초, 쑥부쟁이 등의 재래초본과 붉나무, 소나무, 산초나무, 병꽃나무 등의 재래목본 등을 혼합하여 파종할 수 있다. 필요한 경우 재래목본의 묘목식재와 지역고유종을 근주이식한 다음 식생기반재뿜어붙이기 공법을 병행하는 방법, 혹은 지역의 표토를 재활용 하는 방법 등을 고려할 수 있다.
※생태적으로 중요한 지역이므로 외래초본(양잔디류)이 우점하지 않도록 한다.

별첨 표 1-7 자연경관복원형 적용지역의 두꺼운 식생기반재뿜어붙이기 (두께 5cm 이상)의 종자배합량 조견표 예시 단위 : (g/m^2)

복원목표	종 자 배 합		종자량(종자배합비율)
초본위주형	관목	병꽃나무 등 관목류	21.0
	초본, 야생화	억새 등 새류 일반초본류(도입야생화포함)	23.0
		쑥류, 야생화, 지역고유종	19.0
	외래초종 (양잔디류)	Tall fescue Kentucky bluegrass Perennial ryegrass Creeping red fescue 등	7.0
	합 계		70(30 : 60 : 10)
초본·관목 혼합형	관목류 아교목류	붉나무, 병꽃나무, 개쉬땅나무 등 관목류, 아교목류	24.5
	초본, 야생화	새류, 비수리, 숙류 등 초종	23.0
		구절초, 산국, 쑥부쟁이 등 지역고유 야생화류	19.0
	외래초종 (양잔디류)	Kentucky bluegrass 등	3.5
	합 계		70(35 : 60 : 5)
목본군락형	관목류 아교목류	소나무, 참나무류, 호랑버들, 산초나무, 붉나무, 병꽃나무, 개쉬땅나무 등 관목류, 아교목류, 교목류	28.0
	초본, 야생화	새류, 비수리, 숙류, 까치수염 등 초종	23.0
		구절초, 산국, 감국, 쑥부쟁이, 양지꽃, 산마늘, 마타리, 뚝갈 등의 지역고유 야생화류	19.0
	외래초종 (양잔디류)	Kentucky bluegrass 등	0
	합 계		70(40 : 60 : 0)

※자연경관의 조기 복원을 위해 새류, 쑥류, 억새류, 도라지, 구절초, 쑥부쟁이 등의 재래초본과 붉나무, 소

나무, 산초나무, 병꽃나무 등의 재래목본 등을 혼합하여 파종할 수 있다. 필요한 경우 재래목본의 묘목식재와 지역고유종을 근주이식한 다음 식생기반재뿜어붙이기 공법을 병행하는 방법, 혹은 지역의 표토를 재활용 하는 방법 등을 고려할 수 있다.
※생태적으로 중요한 지역이므로 외래초본(양잔디류)이 우점하지 않도록 한다.

별첨 표 1-8 종자뿜어붙이기(seed spray) 및 얇은 식생기반재 뿜어붙이기(두께 5cm 미만)의 종자배합량 조견표 예시 단위 : (g/m^2)

복원목표	종 자 배 합		종자량(종자배합비율)
초본 위주형	관목류	병꽃나무 등 관목류	5.0
	초본, 야생화	억새 등 새류 일반초본류(야생화포함)	14.0
		쑥류 및 기타	1.0
	외래초종 (양잔디류)	Tall fescue Kentucky bluegrass Perennial ryegrass Creeping red fescue 등	5.0
	합 계		25(20 : 60 : 20)
초본·관목 혼합형	관목류, 아교목류	병꽃나무 등 관목류 붉나무 등 아교목류	7.5
	초본, 야생화	억새 등 새류 비수리 등 일반초본류(야생화포함)	14.0
		쑥류 및 기타	1.0
	외래초종 (양잔디류)	Tall fescue Kentucky bluegrass Perennial ryegrass Creeping red fescue 등	2.5
	합 계		25(30 : 60 : 10)
목본 군락형	관목류, 아교목류, 교목류	자귀나무, 붉나무, 소나무(곰솔) 등 교목류, 아교목류 병꽃나무 등 관목류	10.0
	초본, 야생화	억새 등 새류 일반초본류(야생화포함)	12.5
		쑥류 및 기타	1.0
	외래초종 (양잔디류)	Tall fescue Kentucky bluegrass Perennial ryegrass Creeping red fescue 등	1.3
	합 계		25(40 : 50 : 10)

※경관적으로 중요한 지역에서는 금계국, 패랭이꽃, 끈끈이대나물, 붓꽃류(봄), 수레국화, 도라지(여름), 구절초, 산국, 벌노랑이, 쑥부쟁이류, 벌개미취 등(가을)을 혼합 파종할 수 있다.

별첨 표 1-9 기타 적용지역의 두꺼운 식생기반재뿜어붙이기 (두께 5cm 이상)의 종자배합량 조건표 예시

단위 : (g/m^2)

복원목표	종자배합		종자량(종자배합비율)
초본위주형	관목	병꽃나무 등 관목류	12.0
	초본, 야생화	억새 등 새류 일반초본류(도입야생화포함)	30.0
		쑥류, 야생화, 지역고유종	6.0
	외래초종 (양잔디류)	Tall fescue Kentucky bluegrass Perennial ryegrass Creeping red fescue 등	12.0
	합계		60(20 : 60 : 20)
초본·관목 혼합형	관목류 아교목류	병꽃나무 등 관목류 붉나무 등 아교목류	18.0
	초본, 야생화	억새 등 새류 일반초본류(도입야생화포함)	30.0
		쑥류, 야생화, 지역고유종	6.0
	외래초종 (양잔디류)	Tall fescue Kentucky bluegrass Perennial ryegrass Creeping red fescue 등	6.0
	합계		60(30 : 60 : 10)
목본군락형	관목류 아교목류 교목류	자귀나무, 붉나무, 소나무(곰솔) 등 교목류, 아교목류 병꽃나무 등 관목류	24.0
	초본, 야생화	억새 등 새류 일반초본류(도입야생화포함)	26.0
		쑥류, 야생화, 지역고유종	4.0
	외래초종 (양잔디류)	Tall fescue Kentucky bluegrass Perennial ryegrass Creeping red fescue 등	6.0
	합계		60(40 : 50 : 10)

※경관적으로 중요한 지역에서는 금계국, 패랭이꽃, 끈끈이대나물, 붓꽃류(봄), 수레국화, 도라지(여름), 구절초, 산국, 벌노랑이, 쑥부쟁이류, 벌개미취 등(가을)을 혼합하여 파종할 수 있다.

※생태적으로 중요한 지역에서는 외래초종(양잔디류) 보다는 자생종(재래초본, 목본류)을 우선으로 배합한다.

별첨 표 1-10 식생기반재뿜어붙이기 종자파종량 조견표

지역구분 / 종자층의 두께	국토핵심생태녹지축지역	해안생태계지역, 내륙생태계지역
1~2cm[1]	20g/m² 이상[2]	20g/m² 이상
3~4cm	30g/m² 이상	25g/m² 이상
5~7cm	70g/m² 이상	60g/m² 이상
7cm 이상	100g/m² 이상	90g/m² 이상

주1) 식생기반재 두께는 종자취부층과 식생기반층을 합한 것을 말한다. 단, 2층뿜어붙이기(식생기반층을 우선 조성하고, 그 위에 종자층을 분리하여 시공하는 공법)인 경우 종자뿜어붙이기층의 두께에 맞게 파종량을 정한다.

2) 종자파종량은 위의 조견표를 따르되 「표 3.7 비탈면 복원목표별 식생 생육판정 기준표」를 만족시킬 수 있도록 발아율이 우수한 녹화식물 종자를 사용하고, 특정종이 전체를 우점하지 않도록 종자배합설계를 적용하여야 한다.

1.2.8 도면작성 및 수량산출

❑ 도면 및 전개도 작성은 쌓기 및 깎기로 구분하여 작성하고, 구간별 토질(암질)의 종류별로 구분하여 비탈면 면적으로 수량을 산출

1.2.9 시험시공 및 모니터링 비용 산정

❑ 설계 시 시험시공과 모니터링 비용은 설계서에 반영

❑ 비탈면 녹화공법 선정을 위한 시험시공과 모니터링에 소요되는 비용은 일식단가(PS 단가)로 설계서에 반영

1.3 도로비탈면 녹화공사의 시험 시공

1.3.1 일반사항

① 시공자는 설계도서를 검토하고, 설계된 비탈면 녹화공법이 복원목표에 부합될 수 있는지를 검토

② 시험시공 및 모니터링 계획을 수립하고, 유지관리계획을 마련함.

・해당 비탈면의 자연환경여건에 부합하고 지속성이 있는 최적 녹화공법을

선정하기 위하여 시험시공을 실시함.

- 시공자는 설계에 반영한 녹화식물과 종자배합비율, 종자 사용량 등으로 시험시공 실시
  다만, 설계 내용과 상이하게 시험시공을 시행할 필요가 있다고 판단될 경우에는 사전에 해당 전문가의 자문, 발주자와 협의를 해야 한다.
- 대표적인 위치를 시험시공의 대상지로 선정하고, 깎기 및 쌓기 구간의 토질 및 암질별로 3개 공법을 선정
- 시험시공은 현장별로 1회 이상 시행하는 것을 원칙으로 함.
- 인근 현장과의 거리가 10km 내외
- 현장여건이 유사하여 인근 현장의 시험시공 결과를 활용할 수 있는 경우에 발주자는 시험시공 횟수를 생략하거나 조정하여 시행하게 할 수 있음.
- 이암(셰일) 등 점토광물을 함유하여 swelling, slaking 현장을 유발하는 특수한 암질인 경우, 급속히 풍화가 진행되어 사면이 불안정하게 될 가능성이 있으므로, 유사사례 등을 통한 녹화공법을 면밀히 검토 후 설계 반영

1.3.2 재 료

❑ 종자, 식생기반재 등 녹화 재료에 대해서는 소요 품질을 반드시 검사하여 양호한 재료만을 사용

❑ 현장에서 시험이 어려운 경우에는 공인시험기관에 의뢰하여 품질을 검사

1.3.3 시험시공 절차

별첨 표 1-11 식생기반재뿜어붙이기 종자파종량 조견표

항 목	내 용
1. 시험시공 계획	· 시공목적, 시공대상지, 환경조건, 복원목표 등 검토
2. 공법의 선정	· 감독자는 자연생태복원전문가 등의 자문을 통해 복원 목표에 부합되는 공법 선정
3. 시험시공 및 유지관리 실시	· 시험시공계획서 작성 및 분석 · 시공 재료(뿜어붙이기용 재료, 종자) 시공전후 분석 · 시공 장비 및 시공방법 협의 · 계획서 및 시방서에 준한 시공 실시 · 유지관리 실시

항 목	내 용
4. 시험시공 결과 분석	· 자연생태복원전문가에 의한 주기적인 평가 · 생육판정 기준표에 의한 분석 실시
5. 최적공법 선정	· 녹화공법 평가표에 의한 현장여건에 부합하는 최적 공법 선정

1.3.4 시험시공 단계별 업무 분장

별첨 표 1-12 시험시공 단계별 업무 분장

단 계 별	발주자	시공자	감독자	자연생태 복원전문가	비 고
공사비 반영 (시험시공비용)	○				〈설계단계〉 · 시험시공 및 유지관리
시험시공계획 승인 요청 (시공자→감독자→발주자)		○	△		〈시공단계〉 · 시험시공참여업체 현황[1] 첨부 · 자연생태복원전문가 현황 첨부 · 시험시공 계획서 첨부 · 비상주 감리원[2], 책임 감리원 의견서 첨부
시험시공계획 승인 (발주자, 감독자→시공자)	○		△		
시험시공 감리, 감독	△		○		
시험시공 후 모니터링 및 평가		△	△	○	· 자연생태복원전문가[3]가 모니터링, 녹화공법 평가 시행
시험시공결과 보고서 작성 제출(자연생태복원 전문가→시공자)		△		○	
시험시공결과 승인요청 (시공자→감독자→발주자)		○	△	△	· 시험시공결과 보고서 첨부 · 비상주감리원, 책임감리원 의견서 첨부
시험시공결과 승인 (발주자→감독자, 시공자)	○		△		· 발주자는 필요시 녹화공법 평가위원회를 구성하여 평가를 실시하여 승인한다. · 평가점수가 75점 이상인 공법을 승인 통보

※○ : 전담자, △ : 보조자

1.3.5 시험시공계획 수립 및 방법

① 시험시공 계획

- 시공자는 현장의 특성을 고려하여 비탈면녹화에 대한 시험시공 계획을 작성
- 책임감리원 및 비상주 감리원의 검토의견을 첨부
- 발주자에게 제출하여 승인을 받아 시험시공을 함.
- 시험시공은 설계에 반영된 공법으로 시행함을 원칙
- 다른 공법 적용이 필요하거나 설계에 반영한 녹화공법 보다 품질이 양호하며 경제적인 녹화공법이 있는 경우에는 시험시공 대상으로 추가로 선정

② 시험시공 및 모니터링

- 시험시공의 면적은 공법 당 100～200m^2 범위
- 뿜어붙이기 두께는 녹화공법에 따라 암질, 토질상태, 자연환경, 식생기반재 기준 등을 고려하여 조정

1.3.6 시험시공결과 평가

① 시험시공결과 평가

- 자연생태복원전문가와 감독자가 합동으로 아래의 [해설]과 같이 시험시공 결과 평가

별첨 표 1-13 녹화공법 평가 일정

파종시기	3~5월 파종	6~8월 파종	9~11월 파종
평가시기	· 여름 전과 여름 후에 1차 및 2차 평가 · 11월 전에 최종평가	· 여름 후 9월경 1차 평가 · 이듬해 4~5월 2차 평가 · 이듬해 8~9월 최종평가	· 11월 중 1차 평가 · 이듬해 여름 직전 2차 평가 · 이듬해 9~10월 최종평가

별첨 표 1-14 녹화공법 평가표

구분	평가	항 목			배점 (%)	배 점 기 준				
재료	정량적	토양 및 종자 품질			-	합격기준 미달시 불합격 처리				
품질	정량적	식물생육	식생 피복율 (전체)	초본위주형 초본·관목 혼합형	15	80% 이상 (15)	60~79% (10)	60% 미만 (5)		
				목본군락형 자연경관 복원형		70% 이상 (15)	50~69% (10)	50% 미만 (5)		
			식생피복율 (한지형초본 등 외래도입초종)		(0~-5)	피복율에서 외래도입초본의 점유율				
						30% 미만 (0)	30~59% (-3)	60% 이상 (-5)		
			식생생육량 (한지형초종 제외)		5	양호(5)	보통(3)	불량(1)		
			병충해		5	양호(5)	보통(3)	불량(1)		
		출현종수	목본성립본수		10	식생생육판정기준표 복원목표의 달성도				
						80% 이상 (10)	60~79% (7)	60% 미만 (3)		
			초본 및 목본의 출현종수		15	80% 이상 (15)	60~79% (10)	60% 미만 (5)		
			생태계교란 및 위해종 침입		(0~-5)	하(0)	중(-3)	상(-5)		
		식생기반재 물리적 특성			10	양호(10)	보통(7)	불량(3)		
		탈락 및 붕괴지점			5	양호(5)	보통(3)	불량(1)		
	정성적	녹화 지속성 및 식생침입 가능성			5	양호(5)	보통(3)	불량(1)		
		주변 환경과의 유사도			(0~-5)	양호(0)	보통(-3)	불량(-5)		
	소 계				70%					
경제성	정량적	시공단가			30	130% 미만 (30)	130~160% (24)	161~190% (18)	191~220% (12)	220% 초과 (6)
	소 계				30%					
합 계					100%					

별첨 표 1-15 비탈면 복원목표별 식생생육판정 기준표

복원목표 \ 평가		목본 성립본수	출현종수	
			초본	목본
초본 위주형	합격[1]	2본/m^2 이상	5종/m^2 이상	2종/m^2 이상
	판정보류	피복율이 50~70%이면서 $1m^2$당 10본 발아가 있으면서 생육이 늦은 경우 1~2개월 동안 상태를 지켜보고 재평가한다.		
	불합격	피복율이 50% 이하이면서 식생기반이 유실되어 식물의 성립이 기대되지 않을 경우 재시공한다.		
초본 관목 혼합형	합격	3본/m^2 이상	4종/m^2 이상	3종/m^2 이상
	판정보류	피복율이 50~70%이면서 $1m^2$당 관목의 발아가 늦을 경우 2~3개월 동안 상태를 지켜보고 재평가한다.		
	불합격	피복율이 50% 이하이면서 식생기반이 유실되어 식물의 성립이 기대되지 않을 경우 재시공한다.		
목본 군락형	합격	5본/m^2 이상	3종/m^2 이상	4종/m^2 이상
	판정보류	피복율이 70~80%이고 교목이 1~2본/m^2인 경우 익년 봄까지 상태를 봄. 드문드문 발아가 보이지만, 비탈면 전체가 나지로 보일 경우 2~3개월 동안 상태를 지켜본 후 판정한다(부적기 시공의 경우).		
	불합격	식생기반이 유실되어 식물의 성립이 기대되지 않을 경우 재시공함.		
		초본 피복율이 80~90%이면서 목본이 피압당하고 있을 경우 예초 후 대책강구		
자연 경관 복원형	합격	7본/m^2	5종/m^2 이상	5종/m^2 이상
	판정보류	피복율이 70~80%이고 교목이 3~4본/m^2인 경우 익년 봄까지 상태를 봄. 드문드문 발아가 보이지만, 비탈면 전체가 나지로 보일 경우 2~3개월 상태를 지켜본 후 판정한다(부적기 시공의 경우).		
	불합격	식생기반이 유실되어 식물의 성립이 기대되지 않을 경우 재시공함.		
		피복율이 80% 이상이면서 목본이 피압당하고 있을 경우 예초 후 대책 강구		

주1) 합격은 모든 항목을 만족하여야 하며, 한 개의 항목이라도 미달할 경우 보류로 본다.

별첨 표 1-16 녹화공법 품질 및 경제성 평가기준과 방법

구분	평가	항목		평가기준	평가기준 및 방법1)	평가빈도
재료	정량적	재료품질		절대평가	식생기반재 샘플을 1~2kg 채취하여 토양의 이화학성을 분석 후 기준항목 합격여부 판단함.	1회
품질	정량적	식물생육	식생피복율(전체)	절대평가	시공후 공법별 식생피복율을 1×1m 방형구를 설치하여 3회 반복 조사 후 평균함.	주기조사
품질	정량적	식물생육	식생피복율(한지형초종)	절대평가	격자틀(20×20cm) 또는 1×1m 방형구를 설치하여 한지형잔디(외래종)만의 피복율을 3회 반복 조사하여 평균함. 피복율에서 외래도입초종만의 점유율을 평가함.	계절별 1회
품질	정량적	식물생육	식생생육량(한지형초종제외)	상대평가	한지형 초종을 제외한 식생을 채취하여 생물중량(생체중)을 전자저울 등을 이용하여 실측함.	계절별 1회
품질	정량적	식물생육	병충해	상대평가	생육판정시기까지 계절별로 병충해, 여름철 하고 현상 등을 조사함.	계절별 1회
품질	정량적	출현종수	목본성립본수	절대평가	1m×1m 방형구를 설치하고 목본의 성립본수를 10회 조사하여 본수/m^2로 평균하여 〈표 3.6〉의 합격 목표치에 따른 달성도를 측정. 목본의 수고가 1~6m인 경우에는 방형구를 2m×2m로 확대함.	계절별 1회
품질	정량적	출현종수	초본 및 목본의 출현종수	절대평가	1m×1m 방형구를 설치하여 초본 및 목본의 출현종수를 조사하여 종수/m^2로 환산 평균하여 〈표 3.6〉의 합격 목표치에 따른 달성도를 측정함. 이때 초본 및 목본 출현종수 비율을 각각 평가한 후 이를 평균으로 환산함. 목본의 수고가 1~6m인 경우에는 방형구를 2m×2m로 확대함.	계절별 1회
품질	정량적	출현종수	위해종 침입 및 시험지의 교란정도	상대평가	위해종인 돼지풀, 단풍잎돼지풀 등과 교란종인 환삼덩굴, 칡 등에 의한 교란정도를 측정함.	수시평가
품질	정량적	식생기반재 물리적 특성		절대평가	식생기반재의 토양경도는 양호(11~23mm), 보통(23~27mm), 불량(11mm미만, 27mm초과)분류하고 토양습도는 양호(0.5~5%), 보통(5%~8%), 불량(0.5% 미만, 8% 초과)로 분류한다.(간이측정기기를 이용 현장 측정 가능)	1회 이상 조사
품질	정량적	탈락 및 붕괴지점		상대평가	시험시공면적당 탈락 및 붕괴 지점 수를 조사함.	계절별 1회
품질	정성적	녹화 지속성 및 식생침입 가능성		상대평가	3~5년 정도 지난 기존 시공지에서의 녹화 지속성 및 천이여부 평가함.	1회 이상
품질	정성적	주변 환경과의 유사도		상대평가	주변 환경과의 생태적 경관 조화성을 평가함.	수시평가
경제성	정량적	시공단가		상대평가	시험시공 참여업체의 최저가를 기준으로 상대 평가한다.	최종평가시

주1) 평가기준 및 방법은 「부록 시방서 1.4 시험시공」을 참고한다.

별첨 표 1-17 시험시공 결과보고서 수록내용

항 목	내 용	비 고
1. 개 요	· 시험시공의 목적 · 시험시공 위치도 및 주변 현황 분석 · 시험시공 비탈면의 환경특성	녹화지역구분 복원목표설정
2. 시험시공 재료 및 방법	· 시공재료 · 사용종자 · 시공장비 · 시공방식 · 측정방식	
3. 시험시공지 조사	· 발아상태 · 식물생육상태 · 기반재의 안정성 · 재료 특성 분석 · 기반재의 지속성	식물생육(3가지 평가지표) 출현종수(3가지 평가지표) 식생기반재 물리화학적 특성 탈락 및 붕괴지점 주변환경과의 유사도
4. 시험시공 결과 분석 및 평가	· 생육특성(품질) · 경제성 · 향후 예측	녹화공법평가표 첨부
5. 기 타	· 산업재산권(특허, 신기술·특허공법) · 시공실적 · 시험성과물	공법 특성 분석

② 시험시공 결과 승인

- 녹화평가점수가 75점 이상인 녹화공법에 대하여 선정
- 품질 및 경제성이 적합하면서 복원목표를 효과적으로 달성할 수 있는 공법은 모두 승인
- 발주자는 필요한 경우에는 녹화공법 평가위원회를 구성하여 녹화공법 평가를 실시할 수 있음.
- 평가위원회는 자연생태복원전문가, 종자 및 식물전문가, 비상주감리원, 관계공무원 등으로 구성

1.4 도로비탈면 녹화공사의 시공

1.4.1 시공 계획 수립

❑ 비탈면녹화에 대한 시공 계획은 시험시공을 통해 선정된 녹화공법을 반영
❑ 비탈면 복원목표를 충분히 달성할 수 있도록 수립

1.4.2 재 료

❑ 종자, 식생기반재 등 녹화재료는 품질기준 및 환경기준에 맞는 제품을 사용

1.4.3 시 공

❑ 비탈면 식생녹화는 시공시기와 기상조건에 영향을 받으므로 시공시기를 충분하게 검토
❑ 시험 시공한 결과와 본 시공의 결과가 상이하지 않도록 시행

1.4.4 녹화식생의 평가

❑ 녹화식생 조성에 대하여는 판정시기와 판정기준을 참고하여 평가
❑ 시공후의 녹화공법, 시공시기, 도입식물, 시공후의 기상, 식생기반재의 지속성 등을 적절하게 고려하여 평가
❑ 시공자는 시공완료 후에는 시험시공결과와 일치여부를 평가하고, 그 결과를 기성검사 또는 준공검사 시 제출

1.5 도로비탈면 녹화공사의 유지관리

1.5.1 일반사항

❑ 비탈면의 녹화는 주변에서의 식물천이를 유도하여 자연 상태의 환경을 조성하는 것
❑ 관리는 점검, 유지관리 등의 과정이 적절하게 수행

1.5.2 유지관리

① 점검
- 유지관리계획을 수립하여 주기적으로 점검
- 일상점검 시 점검 항목
  - 비탈면 아래로의 낙석 혹은 토사유출 흔적
  - 식생기반재 균열 후 이탈한 현상
  - 성토부 상단의 균열, 침하
  - 식생기반 유실 흔적
  - 식생 쇠퇴, 고사, 변색, 이상 번성
  - 측구, 소단배수구, 종배수구에 토사, 낙엽, 마른 나뭇가지의 퇴적 및 배수구의 이상
  - 구조물과 비탈면 녹화공의 경계부 이상
  - 비탈면 주변의 변화 상태, 특히 비탈면 상부의 나무 쓰러짐
- 이상점검 시 일상점검을 유의하고 다음 사항을 중점 점검
  - 비탈면 주변을 포함한 지표수, 용수 위치, 그 양과 탁도
  - 식생기반의 미끄러져 내림, 유실 발생위치, 규모, 상태 및 확대 예측 범위
  - 해충상황과 병충해 예측범위
  - 해수에 의한 염해상황
  - 예상 외의 식물 이상 번성이나 동물에 의한 피해상황
  - 이상기상에 의한 식생기반 박리, 비산 등의 변화 상태나 식생 쇠퇴상황
  - 붕괴장소에 대해서는 그 규모와 확대 유무, 하방으로 영향을 파악

- 정기점검은 분기 또는 일정시기별로 시행하며, 정기점검에는 일반적으로 비탈면 녹화식생의 평가와 식물의 추적조사를 하고, 식생의 상태를 파악하여 복원목표에 부합되도록 진행되는지 확인

② 유지관리 방법
- 도입식물의 식생 천이가 정상적으로 진행되는지 여부를 확인
- 미래에 녹화 목표를 달성할 수 있도록 관리
- 유지관리는 식물군락의 특성을 이해하고, 녹화목표를 달성하도록 관수, 시비, 추파 등 적절한 노력을 말함.
- 시공 후 초기 유지관리
  - 시공 후 초기 단계 유지관리는 도입식물의 확실한 정착에 유의
  - 식물형성의 원활함이 기본이 되므로 식물구성에도 주의하면서 녹화목표의 주체가 되는 주 구성종이 확실히 정착할 수 있도록 함.
- 전면 피복후의 유지관리
  - 자연피복 후에는 생태계 교란종에 의한 피해가 발생하지 않도록 유의
  - 녹화목표의 달성에 대한 판단은 주 구성종으로 도입된 식물이 군락 우점종인 경우이나 그에 가까운 상태로 되었을 경우를 기준으로 함.
- 식생기반의 유지관리
  - 뿜어붙이기에 의해 조성된 식생기반이나 식생자루 등이 강우, 동해, 용수에 의해 손상 또는 유실된 경우에는 그 부분을 보수
  - 철망이 뜨는 경우에는 철망을 고정한다. 단, 시공 후 시간의 경과에 따라, 식물이 충분히 생육되어 전면적으로 비탈면을 피복되고 뿌리가 고정되어 앵커핀의 필요성이 없어진 경우에는 그럴 필요는 없음.
  - 비탈면에 균열, 함몰, 탈락, 붕괴 같은 이상이 보일 경우에는 그 원인 조사를 하여, 급속히 침식방지 대책이나 붕괴방지 대책을 시행
  - 콘크리트틀 구조물에서 균열, 함몰 같은 이상 변형이 보일 경우에는, 그 원인 조사를 하여 조속히 콘크리트 틀의 부분 보수나 붕괴방지 대책을 시행
  - 비탈면 종배수구 및 소단배수구에 퇴적된 토사나 낙엽, 마른 나뭇가지가 보일 경우에는, 흘러넘친 물에 의해 비탈면 침식을 유발할 우려가 있으므로, 배수구 청소를 하여 제거
  - 배수구를 덮을 듯이 무성해진 초본과 관본류도 배수기능을 저하시킬 우

려가 있으므로, 청소 시 깎기하여 두는 것이 바람직
- 벌목한 초본과 목본식물이나 제거된 토사는 배수구로 유입되지 않도록 충분히 주의

환경해설의 개념과 안내자 방식 해설물의 제작기법

읽을거리

1) 환경해설의 개념

- 환경해설은 단순한 독립된 사실 정보의 지식 전달을 위한 교육적 체계보다는 사실 정보를 대상자가 갖고 있는 기존의 경험, 체험, 사고와의 관계모색을 통해 일정 주제에 대한 자극 혹은 메시지를 주고자하는 커뮤니케이션 체계를 말함.
- 환경교육과 환경해설의 궁극적 목표는 공히 환경 윤리의 차아달이라고 볼 수 있지만 세부적 전달 목표와 정보 전달 체계 등에는 기본적 차이가 있다. 환경교육이 과학적 사실의 전달을 중시하는데 비하여 환경해설은 사실에 대한 문제점과 의미의 이해를 돕고자 과학적 사실을 이용한다고 할 수 있다. 따라서 환경해설가는 일반적 교사의 기능이 아닌 메시지 전달자의 기능 역할이 보다 강조된다. 이를 통해 환경해설은 환경교육적 효과 뿐만 아니라 자원의 적절한 이용 도모 및 경험 만족 제공의 관리적 효과, 관리 주체의 이미지 제고 등의 홍보적 효과를 제공한다.

표 환경교육과 환경해설의 차이점

구 분	환경교육	환경해설
전달목표	- 환경에 대한 관심, 태도 고취 - 환경문제의 해결 기술 제공 - 환경에 대한 직접적 참여 유도	- 대상지의 적절한 이용 도모 - 관리 주체의 이해 증진 - 참여자의 경험 만족 제공
정보전달체계	- 공식적 학습 과정 - 정형화된 교과 과정에 기초 - 일정 대상자 연속 과정 기초 - 지식 전달 강조	- 비공식적 학습과정 - 정형화된 교과 과정 없음 - 대상자에 대한 1회성 전달 과정 - 자극, 메시지 전달 과정
흥미와 즐거움	- 학습효과의 수단 요소	- 커뮤니케이션의 목적 요소
대상자	- 일정 의무적 참여자	- 자율적 참여자
참여자와 강사 관계	- 수직관계	- 수평관계

(송형섭·김성일, 2001)

2) 환경해설 방식

- 환경해설은 해설가의 유무에 따라 크게 2가지 유형으로 구분된다. 즉 해설가가 직접 시설 또는 탐방지역을 안내하면서 해설하거나 특정 지점에 위치하면서 해설하는 안내자 방식과 탐방자가 직접 간행물이나 단순한 전시물, 해설판 등을 보면서 탐방자 스스로 이해하도록 하는 자기안내방식으로 분류 함.

표 안내자와 자기안내식 환경해설 기법의 장·단점

구 분	장 점	단 점
안내자 방식	- 대상자와의 직접적 커뮤니케이션 및 토론 가능 - 대상자별(연령, 학력 등) 해설 수준 선택 편리 - 필요시 일정 프로그램의 도입 및 변경 용이 - 해설자의 유도로 건전한 이용, 안전도모 및 환경 영향 감소 효과	- 별도의 해설 인력 및 조직 필요 - 일정 단위의 참여 인원 필요 - 해설자 교육 훈련 및 연수 등 운영관리 비용이 많이 소요 - 자유로운 탐방 및 체험 기회 억제 - 일정 지역 및 시간적 제약이 따름
자기 안내식 방식	- 특별한 해설 인력 및 조직없이 시행가능 - 참여 인원수에 관계없이 해설 가능 - 광범위한 지역 활용에 유리 - 자유로운 탐방 및 체험 기회 제공	- 초기 해설물, 환경 영향 방지시설 등의 비용이 많이 소요 - 해설 대상 및 수준의 선택폭이 적음 - 대상자들과의 직접적 의사소통 곤란

(송형섭·김성일, 2001)

3) 안내자 방식 해설물의 제작기법

① 안내자 방식 해설물의 디자인 원칙

- 흥미로워야 한다 : 자연스런 대화적 분위기 조성, 딱딱한 어휘와 말투 삼가, 대상자의 시선을 지속적으로 유도, 대화기법-규모의 과장, 시간과장, 과장적 비유, 의인화 등
- 관련성이 있어야 한다 : 내용이 개인과 연관성이 있어야 함. 환경해설의 내용을 개인의 상황, 즉 대상자 및 대상자의 가족, 건강, 안녕, 생활의 질, 정서 등에 연결시켜야 함.
- 이해하기 쉬어야 한다 : 해설내용이 어려울 경우 관심을 다른 곳으로 돌려 해설가와 대상자 사이의 커뮤니케이션 관계를 어렵게 함. 야외해설의 경우 정보의 수는 다섯가지를 초과하지 않는 것이 효과적
- 명확한 주제를 제시하여야 한다 : 주제는 설명하고자 하는 주안점이나 메시지를 의미

② 테마 작성 과정

- 안내자방식 해설물의 양 : 청중이 앉아 있을 경우 20분 정도가 적당, 서론 25%(약 5분), 본론 50~60%(약 10~12분), 결론 15~25%(약 3~5분), 간단한 소개는 5분 정도가 적당
- 해설 내용의 구성 : 서론-본론-결론
- 2-3-1원칙 : 서론(1), 본론(2), 결론(3)을 계획할 때 본론, 결론, 서론 순으로 작업진행
- 시각보조재 활용방법 : 빔 프로젝트, 슬라이드, OHP, 플립차트, 클로드보드 등

③ 안내자방식의 해설 방법

- 해설시 유의 사항 : 해설물의 내용을 암기하지 말고 이해해야 한다. 무대에 대한 공포감을 갖지 말아야 한다. 망각에 대한 두려움을 갖지 말아야 한다.
- 이동식 해설 유형 : 장소, 대상, 거리 등에 따라 다양한 형태가 있고, 해설가들은 이들 형태에 따라 여러 가지 방법으로 대화할 수 있음. 유형은 산책, 하이킹, 빌딩, 공장, 특정장소, 버스·기차·자전거 등의 여행지가 있음.
- 이동식 해설 방법 : 무언가 진행되고 있는 듯한 역동성을 주는 대화, 대상자들이 주제에 대한 생생한 감동을 갖도록 함. 해설가는 출발전 참여자들이 무엇을 원하고, 어떤 것에 관심을 갖고 있는지를 먼저 알아두어야 함.

출처 : 환경해설의 이론과 실무(2001), 송형섭·김성일 공저, 충남대학교출판부

chapter **6**

습지와 하천

1. 습 지
2. 하 천

1. 습 지

1.1 습지란?

1.1.1 정 의

1) 람사르 협약(ramsar convention)

- 자연적이든 인공적이든, 영구적이든 일시적이든, 물이 정체하고 있든 흐르고 있든, 담수이든 기수이든 염수이든 관계없이 소택지, 저층습원, 이탄지 또는 수역을 말하며, 여기에는 간조시에 수심이 6m를 넘지않는 해역을 포함함.
- 람사르 협약에 의한 정의는 식생과 토양보다는 수문의 관점에서 정의하고 있으며 통상적으로 인정되는 2m수심을 초과하여 6m까지 확대한 것은 다양한 서식환경을 포함하기 위함임.
- 이러한 시각은 현재도 보편적으로 받아들여지고 있으며 수심 6m는 물새가 잠수하여 먹이를 잡아먹는 깊이를 근거로 하고 있음.

2) 습지보전법

❑ 담수, 염수 또는 기수가 영구적 혹은 일시적으로 그 표면을 덮고 있는 지역으로 내륙습지 및 연안습지를 말함.

❑ 내륙습지는 육지 또는 섬 안에 있는 호 또는 소와 하구 등의 지역을 말함.

❑ 연안습지는 만조 시에 수위선과 지면이 접하는 경계선으로부터 간조 시에 수위선과 지면이 접하는 경계선까지의 지역을 말함.

용어정의

- 담수 : 염분의 함량이 적은 물
- 기수 : 해수와 담수가 만나는 곳의 염분의 함량이 적은 물
- 만조 : 조석현상에 의해 하루 중에서 해수면이 가장 높아졌을 때
- 간조 : 조석현상에 의해 하루 중에서 해수면이 가장 낮아졌을 때
- 수위 : 바다와 강, 댐 등의 수면의 높이

1.2 습지의 기능

❑ 람사르 협약에서는 습지의 가치와 기능을 홍수조절, 지하수 유지, 해안선 안정화, 폭풍으로부터 보호, 퇴적물 및 영양분 유지, 기후변화 완화, 수질정화, 생물다양성의 유지, 습지생산, 레크리에이션 및 관광, 문화적 가치 등으로 구분하고 있음.

1) 어류 및 야생동물 서식처로서의 기능

① 조류의 서식처 및 산란장

- 조류의 경우 북미대륙에 서식하는 조류의 1/3 정도가 습지에서 먹이, 은신처, 서식처를 의존하고 있는 것으로 알려져 있음.
- 물떼새나 오리, 거위 등은 이동 중의 휴식처로 습지를 이용함.

② 멸종위기, 희귀종의 서식처제공

- 아마존강에는 약 1,800여 종의 물고기 서식.

2) 환경의 질 개선

① 수질정화

- 침전물을 흡착함으로써 수질을 정화시키고, 식물분해의 기능을 수행

② 기후변화 완화

- 습지는 지표탄소의 40%정도 함유하고 있으며 이탄습지 및 산림습지는 탄소량 감소에 중요한 역할.

3) 사회 경제적 기능

① 에너지의 근원

- 그들의 구조 속에서 태양에너지의 이용, 영양소의 합성, 수분과 토양으로부터 유기물을 합성하면서 식물의 성장에 도움을 줌.

② 경제적 효용

- 습지는 전 세계 많은 지역에서 식물생산의 토지로 이용되고 있음.

· 대만에서는 대부분 쌀이 비옥한 범람원에서 생산되고 있으며 이탄층은 러시아와 덴마크를 포함한 많은 지역에서 에너지의 근원이 되고 있음.

③ 레크리에이션 기능
· 많은 습지들이 국립공원, 세계유산, 람사르사이트 등으로 보호되고 있으며 관광하기 좋은 장소가 되고 있음.

④ 심미적 기능
· 습지는 동·식물의 다양한 분포를 지닌 가장 아름다운 환경
· 인간에게도 교육적 효과와 함께 서식처로서의 가치를 지니고 있음.

⑤ 수문학적 기능
· 지하수 공급 및 보충 - 범람하는 수분을 함유하면서 부족한 지하수를 공급하고, 암석과 토양을 통과하며 정화되기도 함.
· 침식조절 - 밀집된 뿌리의 작용으로 제방 및 호안을 안정시키고, 식물의 뿌리는 많은 양의 습지 침전물을 수생식물보다 더 안정시키는 역할을 함.
  예 맹그로브 습지나 해안산림
· 홍수조절기능 - 홍수기에 습지는 육로로 범람할 수 있는 많은 수분을 지하수로 보유하고 있고, 하천으로 유입되는 많은 물을 저장하여 유입기간을 지체시킴으로써 하류지역 첨두 홍수를 완화함. 예 땅의 스펀지 역할

1.3 습지의 구성요소

❑ 습지를 판단하기 위한 기준으로 습지수문, 습윤토양, 습지식생 등을 설정할 수 있음.

1.3.1 습지수문

1) 습지수문 조건

❑ 습지수문은 물이 표층까지 범람하거나 침수된 토양에서 나타나는 수문학적 특성을 의미하며 물수지, 수질, 수원 등을 다룸.

❑ 습지의 물은 강우, 지표수, 지하수 등을 수원으로 하고, 습지에 유입된 물은 증발산, 표면수, 지하수 유출, 침투, 주기적 변동 등의 이유로 소멸됨.
❑ 습지에서의 물의 저장능력은 지표수, 수분, 지하수 등에 의해 결정되며 지하수위가 높을수록 저장능력은 감소됨.

2) 습지를 판별하는 수문지표

❑ 범람흔적, 모래에서 흘러내려온 침전물, 씻겨 내려갔거나 물 때 등에 노출된 지역, 습지 배수 패턴, 나무줄기에 이끼류 등의 흔적, 수목의 적응형태, 물에 침수되었거나 씻겨 내려간 흔적, 물때가 든 잎 등을 들 수 있음.

1.3.2 습지토양

1) 습지의 토양조건

❑ 습지토양은 오랫동안 침수되고, 범람된 환경에서 형성된 토양.
❑ 내륙토양과는 달리 배수가 불량하여 혐기성 환경을 유지.
❑ 습지 내 토양은 화학적·물리적 변화를 거치는데 가장 먼저 발생하는 변화로는 산소의 급속한 감소를 들 수 있음.

① 화학적 변화
- 토양공극에 채워져 있는 공기나 식생이 토양미생물에 의해 제거.
- 침수조건에서는 수분으로 채워져 산소가 부족한 혐기 환경 조성.
- 이탄층과 거름기 있는 유기물의 농도가 높은 토양으로 변화.

② 물리적 변화
- 토양색채의 변화가 대표적
- 습지토양은 무기염류로 구성되어 짙은 회색이나 검은색으로 변함.
- 일반적으로 포화상태에서 산화·환원층이 뚜렷하게 구별되고, 지하수위가 낮아지면 산화층이 발달하여 이탄층의 분해가 촉진됨.

2) 습윤토양으로 판단할 수 있는 지표

❑ 썩은 달걀냄새 - 토양에 의한 황 냄새
❑ 토양색깔 - 회색 혹은 초록빛깔을 가진 토양

❑ 얼룩 - 고농도로 산화된 입자
❑ 산화된 뿌리혹 뿌리지점 근처에 녹슨 것처럼 오렌지 색깔의 물질

1.3.3 습지식생

1) 습지식생 조건

❑ 습지식생은 토양이 지속적·주기적으로 범람하거나 침수되어 물로 포화된 토양에 적응된 식생으로서 습지토양의 혐기성 환경에 적응하기 위하여 뿌리에 산소를 공급하기 위한 생존전략을 마련함.
❑ 대부분의 습지식생은 천근성 뿌리 분포를 보이는데 이는 습지토양의 표토부분이 비교적 호기성 환경이므로 이토양에 뿌리를 뻗게 됨.
❑ 갈대와 같이 속이 빈 줄기가 많은데 이는 대기 중의 공기를 뿌리까지 전달할 수 있게 함.

2) 식생지표

❑ 줄기가 비대해지고, 뿌리와 줄기의 안쪽이 비어있어 공기가 채워짐.
❑ 뿌리 부분 줄기가 부벽처럼 지지됨.
❑ 줄기에 세로로 된 홈이 패이거나 다간, 천근성이고, 부정의 뿌리 형태.
❑ 물 속에서 발아하고, 뿌리가 지나치게 신장됨.
❑ 잎, 뿌리, 줄기의 생장 방향이 비정상적임.

3) 수중식물의 특징 및 분류

❑ 주로 물 속이나 물가에 서식하고, 식물체의 일부나 전부가 물 속에 잠겨 있음.
❑ 식물체의 줄기나 뿌리 또는 잎에 공기를 함유하는 통도조직을 갖는 관다발식물임.
❑ 생활사 중 반드시 어느 한 시기는 수중에서 생육하는 식물을 말함.
❑ 수중식물은 오염된 수질을 정화하는 역할을 하며, 수중 생물이나 물가에 서식하는 다양한 동물들의 서식처이자 먹이로 이용됨.
❑ 생육형에 따라 크게 고착성과 부표성 수중식물로 분류하고 고착성 수중식물은 정수식물·부엽식물·침수식물, 부표성 수중식물은 부유식물로 세분화할 수 있음.

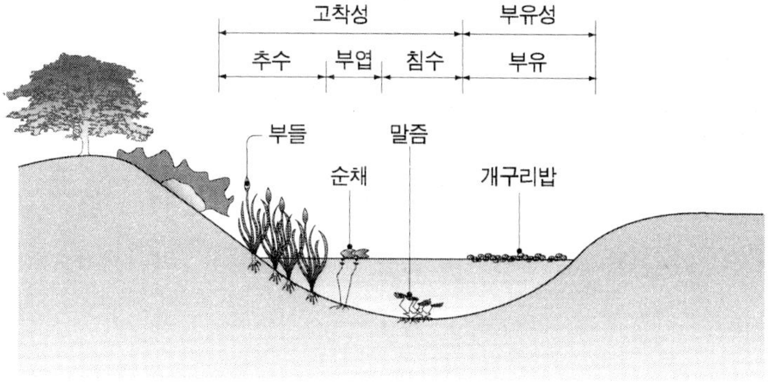

그림 6-1 수중식물의 종류

① 특징

- 수중식물은 육상식물과 다르게 물 밖의 환경변화에 큰 영향을 받지 않으므로 잎 표면의 큐티클 층이 없거나 표피세포가 매우 얇음.
- 기공이 발달해 있지 않은 경우가 많으며 육상식물의 기공이 잎의 뒤쪽에 있는 것과는 달리 부엽식물의 경우 잎의 앞쪽에 기공이 있음.
- 통기조직(aerenchyma, 그물 또는 관 모양으로 연결되어 공기가 이동할 수 있는 조직)이 발달하였고, 종에 따라 통기조직의 비율은 체적의 30~60%로 다양하며 통도조직은 식물체가 물 위에 쉽게 뜨거나 물 속에 서식하는 경우에도 식물체내의 공기의 순환을 가능하도록 함.
- 육상식물이 뿌리를 통하여 수분을 흡수하는 반면 수중식물의 뿌리는 식물을 지지하며 주로 무기영양소를 흡수하는 역할을 함.

② 식생조건

- 지형 : 경사가 완만해야 유리
- 토양 · 토질 : 사질, 점질토가 유리
  대형정수식물은 토심 1m, 소형정수식물과 부엽식물은 50~60cm 필요
- 수심 : 2m까지 생육가능
- 유속 : 너무 빠르면 생육이 불가하므로 천천히 흐를수록 유리함.

③ 정수식물(추수식물)

- 식물줄기 밑 부분은 수면 아래쪽에 있고, 줄기 위쪽은 대기중에 나와 있는 식물군

- 주로 물가에 나는 갈대나 부들, 줄, 미나리, 벼, 물부추 등
- 일반적으로 수심이 낮은 수변부의 가장자리에 서식
- 수질정화기능이 있고, 월동이 가능하며 물새의 피난처 역할을 하며 경관가치가 높음.

표 6-1 정수식물의 종류

종류	형태·생태적 특성	서식환경	비고
갈대	줄기는 마디가 있고, 속이 비었으며 잎은 가늘고, 긴 피침모양이며 높이는 3.0m 정도	습지, 갯가	
부들	갈색띤 암꽃은 소시지 모양, 잎이 부드러우며 높이 1~1.5m 정도	연못가장자리와 습지	
줄	굵은 뿌리줄기가 진흙 속으로 뻗어가며 잎이 무더기로 나오고 높이 1~2m	연못이나 냇가, 습지	
물부추	다년생초본으로 검은색의 뿌리줄기는 짧고, 진녹색의 사각형 원주 모양의 잎은 모여나며 길이 10~30cm	습지	멸종위기 II급

④ 부엽식물

- 물 밑에 뿌리를 내리고, 잎은 수면에 떠 있는 부수엽이 발달된 식물군
- 연, 순채, 마름, 가시연꽃, 자라풀 등

표 6-2 부엽식물의 종류

종류	형태·생태적 특성	서식환경	비고
가시연꽃	한해살이 초본으로 뿌리줄기는 짧고 주근과 측근이 구별이 가지않는 수염뿌리가 많이 나오고, 잎은 지름 20~120cm의 타원형으로 긴 자루가 붙어 있어 물 위에 뜸.	오래된 연못이나 습지	멸종위기 II급
순채	수면을 따라 줄기가 자라며 길이 6~10cm, 지름 4~6cm 정도의 타원 형의 잎이 가지에 어긋나게 달리고, 다년생초본으로 7~8월에 개화	연못가와 늪지	멸종위기 II급
마름	뿌리는 진흙 속에 박고, 잎에 공기주머니가 있어 물 위에 뜰 수 있도록 해줌.	연못, 소택지	
자라풀	줄기가 옆으로 뻗으면서 마디에서 뿌리가 내리고, 떡잎의 겨드랑이에서 잎이 자라서 물 위에 뜨며 잎에 털이 없음.	연못, 습지	

⑤ 침수식물

- 식물체의 대부분이 물 속에 잠겨 서식하는 수중식물군.
- 일반적으로 꽃은 수면 위에서 개화·결실하지만 붕어마름처럼 꽃이 물속에서 피고, 물속에서 수정하는 것도 있음.
- 물수세미, 검정말, 붕어마름, 말즘, 나사말, 통발류 등

표 6-3 침수식물의 종류

종류	형태·생태적 특성	서식환경	비고
물수세미	길이는 0.5m, 땅속줄기는 진흙 속에서 옆으로 뻗으며 잎은 4개씩 돌려나고, 흰빛이 도는 녹색	못이나 늪	
검정말	줄기는 많은 마디가 있고, 원기둥 모양으로 뭉쳐나며 꽃은 8~9월에 자주색의 작은 꽃이 물 위에 떠서 핌.	연못이나 개울물	
말즘	초록빛을 띤 갈색으로 땅속줄기가 옆으로 뻗지만 물 위에 뜨는 잎이 없고, 가지가 많음.	연못, 개울물	
나사말	뿌리줄기는 흰색이고, 마디에서 수염뿌리가 나오며 길이는 0.3~0.7m	연못, 강가	

⑥ 부유식물

- 잎이나 식물체의 대부분이 수면에 떠 있는 식물군
- 뿌리가 없거나 아주 빈약한 뿌리를 가짐.
- 개구리밥, 부레옥잠, 생이가래, 벌레먹이말 등

표 6-4 부유식물의 종류

종류	형태·생태적 특성	서식환경	비고
개구리밥	7~8월에 흰색의 꽃이 피고, 가을에 모체에서 생긴 타원형의 작은 겨울눈이 물속에 가라앉아서 겨울을 나고, 이듬해 봄에 물위로 나와 번식	논이나 연못의 물위	
부레옥잠	열대·아열대 아메리카 원산으로 수염뿌리처럼 생긴 잔뿌리가 수분, 양분을 빨아들이고, 몸을 지탱하는 구실을 함.	연못	
생이가래	잎은 3개씩 돌려나며 2개는 마주나 물위에 뜨고, 1개는 물속에서 뿌리역할을 하며 타원 모양임.	논이나 늪위	
벌레먹이말	뿌리가 없고, 가지가 약간 갈라지며 잎은 바구니처럼 생겨 조개처럼 여닫으면서 들어오는 벌레를 소화, 흡수함.	고인물속	희귀식 충식물

1.4 습지의 종류

- 습지는 물의 원천, 우점식생, 규모, 위치, 물리적 화학적 생물학적 과정 및 특성에 따라 매우 다양하며 소택지(swamp), 늪(marsh), 이탄늪(bog) 등의 용어로 사용되어 왔으며 식생의 발달과 토양 등을 기준으로 저층습지, 중층습지, 고층습지 등으로 구분됨.
- 람사르 분류체계에 따르면 해안습지(해양형, 하구형, 호소형/소택형), 내륙습지(하천형, 호수형, 소택형) 인공습지로 구분함.

표 6-5 OECD와 람사에서 추천하는 습지의 유형분류

구분	대분류	중분류	소분류	세분류	코드	종류
해안 습지	해양형			영구 저수심해안	A	간조시 6m 이하 해안
		조하대	수초대	해안 수초대	B	갈조류장, 잘피밭, 열대 해안습지
			암초	산호초	C	
		조간대	암반대	암석해안	D	연안바위섬, 해안절벽
			미고결대	모래 및 자갈해안	E	사주, 사취, 모래섬, 사구 및 습한 사구습지
	하구형	조하대		하구수역	F	하구수역, 삼각주
		조간대	미고결대	조간대 갯벌	G	펄갯벌, 모래갯벌, 혼성갯벌
			정수식물	조간대 초본 소택지	H	염습지, 염초지
			교목우점	조간대 삼림습지	I	맹그로브 소택지
	호소형/소택형	영구적/계절적		기수/염수 석호	J	바다와 연결된수로가 있는 석호
				연안 담수 석호	K	담수 삼각주 석호
	카르스트형		해안 카르스트 및 지하수계		ZK (a)	
내륙 습지	하천형	영구적		내륙 삼각주	L	
				영구하천	M	폭포 포함
		간헐적		간헐하천	N	
	호수형 (8ha 이상, 수심 2.0 이상)	영구적		영구 담수호	O	담수 호수
		계절적/간헐적		간헐 담수호	P	

구분	대분류	중분류	소분류	세분류	코드	종류
내륙 습지	호수형	영구적		영구 염호	Q	염수/기수/알칼리성 호수
		계절적/간헐적		간헐 염호	R	
	소택형	영구적	초본우점	영구 염수/기수늪	Sp	염수/기수/알칼리성 늪
				영구 담수 늪	Tp	연못, 정수식물군락 우점, 무기질토양 습지
		계절적/간헐적	초본우점	간헐 염수/기수늪	Ss	염수/기수/알칼리성 늪
				간헐 담수늪	Ts	진흙구덩이, 사초늪, 무기질 토양습지
		영구적/계절적/간헐적	관목우점	비삼림 이탄습지	U	관목 또는 개수 고층습원
		영구적	관목우점	담수 관목우점습지	W	관목우점 소택지 또는 늪
		영구적	교목우점	삼림 이탄습지	Xp	이탄 소택지 숲
		계절적/간헐적	교목우점	담수 교목우점습지	Xf	담수 소택지 숲
			초본우점	고산습지	Va	고산초지
				툰드라습지	Vt	툰드라 웅덩이
				샘물습지	Y	담수, 샘, 오아시스
	지열형			지열습지	Zg	
	카르스트형		내륙 카르스트 및 지하수계		Zk (b)	돌리네, 우발레 등
인공 습지	내수면 어업			양어장	1	어류, 새우 양식
	농경지			농업용저수지	2	일반적으로 8ha 이하
				관개지	3	논, 관개수로
				계절성침수경작지	4	
	염전			소금산출지	5	염전
	도시 및 공단			저수지, 댐, 간척호	6	
				채굴장	7	자갈/벽돌/점토/토사 채취장
				수질정화습지	8	하수처리장, 침전지, 산화지
				운하 및 수로	9	운하 및 배수로, 도랑

(www.wetland.go.kr)

1.4.1 습지보호지역

❑ 습지보전법은 습지의 효율적 보전·관리에 필요한 사항을 규정하여 습지와 그 생물다양성의 보전을 도모하고, 습지에 관한 국제협약의 취지를 반영함으로써 국제협력의 증진에 이바지함을 목적으로 하며, 습지 중 특별히 보전할 가치가 있는 지역을 습지보호지역으로 지정하고 있음.

1) 지정기준

① 자연상태가 원시성을 유지하고 있거나 생물다양성이 풍부한 지역
② 희귀하거나 멸종위기에 처한 야생동·식물이 서식·도래하는 지역
③ 특이한 경관적·지형적 또는 지질학적 가치를 지닌 지역

2) 법적근거 및 지정권자

① 법적근거
- 습지보전법 제8조(습지보호지역지정)

② 지정권자
- 환경부장관(내륙습지), 국토해양부장관(연안습지), 시도지사

3) 습지보호지역 지정절차

① 정밀조사
② 지정(안)수립
③ 지정확인
④ 상세경계설정
⑤ 지역주민 및 지방자치단체 의견수립, 관계부처협의
⑥ 지정, 고시

표 6-6 총괄(2011년 06월 현재)

구 분	습지보호지역 현황		람사르 습지 현황	
	지정개수	면적	개수(면적)	비고
환 경 부	17개소	114.316km^2	12개소(13.265km^2)	2개소는 습지보호지역과 불일치(오대산국립공원/강화매화마름군락지)
국토해양부	9개소	212.040km^2	4개소(132.190km^2)	
지방자치단체	3개소	6.634km^2	-	
총 계	29	332.990km^2	16개소(145.455km^2)	

표 6-7 시도지사 지정(3개소, 6,634km^2)

지역명	위 치	면적(km^2)	특 징	지정일자
대구 달성하천습지	대구 달서구 호림동, 달성군 화원읍	1.06	흑두루미, 재두루미 등 멸종위기 조류가 서식하는 철새도래지	2007. 05.25
대청호 추동습지	대전 동구 추동 91번지	0.346	수달, 말똥가리, 흰목물떼새 등 멸종위기 동물이 서식하는 인공호 습지	2008. 12.26
송도갯벌	인천 연수구 송도동 일원	6.11	저어새, 검은머리갈매기, 말똥가리, 알락꼬리도요 등 동아시아 철새이동경로	

1.4.2 내륙습지

- ❑ 환경부장관이 지정 및 보전에 관한 시책을 수립하는 습지.
- ❑ 우리나라의 경우 습지의 관리주체에 따라 내륙/연안을 구분하므로 하구형이 내륙습지에 속함(람사르에서는 연안습지에 하구형이 포함).
- ❑ 국내에는 우포늪 등의 강변 배후습지와 대암산 용늪이나 물영아리오름, 무제치늪 등의 산지형 습지 등의 형태로 나타남.

1) 호수형

① 특징

- 지형학적으로 침하되었거나 댐이 건설된 강수로에 위치
- 면적 8ha 이상이거나 8ha 이하의 서식처도 활동적인 파도가 형성되거나 유역의 가장 깊은 부분이 간조대 2m 이상이면 포함될 수 있음.
- 호수, 저수지, 대규모 연못 등이 포함되며, 백두산 천지나 댐축조로 생겨난 호수형 습지 등이 해당됨.

2) 소택형

① 특징

- 교목, 관목, 수생식물, 이끼류, 지의류에 의해 우점되는 습지와 염도가 0.5% 이하인 조수 영향지역에서 나타나는 모든 습지를 말함.
- 면적 8ha 이하, 저수위시 유역의 가장 깊은 곳이 2m 이하이며, 염분농도가 0.5% 이하인 지역
- 왕성한 파도의 작용 혹은 하상이 바위로 된 해안선의 특징이 빈약한 곳
- 대부분의 내륙습지는 소택형 계열에 속하며, 해안습지는 하구계열에 속함.

3) 하천형

① 특징

- 수로 내에 포함된 모든 습지와 수심이 깊은 서식처를 포함.
- 교목, 관목, 수생식물, 이끼층, 지의류가 우점되는 습지나 0.5% 이상의 염분을 포함한 물을 가지 서식처는 예외임.
- 하천형은 하천과 계류를 포함함.

표 6-7 내륙습지 – 환경부 지정(17개소, 114.316km^2)

지 역 명	위 치	면적 (km^2)	특 징	지정일자 (람사르지정)
낙동강 하구	부산 사하구 신평, 장림, 다대동 일원 해면 및 강서구 명지동 하단 해면	37.718	철새도래지	1999.08.09
대암산용늪	강원 인제군 서화면 대암산의 큰 용늪과 작은 용늪 일원	1.06	우리나라 유일의 고층습원	1999.08.09 ('97.03.28)
우포늪	경남 창녕군 대합면, 이방면, 유어면, 대지면 일원	8.54	우리나라 最古의 원시 자연늪	1999.08.09 ('98.03.02)
무제치늪	울산시 울주군 삼동면 조일리 일원	0.184	희귀야생동·식물이 서식하는 산지습지	1999.08.09 ('97.12.20)
제주물영아리오름	제주 남제주군 남원읍	0.309	기생화산구	2000.12.05 ('06.10.18)
화엄늪	경남 양산시 하북면 용연리	0.124	산지습지	'02.02.01
두웅습지	충남 태안군 원동면 신두리	0.067	신두리사구의 배후습지 희귀야생동·식물 서식	2002.11.01 ('07.12.20)

지 역 명	위 치	면적 (km^2)	특 징	지정일자 (람사르지정)
신불산 고산습지	경남 양산시 원동면 대리 산 92-2일원	0.308	희귀야생동·식물이 서식하는 산지습지	2004.02.20
담양습지	전남 담양군 대전면, 수북면, 황금면, 광주광역시 북구 용강동 일원	0.981	멸종위기 및 보호야생 동·식물이 서식하는 하천습지	2004.07.08
신안 장도습지	전남 신안군 흑산면 비리 산 109-1~3번지 일원	0.090	도서지역 최초의 산지습지	2004.08.31 ('05.03.30)
한강하구	김포대교 남단~강화군 송해면 숭뢰리	60.668	장항·산남·시암리습지 등 대규모습지 및 멸종위기종 26종 도래·서식	2006.04.17
밀양 재약산 사자평고산 습지	경남 밀양시 단장면 구천리 산 1번지	0.58	이탄층이 발달한 습지, 멸종위기종 삵 등 서식	2006.12.28
제주1100 고지습지	서귀포시 색달동, 중문동 및 제주시 광령리	0.126	산지습지로 멸종위기종 및 희귀야생동식물 서식	2009.10.01 ('09.10.12)
제주 물장오리 오름습지	제주시 봉개동	0.610	산정화구호의 특이지형, 희귀야생동식물 서식	2009.10.01 ('08.10.13)
제주 동백동산 습지	제주시 조천읍 선흘리 일원	0.590	지하수함양률이 높고 생물다양성이 풍부한 곶자왈지역	2010.11.12 ('11.03.14)
고창 운곡습지	전북 고창군 아산면 운곡리	1.797	생물다양성 풍부하고 멸종위기종 수달서식	2011.03.14 ('11.04.07)
상주 공검지	경북 상주시 공검면	0.264	말똥가리, 잿빛개구리매, 수리부엉이 등 멸종위기종 서식	2011.06.29

1.4.3 해양 및 연안습지

- ❑ 국토해양부장관이 지정 및 보전에 관한 시책을 수립하는 습지.
- ❑ 연안습지는 해안을 따라 발달해 있으며 바닷물을 정화하고, 태풍과 해일의 피해를 막아주며 다양한 생물서식지로 연안 어업활동의 근간이 됨.
- ❑ 서해안의 경우 한강하구와 강화도 갯벌, 금강하구와 새만금 갯벌, 무안갯벌 등이 있고, 남해안에는 보성벌교 갯벌과 순천만 갯벌, 낙동강하구가 있으며 동해안에는 여러 석호들이 있어 지역별로 다른 형태를 보임.

1) 해양형

① 특징

- 항상 바닷물에 잠겨있는 개방된 해양이나 높은 에너지의 해안
- 파도와 해수의 흐름, 조석 현상이 있으며, 염분농도는 30% 이상
- 식생과 동물 분포를 결정하는 인자는 파도에 노출되는 정도, 기반의 질감과 물리화학적 특성, 파도의 크기, 위도 등이 있음.

② 종류

- 갯벌 - 조류로 운반되어 온 미세한 흙들이 파도가 잔잔한 해안에 오랫동안 쌓여 생기는 평탄한 지형으로 암반지역, 펄갯벌, 모래 갯벌, 펄과 모래가 섞인 혼성갯벌 등으로 구분
  - 다양한 염생식물이 자생하거나 철새, 어패류 등의 서식처로 매우 생태적 가치가 높음.
- 자갈, 암석, 기타 해안습지
- 해안사구 - 해류·하안류에 의하여 운반된 모래가 낮은 구릉 모양으로 쌓여서 형성되는 지형
  - 생태적 기능이 해안 및 내륙습지와 기능적으로 연계되어 그 중요성이 주목됨.

2) 하구/기수형

① 특징

- 보통 육지에 의해 부분적으로 차단 혹은 개방된 해안에 일시적으로 근접하며 해수가 육지로부터 흐르는 담수에 의해 때때로 잠기게 되는 조수 습지로 구성됨.
- 하구는 일반적으로 하천이 바다로 유입되는 어귀에 형성됨.

② 종류

- 하구역 갯벌 - 육지로부터 공급되는 담수와 바다로부터 유입되는 해수가 혼합되는 반폐쇄지역인 수계생태계로서 금강하구, 낙동강 하구 등이 있음.
- 동해안 석호 - 석호는 바다가 모래로 가로막혀 생긴 호수로 인공호와 달리 기후변화의 결과로 탄생한 자연호수이며, 동해안일대 경포호, 청초호, 영랑로, 화진포호 등 18개의 석호가 발달함.

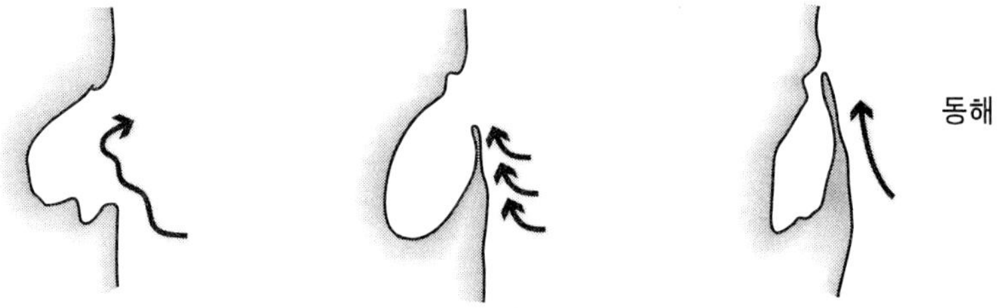

후빙기 해수면의 상승으로 만이 생겨남

퇴적물과 파도에 의해 모래 언덕(사주)이 만들어짐

사주가 입구를 막아 석호가 만들어짐

그림 6-2 석호의 생성과정

표 6-6 연안습지 - 국토해양부 지정(9개소, 212.04km²)

지 역 명	위 치	면적 (km²)	특 징	지정일자 (람사르지정)
무안갯벌	전남 무안군 해제면, 현경면 일대	42.0	생물다양성 풍부 지질학적 보전가치 있음.	2001.12.28 ('08.01.14)
진도갯벌	전남 진도군 군내면 고군면 일원(신동지역)	1.44	수려한 경관 및 생물다양성 풍부, 철새도래지	2002.12.28
순천만 갯벌	전남 순천시 별양면, 해룡면, 도사동 일대	28.0	흑두루미 서식·도래 및 수려한 자연경관	2003.12.31 ('06.01.20)
보성·벌교갯벌	전남 보성군 호동리, 장양리, 영등리, 장암리, 대포리 일대	10.3	자연성 우수 및 다양한 수산자원	2003.12.31 ('06.01.20)
옹진장봉도 갯벌	인천 옹진군 장봉리 일대	68.4	희귀철새 도래·서식 및 생물다양성 우수	2003.12.31
부안줄포만 갯벌	전북 부안군 줄포면, 보안면 일원	4.9	희귀철새 도래·서식 및 생물다양성 우수	2006.12.15 ('10.02.01)
고창갯벌	전북 고창군 부안면(1지구) 심원면(2지구) 일원	10.4	광활한 면적과 빼어난 경관, 유용수자원의 보고	2007.12.31 ('10.02.01)
서천갯벌	충남 서천군 비안면, 종천면 일원	15.3	검은머리물때새 서식, 빼어난 자연경관	2008.02.01 ('10.02.01)
증도갯벌	전남 신안군 증도면 증도 및 병풍도 일대	31.3	생물다양성 풍부, 우수한 해양경관	2010.01.29

1.4.4 인공습지

❑ 사람들의 경제활동에 필요한 기능을 제공하도록 인위적으로 조성된 습지가 형성된 곳들이며 저수지와 논, 연못 등이 대표적인 형태임.

❑ 국외의 경우 해안의 맹그로브 숲이나, 지하수를 저장하는 카르스트, 사막의 오아시스, 여름에만 녹는 시베리아 평원 등 여러 형태의 습지 또한 존재함.
❑ 종류에는 자유수면형, 지하흐름형, 부유형으로 구분될 수 있음.

1) 인공습지의 구성

① 비생물적 요소
- 물 - 수심에 따른 산소전달, 광합성량 변화.
- 토양 - 습지를 통과하는 물의 이동과 미생물, 소동을 서식.

② 생물적 요소
- 식생 - 토양을 안정시키고 영양 저장소, 서식처 역할.
- 미생물 - 유기물, 무기물의 분해.
- 동물 - 먹이사슬의 매개체, 번식, 섭식, 은신처 활용.

2) 인공습지의 체계

① 침전지(sediment pond)
- 초기 부유물질을 제거하고, 대체로 수생식물은 서식하지 않음.
- 지역이 높을 경우 펌프를 이용하여 펌핑.
- 영양염류를 제거하기 위해 부유물질은 수확함.

② 수질정화구역(closed water)
- 수생식물이 85% 정도일 때 가장 효과적임.
- 침수, 추수, 부엽, 부유식물이 생육하며 수심은 300~600정도.

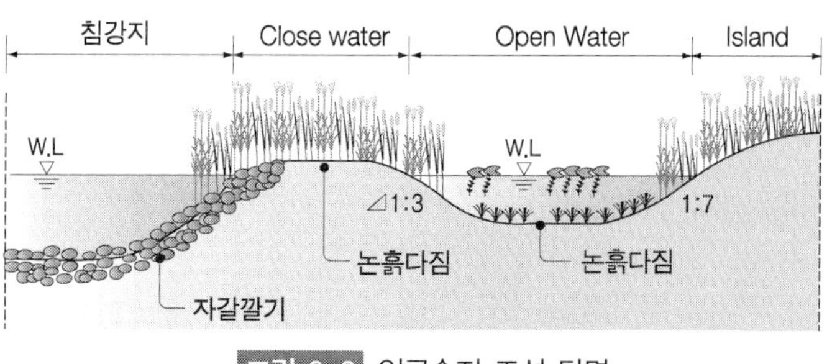

그림 6-3 인공습지 조성 단면

③ 야생동물 서식구역(open water, 생물다양성습지)
- 개방수면의 비율이 50%일 때 가장 효과적임.
- 오리류 등 조류의 채식 및 유희장소

④ 하중도 or 인공섬(island)
- 인간의 간섭과 접근으로부터 보호된 조류의 휴식장소.
- 인공식물섬의 경우 수생식물, 부유체, 고정닻으로 구성됨.

3) 종류

① 자유흐름형 인공습지 : 습식
- 자유흐름형 습지는 얕은 유역이나 유속이 완만한 하천을 따라 식생 뿌리를 지지하는 토양이나 다른 매체를 통과하면서 흐르는 비교적 얕은 물로 구성.
- 수면은 대기 중에 노출되어 있으며 그 형태는 자연습지와 유사함.
- 따라서 수처리 효과는 물론 야생동물의 서식지와 미적인 경관 향상을 제공함.
- 일반적으로 도시 표면의 비점오염원 처리, 자연학습장 조성, 도시하수 2차 처리를 위한 습지형태로 이용되고 있음.

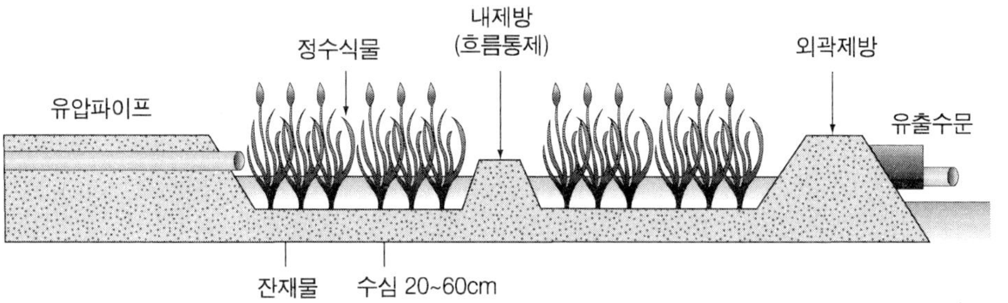

그림 6-4 자유흐름형 습지(환경부, 2002)

② 지하흐름형 인공습지 : 건식
- 지면이 물에 잠기지 않으며 땅속에 트렌치 설치.
- 자갈과 모래를 넣어 유입수가 흐르면서 정화.
- 표토에 심은 정수식물이 자갈이나 모래 사이에 축적되는 유기물을 흡수,

분해하며 제거.

- 오수를 처리하거나 특정물질을 걸러내기 위한 방식.

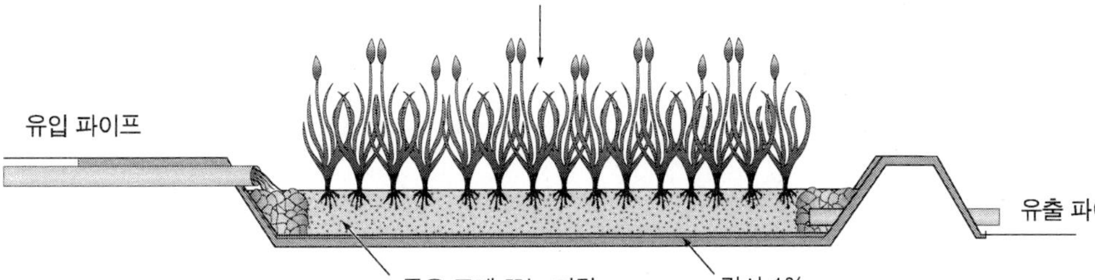

그림 6-5 지하흐름형 습지(환경부, 2002)

③ 부유식물 인공습지

- 부레옥잠, 개구리밥과 같은 부유식물을 이용한 시스템.
- 부유식물이 영양염류를 흡수하여 정화.
- 부유식물의 뿌리와 잎에 형성된 미생물막이 오염물질 분해.
- 영양염류를 제거하기 위해 부유물질 수확.

4) 습지복원시 고려사항

① 습지기능에 따른 개방수면의 비율

- 홍수조절 : 얕은 수심 0~0.3m 50%, 깊은 수심 0.3~1.0m 30%, 개방수면 1~2m 20%
- 수질정화 : 얕은 수심 0~0.3m 70%, 깊은 수심 0.3~1.0m 15%, 개방수면 1~2m 15%
- 야생동물 : 얕은 수심 0~0.3m 40%, 깊은 수심 0.3~1.0m 10%, 개방수면 1~2m 50%

② 유역대비 습지의 크기

- 유역면적의 1~15%의 범위 내.
- 80ha 이상의 유역일 때 홍수조절과 수질정화를 위해 5% 조성.
- 80ha 이하일 때는 습지 최소면적 40,000m^2 이상으로 조성.

③ 효과적인 오염물질 처리거리
- 수질정화를 위한 효과적인 거리 20～40m
- 질소와 박테리아 제거시 100m거리가 필요
- 생활하수 20～40m, 중금속 100m 이상.

④ 습지의 분포와 굴곡
- 큰 습지 한 개보다 여러 개의 작은 습지가 야생동물에게 유리
- 불규칙한 호안은 수질정화, 야생동물 서식처의 기능을 10～20% 증가시킴.

1.5 기타 습지

1.5.1 염생습지

1) 유형

① 갯벌
- 간조시를 제외하곤 대부분 해수에 잠겨있는 지역으로 갯골을 형성.
- 갯골 양안은 조류의 침식작용으로 퇴적층이 있음.
- 잦은 침수로 염도가 높아 식물이 생존하지 못하고, 얇은 층리 발달.

② 저위습지
- 밀물 때만 해수에 잠기는 지역으로 해홍나물, 퉁퉁마디, 갯눈쟁이 서식.
- 식생, 연체동물의 교란으로 층리발달 없음.

③ 고위습지
- 만조를 제외하고는 해수의 영향을 거의 받지 않는 지역.
- 갈대군락이 우점종.

2) 물리화학적 특성

① 갯벌
- 평균입도 모래<실트<점토 순이고, 전기전도도는 가장 높음.
- 유기물 함량이 가장 낮음.

② 저위습지

- 평균입도 모래 < 점토 < 실트 순이며 전기전도도는 갯벌보다 낮음.
- 유기물함량은 갯벌보다 높고, 고위습지와 비슷함.

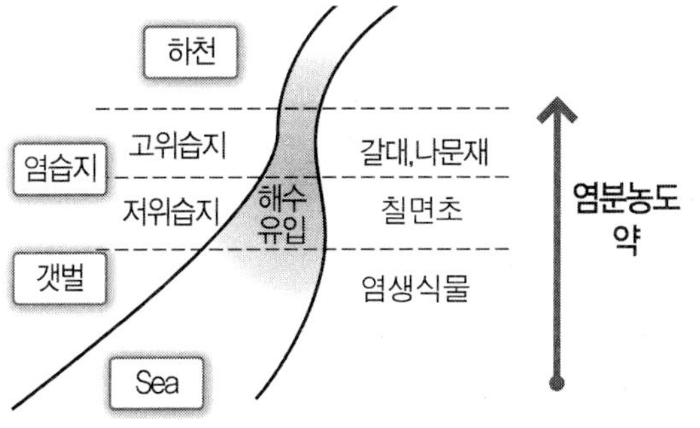

그림 6-6 연안생태계의 수직구조

③ 고위습지

- 평균입도 모래 < 점토 < 실트 순으로 저위습지와 비슷함.
- 전기전도도는 갯벌과 저위습지보다 낮음(갯벌 > 저위습지 > 고위습지).

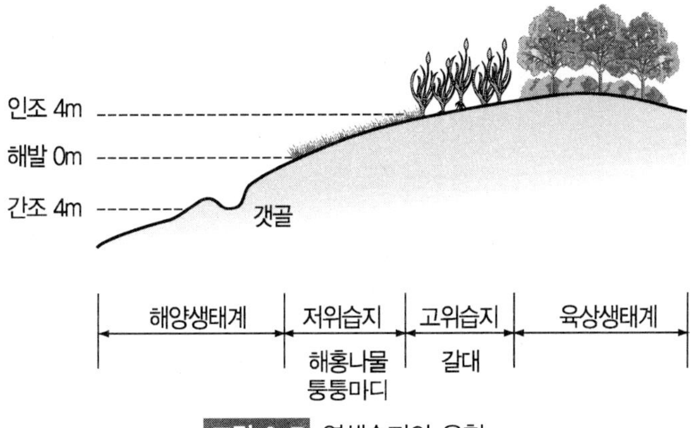

그림 6-7 염생습지의 유형

3) 염생식물

① 순비기

- 건조한 지역에 생육, 뿌리를 통해 염분배출, 사구지역에 생육.
- 커다란 군락을 형성하며 높이 20～80cm.

· 전체에 회색빛을 띤 흰색의 잔털이 있고 가지는 네모짐.

② 칠면초
· 저위습지에 많고, 꽃색이 7번 변한다 하여 붙여짐.
· 한해살이풀로서 높이 15~50cm.
· 가지가 윗부분에서 많이 나오며 잎은 처음에 녹색이었다가 나중에 자색으로 변함.

③ 갯잔디
· 해수 침수시 순군락, 평상시 다른 식물과 혼생.
· 뿌리줄기가 옆으로 벋으면서 번식함.
· 잎은 비스듬히 또는 곧게 서며 편평하거나 안으로 말림.

④ 나문재
· 건조한 지역에 생육
· 전체에 털이 없고, 줄기는 원기둥 모양이며 높이 1m 정도.
· 녹색이며 줄 모양으로 길이가 1~3cm.

⑤ 퉁퉁마디
· 호염성 식물로 표징종으로 분포지 구별.
· 높이 10~30cm, 줄기는 원기둥 모양 가지가 마주달린 모양.
· 퇴화한 비늘잎이 마주달리며 마디가 튀어나오려는 형상으로 퉁퉁마디라는 이름이 생겼음.

1.5.2 대체습지(대체서식처)

1) 대체서식처의 개념 및 기능

① 대체서식처의 개념
· 대체서식처는 각종 개발 사업으로 불가피하게 훼손되거나 감소하는 서식처를 기존의 자연환경과 유사한 기능을 수행하거나 보완적 기능을 수행하도록 하기 위하여 다른 지역에 조성하는 것
· 개발사업으로 인해 직접적으로 훼손되는 습지를 보상하기 위한 것
· 생태계 보전을 위해 다양한 측면에서 접근할 수 있으며 서식지 및 생물종

의 직접적인 보존 및 보호사업, 훼손된 서식지의 복원사업 등의 수단으로 작용

② 대체서식처의 기능
- 생물서식처로서의 기능
- 야생동물의 이동통로의 역할
- 멸종위기 및 희귀종에 대한 보전의 기능
- 도시 내 종의 공급원으로서의 역할
- 도심환경을 보호하고 환경건전성을 유지

2) 대체습지의 접근방법 : Mitigation Banking에 의한 대체습지

① Mitigation Banking(습지은행)의 개념
- 개발사업이 이루어지기 이전에 훼손될 습지에 대한 영향을 고려해서 미리 습지를 조성하고, 향후에 개발사업이 진행될 때 미리 만들어진 습지만큼을 훼손할 수 있도록 하는 방법을 사용하는 정책(Wetland Mitigation Banking)으로 '선조성 후개발'의 개념

표 6-8 대체습지 조성의 접근 방법

구 분	ON/OFF-SITE MITIGATION	MITIGATION BANKING
개발사업의 수	1개의 개발사업일 경우	유역 내에서 다양한 개발사업이 행해질 경우
접근방법	개발사업에 의해서 훼손되는 습지를 다른 곳에 조성하여 직접 보상	향후 개발로 습지를 훼손시킬 경우를 대비하여 미리 습지를 조성해 놓고, 보상케 하는 것
습지의 조성 단계 및 방식	개발 중이거나 개발 후에 on-site에 조성	개발사업 전에 동일한 유역 내로 하며, in-site와 off-site를 병행
습지의 손실/훼손에 대한 보상 방법	대체습지를 조성하여 보상	Credit를 확보하여 전체 훼손면적을 보상
사업 승인기간	장시간의 승인기간	허가기간이 짧음
운영 주체	개발자	개발자, 허가 부서, MBRT
관리방식	개별 관리	통합적 관리
조성 후 문제점 및 효과	개발지로부터의 오염이 있을 수 있음.	개발지역이나 외부 영향이 적음.

② Mitigation Banking의 특징

- 습지의 기능적 손실을 막고, 손실에 대한 완전한 보상을 하기 위해 시간을 감소
- 보상 습지의 조성 비율은 훼손될 습지 면적의 1 : 1 이상이어야 하며, 다른 유형(out of kind)의 습지를 조성할 경우 더 많은 보상 비율을 요구

3) 대체습지의 유형구분 : 조성되는 위치에 따른 구분

- 어떠한 개발사업으로 인해서 습지를 훼손시켰을 경우 사업 구역 혹은 동일 유역 내에 습지를 조성하면 on-site 방법이며, 사업 구역 혹은 동일 유역 밖에 조성하면 off-site 방법임.

① On-Site

- 개발사업(혹은 동일 유역) 범위 내에 대체습지를 조성
- 자연 자원 활용 및 주변 환경과 조화
- 경제적, 생태적 가치 부여, 기존 습지 연결성 증대
- 원래 습지에 미친 악영향 여파 가능성

② Off-Site

- 개발사업(혹은 동일 유역) 범위 밖에 대체습지를 조성
- 교란 및 악영행을 최대한 피함.
- 새로운 복원지 창출로 생물종 다양성 증대
- 주변 환경과의 이질성, 종공급원의 부재 가능성
- Off-Site 방식은 개발사업의 범위에서 벗어나지만 통상적으로 유역(Watershed)범위 안에 조성

③ 농경지 습지

- 장점 : 기존의 습지 기능회복에 적합하며 자원 활용과 경제적 가치 증대
- 단점 : 환경오염으로 인한 생물종 감소

④ 해안간석지

- 장점 : 새만금, 시화호와 같은 유형, 철새도래지 등
- 단점 : 조수간만의 차가 없어 부영양화에 의한 부패 가능성

4) 대체습지의 유형구분 : 조성 전·후의 서식처 유형에 따른 구분

- 개발사업으로 인해서 잃게 되는 습지의 유형과 새롭게 조성해 주는 습지의 유형이 동일한 경우에는 In-Kind라 하며, 반대로 잃게 되는 습지의 유형과 새롭게 조성해 주는 습지의 유형이 다르면 Out-of Kind라 함.

① In-kind
- 손실된 습지와 똑같은 기능과 가치를 대체할 수 있는 습지를 조성하거나 복구함으로써 습지의 손실을 저감

② Out-of-kind
- 손실된 습지와 다른 기능과 가치를 가진 습지로 대체함으로써 습지의 손실을 저감개발사업 범위 밖에 대체습지를 조성(Out-of-kind)

5) 대체습지의 주요기법

- 습지에 있어서 호안 처리와 식재기법은 토양, 수문, 식생과의 관련성이 중요
- 대체습지의 경우, 목표종을 선정하여 서식처로서의 적합성을 평가하는 기법(HEP)을 사용
- 목표종에 대한 서식처로서의 습지 조성, 정화능력에 대한 습지 조성 기법 등에 대한 개발이 활발

① 습지은행제도(mitigation banking; 미국)
- 습지 훼손에 대한 사전예방적 차원

② 맑은 물법
- 우수의 재활용 및 인근 계곡수 유입, 지하수 활용

③ 생태계보전협력금 제도 활용
- 복원 비용에 대한 재원 확보
- 훼손면적×250원/m^2×등급계수(1~4)

④ 식재기법 마련
- 도입식물, 선구종, 목표종 구체화, 수위조절 및 피복의 다양화

⑤ 다양한 edge 형성
- 가장자리 효과를 위한 다양한 edge
- 소재는 자연적인 고목, 돌, 바위, 수풀림 등, 자갈, 모래

6) 대체습지의 도입식물

① 침수식물
- 초기 부유물질, 오염제거하며 개구리밥, 띠 등이 있음.

② 갈대군락 조성
- 생물서식처 제공 및 다양성 증진

③ 버들군락 조성
- 침식에 강하고 그늘 제공, 서식처 제공, 먹이제공
- 하층식물로 가막사리, 부처꽃 등

7) 대체습지의 발생예상 식물

① 귀화식물
- 외래종, 자생종 혼재
- 아카시나무, 달뿌리풀, 환삼덩굴, 개망초 등

② 외래종 우점 예상 식물
- 돼지풀, 사마귀풀 등 왜래종을 도태시킬 위험 큼.

1.5.3 람사르 습지

- '물새 서식지로서 특히 국제적으로 중요한 습지에 관한 협약'(thconvention on wetlands of international importance especially as waterfowl habitat)
- 1971년 2월 2일 이란의 람사르(ramsar)에서 채택되었고 물새 서식 습지대를 국제적으로 보호하기 위한 것으로 1975년 12월에 발효되었음.
- 우리나라는 1997년 7월 28일 101번째로 람사르협약에 가입.

표 6-9 국제적으로 중요한 습지를 지정하기 위한 기준

구 분	기준	세부기준
그룹 A 대표적이고 희구하거나 독특한 습지유형을 포함하는 지역		기준1 : 적절한 생물지리학적 지역 내에서 희귀하거나 독특한 사례에 해당하는 자연적 또는 거의 자연상태에 가까운 습지
그룹 B 생물다양성 보전을 위해 국제적으로 중요한 지역	생물종 및 생태공동체에 근거한 기준	기준2 : 감소종, 멸종위기종 또는 위험에 처한 생명공동체를 유지하는 습지
		기준3 : 특정 생물지리학적 지역의 생물다양성을 유지하는데 중요한 식물군락 또는 종을 유지하는 습지
		기준4 : 동식물 생명 주기의 중요한 단계에 있는 식물 및 동물종을 유지하거나 안좋은 상황 발생시 피난처를 제공하는 습지
	물새에 근거한 특정기준	기준5 : 20,000마리 이상의 물새를 정기적으로 유지하는 습지
		기준6 : 어떤 물새의 종 또는 아종 집단의 1%를 정기적으로 유지하는 습지
	어류에 근거한 특정기준	기준7 : 고유어종 또는 해당 과에 속하는 어류가 상당부분 서식하거나, 생활단계, 종들간 상호작용, 습지의 혜택 및 가치를 대표하는 어류 개체군을 유지하여 지구의 생물다양성에 기여하는 습지
		기준8 : 어류의 먹이, 산란장소, 치어가 자라는 곳 또는 습지내외의 어류군이 의존하는 이동경로의 중요한 근원이 되는 습지
	다른 분류군에 근거한 특정기준	기준9 : 조류를 제외한 습지 의존 동물 종 또는 아종 집단의 1%를 정기적으로 유지하는 습지

그림 6-8 세계의 5대 갯벌

1) 대암산 용늪

① 개요 및 위치

- 해발고도 : 1,180m ~ 1,280m
- 위치 및 특징 : 대암산 정상부 위치하는 고층습원
- 습지의 유형분류(람사르 코드) : 내륙습지/산지지습지/소택형(U, Va)

② 람사르 습지 지정기준

- 기준 1 : 1.5m 깊이의 이탄층이 형성되어 있어 학술적 가치가 매우 높음.
- 기준 2 : 기생꽃, 조름나물 등 멸종위기야생식물의 서식지.
- 기준 3 : 553종의 다양한 동식물이 서식하고 있는 생물다양성의 보고임.

③ 주요 생물종 분포

- 식생 : 물이끼군락과 산사초군락, 산사초-진퍼리새군락, 삿갓사초군락, 달뿌리풀-산새풀군락 등이 분포하고 있음.
- 동물상 : 멧돼지, 삵, 산양, 참매, 황조롱이, 작은넓적하늘소 등이 있음.
- 멸종위기야생동식물 : 기생꽃, 조름나물 등 식물 2종과, 삵, 산양, 참매, 까막딱다구, 왕은점표범나비 등 동물 5종이 서식하고 있음.

이탄층(peatland)

- 온도가 낮고 습한 환경에서 식물이 죽고나면 제대로 썩어 없어지지 못하고 쌓여서 생긴 층
- 1년에 1mm씩 생성
- 자연의 타임캡슐

2) 우포늪

① 개요 및 위치
- 해발고도 및 특징 : 10m ~ 15m, 국내 최고의 원시 자연늪
- 일반적 위치 : 낙동강 중하류에 위치하고 있는 하천배후습지
- 습지의 유형분류(람사르 코드) : 내륙습지/하천배후습지/호수형(O, U, Xf)

② 람사르습지 지정 기준
- 기준 1 : 우리나라에서 가장 큰 원시 자연늪(초본성 소택지)
- 기준 2 : 가시연과 노랑부리저어새 등 19종의 멸종위기종과 희귀종 서식
- 기준 3 : 616종의 동식물이 서식하여 생물종다양성 유지에 중요한 생태계
- 기준 5 : 큰기러기, 청둥오리 등 겨울철새들의 주요 도래지

③ 주요 생물종 분포
- 식생 : 갈대/생이가래/개구리밥/줄군락 등 11개 군락으로 구성.
- 동물상 : 언저리잠자리, 물닭과 떼까마귀, 참붕어
- 멸종위기야생동 · 식물 : 가시연꽃, 노랑부리저어새, 저어새, 황새, 귀이빨 대칭이, 삵, 큰기러기, 큰고니, 참매, 솔개, 맹꽁이, 남생이 등이 있음.

3) 신안장도 산지습지

① 개요 및 위치
- 해발고도 및 특징 : 230m ~ 267m, 도서지역 최초의 산지습지
- 일반적 위치 : 다도해해상국립공원 내 장도에 위치
- 습지의 유형분류(람사르 코드) : 내륙습지, 산지습지, 소택형(U)

② 람사르 습지 지정기준
- 기준 1 : 지형학적으로 육지에서 멀리 떨어진 도서지역 산지습지.
- 기준 2 : 수달, 애기뿔소똥구리와 같은 멸종위기야생동물 서식.
- 기준 3 : 흑산도비비추 등 생물다양성 유지와 철새들의 중간기착지 역할

③ 주요 생물종 분포
- 식생 : 버드나무 - 기장대풀군락, 하늘지기군락, 등이 분포
- 식물상 : 처진물봉선, 흑산도비비추, 흑산가시, 나도고사리삼 등

- 멸종위기야생동·식물 : 수달, 삵

4) 물영아리오름

① 개요 및 위치
- 해발고도 및 특징 : 380m~508m, 기생화상구
- 일반적 위치 : 제주도 한라산 서남쪽의 수령산(해발고도 : 508m)에 위치
- 습지의 유형(람사르 코드) : 내륙습지, 산지습지, 저층습원, 소택형(U)

② 람사르 습지 지정기준
- 기준 1 : 습지보호지역 중 기생화산의 정상에 위치하고 있는 유일한 습지
- 기준 2 : 으름난초와 물장군 같은 멸종위기야생동·식물이 서식
- 기준 3 : 식물 303종을 포함한 다양한 야생동·식물이 서식

③ 주요 생물종 분포
- 식물상 : 으름난초, 금새우난초, 마름, 새끼노루귀, 바늘엉겅퀴 등.
- 동물상 : 넓적뿌리잎벌레, 땅강아지, 먼지벌레, 참개구리, 도마뱀 서식.

5) 무제치늪

① 개요 및 위치
- 해발고도 및 특징 : 510m~630m, 희귀야생동·식물이 서식하는 산지습지
- 일반적 위치 : 경상남도 가지산도립공원 내 정족산 북동쪽 사면에 위치
- 습지의 유형분류(람사르 코드) : 내륙습지/산지습지/소택형(U, Va)

② 람사르 습지 지정기준
- 기준 1 : 이탄층이 발달한 고층습원으로 지형학적으로 특이한 습지
- 기준 2 : 꼬마잠자리 등 멸종위기야생동물의 서식지
- 기준 3 : 614종의 동·식물이 서식하여 생물다양성 유지에 중요한 생태계

③ 주요 생물종 분포
- 식생 : 진퍼리새-하늘산제비난군락, 바늘골-끈끈이주걱군락이 분포
- 식물상 : 잠자리난초, 흰제비난, 병꽃나무와 진퍼리새, 끈끈이주걱
- 동물상 : 삵, 고라니, 붉은머리오목눈이, 두꺼비, 도롱뇽, 한국산개구리

- 멸종위기야생동·식물 : 기생꽃, 조름나물, 꼬마잠자리, 삵

6) 두웅습지

① 개요 및 위치
- 해발고도 및 특징 : 10m~15m, 신두리사구의 배후습지
- 일반적 위치 : 충남 태안반도의 북서쪽, 신두리해안사구의 남동쪽에 위치
- 습지의 유형분류(람사르 코드) : 해양 및 연안/사구습지/소택형(E)

② 람사르 습지 지정기준
- 기준 1 : 해안사구 배후습지로 지형학적으로 독특한 습지
- 기준 2 : 금개구리, 맹꽁이 등 멸종위기야생동식물의 서식지
- 기준 3 : 통보리사초, 갯그령등 생물다양성 유지를 위해 보전해야 할 습지

③ 주요 생물종 분포
- 식물상 : 붕어마름, 물마름, 수련, 매자기, 갈대, 갯그령, 해당화, 순비기나무
- 동물상 : 큰기러기, 쇠기러기, 청둥오리, 흰뺨검둥오리

7) 강화 매화마름 군락지

① 개요 및 위치
- 해발고도 및 특징 : 6m, 논습지, 내셔널 트러스트 시민유산 1호
- 습지의 유형분류(람사르 코드) : 인공습지/논경습지/소택형(3)

② 람사르 습지 지정기준
- 기준 3 : 매화마름군락을 형성 생물다양성 유지를 위해 보존해야 할 습지

③ 주요 생물종 분포
- 식물상 : 달뿌리풀, 물억새, 갈대, 줄, 골풀, 애기부들, 세모고랭이
- 보호종 : 매화마름
- 동물상 : 달뿌리풀, 물억새, 갈대, 줄, 골풀, 애기부들, 세모고랭이
- 보호종 : 한국산개구리, 금개구리, 황조롱이

8) 오대산국립공원습지

① 개요 및 위치

- 해발고도 : 600～1,000m
- 습지의 유형분류(람사르 코드) : 내륙습지/산지습지/소택형(U)

② 람사르 습지 지정기준

- 기준 1 : 이탄층이 발달한 고층습원으로 지형학적으로 특이한 습지

③ 주요 생물종 분포

- 식물상 : 나도제비난, 기생꽃 등
- 멸종위기야생 동·식물 : 삵, 말똥가리 등 다양한 생물서식

9) 제주 물장오리습지

① 개요 및 위치

- 해발고도 및 특징 : 600m, 산정 화구호, 강우에 의해 유지
- 습지의 유형분류(람사르 코드) : 내륙습지/산지습지/소택형(U)

② 람사르 습지 지정 기준

- 기준 1 : 강우에 의해 유지되는 자연상태에 가까운 습지

③ 주요 생물종 분포

- 식물상 : 큰고랭이, 골풀, 청비녀골풀, 세모고랭이, 고마리 등
- 동물상 : 살모사, 유혈목이, 산개구리, 무당개구리, 미꾸리, 물방개 등
- 멸종위기야생 동·식물 : 매, 팔색조

10) 제주1100고지 습지

① 개요 및 위치

- 해발고도 및 특징 : 1,100m, 담수기간이 길어 야생동물에게 물 공급원
- 습지의 유형분류(람사르 코드) : 내륙습지/산지습지/소택형(U)

② 람사르 습지 지정기준

- 기준 2 : 멸종위기종, 희귀야생동식물 서식하는 습지

③ 주요 생물종 분포

- 식물종 : 한라물부추, 지리산오갈피
- 동물종 : 천연기념물로 지정된 황조롱이, 제주도 특산종인 제주도롱뇽서식
- 멸종위기야생 동·식물 : 매, 말똥가리, 조롱이

11) 순천만갯벌

① 개요 및 위치

- 해발고도 및 특징 : 조간대, 규모 하천의 하구역에 발달한 내만형 갯벌
- 습지의 유형분류(람사르 코드) : 연안습지(G, H, F)

② 람사르 습지 지정기준

- 기준 2 : 취약종, 멸종위기종, 위협을 받고 있는 군집을 부양하는 습지.
- 기준 4 : 생활사에서 특정한 단계의 동식물을 부양하거나 악화된 환경에 피난처 등을 제공.
- 기준 6 : 물새 한 종의 전 세계 개체수의 1% 이상을 정기적으로 부양하고
- 기준 8 : 어류에게 중요한 먹이 공급원이거나 어류자원에 중요한 산란지나 생육지 또는 이동경로 제공.

③ 주요 생물종 분포

- 국제보호종인 흑두루미, 검은머리갈매기가 전 세계 개체수의 약 1% 이상, 혹부리오리가 전 세계 개체수의 약 18%, 민물도요는 전 세계 개체수의 약 7%가 도래함.
- 천연기념물이면서 멸종위기종인 노랑부리저어새, 매, 큰고니, 흑두루미, 검은머리물떼새 등을 비롯하여 멸종위기종이 10여종이 출현함.
- 주요 우점종 : 혹부리오리, 댕기흰죽지, 쇠기러기, 혹부리오리, 쇠기러기, 검은머리흰죽지

12) 무안갯벌

① 개요 및 위치

- 해발고도 : 조간대
- 주변 지역과의 위치 : 반폐쇄성인 함평만 내측에 위치

- 습지의 유형분류(람사르 코드) : 해양 및 연안습지(G)

② 람사르 습지 지정기준
- 기준 2 : 취약종이나 멸종위기종 또는 위협을 받고 있는 군집을 부양.
- 기준 4 : 생활사에서 특정한 단계의 동식물을 부양.
- 기준 8 : 어류에게 중요한 먹이 공급원이거나 어류자원에 중요한 산란지나 생육지 또는 이동경로 제공.

③ 주요 생물종 분포
- 식물종 : 종밋, 짧은다리송곳갯지렁이, 갈대, 갯잔디, 강아지풀, 메귀리, 소리쟁이, 칠면초, 나문재, 해홍나물, 갯질경, 실망초, 사철쑥, 큰방가지똥
- 동물종 : 바지락, 피뿔고둥, 큰구슬우렁, 참굴, 홍합, 김, 파래, 망둥어, 짱뚱어, 괭이갈매기(58%), 중부리도요(4%), 쇠백로(3%), 왜가리(3%)

13) 서천갯벌

① 개요 및 위치
- 해발고도 및 위치 : 조간대, 금강하구의 북측에 위치
- 습지의 유형분류(람사르 코드) : 해양 및 연안습지(G, F)

② 람사르 습지 지정기준
- 기준 2 : 취약종이나 멸종위기종 또는 위협을 받고 있는 군집을 부양.
- 기준 4 : 생활사에서 특정한 단계의 동식물을 부양하거나 악화된 환경에 피난처 등을 제공.
- 기준 6 : 물새 한 종의 전 세계 개체수의 1% 이상을 정기적으로 부양.
- 기준 8 : 어류에게 중요한 먹이 공급원이거나 어류자원에 중요한 산란지나 생육지 또는 이동경로제공.

③ 주요 생물종 분포
- 동물상 : 천연기념물이자 멸종위기종으로 지정되어 있는 검은머리물떼새, 노랑부리저어새, 노랑부리백로, 매 등.
- 대형저서동물 : 붉은집참갯지렁이, 청동미갑갯지렁이, 서해비단고둥 등.

14) 고창, 부안갯벌

① 개요 및 위치

- 해발고도 : 조간대, 소규모 하천이 유입되는 하구갯벌
- 습지의 유형분류(람사르 코드) : 해양 및 연안습지(G, F)

② 람사르 습지 지정기준

- 기준 2 : 취약종이나 멸종위기종 또는 위협을 받고 있는 군집을 부양.
- 기준 4 : 생활사에서 특정한 단계의 동식물을 부양하거나 악화된 환경에 피난처 등을 제공.
- 기준 8 : 어류에게 중요한 먹이 공급원이거나 어류자원에 중요한 산란지나 생육지 또는 이동경로제공.

③ 주요 생물종 분포

- 저서동물 : 조개류, 갯지렁이, 풀게, 동죽 등이 서식하고, 담수유입이 적어 저서동물이 염분변화에 따른 스트레스가 적어 안정된 저서생태계를 유지.
- 염생식물 : 조간대 상부는 칠면초 군락, 담수유입이 있는 곳은 갈대 분포
- 동물상 : 물새는 전세계 생존개체 1% 이상의 종인 흰물떼새 1종이 출현하였으며, 대한민국 생존개체 1% 이상의 종으로 청둥오리, 민물도요, 큰고니, 가마우지, 왜가리, 중대백로 등 6종이 출현.

15) 제주 동백동산 습지

① 개요 및 위치

- 위치 : 제주도 제주시. 평균고도 122m
- 습지의 유형분류(람사르 코드) : 산지습지, 소택형(Xp)

② 주요 생물종 분포

- 식물상 : 순채, 제주고사리삼

16) 고창 운곡습지

① 개요 및 위치

- 위치 : 전북 고창군

- 습지의 유형분류(람사르 코드) : 호소습지, 호수형, 소택형(O, W)

② 주요 생물종 분포

- 식물상 : 버드나무, 갈대, 산조풀, 매자기, 달뿌리풀, 어리연꽃, 물수세미
- 동물상 : 두더지, 너구리, 족제비, 수달, 삵, 고라니, 멧돼지
- 식물보호종 : 낙지다리

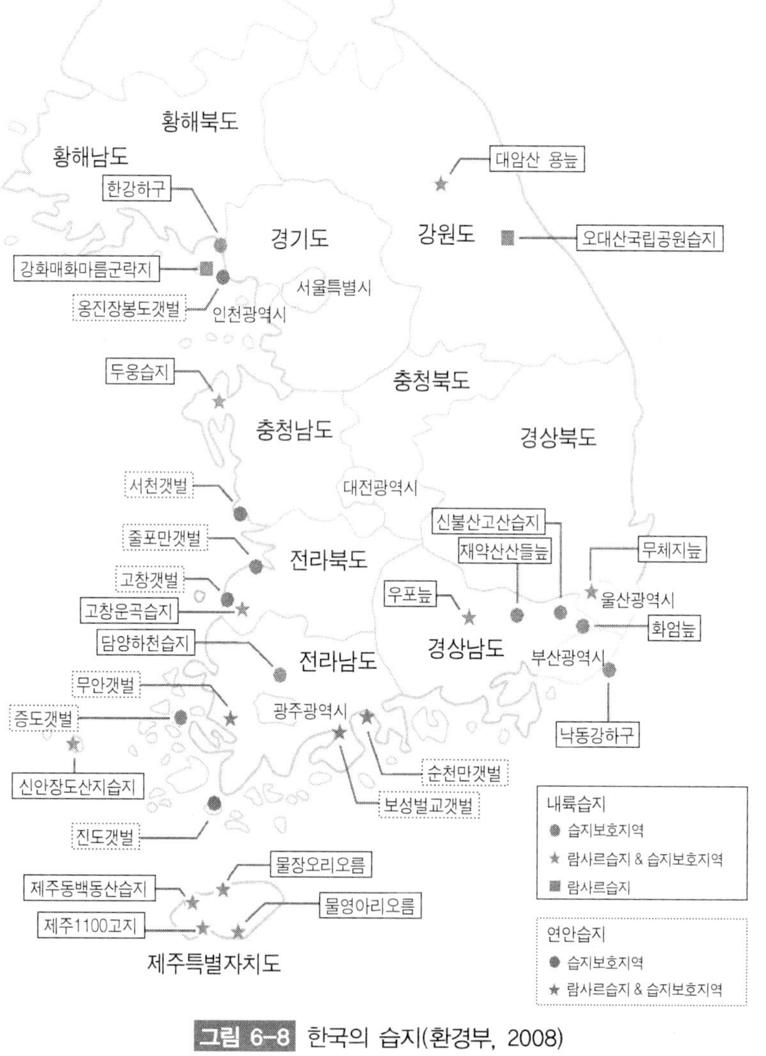

그림 6-8 한국의 습지(환경부, 2008)

표 6-10 람사르 습지 지정(14개소, 143.2122km^2)

지 역 명	위 치	면적(km^2)	특 징	지정일자
대암산 용늪	강원 인제군 서화면 대암산의 큰용늪과 작은용늪 일원	1.06	우리나라 유일의 고층습원	'97.03.28
우포늪	경남 창녕군 대합면, 이방면, 유어면, 대지면 일원	8.54	우리나라 最古의 원시자연늪	'98.03.02
신안 장도습지	전남 신안군 흑산면 비리 산109-1 ~3번지 일원	0.090	도서지역 최초의 산지습지	'05.03.30
순천만·보성 갯벌	전남 순천시 별양면, 해룡면, 도사동 일대 전남 보성군 호동리, 장양리, 영등리, 장암리, 대포리 일대	35.50	흑두루미 서식·도래 및 수려한 자연경관	'06.01.20
물영아리 오름	제주 남제주군 남원읍	0.309	기생화산구	'06.10.18
두웅습지	충남 태안군 원동면 신두리	0.065	신두리사구의 배후습지 희귀야생동·식물 서식	'07.12.20
무체치늪	울산시 울주군 삼동면 조일리 일원	0.184	희귀야생동·식물이 서식하는 산지습지	'07.12.20
무안갯벌	전남 무안군 해제면, 현경면 일대	35.89	생물다양성 풍부 지질학적 보전가치 있음	'08.01.14
오대산 국립공원습지	강원도 평창군, 홍천군	0.017	이탄습지, 산지습지 토탄층이 86cm 형성	'08.10.13
강화매화마름 군락지	인천시 강화군	0.003	인공습지-논습지 멸종위기 2급 매화마름 군락지, 금개구리 서식	'08.10.13
물장오리 오름	제주도 제주시	0.628	산정 화구호, 강우에 의해 유지, 멸종위기 1급매, 2급 팔색조 등 서식	'08.10.13
제주1100 고지습지	서귀포시 색달동, 중문동 및 제주시 광령리	0.126	산지습지로 멸종위기종 및 희귀야생동식물 서식	'09.10.12
서천갯벌	충청남도 서천군 서면, 유부도 일대	15.3	다수의 멸종위기종 조류 및 전 세계 물떼새 개체수의 1% 이상이 서식(검은머리물떼새)	'10.02.01
고창·부안 갯벌	전북 부안군 줄포면과 보안면, 고창군 부안면과 심원면 일대	45.5	다수의 멸종위기종 조류 및 전세계 물떼새 개체수의 1% 이상이 서식(흰물떼새)	'10.02.01
제주 동백동산 습지	제주 제주시 조천읍 선흘리	15.3	지하수량이 높고, 생물다양성이 풍부한 곶자왈 지역	'11.03.14
고창 운곡습지	전북 고창군 아산면 운곡리	45.5	생물다양성이 풍부하고 멸종위기종 수달 등 서식	'11.04.07

(2011. 4월 기준)

1.6 습지의 동·식물

1.6.1 하천습지

1) 식물

물억새, 버드나무, 고마리, 물봉선, 개수리자리, 개여뀌, 광대수염, 미나리냉이, 애기부들

2) 조류

쇠백로와 중백로, 왜가리, 노랑턱멧새, 물까치, 알락할미새, 노랑할미새, 원앙수컷, 물총새, 꼬마물떼새

3) 어류

어름치, 버들치, 둑중개, 동사리, 수수미꾸리, 밀어, 얼룩동사리, 됭경모치, 파라미, 갈겨니, 검정망둥, 각시붕어

4) 양서파충류

도룡뇽, 무당개구리, 참개구리, 두꺼비

5) 수서생물

가재, 하루살이류, 플라나리아

6) 수서곤충

애반딧불이, 바수염날도래유충, 성충, 진강도래유충, 진강도래

1.6.2 논습지

1) 식물

벼꽃, 벼, 매화마름, 물질경이, 보풀, 구와말, 개구리밥, 방동사니, 수염가래꽃, 물달개비

2) 조류

황로, 중대백로, 저어새, 쇠뜸부기사촌, 학도요, 청다리도요, 큰기러기, 재두루미

3) 어류

미꾸리, 송사리, 미꾸라지

4) 양서파충류

두꺼비, 물뱀, 청개구리

5) 저서성무척추동물

거머리, 왕우렁이

6) 곤충

메추리장구애비, 벼메뚜기, 땅강아지, 꼬마줄물망개, 소금쟁이

1.6.3 갯벌습지

1) 바위갯벌

- 저서생물 : 풀색꽃해변말미잘, 굴, 눈알고둥, 거북손, 따개비, 갯장구, 총알고등풀게

2) 모래갯벌

- 저서생물 : 엽낭게, 갯가재, 서해비단고둥, 떡조개
- 사구식물 : 해당화, 순비기, 통보리사초, 갯메꽃

3) 혼합갯벌

- 저서생물 : 밤게, 길게, 좁살무늬고둥, 바지락, 두토막눈썹참갯지렁이, 민챙이

4) 펄갯벌

- 저서생물 : 짱뚱어, 망둥어, 방게, 농게, 개맛
- 염생식물 : 퉁퉁마디, 가는갯능쟁이, 나문재, 칠면조
- 조류 : 희물떼새, 노랑부리저어새, 흑두루미, 검은머리물떼새, 알락꼬리마도요, 민물도요

1.6.4 늪

1) 식물

- 가시연꽃, 마름, 생이가래, 노랑어린연, 줄, 자라풀, 개구리밥, 창포, 통발, 부들, 연꽃

2) 조류

- 물닭, 논병아리, 큰고니, 황새, 백로, 흰빰검둥오리, 청둥오리, 큰기러기, 쇠기러기

3) 어류

- 붕어, 송사리, 참붕어, 흰줄납줄개, 미꾸리, 각시붕어, 가물치, 잉어

4) 곤충

- 게아재비, 물자라, 물방개, 쇠측범잠자리

1.6.5 섬습지

1) 식물

- 조름나물, 애기부들, 줄, 순채, 꽃창포, 갯메꽃, 좀보리사채, 해당화, 갈대, 물옥잠, 세모고랭이

2) 조류

- 뿔논병아리, 알락할미새, 청둥오리, 큰보니, 아비, 말똥가리, 백로, 흰죽지

3) 기타

- 말뚝망둥어, 제첩

4) 포유류

- 수달

1.6.6 산지습지

1) 식물

- 삿갓사초, 물이끼, 얼레지, 동의나물, 처녀치마, 갈퀴현호색, 숫잔대, 노랑제비꽃, 박새, 끈끈이주걱, 흰털괭이눈, 큰방울새란, 땅귀이저, 자주땅귀이개

2) 조류

- 붉은머리오목눈이, 조롱이, 참매, 수리부엉이

3) 포유류

- 고라니, 노루, 산양, 삵

볼거리*

습지랑 철새랑

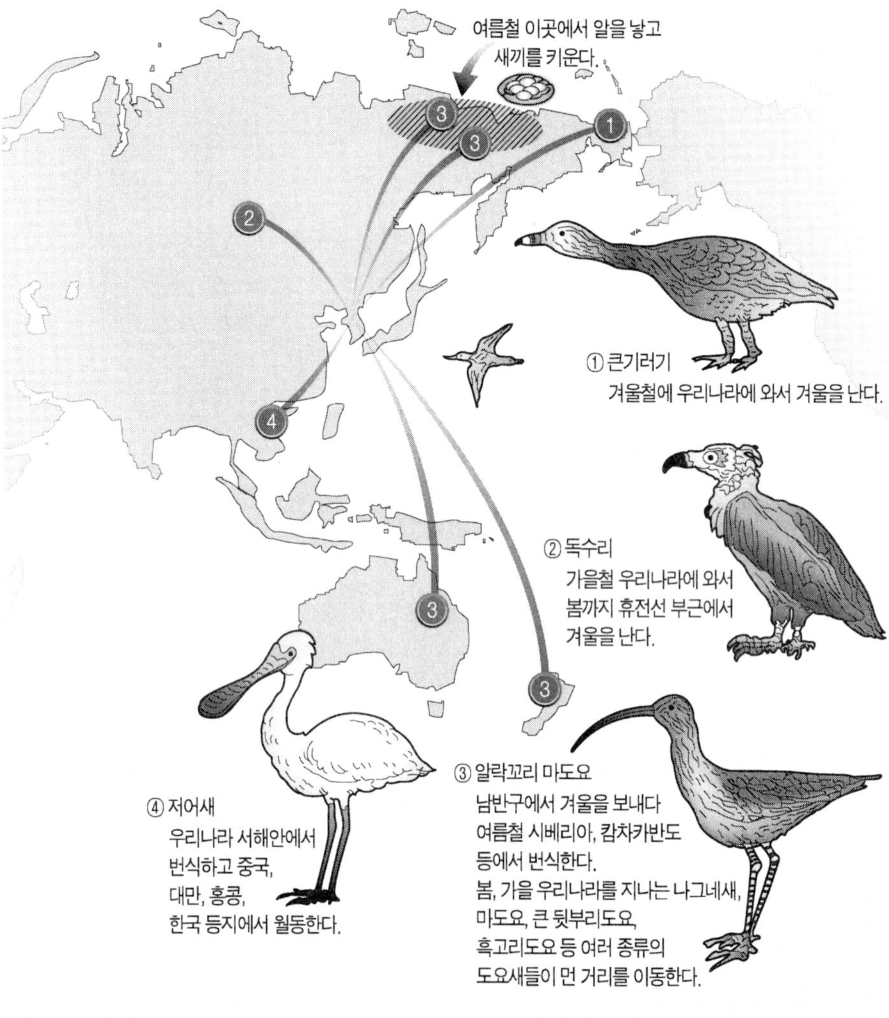
여름철 이곳에서 알을 낳고
새끼를 키운다.
① 큰기러기
겨울철에 우리나라에 와서 겨울을 난다.
② 독수리
가을철 우리나라에 와서
봄까지 휴전선 부근에서
겨울을 난다.
③ 알락꼬리 마도요
남반구에서 겨울을 보내다
여름철 시베리아, 캄차카반도
등에서 번식한다.
봄, 가을 우리나라를 지나는 나그네새,
마도요, 큰 뒷부리도요,
흑고리도요 등 여러 종류의
도요새들이 먼 거리를 이동한다.
④ 저어새
우리나라 서해안에서
번식하고 중국,
대만, 홍콩,
한국 등지에서 월동한다.

2. 하 천

2.1 하천이란?

2.1.1 정 의

1) 사전적 정의

- ❏ 육지 표면에서 대체로 일정한 유로를 가지는 유수의 계통을 말하며 국내에서는 큰 강을 강, 작은 강을 천 또는 수로 나타내고 있지만 오늘날에는 혼용하여 사용하는 경우가 많음.

2) 법제적 정의

- ❏ 지표면에 내린 빗물 등이 모여 흐르는 물길로서 공공의 이해에 밀접한 관계가 있어 국가하천 또는 지방하천으로 지정된 것을 말하며 하천구역과 하천시설을 포함.
- ❏ 국가하천은 국토 보전상, 국민 경제상 중요한 하천으로 국토해양부 장관이 그 명칭과 구역을 지정하는 하천을 말함.
- ❏ 지방하천은 지방의 공공이해와 밀접한 관련이 있는 하천으로 시도지사가 그 명칭과 구역을 지정하는 하천을 말함.

2.2 하천의 기능

- ❏ 하천은 이수, 치수, 기능 이외에 환경적 기능이 있는데 이·치수 기능은 공학적 기능인 반면 환경적 기능은 자연적 기능을 나타냄.

2.2.1 기본기능

1) 치수

- ❏ 치수는 기능이라기보다 엄밀한 의미에서 하천 관리의 대상을 나타냄.

❑ 20세기 들어 한반도의 인구가 증가하고, 1차 산업에 비해 2차, 3차 산업이 발전하면서 과거 홍수범람의 위험이 있었던 하천변 홍수터는 경작지 및 도시와 같은 집단 거주지로 변모함.

2) 이수

❑ 하천과 인간사회는 경제, 교통, 군사적 측면에서 밀접한 관계를 가져왔으며, 하천변의 넓은 충적토에서 농경활동을 해왔고, 자연의 물길을 이용한 수운활동의 편리성과 강 자체를 자연적인 군사 방어벽으로 이용함.

3) 환경

❑ 하천의 환경기능에는 하천 동식물의 서식처 기능, 수질자정기능, 심미적 기능(친수기능) 등이 있는데 하천의 환경적 기능의 기본은 생물서식처 기능임.

2.2.2 생태적 기능

1) 서식처 기능

❑ 공간, 먹이, 물, 은신처를 제공
❑ 하천회랑과 주요하곡은 모두 상당한 서식처를 제공
❑ 철새들의 중간 경유지로서 휴식과 먹이를 제공하는 서식처 역할
❑ 회랑규모에서 서식처 기능은 연결성과 폭에 의해 크게 좌우됨.

2) 전달기능

❑ 하천회랑이 에너지, 물질, 유기체의 이동경로로 회랑을 통해 전달하는 것
❑ 물과 유사의 집적 및 운반작용, 유형의 물질과 생물상의 이동
❑ 종축방향, 횡축방향 모두 전달기능을 수행
❑ 하천회랑은 서식처와 함께 조류의 여름과 겨울철 서식처간의 이동로 기능

3) 여과와 차단 기능

❑ 하천으로 유입되거나 이동하는 물질, 에너지, 유기물은 선택적으로 여과, 차단됨.
❑ 여과와 차단에 의해 하천 오염물질이 저감되고, 퇴적물의 이동 감소

❑ 물질이 하천회랑에 직각으로 이동하는 경우 가장 효과적으로 여과와 차단이 이루어짐.
❑ 하천회랑의 연속된 식생에 단절된 부분의 여과기능 감소, 하천 가장자리가 완만할수록 여과기능은 증가됨.

4) 공급과 저류기능

❑ 유기물, 에너지, 물질을 하천주변으로 공급하고, 하천주변으로부터 발생한 유기물, 에너지 물질을 저류하는 기능
❑ 고수부지는 홍수 때 퇴적물이 저류되는 곳이며, 저류된 유사가 하천 저수로로 유입
❑ 범람원에 형성된 식생은 홍수시 다양한 물질을 저류시키거나 흡수하며 물에 함유된 유기물과 토양을 범람원 하류에 공급하는 역할.

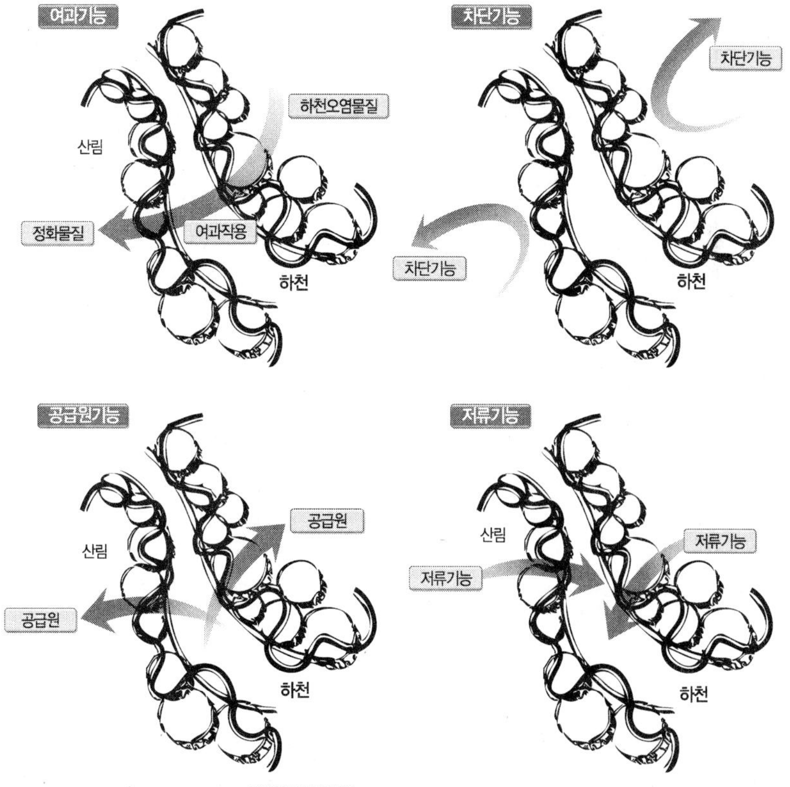

그림 6-9 하천의 생태적 기능

5) 동적평형

- ❑ 끊임없이 변화하는 생태계에서 안정성은 일정 범위 내에서 체계가 유지되는 능력을 말함.
- ❑ 이런 현상을 동적평형이라 하며 이것이 지속되려면 하천 생태계 내부에서 일련의 자기회복작용이 활발해야 함.

2.2.3 사회·문화적 기능

1) 인류문명의 발상지

① 인류 문명은 하천유역에서 발생
② 하천은 지역의 고유한 역사, 문화, 전통을 창출하는 공간

2) 도심과 외곽생태계의 연결통로

① 대부분의 도시하천은 도시외곽의 산속에서 발원
② 도시하천은 야생동물의 이동통로로 이용

3) 도시 어메니티 증진의 필수요소

① 도시하천은 냉각수와 통풍역할로 인해 열섬현상 완화
② 오염물질을 배출하는 환기구 역할

4) 도심지의 녹색휴식처

① 도시 내 생태공원 및 휴식공간으로 활용될 수 있는 녹색자원임.
② 역사와 문화가 연계한 하천환경 조성으로 특색있는 도시형성(파리 세느강 - 프랑스 전통 건축물과 조화된 아름다운 문화공간 조성)

2.2.4 하천 식생의 기능

1) 하안 보호 및 생태계 보전

① 하천식생은 홍수시 유속을 감소 시키고, 생물종의 뿌리는 하안을 보호함.
② 먹이연쇄의 제1차 생산자 역할을 하며 조류나 소동물의 휴식과 먹이획득의 장소 제공.

2) 물 · 대기의 정화

① 수변에 형성된 식생은 여과대로서 오염물질을 거르는 필터 역할을 함.

② 식생에 의한 산소의 생산과 대기오염물질 흡수, 습지식생대는 CO_2 저장소.

3) 종다양성 유지 및 서식처 제공

① 수많은 어종의 산란장소를 제공하며 각종 무척추 동물과 수서 곤충들에게 서식처를 제공함으로써 종다양성 유지에 중요한 역할.

2.3 하천의 구조

2.3.1 하천의 종적구조

1) 물리적 구조

① 종적구조

- 상류부(원류구역)는 보통 경사가 가장 급하며, 유역사면으로부터 침식된 유사가 하류로 이동하는 구역으로 주로 침식작용이 일어남.
- 중류부(운반구역)는 대체적으로 홍수터가 넓고, 수로가 사행하는 형태를 띠며, 주로 운반작용이 일어나는 구간.
- 하류부(퇴적구역)는 하천경사가 평탄해지며, 퇴적이 주로 일어나는 지역.

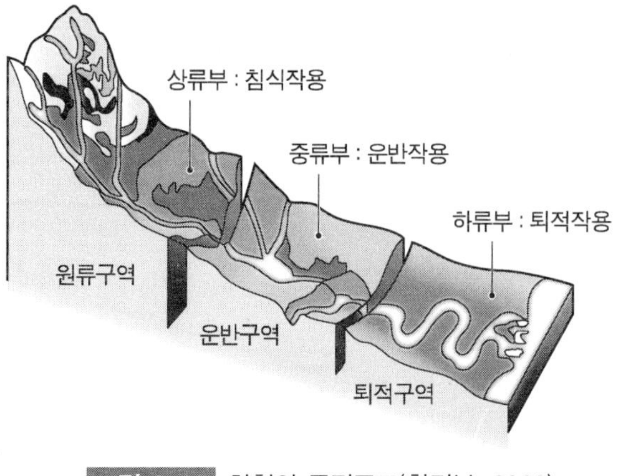

그림 6-10 하천의 종적구조(환경부, 2002)

표 6-11 하천의 종적구조에 따른 환경요인

종류	상류	중류	하류
유속	급경사 ⟷		완경사
하상퇴적물	자갈 ⟷		모래
하폭	좁다 ⟷		넓다
하원	깊다 ⟷		완만

② 하천의 형상

- 단일 및 다중 유로 하천
  - 유로가 한 개로 이루어진 하천이 대부분이나, 경우에 따라서는 다중 유로 하천도 있으며, 다중 유로하천은 망상하천과 접합 하천으로 분류.
- 사행도
  - 자연 하도가 직선형인 경우는 찾아보기 어려우며, 사행도는 수로의 굽음 정도를 나타내는 것으로 보통 상·중류부는 사행도가 낮은 반면, 하류부는 넓고, 평평한 계곡에서는 종종 사행도가 매우 큰 경우가 발생함.

③ 여울과 소

- 수로의 평면형에 관계없이 대부분의 하천은 수심이 깊은 지역과 얕은 지역이 반복되어 나타나는 특성을 가짐.
- 여울과 소는 평균 하폭의 약 5~7배의 거리를 두고, 하도의 종방향을 따라 교대로 반복되며 수로 내에서 사행하는 유심선과 관련이 있음.

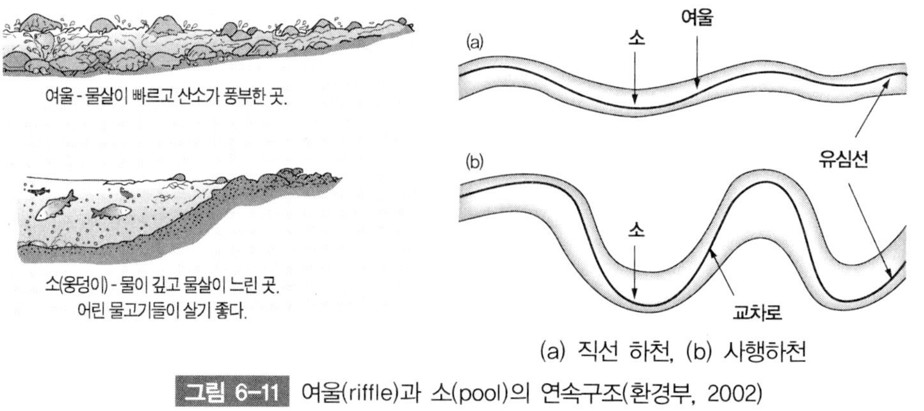

그림 6-11 여울(riffle)과 소(pool)의 연속구조(환경부, 2002)

2) 생물적 구조

① 상류부의 생물군집

- 상류하천은 주로 울창한 산림이 덮고 있기 때문에 일조량의 대부분이 차단되어 수면에 떨어지는 대량의 낙엽을 각종 수서곤충이 분해하여 에너지를 공급함.
- 먹이원의 제한과 계절 변화가 크지 않는 수온 등의 영향으로 생물종의 다양성은 제한됨.

② 중류부의 생물군집

- 넓은 자갈밭, 하중도, 수변의 수생식물대, 홍수터의 자연초지, 하반림 등의 서식처에 적응하는 곤충과 조류가 서식.
- 하반림은 침수빈도가 가장 낮은 곳에 형성되고, 왜가리, 해오라기, 원앙새 등의 둥지를 짓는 곳으로 이용.
- 중류하천은 상류하천과 달리 수중의 일조량이 풍부하여 광합성에 의한 자체영양공급이 가능해지기 때문에 초식성 수서곤충이 현저히 증가
- 중류역 어류상의 대표어종은 붕어와 잉어이며, 자연하천에 형성되는 소는 겨울동안의 어류의 월동 및 휴식의 장으로 이용

③ 하류부 - 하구역의 생물군집

- 하류부는 하천의 경사가 완만해지고, 유속이 작아져 퇴적이 진행되는 구간으로서 유입되는 영양물이 풍부해져서 생물상도 다양해짐.
- 하류부는 하천의 물리적 안정성은 커지지만 탁도의 증가로 부유성 동식물 사체를 주워먹는 수서곤충의 우점도가 대단히 높아짐.
- 하구역의 생물분포는 염습지 식생대, 갯벌 및 기수역으로 구분.
- 하구 및 해안에 가까운 점토질 수변에는 염습지 식생대가 조성되고, 갯벌은 저서생물의 밀도가 높으며 각종 영양물질을 분해하여 높은 생산성을 유지하여 물떼새, 도요새 등의 철새집단도래지로 중요하며 기수역은 각종 어종의 산란, 치어 생육, 이동통로로서의 중요성이 큼.

3) 식생 구조

표 6-12 하천 종적구조에 따른 주요 하천 식생

구분	단면도	특징
계류부	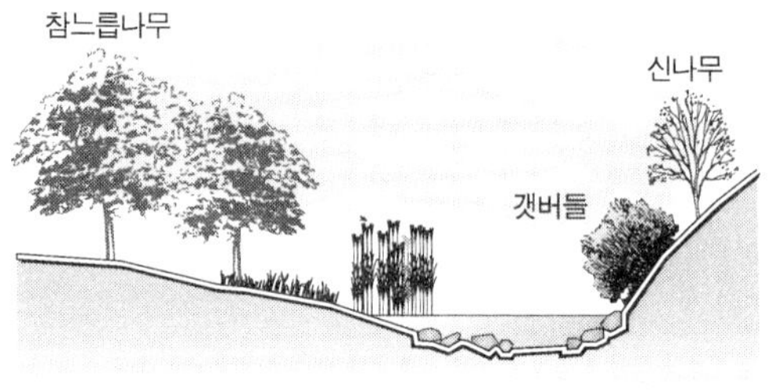	·물의 발원지로 보통 상류의 최상부지역으로 하상에 거석이 분포 ·저수로부 - 초본류의 달부리풀 수제와 떨어진상부 - 갯버들, 선버들 군락
상류부		·빠른 유속으로 토양과 암반의 침식 ·갯버들, 달뿌리풀, 물억새 등의 초본류군락
중상류부	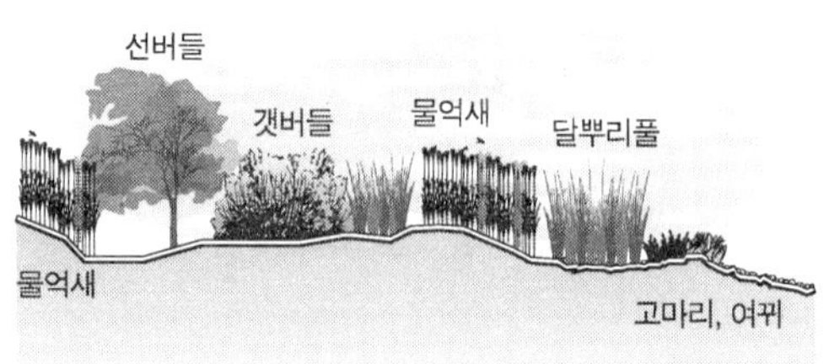	·불규칙적인 물의 흐름이 발생하는 지역으로 모래 등의 사질토가 퇴적 ·달뿌리풀, 고마리, 여뀌 등의 초본류 군락
중하류부	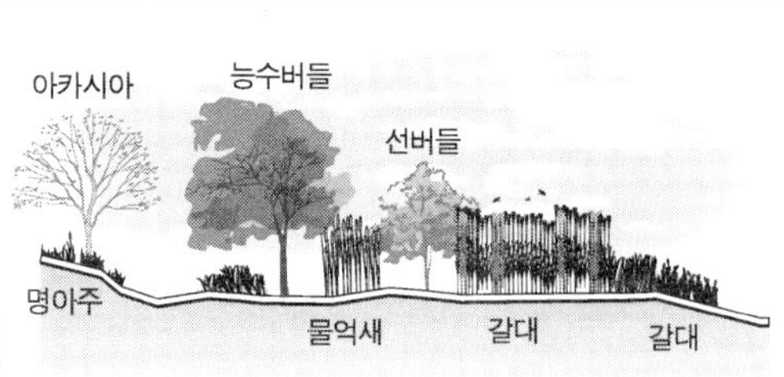	·물의 흐름이 완만해 하상저질은 세립질이고 수변에는 퇴적작용 ·수변에는 갈대, 물억새군락 범람원상에는 버드나무류가 하반림을 형성
하류부	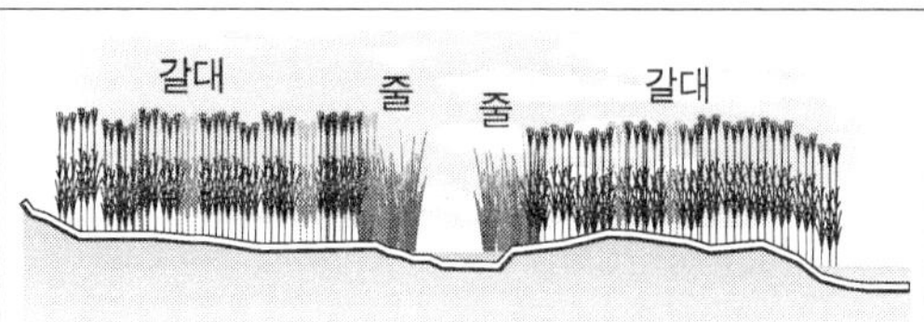	·넓은 범람원상에 세사나 점토질의 토양이 퇴적 ·갈대, 줄 등의 식물종이 대규모 군락형성

(환경부, 2002)

2.3.2 하천의 횡적구조

1) 물리적 구조

① 하도

- 연중 얼마간의 기간동안 물이 흐르는 부분으로 물과 물이 운송하는 유사에 의하여 형성되고, 유지되고 변화하는 곳으로 하도의 형상은 대개 굴곡이 있고, 대략 포물선형에 가깝지만, 가변성이 매우 큼.

② 홍수터

- 하도의 한쪽 또는 양쪽에 위치하며, 홍수에 범람될 가능성이 매우 큰 지역
- 50년, 100년 주기 등 대홍수시 형성되는 구간을 기준으로 구분함.

③ 천이고지

- 홍수터의 한쪽 또는 양쪽에 위치하는 대지의 한 부분으로 홍수터와 주변경관을 연결하는 천이구역의 역할.

2) 생물적 구조

① 하천 횡단면과 생태계

- 하천의 횡단면은 침수빈도에 따라 수면, 홍수터 및 육상부의 세 가지 서식처 유형으로 구분되며, 광선투과량에 따라서 식물의 서식처는 연안대, 중수대, 심수대의 세 가지로 구분됨.
- 연안대는 수면 속의 토양에 관속식물의 뿌리가 고정되어 광합성을 할 수 있는 얕은 구역이며, 추수식생대, 부엽식생대, 수중식생대로 구분
- 홍수터는 수륙양생에 적합한 동식물의 서식공간으로 초지대를 형성하는데 습성초지에는 사초류, 달뿌리풀, 물억새 등이 우점식생이고, 건성초지에서는 수크령, 띠, 비수리, 달맞이꽃 등이 우점식생임.
- 육상영역은 하천의 간접적인 영향을 받는 범람원과 산지의 천이지역으로 취락지역, 밭, 과수원 등으로 이용

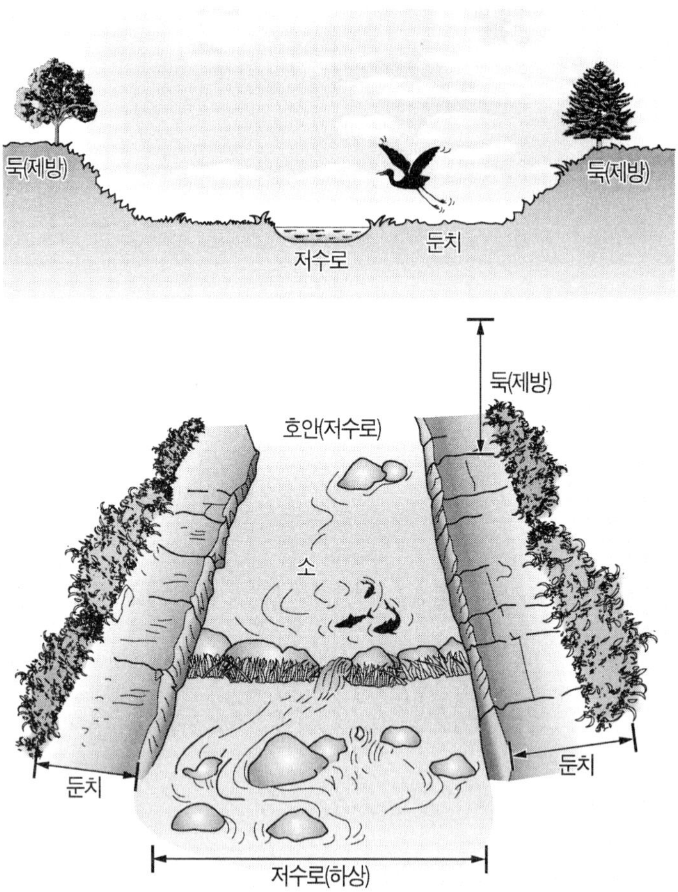

그림 6-12 하천의 횡적구조

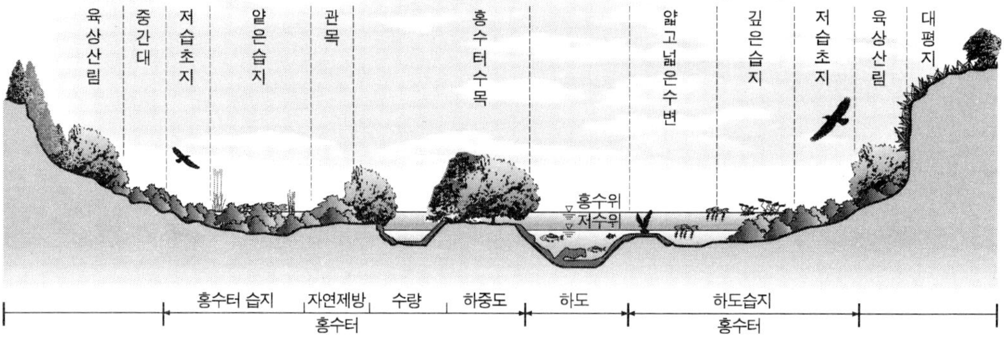

그림 6-13 하천경관의 횡단구조(환경부, 2002)

2) 식생 구조

① 수생식물역

- 개방수면과 육상의 중간지대의 연안대에 형성됨.
- 관속이 있는 고등식물로 물속 또는 물위에서 생장하거나, 경엽부의 일부가 항상 물에 잠겨있는 식물

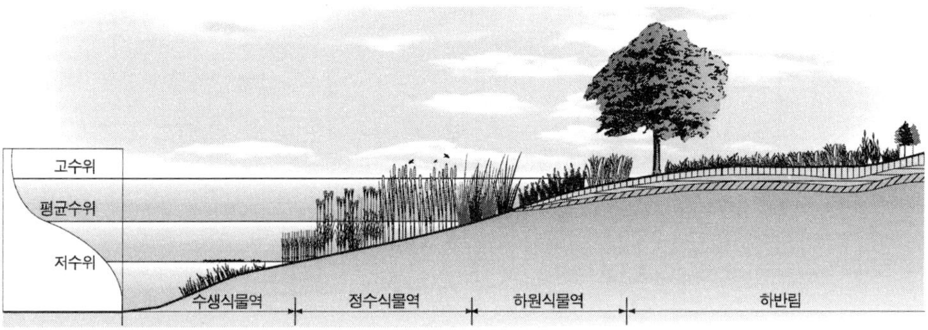

그림 6-14 지표수, 지하수위와의 관계에 따른 하천식생분포(Bach 등, 1984)

② 정수식물역

- 하안이 직접 맞닿는 하안선을 중심으로 형성되며 대형수생 관속식물이 주를 이룸.
- 뿌리와 줄기의 하부는 수중이나 포화된 토양층 속에 있으나 줄기와 잎의 대부분은 수면위에 있음.

③ 하원식물역

- 계절적 홍수에 의해 범람되면서 주로 초본류에 의해 피복됨.
- 높은 지하수위 따른 습한 토양 수분조건과 주기적인 범람에 내성이 있는 식물종으로 구성됨.

④ 하반림

- 하천의 영향을 받는 범위내에 형성된 수림.
- 버드나무류와 사시나무류가 주종을 이루며 속성수이면서 수명이 짧음.

표 6-13 하원식물의 종류

과명	종명	형태 · 생태적 특성	서식환경	비고
부처꽃과	털부처꽃	다년초, 옆으로 뻗는 지하경	양지바르고 습한곳	7~8월 보라색꽃 개화
국화과	금불초	다년초, 근경이 뻗어 번식	산, 들 물기 있는곳	7~9월경 노란색꽃 개화
벼과	띠	다년초, 근경이 옆으로 뻗음	햇빛 잘드는 강가	5~6월 개화
	수크령	다년초	들의 양지 바른 곳	8~9월 개화
꿀풀과	석잠풀	다년초, 백색의 지하경이 옆으로 뻗음	다소 습한 곳	6~8월 자주색꽃 개화
	익모초	이년초	다소 습한 곳	6~9월 홍자주색꽃 개화

표 6-14 하반식물의 종류

과명	종명	형태 · 생태적 특성	서식환경	비고
자작나무과	오리나무	회갈색 피목, 내한성, 내습성	각처에 서식	실생법
단풍나무과	신나무	내습성	유역 및 습원	
장미과	귀룽나무	내공해성, 내습성	하천유역	종자번식
	조팝나무	밤색줄기, 내습성	논뚝 등 사면	
	꼬리조팝나무	내습성, 내한성	습한곳	
버드나무과	왕버들	황록색 털, 내습성, 내화성	평지 하천변	삽목번식
	갯버들	황록색 줄기	전국	분주번식
	수양버들	적자색 줄기, 내습성, 내한성	인가인근 전국	분주, 삽목번식
	능수버들	줄기 황록색 털, 내습성, 내한성	평지천변	삽목번식
	버드나무	가지가 밑으로 처지지 않음, 내한성, 내조성	전국 야산지	
	내버들	줄기에 황갈색 털, 내한성, 내습성, 내광성	계곡 하천변	

2.4 하천생태계의 교란

❑ 하천 교란은 극단적인 홍수, 가뭄 등 자연적인 요인이나 하천정비, 하천구조물 설치 등 인위적인 요인 등으로 하천 생태 서식처의 물리적, 화학적 특성이 변형·변질되고, 하천생태계가 변화, 단절, 절멸이 되는 것을 말함.

2.4.1 자연적 교란

1) 가뭄, 홍수

❑ 가뭄으로 하도에 물이 마르고, 수변 식물이 고사하거나 홍수로 인해 수변이 세굴되어 훼손됨으로써 수변생태계를 변화시키지만 스스로 되살아날 수 있는 능력이 커서 그 현상이 심각할 정도로 지속되지 않은 한 곧 사라짐.

2.4.2 인위적 교란

❑ 하천과 수변에 미치는 인위적 교란은 크게 유역의 토지이용 변화에 따른 하천영향과 그에 따른 교란, 이·치수 목적으로 하천정비에 따른 하천의 물리·화학적 특성변화와 그에 따른 교란, 대규모 구조물이나 시설물 설치에 따른 교란, 골재채취에 따른 서식처교란 등으로 나눌 수 있음.

1) 하천개발

표 6-15 하천정비에 따른 하천환경의 영향

정비내용		정비목적	변화내용	하천생태계 영향
하도 굴착	하도 준설	홍수 소통 능력 증대	· 하상 내 심저부의 상실 ; 여울, 소, 사주 등의 발달 저해 · 하상재료 및 수심의 균일화 · 수온상승과 하도 내 광합성 증가	· 어류 서식 및 산란장 파괴 · 나뭇잎 등의 유입감소에 따른 수중 무척추동물의 먹이 감소 · 자정능력 감소 · 수중생태계의 단순화
	하상 굴착	홍수 소통능력 향상 및 골재채취	· 하상형태의 단순화 · 지천과의 낙차 발생 · 하안 식생대 형성곤란 · 지하수위 저하 초래 · 단면적에 따른 유속의 완화로 퇴적 가중	· 어류 산란 및 피난장 감소 · 본류 및 지천간 어류의 왕복 불가 · 수서곤충 서식환경 파괴 · 고수부지의 식생의 종의 획일화 · 어류개체군의 단순화 초래
	하천 폭의 증대	홍수 소통 능력 확보	· 소류력 감소에 의한 토사 이동의 감소 · 상시수위 저하 · 수온상승	· 갈수시의 어류 서식 및 피난처 감소 · 하천의 자정능력 감소 · 하안식생대 형성 곤란
구조물에 의한 정비	제방 및 저수로의 직선화	고수부지 개발 및 하천정비의 간편성	· 하상 내 심저부의 상실 · 하상재료의 균일화 · 흐름형태의 단순화 · 수심 균일화 · 수온상승	· 어류 서식 및 산란장 파괴 · 수서곤충 감소 · 균일한 실트 및 모래퇴적에 따른 먹이확보 곤란 · 자정능력 감소 · 저수로변 식생상태 단순화
	사면 보호공	침식 방지	· 유사량 감소 · 그늘 감소로 인한 수온상승	· 어류 서식 및 산란장 감소 · 수생곤충 서식환경 파괴 · 고수부지 식생의 종의 대체 및 획일화 초래
	하도 포장	하상 세굴 방지	· 수온상승 · 흐름형태의 단순화 · 천연 하상재료와의 이탈 · 하상 내 심저부의 상실 · 수심 균일화	· 저서생물의 배양기능 파괴 · 어류 산란 및 피난처 파괴 · 수서곤충 서식환경 파괴 · 동물의 접근성 감소
	콘크리트 호안	침식에 대한 제방보호	· 지하수 흐름 저해 · 유속증가 · 수온상승, 유사량 감소 · 지수역 감소	· 어류의 산란장, 서식 및 피난장소 감소 · 수변곤충 감소 · 수변식생 상실, 먹이 감소 · 동물 하도접근성 감소

정비내용		정비목적	변화내용	하천생태계 영향
이용을 위한 정비	고수부 지개발	고수부지 조성 및 하도정비	· 고수부지 높이 획일화 · 다양한 형태의 물길 상실 · 흐름 형태의 단순화	· 어류서식 및 산란장 파괴 · 수서곤충 서식환경 파괴 · 수변식생 단순화
	하천 복개	주차장 및 도로건설	· 콘크리트 구조물의 배수로화 · 빛 및 공기의 차단 · 악취 및 유해가스 발생 · 물오염 가소	· 하천생태 환경의 근원적인 파괴 초래 · 수변식생 말살 · 하천환경 기능 상실
	하천내 도로 및 주차장	도로 및 주차장	· 포장에 의한 강우의 침투저하 · 수질오염 가속 · 강우초기 수온상승	· 하천생태환경 파괴 · 수변식생 감소 · 동물의 하도 접근성 감소 · 수변곤충 및 물새 등의 서식환경 파괴
	골재 채취	골재채취	· 하상변동 초래, 하상저하 · 유속의 완화, 하상재료 균일화 · 여울 및 소의 상실	· 어류의 산란 및 서식장소 파괴 · 먹이의 감소 · 2차 물오염에 의한 어류 서식환경 파괴

건교부(2001)

2) 토지이용 활동

① 농업

- 수변식생을 제거하는 것은 토양의 침식 증가, 오염물질 운반량 증가, 서식처 기능의 저하 등 부작용 초래.
- 농경지를 조성하는 하천 내부의 변경은 하천생태계의 서식처를 파괴하며 배후지 및 홍수터의 표면 손실, 지하수 흐름의 교란, 수온 상승, 탁도 증가, PH 저하, 지하수위의 저하, 제방붕괴 등의 부작용 초래.
- 농업용수를 확보하기 위한 보의 설치 및 심정의 개발로 지하수의 이용량이 증대되면 지하수위 저하, 자연적 범람주기의 변경을 초래.
- 농업에 의한 토양 교란 및 비료, 살충제 등의 과다한 사용은 하천에 유입되는 오염물질 증대.

② 임업

- 벌목은 지표면의 식생을 감소시키고, 하천유역의 영양물질을 감소시키며 제방의 침식을 가중시키고, 하도의 폭을 넓히며 여름과 겨울의 수온에 영향을 줌.

- 목재 수송을 목적으로 산림 내 도로를 개설하면 표토손실과 토양압밀 및 교란을 유발하여 장기적으로는 생산성과 토양의 공극률, 수분 침투율을 저하시키고, 유출량과 토양침식을 증가시킴.

③ 위락활동

- 등산객의 이용이 빈번한 탐방로의 경우 토양 압밀로 인한 투수율 감소와 그로 인한 지표 유출수의 증가는 하천으로의 퇴적물 유입을 증가시킴.
- 배의 프로펠러에 의한 물의 순환은 하천 바닥의 퇴적물의 위치를 변화시키고, 제방침식을 증가시키고, 민감한 수생생물종을 교란시킴.
- 산책 혹은 하이킹보다는 산악자전거, 오토바이, 승마는 식생을 훨씬 심하게 손상시킴.

④ 도시화

- 유역의 도시화가 진행될수록 불투수 포장면적이 점유하는 비율이 증가하고, 지표면 유출수의 비율을 증가시켜 도시하천의 건천화를 촉진함.
- 홍수시 유입되는 빗물에는 퇴적물, 탄소, 영양물질, 금속류, 탄화수소, 염화물, 세균 등이 포함되어 수중생물에 부정적 영향을 줌.
- 평탄한 하상으로 정비되어 서식처의 유형이 단순화 되고, 제방에는 시멘트 블록 등의 인공소재로 대체되어 서식처가 소멸되고, 보 등의 하상구조물에 의해 유속이 느려져 하상에 미세한 점토질 모래가 침전되어 수중 생물의 호흡기관을 폐쇄시키며 보의 직하류에는 넓은 하상이 노출되고, 토양수분이 부족하여 환삼덩굴, 돼지풀 등의 외래 잡초가 번성하게 됨.

2.4.3 하천에서의 생물서식처의 교란

1) 고유서식처 파괴

❑ 외래 초본류들이 침입한 초지는 외형상 자연스러워 보이나 기능적으로 서식처가 감소됨.

❑ 환삼덩굴이 대면적을 점유한 초지는 고유의 초지와 유사해 보이지만 조류와 같은 민감한 종에게는 서식처와 먹이를 공급하지 못함.

2) 서식처 조각의 소형화

❑ 하천토목공법을 적용해 정비된 하천에서는 수변의 초지 및 하반림이 제거되거나 축소되고, 서식처가 파편화되며 내부 면적이 감소됨.
❑ 서식처의 크기가 적어지면 주연부, 즉 서식처 내부가 감소하여 도시종 이외의 생물종 개체수는 크게 감소함.

3) 주연부 증가

❑ 서식처의 파편화가 진행되면 주연부가 점유하는 면적의 비율이 증가되고, 주연부에서의 밀도가 높아짐.
❑ 인구밀도가 높아서 야생동물의 생존에 필요한 서식처의 절대면적이 부족하고, 도시하천의 대부분은 너무나 인공화 되어 이와 같은 야생동물의 생존에 유익한 환경이 되지 못함.

4) 고립 증가

❑ 조각의 파편화는 각 서식처의 고립을 증가하게 하고, 조각이 고립되어 인접한 조각에서 배우자 및 먹이를 찾지 못하게 되어 점차 유전적 다양성이 감소하게 됨.

2.5 하천복원

2.5.1 계획수립의 기본방향

① 하천이 갖는 역동성을 존중하는 계획
- 하천은 시간과 상황에 따라 변화하며 스스로를 형성해 나가므로 자연 친화적 하천정비계획은 이러한 형성원인과 그에 따른 장래의 상태를 정확히 예측하는 것이 중요

② 하천이 갖는 연속성을 보장하는 계획
- 하천은 발원지에서 바다에 이르기까지 긴 띠의 형식으로 연결되어 있고, 이러한 연속된 공간에 수생생물들은 이동하면서 생활을 영위함.

- 횡적으로도 하천은 독립개체로 생각할 수 없으며 수역에서 수제역, 홍수터, 제방, 하천인근의 토지로 연결되어 영향을 받으면서 하나의 커다란 생태계를 이루며 존재하므로 하천계획의 기본 구상은 수계단위를 바탕으로 종합적으로 수립되어야 함.

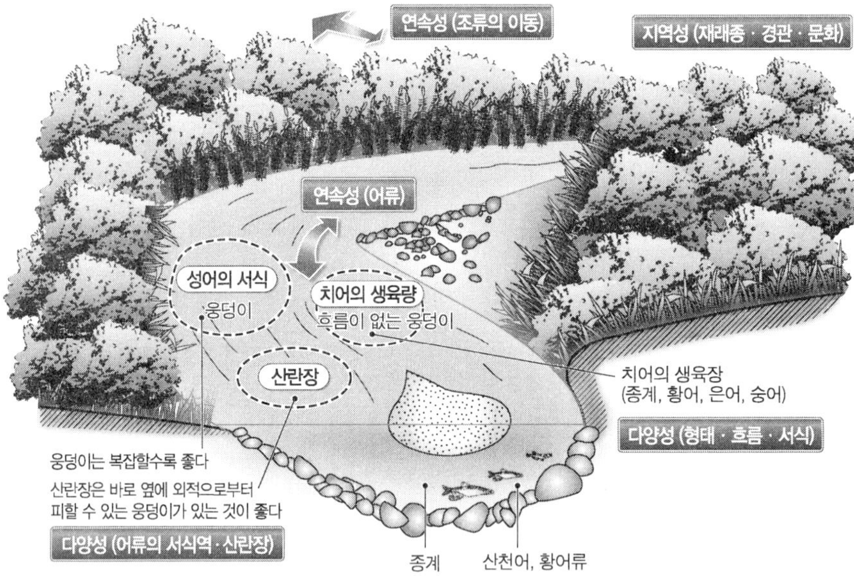

그림 6-15 수변역의 연속성 및 다양성, 지역성(하천복원연구회, 2006)

③ 하천이 갖는 다양성을 보장하는 계획

- 하도 내에는 여울과 소, 사행, 사주 등의 형태가 자주 변하고, 국부적인 작은 구간 안에서도 흐름의 완급과 수심의 고저가 존재하는 등 다양한 변화를 갖고 있음.
- 표준단면과 하도의 직선화 등 정형화된 방법으로 하천계획을 수립하는 것은 서식처를 잃은 생물들의 소멸로 이어져 결국 자연을 빈약하게 만드는 결과를 초래함.

④ 하천 개개의 개성을 존중하는 하천계획

- 하천은 오랜 세월을 두고, 스스로가 위치한 곳에서 주변 조건에 맞게 형성되어온 자연의 일부이고, 자연 친화적 하천계획은 철저한 조사·분석 등을 통하여 적절한 계획이 수립되어야 함.

2.5.2 저수로와 하안

- ❑ 저수로는 하천에 상시로 물이 흐르는 구역으로 하안은 저수로 또는 수로가 물가의 흙과 맞닿는 부분으로 수면에서 부드럽게 연결된 물가와 비교적 급한 경사로 연결된 강턱의 형태를 가짐.
- ❑ 저수호안 복원목적은 치수에 안정된 구간에 한정하여 콘크리트 호안공법의 대체기능을 수행하면서 하안부의 생태적 추이대 기능을 회복하여 어류, 수서곤충류의 서식기반을 복원하기 위한 것이며 또한 식생여과대를 확보함으로써 수질정화에 도움을 줄 수 있음.

1) 저수호안 설계의 기본방향

① 치수적 안정성 확보가 가능한 생물서식처 복원 공법을 도입함.
- 원칙적으로 치수에 대한 안정성을 우선적으로 고려
- 치수에 영향을 미치지 않는 범위 내에서 생물 서식처 복원공법을 도입함.

② 교란된 하천생태계의 재생을 위한 생물서식 기반환경의 복원기법을 적용
- 교란된 서식처에 다양한 하천공법을 적용하여 재생

③ 하천 구간 특성에 따라 부분적으로 친수 및 주민 휴식공간 조성
- 하천생태계 교란시키지 않는 범위 내에서 친수 및 주민 휴식공간을 선별적으로 도입
- 하천치수 및 생물서식환경에 영향을 주지 않는 시설로 제한함.
- 자연에 가까운 하천경관이 형성될 수 있도록 함.

④ 전체적·장기적 구도 하에 부분적·단계적으로 시행
- 하천은 공간연속체이므로 시범하천 및 전체구간에 대한 장기적인 구도 하에 부분적인 하천생물서식처 조성이나 친수시설 조성이 이루어져야 함.

⑤ 의도적으로 조성하는 호안시설은 자연형성 과정을 저해하지 않도록 함.

⑥ 수충부 기울기는 급하게 비수충부는 완경사로 조성하고, 비대칭 횡단지형 구조를 통한 자연발생적인 정수식물 형성을 유도함.

2) 저수로 호안부 조성방법

① 평면계획

- 정비이전의 하도 형상을 고려하여 동적 평형을 이룬 저수로 평면계획.
- 흐름특성을 반영하여 전반적으로 완경사 호안부를 확보하여 수위변화에 접하는 호안 부위를 넓혀서 정수식물 발생이 용이한 환경기반을 조성.
- 하폭이 넓은 구간에서는 얕은 만을 형성하여 하천생물 부양기능을 강화

② 종단계획

- 저수로의 하상변화에 충분히 대응할 수 있는 호안계획을 수립하고, 특히 담수어류의 서식기반이 될 수 있는 여울과 소를 조성.

③ 횡단계획

- 홍수소통에 여유가 있는 단면인 경우 완경사 호안을 조성.
- 하상과 고수부지 면의 높이 차가 큰 구간은 복단면의 호안을 검토.

3) 공법

표 6-16 자연형 래버런스 보

구 분	하도 내 공법(자연형 래버런스 보)
상세도	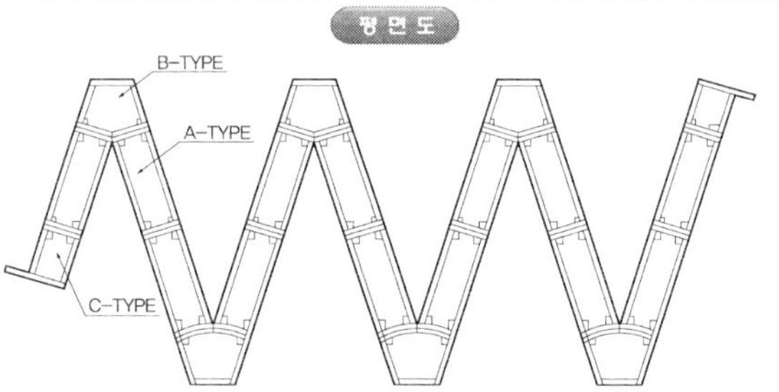
적용 지침	・자연형 래버린스 보는 평면형태를 연속적인 삼각형 또는 사각형으로 제작하여 높은 효율의 재폭기를 발생시키는 데 목적이 있음. ・콘크리트 재료가 아닌 목재 또는 합성수지 재료의 각재를 사용하여 보의 틀을 형성한 후 그 내부에 사석을 채워 보를 완성
효능	・기존 보의 수위조절 기능을 갖는 동시에 높은 재폭기 효과를 얻을 수 있음. ・콘크리트 재료가 아닌 자연형 재료를 사용하며 조립식으로 틀을 설치한 후 사석을 채우는 방법으로 시공되므로 공기단축, 경제적 효율이 높음. ・기존의 콘크리트 직선보에 비해 경관이 뛰어남.

(환경부, 2002)

표 6-17 V형 여울

구 분	하도 내 공법(V형 여울)
상세도	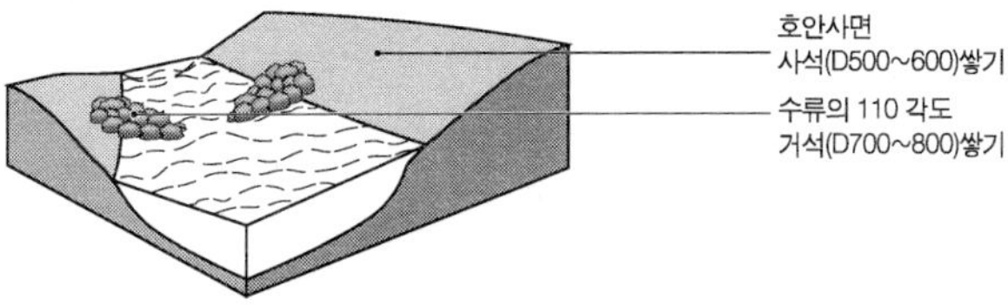
재료	• 사석(D500~600), 거석(D700~800)
적용 지침	• V형 여울은 인공 여울의 한 형태이지만 하상의 전 부분에 설치하는 구조물이 아니고, 하안부분에서 하도 중앙까지의 일정 부분에만 설치됨. • 구조적 다양성과 굴곡을 만들기 위하여 연속적으로 설치됨.
효능	• V형 여울은 일반적인 여울의 하안 보호 효과와 동시에 주된 목적은 어류서식처를 조성하는데 있음. • 여울의 중앙 직하류부에는 수류가 집중되어 수심이 깊은 웅덩이가 형성되며 이 웅덩이는 갈수시에 어류들의 서식처 또는 피난처로서의 역할을 해줌.

(환경부, 2002)

표 6-18 자연형 보

구 분	하도 내 공법(자연형 보)
상세도	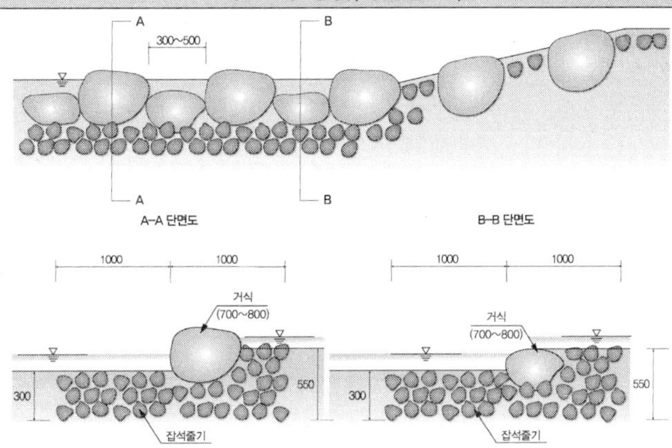
재료	• 잡석, 거석(D300~400, D700~800)
적용 지침	• 자연형 보는 홍수시보다는 갈수시 또는 평수시에 수생생물 이동이 용이한 형태로서 고안해야 하고, 홍수시에 대해서는 안정성에 대해 고려해야 함. • 보의 형태는 곡선형으로 설치하고, 어류통행에 지장없도록 높이를 조정함. • 하상 터파기 후 높이 0.56m, 길이 1m 가량의 잡석을 깔고, 거석(D300~400)과 거석(D700~800)을 0.3~0.5m 간격으로 교대로 놓음.
효능	• 단순한 수로에서는 구조적으로 다양성을 주고, 징검다리 설치로 친수성 증가 • 양쪽보다 중앙부를 낮게 하면 집중된 저수위를 유지할 수 있음.

(환경부, 2002)

표 6-19 나무말뚝 수제+버드나무가지 엮기

구 분	하도내 공법(나무말뚝 수제+버드나무가지 엮기)
상세도	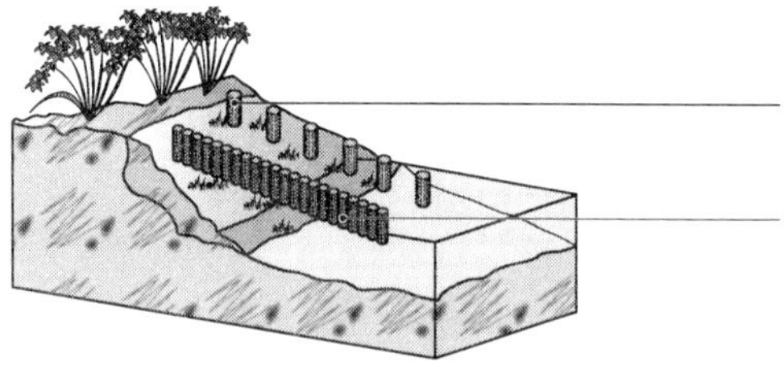
재료	· 나무말뚝(D60xL800, D90xL900)
적용 지침	· 강한 집중류가 직접 닿는 하안에 집중적인 침식이 예상되는 부위에 적용 · 중간수위선 아래로 최대 1m까지 말뚝수제가 나와야 함. · 나무말뚝을 0.6~1.0m 간격으로 박고, 그 사이에 둥근 끝을 가진 새싹이 날 수 있도록 눈이 달린 버드나무류의 길고, 탄력성이 있는 가지를 땅에 꽂고, 엮음.
효능	· 하안으로 향하는 유로방향을 하천중심부쪽으로 제어해 국부적인 세굴을 방지함. · 버드나무류 가지의 생장에 의해 녹화를 도모하고, 수면, 수중부의 다공질 공간은 어류, 수생곤충, 조류의 양호한 서식장소 창출이 가능하게 함.

(환경부, 2002)

표 6-20 윗가지 덮기 호안

구 분	저수호안 공법(윗가지 덮기 호안)
상세도	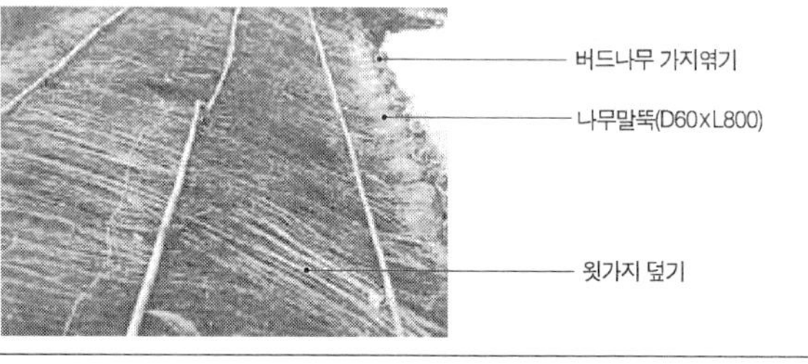
주요 재료	· 기단부 : 나무말뚝+버드나무가지 엮기 · 사면 : 윗가지 덮기 · 식재 : 물억새, 갈대 뗏장, 갈대 망태
적용 지침	· 유속이 너무 느려 퇴적이 예상되는 구간에 적용 · 나무말뚝을 0.3~0.8의 간격으로 사면에 비스듬하게 박고, 쉽게 할 수 있는 버드나무가지를 3단으로 엮음. · 말뚝 이면에 원목을 고정하고, 각 나무말뚝을 아연도 철선으로 팽팽하게 연결함.
효능	· 윗가지 덮기는 법면보호공으로 자주 사용되어온 재래공법의 일종으로 시공이 용이하며 쉽게 휘어지므로 하상재료가 사질인 중류, 완류 하천에 적당함. · 수림이 밀생하면 친수성이 떨어지게 되므로 벌채, 가지치기 등으로 친수성 확보

(환경부, 2002)

표 6-21 섶단 호안

구 분	저수호안 공법(섶단 호안)
상세도	
재료	• 기단부 : 섶단2단 누이기 • 사면부 : 녹색마대 쌓기 • 식재 : 갈대 뗏장, 갈대 근경부
적용 지침	• 표토를 제거하고, 약 20개의 가지로 만든 섶단은 각각의 길이 4m로 1m마다 열처리한 아연도 철선으로 묶어줌. • 각 단을 고정하기 위해 나무말뚝을 약 80cm 정도 간격으로 흐름 방향으로 박음. • 포갠 틈 사이에 토양에 직접 접하도록 갯버들을 꽂아 넣음.
효능	• 갈대 근경부가 활착하게 되면 하안침식, 세굴방지 효과가 나타나게 되며 정수식물 군락형성으로 하천생태계 재생에 매개역할을 하게 됨. • 유속을 감소시켜 침전을 촉진시키며 범람시 줄기가 누워 통수단면을 확보해 줌.

(환경부, 2002)

표 6-22 나무말뚝+녹색마대 호안

구 분	저수호안 공법(나무말뚝+녹색마대 호안)
상세도	
재료	• 기단부 : 나무말뚝 연이어 박기 • 사면부 : 녹색마대+J.N • 식재 : 갯버들 꺾꽂이, 갈대 뗏장
적용 지침	• 완만한 하안사면, 미지형의 변화가 있는 곳 • 저수로 기단부에 하안 세굴방지를 위해 사석을 채우고, 나무말뚝을 연이어 박음. • 하안 사면부에는 녹색마대에 모래나 굵은 토양을 채워 넣고, 주머니를 3단 누인 뒤 말뚝으로 고정시킴.
효능	• 갈대, 달뿌리풀로 대표되는 정수식물을 식재하고, 하안부에서 고수부지에 걸쳐 환경다양성을 높임. • 식생의 안정된 활착을 돕고, 군락을 형성해 하안 보호효과가 생겨 침식을 조절함.

(환경부, 2002)

표 6-23 돌바구니 호안

구 분	저수호안 공법(돌바구니 호안)
상세도	
재료	・사석(D150~200), 사각 돌바구니(D450×L2,000), 부직포 ・식재 : 갯버들 가지 묶음(D100, L700~800)
적용 지침	・하천선형의 변화가 가장 심한 곳, 하안경사가 비교적 급한 곳에 설치. ・저수로 기단부에는 사석을 채워 놓고, 철망에 돌과 자갈, 가지목 혹은 잡목을 담아 완성된 사각 돌바구니를 부직포를 깐 사면부에 누이고, 나무말뚝으로 고정. ・돌바구니 사이에 직경 10cm, 길이 50cm 정도의 PVC 파이프를 이용하여 갯버들 가지묶음을 수평으로 끼워 놓음.
효능	・돌바구니 사이사이에는 키버들을 꺾꽂이하여 호안의 안정성 향상 도모함. ・침식 위험이 있는 기단부에 적용하면 파손방지 및 토양안정 효과가 높음. ・돌망태는 소류력에 의한 하상부의 세굴 저감효과와 다공질 공간을 확보해줌.

(환경부, 2002)

표 6-24 사석+야자섬유두루마리 호안

구 분	저수호안 공법(사석+야자섬유두루마리 호안)
상세도	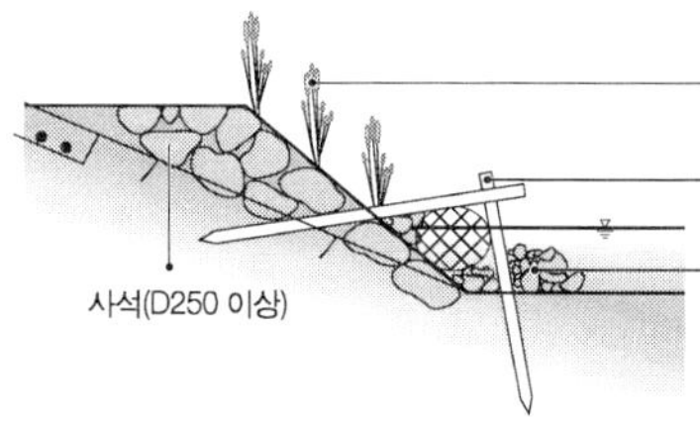
재료	・기단부 : C.R(코어롤)+방부목(D60×L1,200 ・식재 : 갯버들, 키버들(4 : 1혼합) ・사면부 : J.N+사석+갯버들, 키버들(4 : 1혼합)
적용 지침	・하안 세굴방지를 위해 기단부에는 호박돌을 채워 놓고, 그 위에 C.R을 누이며 방부목으로 ㄱ자형 틀을 따서 1.5m 간격으로 세우고, C.R을 고정시킴. ・절토사면부에는 분해 가능한 J.N을 깔고, 핀으로 고정시킨 후 사석을 채워 놓고, 사이사이에 자갈류를 끼워놓고, 유실을 방지하기 위해 포개어 쌓음. ・포갠 틈 사이에 토양에 직접 접하도록 갯버들, 키버들을 꽂아 넣음.
효능	・다양한 정수식물의 발생기반이 되고, 수서곤충류와 어류의 양호한 서식환경제공. ・유속을 감소시켜 침전을 촉진시키며 범람시 줄기가 누워 통수단면을 확보해 줌.

(환경부, 2002)

2.5.3 홍수터(고수부지)

❑ 홍수시 침수되는 비교적 평탄한 지형으로 하천공학에서는 '고수부지'라 함.
❑ 국내에서의 홍수터는 대부분 개발되어 원형을 찾아보기 힘듬.
❑ 홍수터 복원은 진정한 의미의 하천복원에 못 미치는 부분적 복원이라 할 수 있음.

1) 홍수터 서식처 복원설계의 기본 방향

❑ 공간이용 목적으로 지반면을 돋우어 조성한 고수부지는 침수빈도가 줄어들면서 건조한 상태를 장기간 유지하게 되어 하천생태계와 무관한 환경 형성
❑ 하지만 자연적으로 형성된 하도변의 홍수터는 주기적인 침수에 따라 생물의 양호한 서식환경이 되기 때문에 자연발생적 생물 서식기반 형성을 유도함.
❑ 황단면의 형태가 평탄한 단면을 이루어 하천생태계를 단순화시키므로 호안부에 인접한 고수부지 면을 낮추어 통수단면에 여유를 주면서 다양한 하천생태계가 재생될 수 있는 기반환경을 확보가 필요함.
❑ 홍수터 복원의 목적은 고수부지의 주기적인 침수특성을 고려한 공간별 토지이용의 최적 대안을 도출하는데 있으며 하천생태계의 단순화를 방지하고, 통로기능을 복원하는 데 의의가 있음.
❑ 자연에 가까운 하천경관 형성을 원칙으로 하면서 적정한 구간에 부분적인 친수공간을 조성하여 시민들의 적극적인 관심과 이용을 유도하도록 함.

2) 홍수터 서식처 복원의 조성방법

① 평면계획
- 저수로 사행구간에서는 좌우 양안 비대칭 단면으로 계획하고, 고수부지의 폭과 지반고를 다양하게 해야 함.
- 자연형 저수로 호안공법의 적용과 연계하여 고수부지의 평면계획
- 하폭이 확보된 구간에서는 본류의 물을 유입시켜 습지를 조성하여 하천생태계 및 식생의 다양한 환경조건 형성
- 고수부지의 폭이 넓은 구간에서는 소규모 2차 수로(side stream)를 조성

② 종단계획

- 유수의 소통에 지장을 주지 않는 범위에서 고수부지 지반면에 변화를 주어 구간별로 침수빈도를 달리 하도록 함.
- 홍수소통능력을 충분히 검토한 후 고수부지 내 종단방향으로 식재

③ 횡단계획

- 자연형 저수로 호안계획과 연계하여 고수부지의 횡단계획
- 저수호안의 완경사지와 연계하여 저수로 쪽으로 완만한 기울기가 형성되도록 하며 급격한 구간이 발생치 않도록 함.
- 비대칭 하천횡단면이 형성되도록 하고, 물가에 형성된 사주부와 연결되는 홍수터는 완경사를 유지토록 함.

④ 홍수터 녹화 설계

- 자연형 고수부지 녹화공법
  - 기존의 고수부지는 좌우 대칭단면과 평탄면을 유지하고 있어 다양성을 저해하고 있으므로 비대칭단면, 복단면 등 다양한 형태로 조성함.
  - 건생 위주에서 습생 위주의 식생형으로 변화유도
  - 고수부지 녹화공법은 유수에 따른 하천지형특성이 반영되어야 침식과 세굴에 대한 안정성을 유지할 수 있음.
  - 고수부지 목본류 녹화는 '하천구역 내 나무심기 기준(건기연, 1998)'에 따름.
- 공법 적용의 기반 조성
  - 유수에 의한 유실 방지를 위해 야자섬유망 등으로 지표면 보호
  - 적용 공법의 유형에 따라 기존 고수부지면의 일부를 절토하여 습지주변의 둔덕에 성토
  - 기존 콘크리트 바닥면은 가능한 제거

3) 공법

표 6-25 환경블록 H형

구 분	고수호안 공법(환경블록 H형)
상세도	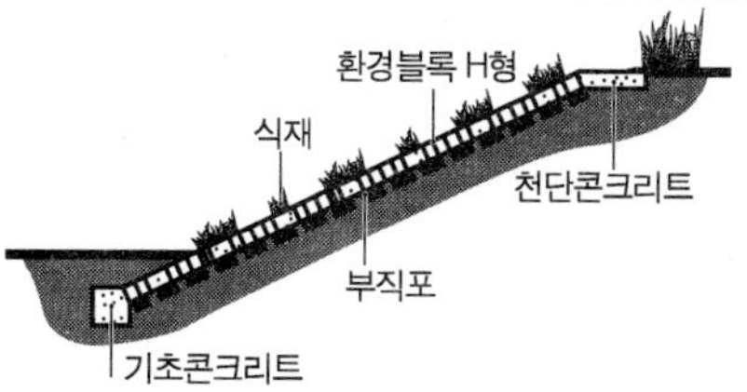
주요 재료	· 환경블록 H형, 부직포 · 식재 : 씨드 스프레이, 평떼 및 야생초화류 식재(수크령)
적용 지침	· 시공할 법면은 부석, 유해물질을 제거하고, 면을 고르며 부직포는 블록 시공전 법면에 깔아주고, 이음부는 20cm 이상 유지함. · 밀림 또는 세굴을 고려하여 1~1.5m 정도 지중시공 또는 기초콘크리트를 타설하고, 유속, 법면경사를 고려하여 시공함.
효능	· 홍수시 발생할 수 있는 블록이탈현상을 방지할 수 있음. · 다양한 식물의 사면녹화로 인해 하천경관 향상과 서식환경 제공 · 기존 블록에 비해 식재 면적이 넓어 활착 및 생장률 높음.

(환경부, 2002)

표 6-26 어스박스

구 분	어스박스
상세도	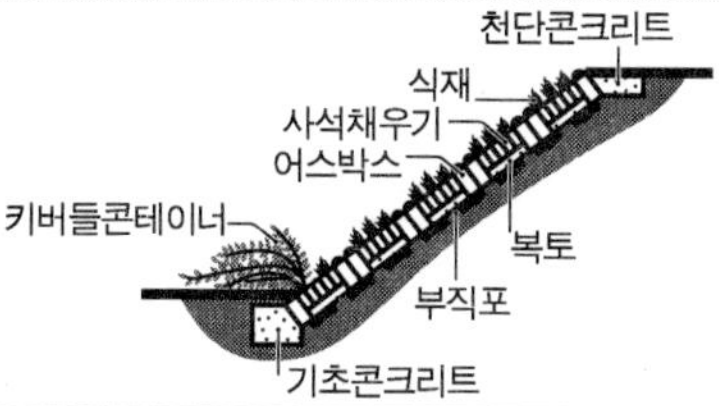
주요 재료	· 어스박스, 부직포 · 식재 : 평떼 및 야생초화류 식재(수크령)
적용 지침	· 시공법면은 부석, 유해물질을 제거하고, 평탄하게 시공될 수 있도록 면을 고르도록 하며 부직포는 블록 시공전 법면에 깔아주고, 이음부는 20cm 이상 유지함. · 블록의 반 정도가 지반에 묻히도록 설치하여야 블록간 이탈이 없고, 전체가 일체가 되도록 견고하게 결속하고, 체결부분 공극처리는 식생토 또는 몰탈마감
효능	· 블록이 물이나 자연석을 넣을 수 있는 형태로 하천호안, 법면 등에 다양하게 활용되며 블록표면도 자연석 붙임으로 처리해 시공 후 자연친화적인 경관 연출 · 블록 내부는 식재 외에 돌을 채워 배수기능을 높이고, 다공질 구조를 형성하여 생물서식처 제공과 사면세굴방지를 면할 수 있음.

(환경부, 2002)

2.5.4 제방 부분녹화

❑ 제방(levee)은 하천범람을 막기 위한 인공구조물을 말하며 완전한 의미의 하천복원은 치수목적의 제방철거까지 포함되나 현실적이지 못하므로 기존 제방의 기능을 유지하면서 형태의 조정, 녹화 등 부분적 복원 설계를 실시함.

❑ 제방복원의 목적은 제내지(제방 바깥) 제반시설 보호를 위한 치수적 안정성을 확보하면서 수목 및 야생초화류의 부분적 도입을 통한 녹지 회랑기능의 회복에 중점을 두며 하도 내 접근을 위한 진입계단 및 보행 동선과의 자연스러운 연계를 도모함.

1) 제방복원의 기본 방향

❑ 제방은 상류에서 발생한 홍수를 하류로 소통시키기 위한 치수목적의 구조물로 치수에 대한 안정성을 최우선적으로 검토해야 하며 제내지의 저반시설을 보호할 수 있게 안정성과 내구성이 보장된 형태와 재질로 구성되어야 함.

❑ 평면적으로는 기존의 법선형태를 유지하고, 진입계단을 설치하는 곳에는 제방안정성을 유지하면서 유실에도 안정한 재료와 공법을 채택해야 함.

❑ 고수호안의 사면에 형성되는 토양층과 초본식생은 자연적으로 형성되도록 함.

2) 제방 복원의 조성방법

❑ 치수의 안전성을 최우선적으로 검토한 후 세굴 및 유실에 안정한 재료와 공법 선정

❑ 목본류에 의한 제방녹화는 '하천구역 내 나무심기 기준(1998)'에 따라 녹화계획 수립

❑ 친환경적 콘크리트 블록이나 목재, 흙과 같은 자연재료를 이용한 공법도입

❑ 가능한 구간에서는 고수부지와 연계하여 완경사법면 확보

❑ 제방상단 연속 교목의 부분적 철거로 시계를 확보하고, 하천접근 활성화

3) 하천제방 녹화 계획

❑ 녹화계획에 있어 하천제방의 물리적 환경은 식생기반과 사면안정으로 구분

표 6-27 식생형성과 사면안정

안정성	침식방지 효과	식피율이 높은 초본류 식생
	말뚝 효과	심근성 목본류 식재
	그물 효과	근계가 발달한 초본식생
불안정성	토양 침투성 증대	식물생육에 의한 토양발달
	하중의 증대	큰 교목 군락 형성

(환경부, 2002)

- ❑ 하천제방 식물군락은 저수호안이나 고수부지와는 달리 유수의 영향을 직접적으로 받지 않으므로 제방축조 초기에 조성된 식물종, 주변식물군락, 제방축조 후의 경과년 수, 제초빈도에 영향을 받게 됨.
- ❑ 주기적인 관리를 하는 제방식생은 보통 연 1~3회 정도의 제초작업이 이루어짐.
- ❑ 관리를 하지 않고 그대로 놔두는 경우 초기에는 물억새, 참억새, 달뿌리풀 등의 고경초본과 덩굴 식물이 우점하고, 장기적일 경우 초본식물군락에서 목본식물로 천이하면서 싸리류, 포플러, 가중나무, 오리나무 등의 유목이 후속적으로 발생하게 됨.

4) 하천제방 녹화공법

- ❑ 식생도입시 식물종 선정이 우선적으로 이루어져야 하며 토양심도, 비옥도, 사면경사 등을 고려해야 함.

표 6-28 식재밀도

식재밀도	야생 초본류
고밀도 식재가 가능한 종 (5포기/M2 정도)	수크령, 솔새
중밀도 식재가 바람직한 종 (1-3포기/M2 정도)	띠, 용담, 순패행이, 이질풀
저밀도 식재가 바람직한 종 (0.3포기/M2 정도)	다뿌리풀, 참억새, 참나리, 오이풀, 잔대

(환경부, 2002)

- ❑ 야생초본류의 종자는 시공지역에 인접한 초지에서 직접 채취하는 것이 좋고, 다량의 종자가 필요한 경우 본격적인 채종에 앞서 채종지와 채종시기 등의

확인이 필요하기 때문에 약 시공 2년 전에 도입종을 결정하는 것이 바람직함.

표 6-29 유형별 하천제방 녹화 공법

구분	파종공법	식재공법
특 징	균일한 초지 피복이 가능하며 경제적인 공법임.	활착률이 높고, 초기단계에서 조기 녹화 가능
식재적기	3월~6월	3월~6월
시 비	불필요	불필요
초기관리	발아단계에서 생육을 시작할 때 충분한 관수필요, 2년차부터 제초작업	근경부가 활착할 때까지 충분한 관수필요
초지경관 형성기간	2~3년	1~2년
주요공법	식생시트공법, 종자 흩뿌림 공법	포기심기 공법, 식생네트 공법

(환경부, 2002)

2.5.5 연중 침수기간에 따른 공법의 분류

1) 침수기간에 따른 구역의 구분

① 수생역(Zone I)

- 침수기간 연 360일 이상으로 수생식물 서식처
- 자연형하천 조성시 인위적인 식물도입보다는 자연적 천이가 이루어지도록 함.

② 추수역(Zone II)

- 수위변동이 심한 곳으로 연 185일 이상 침수되어 있고, 갈대류의 서식처로 특히 설치류, 양서류 및 곤충류 서식처와 조류 은닉처로 중요
- 하천종류와 하천구역에 따라서 생명력이 있는 재료만을 사용하거나 생명력이 없는 재료를 식물의 싹이나 뿌리, 나뭇가지와 함께하여 사용하도록 함.
- 식재위치는 대략 평수위선에서 0.3m위 하안부이며 가장 적절한 식물은 갈대류이나 하천유속 등을 고려하여 식물종 도입을 결정하는 것이 바람직함.

③ 연수목 구역(zone III)

- 연간 30일에서 150일 이내의 침수 구역으로 초본류보다는 목본류의 서식처임.
- 수위변동 및 침수에 강한 곳으로 버드나무류가 잘 생존하며 수면 폭이 5m 미만의 하천의 경우 수목류 도입은 가급적 피하도록 함.

④ 경수목 구역(Zone IV)

- 연수목 구역과 접한 육지구간으로 1년에 30일 미만의 침수가 발생되는 곳
- 비교적 침수에 약하지만 내수성이 있는 물오리, 물푸레, 귀룽나무의 서식이 용이

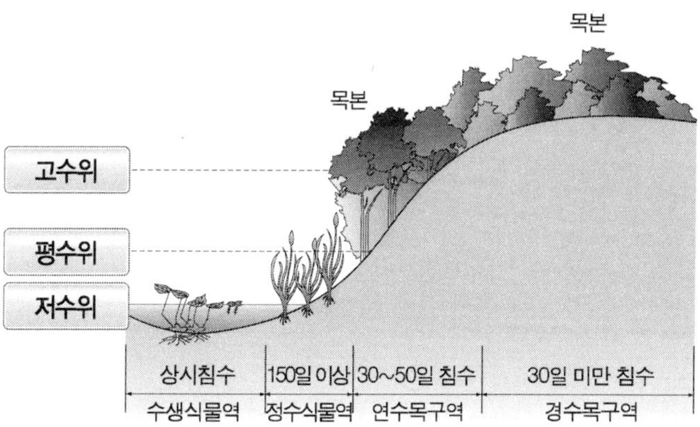

그림 6-16 침수기간에 따른 식생구역의 구분

2) 수생역(Zone I) 및 연수역(Zone II) 적용공법

① 잔가지 및 통나무를 이용한 수제

- 적용장소 : 하안이 붕괴된 곳 또는 하안보호를 위한 곳
- 효과 : 지속적인 하안 보호 효과는 없으나 평균수명은 물속은 10~20년, 물위는 8~10년
- 시공기 : 제한 없음.
- 장단점 : 하안보호 효과는 시공 직후 있고, 종단공법이 일률적이지 않으며 다양한 생물들의 서식처로 적절하나 지속적인 하안 보호를 위해서는 추가적으로 수목류의 식재가 필요함.

② 자연형 하상경사공

- 적용장소 : 하상침식을 방지하고자 할 경우 또는 갈수기의 수위 상승을 위하는 곳
- 효과 : 하천연속성을 보장하여 생물이동에 지장없음.
- 시공기 : 시기적으로 무관
- 장단점 : 낙차공 단점을 보완하여 하천연속성을 재개시킴으로써 하천의 생태적·물리적 특성을 높일 수 있는 방법이나 정확한 수리 계산식이 요구되며 시공이 까다로움.

③ 어도

- 적용장소 : 이·치수 목적으로 부득이 댐 또는 보를 허용해야만 하는 경우
- 효과 : 어류이동을 도움
- 시공기 : 무관
- 장단점 : 상업적으로 만들어진 어도보다는 대상하천의 여건에 맞게 설계하는 것이 바람직함.

3) 추수역(Zone II) 및 연수역(Zone III) 적용공법

① 버드나무가지를 이용한 호안공법 - 울타리 엮기

- 적용장소 : 평균수심 0.3m까지, 높이는 약 0.4m로 잔재료에서 자갈까지 사용
- 효과 : 홍수로 파괴된 하안의 임시적 보호효과가 크고, 공법유효기간은 약 3~5년
- 시공기 : 한 겨울철을 제외한 전 기간
- 장단점 : 시간이 흐르면서 더욱 하안보호의 효과가 크나 수목류를 심지 않을 경우 침식피해가 크고, 주기적인 관리를 요함.

② 버드나무가지를 이용한 공법 - 섶단 뉘우기

- 적용장소 : 하안밑등 보호에 뛰어난 공법으로 하상 거칠음과 무관하게 적용
- 효과 : 섶단에서 뿌리가 내리면 하상보호에 유리하나 장기적인 측면으로 수목식재를 병행하는 것이 바람직함.
- 시공기 : 동결기를 제외한 전 기간

- 장단점 : 시공 후의 효과는 더딘 편이나 효과성이 좋고, 시공재료가 많이 요구되는 단점이 있음.

③ 쇄석 붓기 및 버드나무 가지 꽂기
- 적용장소 : 추수역에서부터 연수목역에 주로 설치할 수 있으며 비교적 유속이 빠른 곳에 적절하나 수면 폭이 5m 미만인 곳의 하천은 가급적 피하는 것이 좋음.
- 효과 : 다양한 생물서식공간 제공, 시공 직후부터 하안보호 기능을 가지며 지속적 효과가 있음.
- 시공기 : 동결기를 제외한 전 시기
- 장단점 : 장비를 요하며 경우에 따라 물 돌림이 필요함.

④ 갈대류와 코코넛 롤을 이용한 공법
- 적용장소 : 주로 수생역, 추수역에 설치하는 공법으로 중·소하천의 유속이 느린 구간 적절
- 효과 : 코코넛 롤을 이용하는 관계로 시공 직후부터 하안보호 효과가 있음.
- 시공기 : 봄철 및 가을철
- 장단점 : 갈대류의 식물생태적 특성상 자연적인 식생천이나 지역식생대를 왜곡할 우려가 있음.

4) 경수목(Zone IV)구역(홍수터) 적용공법

① 고수부지 보호공 - 나뭇가지 덮기
- 적용장소 : 나뭇가지 덮기는 토사유실이 예상되는 모든 하천에 적용할 수 있으며 맹아력이 있는 가지를 이용하는 것이 더 유리
- 효과 : 지속적인 침식방지는 기대하기 어려우나 맹아력이 있는 가지의 경우 지속적인 침식방지 및 수림대 형성이 가능하며 유속이 다른 경우에 매우 유리
- 시공기 : 봄철이나 가을철
- 장단점 : 많은 재료와 섬세한 시공 기술이 필요하며 맹아력이 없는 가지를 이용하는 경우 반드시 식재를 겸해야 하기 때문에 시공비가 높음.

② 다년생 초본류 파종 및 수목류 식재

· 적용장소 : 토양유실이 많이 예상되는 구간 또는 조기녹화를 위한 곳
· 효과 : 파종에 의한 경우 적어도 4주~8주 정도 소요되기 때문에 효과는 느린 편이나 미리 재배한 뗏장을 이용하면 고비용이나 효율적임.
· 시공기 : 봄철이나 가을철
· 장단점 : 시공이 비교적 간편한 장점이 있으나 효과가 느리고, 식물종 선택에 있어 지역적 식생대가 왜곡될 수 있음.

표 6-30 연수역·경수역에 적합한 수목종류

구 분	수 목 명
연수역	버드나무, 참느릅나무, 물푸레나무류, 오리나무류
경수역	귀룽나무, 까치박달, 신나무, 개암나무류

2.6 도시하천 일반

2.6.1 하천사업의 진행과정

- 하천산업은 도시화와 산업화에 맞물려 자연하천에서 치수목적의 방재하천을 거쳐 주차장 등으로 타용되는 점용하천, 친수성을 강조한 공원하천, 생물서식처를 강조하는 자연형하천으로 진행됨.

(a) 자연하천(전남곡성군 섬진강 지류)

(c) 공원하천(양재천 강남구간)

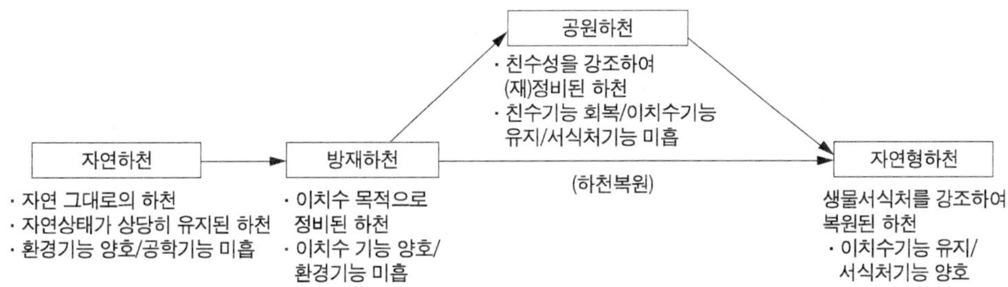

(b) 방재하천(양재천 과천구간, 1996)

(d) 자연형하천(양재천 과천구간 부분복원, 2000)

그림 6-17 국내 하천관리 발전단계(하천복원연구회, 2006)

1) 자연하천

❑ 1960년대 이전의 자연성을 상당히 유지하고 있는 하천형태를 말하며 환경기능은 양호하나 공학기능은 미흡함.

2) 방재하천

❑ 1960년대 이후 도시화와 산업화로 하천재해방지를 목적으로 재조성된 하천형태를 말하며 이·치수 기능은 양호하나 환경기능은 미흡함.

3) 공원하천

❑ 1990년대 들어 시작된 하천환경 정비사업이나 오염하천 정화사업 등은 일종의 하천공원화사업으로 치수위주로 정비된 하천의 친수성을 높이고, 하천오염을 부분적으로 해소시키고자 함.

❑ 공원하천은 친수성을 강조하여 하천생태 보전, 복원을 저해할 수 있음.

표 6-31 자연하천과 인공하천의 비교

구 분	자연하천	도시하천(인공하천)
양분함량	상류에서 하류로 갈수록 큼.	상류에서 하류로 갈수록 큼. 상류에서 부영양화 발생
여름과 겨울 수온차이	상류에서 하류로 갈수록 큼.	상류에서부터 크게 나타남.
하상경사와 유속	상류 경사가 급하고, 유속 빠름.	상류에서부터 완만하고, 유속 느림
하상재료	상류에서 하류로 갈수록 작아짐. 상류는 침식, 하류는 퇴적	전 구간 단조로운 하천공간
하도 형태	상류는 다양한 서식처 제공 중류는 웅덩이, 사주 형성 하류는 많은 지류 형성	지류, 사주 미형성 주기적 범람원은 제방으로 형성 불가
식물상	하구에 느린 유속과 부영양화로 갈대 및 사초 군락 발달	정비하천은 거의 수목이 없고, 부영양화로 호질소성 식물발생

4) 자연형하천

❑ 하천의 환경기능 중에서 가장 기본적인 것은 생태서식처기능이므로 진정한 의미의 하천복원은 하천 서식처의 복원에 초점을 맞추어야 함.

❑ 자연형하천은 생물 서식처를 복원하고, 차후 친수성과 수질정화는 자연히 회복됨.

2.6.2 국내하천복원 사례

1) 양재천(과천시 부림동 구간) : 국내 최초 하천복원

① 사업배경

- 국내 최초로 시행된 자연형하천이라는 점에서 그 중요성이 있으며 국내 하천복원을 시작하게 하는 초석이 되었음.
- 복원사업의 주된 목적이 다양한 자연형 하천공법의 적용성과 효과를 확인하는 것이었기 때문에 비교적 많은 종류의 공법이 시행되었음.
- 친수위주의 시설보다는 생태계복원에 초점을 두고 시행된 하천복원의 사례하는 점에서 유사사업과 차별성을 가짐.

② 개요 및 복원 전 상태

- 복원사업이 이루어지기 전의 양재천은 1970년대에 정비되어 복단면으로 형성되어 있고, 비교적 높은 제방이 있으며 직강화된 상태
- 하천생물 서식처는 크게 훼손된 상태였고, 고수부지는 외래식물 우점, 목본식생은 거의 나타나지 않음.

③ 적용된 자연형 하천공법

- 저수로 선형은 자연상태의 하천조건과 유사하게 하폭의 5~7배의 주기를 갖는 만곡을 형성하였고, 저수로 호안에는 총 16개의 공법을 적용하였는데 주로 자연재료를 사용하여 친수성과 치수안정성을 고려함.
- 상류 수충부에는 돌바구니 공법을 적용하고, 하류에는 갈대와 부들로 이루어진 습생식물 군락을 조성함.
- 하도 내 적용된 공법은 여울과 소를 형성하기 위한 징검다리 여울, V형 여울, 둔덕여울 등이 적용되었으나 하상재료가 주로 자갈로 이루어져 여울이 잘 조성되지는 못함.
- 고수부지에는 갯버들, 달뿌리풀, 물억새 등을 식재하고, 콘크리트 블록으로 이루어진 제방일부는 돌망태에 인동덩굴 식재하거나 콘크리트 블록일부내에 식생을 심는 방법 적용

④ 모니터링을 통한 공법적용 효과 분석

- 과천구간의 하천복원 결과 중요한 점은 식물종 수 증가
- 적용된 다양한 공법은 시간에 따라 퇴적이 이루어지고, 식물이 자라면서 안정화되는 것으로 확인됨.
- 다양한 공법의 시도결과 식물 활착이후에는 큰 차이가 없다는 것을 알 수 있음.
- 홍수 경험으로부터 야자섬유를 이용한 공법은 세굴에 취약하기 때문에 주의가 필요하며 갯버들 호안은 활착이후에 튼튼해져 콘크리트 호안과 견줄 수 있는 안정성을 나타냄.

2) 안양천

① 사업배경

- 안양천 유역은 경제발전으로 인한 교통량 증가와 주차난 해소를 위하여 하천에 도로와 주차장을 건설하는 등 인간중심의 사고로 하천을 관리하여 자연생태계 파괴 및 하천 고유기능의 상실초래
- 시민이 자연과 함께 어우러져 살 수 있는 하천환경을 만들고자 사업을 추진하게 됨.

② 개요 및 복원 전 현황

- 안양천은 의왕시 백운산 자락에서 발원하여 군포, 안양시의 도심을 관류하여 광명, 서울시를 거쳐 한강에 유입되는 하천
- 대부분 개수가 완료된 상태로 일부 고수호안은 돌붙임으로 되어 있으나 대부분 지역이 콘크리트 호안블록으로 정비됨.

③ 안양천 살리기 사업

- 안양천은 유역 내 복합적인 문제를 내포하고 있어 단편적인 방법으로 복원하기 어렵기 때문에 수질, 수리·수문, 생태, 도시계획 등 다양한 분야의 전문가들이 참여하여 종합적이고, 체계적인 계획수립이 필요함.
- 수질개선사업 : 하천 수질정화시설을 설치 운영
- 수량확보사업 : 백운저수지와 지하철 4호선에서 발생하는 지하철 용출수를 하천유지용수로 활용하고, 지천인 삼성천 상류에 소규모 댐을 건설하여 갈수기에 하천 유지용수를 공급함으로서 건천화를 방지하고, 수서생물 생육

환경을 개선함.

- 자연형 하천공법의 적용 : 완경사 식생호안, 자연석 갯버들 호안, 사석갯버들 호안, 나무섶단호안, 나무틀 호안 등을 이용하고, 고정사주 형성지역은 사주의 자연성을 고려하여 완경사 호안으로 정비했으며 생물이동에 지장을 주는 보와 낙차공 등을 철거하고, 급여울을 조성하여 생물이동을 원활하게 함.
- 도로·주차장의 철거 : 하천고유의 식생인 갈대와 물억새, 갯버들 등을 식재

④ 모니터링을 통한 공법적용 효과 분석

- 자연형호안 공법 중 사석갯버들 호안은 치수 안정성과 생물서식환경 제공 측면에서 우수한 것으로 분석되었고, 하상에 큰 돌 놓기를 시행한 부근에서는 물고기가 많이 서식하는 것으로 관찰됨.
- 2004년 모니터링 결과 조류 53종, 양서류 4종, 수서생물 27종, 어류 18종이 발견되었고, 겨울철새와 참게가 관찰되어 생태계가 점진적으로 회복되는 것으로 확인됨.

3) 청계천

① 사업배경

- 서울시가 2003년 도심재개발과 역사복원 및 하천수변공간의 회복을 목표로 5.8km의 공사구간을 3개 공구로 구분하여 추진한 도심하천복원사업으로 2005년 10월 준공

② 사업개요 및 하천의 특성

- 1935년에 청계천을 전면 복개하여 도로로 만들고, 그 위로 고가철도를 놓는 구상이 발표되었으나 본격적인 공사는 1958년 광교에서 동대문 오간수다리를 철근콘크리트로 복개하는 것으로 1978년 마장철교까지 실시함.
- 청계천 복원은 서울역사와 문화, 환경을 복원하고, 강남과 강북의 균형발전을 이루는 의미를 담고 있으며 북악산, 남산 등과 어울리는 도심 수경축을 복구하는데 있음.
- 저수로 계획은 계획하폭의 20% 이상 수면 폭과 30cm 이상의 수심을 확보하며 불투수층 포장 및 차수벽을 설치함.

· 시점부에는 역사복원차원에서 광교와 수표교를 복원하였고, 동대문지구에는 식생군락과 쉼터, 데크, 징검다리 등을 조성하였으며 하류에는 하중도와 데크, 대규모 식생군락, 자연학습체험지 등을 조성함.
· 수원공급은 자양취수장에서 한강수를 취수하여 하천에 공급하고, 경복궁역을 비롯한 지하철 역사에서 지하수 공급

2.6.3 한국의 하천복원 과제

1) 하천복원의 현실적 한계

❑ 도시하천의 물은 많이 오염되었고, 건천화 되었기 때문에 수질정화와 물순환체계를 확보하는 것이 선행되거나 해결되어야 할 문제임.
❑ 여름철 홍수량이 매우 크기 때문에 직선화된 하도를 다시 사행화시키되 치수적 하천관리와 생태적 식생관리가 상충하기 때문에 이에 대한 고려가 필요함.
❑ 도시하천 주변은 도시화가 진행되어 주변 토지를 고려한 하천복원을 하기 위해서는 토지수용 그 자체가 불가능하거나 매입을 위한 부담이 매우 커지게 됨.
❑ 국외에서 개발된 자연형하천공법 경우 국내 실정에 적용 가능하도록 지속적인 연구개발이 필요함.

2) 바람직한 하천복원 방향

❑ 하천복원사업은 생물서식처의 복원에 초점에 맞추고, 필요시 가능한 범위 내에서 친수성과 어메니티를 고려해야 함.
❑ 하천수질이 좋거나 수질개선사업이 추진 중인 하천을 우선 대상으로 해야 하며 동시에 하천의 수량 확보가 가능한 하천을 우선 대상으로 삼아야 함.
❑ 하천의 치수기능과 조화되는 생태기능의 복원 노력이 필요함.
❑ 하천 주변의 토지 수용이 비교적 용이한 전원, 농촌하천의 복원에 관심을 기울일 필요가 있으며 도시하천의 경우 주변 경관생태와 연결시켜야 함.
❑ 과다한 자연형하천공법 이용은 또 다른 인공하천을 조성할 우려가 있으므로 인위적인 복원사업은 최소한으로 조성하고, 하천의 역동성에 의한 자연하천이 형성되도록 함.

❑ 복원사업은 불특정 다수를 위한 것이 아니라 그 지역의 생물과 주민들이 혜택을 받는 것이기 때문에 지역 주민들과 NGO 등의 참여가 필수적임.
❑ 하천복원은 생태성, 친수성을 다시 살리되 하천의 치수 안전성을 유지하는 사업인 만큼 다양한 분야의 전문가들이 같이 노력해야 함.

3) 하천복원사업의 장기 비전

❑ 하천복원을 물질 순환 및 경관생태차원인 광역적 접근이 필요함.
❑ 콘크리트 구조물을 물리적으로 철거하고, 하천형태를 복원하여 생물들이 상·하류를 자유롭게 이동할 수 있는 이동로를 조성해주어야 함.
❑ 하천복원 개념이 기본적으로 하천형태를 과거 자연상태로 되돌리는 것일 경우 댐, 보, 제방 등이 문제가 되므로 제방일부를 터서 불필요한 토지는 침수를 허용하는 것이 필요함.
❑ 하천복원사업의 계획, 설계, 유지관리에 필요한 기술은 하천공학과 생태학의 접목이 요구됨.

볼거리*

물의 순환도

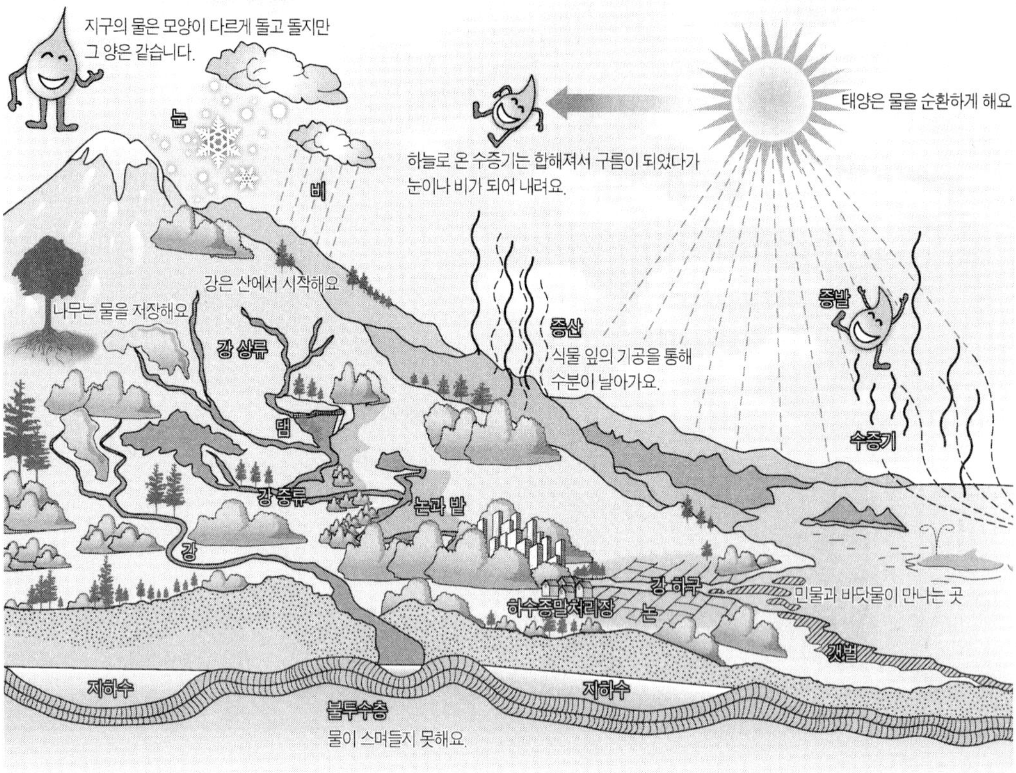
지구의 물은 모양이 다르게 돌고 돌지만
그 양은 같습니다.
태양은 물을 순환하게 해요
하늘로 온 수증기는 합해져서 구름이 되었다가
눈이나 비가 되어 내려요.
눈
비
강은 산에서 시작해요
나무는 물을 저장해요
강 상류
증산
식물 잎의 기공을 통해
수분이 날아가요.
증발
수증기
댐
강 중류
논과 밭
강
강 하구
하수종말처리장
논
민물과 바닷물이 만나는 곳
갯벌
지하수
불투수층
물이 스며들지 못해요.
지하수

chapter 7

생태네트워크와 생태도시

1. 생태네트워크란?
2. 생태도시란?

1. 생태네트워크란?

1.1 정 의

1.1.1 생태네트워크의 개념

- ❑ 한국의 생태네트워크 개념은 유럽의 도시경관계획과 밀접한 관련이 있으며 일본에서 변형되거나 응용된 개념을 혼용해서 사용하고 있고, 생태네트워크, 그린네트워크, 비오톱네트워크가 혼합된 개념임(그림 7-1).
- ❑ 김귀곤(1998)은 생태네트워크는 어떠한 사회에서 현존하는 요구조건에 기반하여 강조하고자 하는 것들에 따라서 다양하게 사용될 수 있다고 함.
- ❑ 김선희(1999)는 국토를 구성하는 자연적 요소 가운데 자연생태계 및 생물다양성 보전을 목적으로 하는 생태적 메커니즘이나 지리적 연계성을 기본 단위로 연계한 국토생태망을 국토생태통합네트워크라고 정의함.
- ❑ 생태네트워크에 대한 연구는 주로 유럽을 중심으로 시도되어 왔으며 꾸준히 연구가 진행되고 있지만 개념 및 정의에 대하여 명확히 제시하고 있는 사례는 드문 실정임.

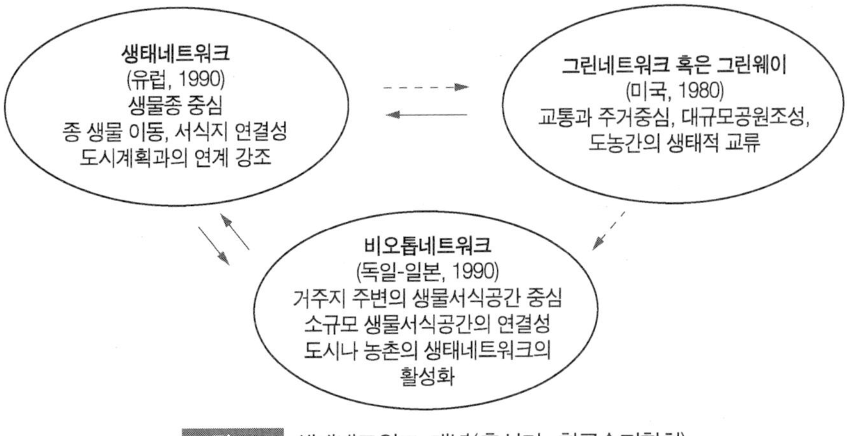

그림 7-1 생태네트워크 개념(홍선기, 한국습지학회)

1) 계획의 모델링도구

- ❑ Cook & Lier(1994)
- ❑ 생태네트워크는 주로 도서생물지리설, 경관생태학, 보전생물학 등이 그 학문적 토대임.
- ❑ 지역적인 맥락에서 모든 서식처와 생물종의 보전을 목적으로 하는 공간상의 계획임.
- ❑ 일반적으로 사람이 자연을 이용하기 위한 공간계획이나 물리적 계획의 모델링 도구로 이해할 수 있음.

2) 전체적인 구조측면에서 생물종과 서식처 보전

- ❑ Nowicki 등(1996)
- ❑ 기존에 이루어지던 개별적인 서식처나 생물종을 목표로 하지 않고, 전체적인 맥락이나 구조 측면에서 어떻게 생물종과 서식처를 보전할 것인가에 대한 사고에서 출발한 것이라고 정의

3) 자연자원의 지속가능한 이용

- ❑ Bennett and Wit(2001)
- ❑ 종과 서식처의 보전을 촉진하는 수단으로 생태계의 기능을 유지
- ❑ 생물다양성 측면에서 인간의 활동에 의한 영향을 감소시키기 위해 자연자원의 지속가능한 사용을 향상시키는 것이라고 정의

4) 일반적인 이론

- ❑ Edward & Hubert(1994)와 Graham Bennett(1998)이 제안한 핵심지역(Core), 완충지역(Buffer), 코리더(Corridor)의 분류법이 가장 공감을 얻고 있으며, 대부분의 유럽 국가들에서 이와 같은 구성요소들을 활용하고 있음.

1.1.2 생태네트워크와 유사개념 정리

❑ 생태네트워크와 관련하여 그린웨이, 녹지축, 서식처 네트워크, 녹지네트워크 등 유사한 개념의 용어들이 혼용되어 사용되고 있음.

❑ 김귀곤 · 조동길(1998)은 생태네트워크와 관련하여 다양한 용어가 사용되고 있으며, 이는 도입하고자 하는 것 중에서 어떤 것을 강조하느냐에 따라 다른 용어로 사용되고 있다고 하였음.

❑ 녹지, 서식처 등의 생물서식공간을 유기적으로 연결함으로써 생물다양성을 보전하고, 나아가 무분별한 개발을 억제하는 역할을 하는 것은 공통된 목적 및 효과로 볼 수 있음.

1) 그린웨이(greenway)

① 개념

- 구조적으로 '선형'의 형태를 지니는 녹지 또는 하천
- 각각의 경관 요소들을 연결시키는 특성을 가지고 있고 자연요소(산맥, 하천, 강변, 계곡) 및 인공요소(도로, 운하, 철도)를 활용하여 연결

그린웨이의 여러 가지 정의

- Harris(1985), Smith(1993)
  - 그린웨이는 결절점, 또는 면적으로 고립된 녹지를 연결하는 선형 구조를 갖는 체계로서 이용을 강조한 녹도의 성격을 지님.
- Ahern(1995)
  - 선형적 요소를 지닌 네트워크로서 다양한 목적에 의해 계획 및 설계됨.
- Fabos(1995)
  - 다양한 넓이를 가지는 코리더로 네트워크로 서로 연결되어 있으며, 생태적 그린웨이, 여가적 그린웨이, 역사적 그린웨이, 문화적 그린웨이로 분류할 수 있음.
- Viles & Rosier(2001)
  - 경관 바탕 내에서의 결절점, 또는 패치들을 연결하는 코리더로 구성된 선형네트워크라고 할 수 있음.

② 주요내용 및 효과

- 연결성과 방향성을 중시
- 하천 및 주변녹지를 정비하여 하천경관 향상

- 기존공원의 확장·신규조성 및 오픈스페이스 연결을 통한 향상된 도로경관 조성
- 기존 가로수 프로그램 정비를 통한 보행로 및 자전거도로와의 연계를 통해 삶의 질과 지역의 매력도 증진

2) 녹지축(green axis)

① 개념

- 환경부(2002)는 주어진 공간 구조 내에서 녹지의 물리적 연결, 또는 기능적 관점에서 생물의 생태적인 거점이 될 수 있는 지역들 간의 방향성을 나타내는 것으로 정의함.
- '축(axis)'이라는 개념이 선형 이미지를 상기시킴에 따라 일반적으로 도시체계를 거시적으로 분석할 때 구상적 형태로 활용되고 있는 추세임.
- 국외의 경우 녹지축에 대한 용어는 많이 사용되지 않고 있음.

② 주요내용 및 효과

- 광역 또는 도시차원에서 도시의 공간구조와 관련한 구조적 틀로서 계획되거나, 단지 내 도로를 생태적으로 구성하는 데 이용됨.
- 이상적인 녹지축은 고등 야생동물의 평면적 이동을 가능하게 할 수 있는 생태적 구조가 필요하지만, 현실적으로 불가능한 도시지역에서는 소규모 징검다리형 형태를 활용하는 것이 바람직
- 도시개발시 생태적 중요 지역을 고려하는 효과발생

3) 비오톱(biotope) 네트워크/서식처(habitat) 네트워크

① 개념

- 생물종의 이동과 서식을 위해 필요한 지역을 파악하여 연결
- 환경부(2002)는 비오톱(biotope)과 서식처(habitat)는 엄밀한 의미에서 차이가 있지만, 대부분의 경우 상호 양립할 수 있는 개념으로 비오톱 네트워크와 서식처 네트워크의 개념은 유사하다고 볼 수 있다고 정의함.
- 비오톱 및 서식처 네트워크는 다른 유사 개념들과 달리 생물종과 그 서식기반에 특히 더 초점을 맞춘다는 점에서 차이가 있음.

② 비오톱(biotope) 네트워크(표 7-1)

- 비오톱 네트워크는 야생생물종에 따라 서식환경에 필요한 서식공간의 종류나 규모가 다름.
- 환경부(2004)는 단독의 비오톱만으로는 생물종들의 생활이 완결될 수 없기 때문에 먹이섭취, 휴식, 은신, 번식 등 생활패턴에 대한 다양한 타입의 비오톱이 일정 범위 내에 존재해야 한다는 필요성에서 연결하는 개념이라고 함.

③ 서식처(Habitat) 네트워크

- 김귀곤(1998)은 생물이 서식하는 공간의 연결을 강조한 것이라고 함.
- 이수동(2004)은 하나의 서식처 또는 생물종에 초점을 맞추지 않고 지역적인 맥락 차원에서 축 설정 및 관리하는 차원으로 서식처 연계를 강조한 개념이라고 함.

④ 주요내용 및 효과

- 희귀동식물 뿐 아니라 보편적인 야생생물종도 보호대상(생물다양성 관점)
- 도시외곽과 도시 중심까지 생태적 연결 효과(광역 생태네트워크 관점)
- 기존 생물서식공간 보전 및 향후 잠재력을 고려하면서 생물종 다양성을 높일 수 있는 환경개선, 자연환경의 복원, 창출을 시도 하면서 비오톱 창출 복원이 가능한 지역을 파악(환경복원, 창출 관점)

표 7-1 비오톱네트워크와 생태네트워크 비교

구 분	비오톱네트워크	생태네트워크
정 의	・소생물권의 최소단위 ・하나의 생물서식공간 ・존재생물의 단일화	・소생물권을 엮은 권역 ・종다양성의 먹이 사슬관계 ・생물종의 다단계 복잡화
대 상	・개별적 서식처와 생물종 ・사례 : 잠자리 비오톱 : 반딧불이 서식처 등 단일권	・지역적 맥락의 모든종 ・사례 : 습지생물권 : 하천생물권 등의 공간적 맥락
목 적	・소생물권의 확보, 보존 ・생물의 서식처, 산란처 마련	・서식처의 연결 ・도시공간의 생태적 연결
목 표	・대상지역의 서식종 보존 ・목표종 설정 후 유치	・생태도시로서의 발전 ・전국토의 생태축 조성 기반

4) 녹지 네트워크(green network)

① 개념

- 녹지네트워크는 생태네트워크와 유사하나, 네트워크를 위한 연결대상이 주로 식생, 공원, 녹지, 산림으로 제한됨.
- 이동근, 김이신(2000)은 공원녹지 현황 및 식생조사 분석결과를 바탕으로 핵(core), 거점(spot), 점(point), 생태통로(corridor)로 구분하여 녹지네트워크를 제안(그림 7-2)
  - 대, 중, 소 거점을 생물이 이동할 수 있도록 연결해야 함.
  - 핵 : 산림, 자연공원, 도시 주변의 산 등 생물종 및 유전자 공급원
  - 거점 : 도시내 소규모의 산이나 도시 근린공원을 거점화
  - 점 : 도시내 정원이나 옥상정원 같은 것을 소거점화

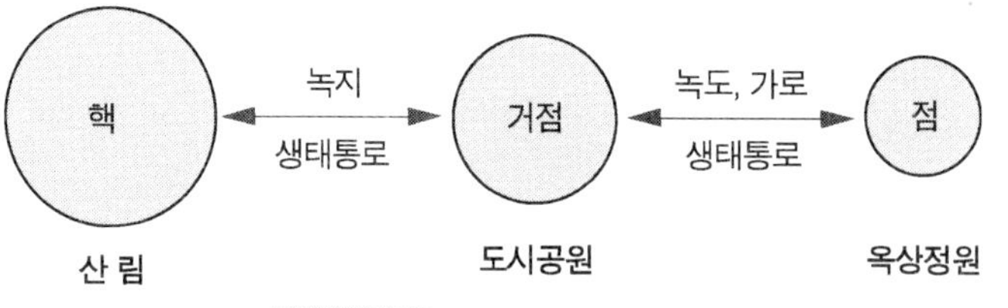

그림 7-2 그린네트워크 모식도

② 주요내용 및 효과

- 우리나라에서는 실제 계획 사례에서 녹지네트워크 개념이 많이 다뤄지고 있음.
- 녹지서식처의 유기적 연결로 생태계 보전
- 삶의 질, 생활 공간의 질적 향상효과

5) 생태네트워크와 유사개념 정리

❑ 구조적인 형태에 따라 녹지 등의 연결성 및 방향성을 중요시하는 선형과 다른 서식처 등과의 유기적인 연결성을 중요시하는 망형으로 구분할 수 있음(표 7-2).

❑ 생물다양성 보전 및 도시확장억제는 유사개념들의 공통된 목적이며, 녹지축은 선형 또는 망형의 구조를 동시에 가지고 있음.

표 7-2 생태네트워크와 유사개념정리

구조	유사개념	개념 및 주요내용	효 과	적 용 방 안
선형 線形	그린웨이 (코리더, 녹도)	· 선적 형태를 갖고 있는 녹지 또는 하천 · 연결성, 방향성 중시 · 산맥·강변·공원 및 도로·운하·철도 등 선형 요소 활용	· 하천, 도로경관 향상 · 삶의 질, 지역매력도 향상	· 하천그린웨이(하천코리더) 조성 · 도로그린웨이(도로코리더)조성 · 가로수정비사업, 자전거도로, 걷고싶은거리만들기 등의 사업과 연계
	녹지축	· 중요 녹지거점들을 연결함으로써 녹지의 흐름을 파악할 수 있는 녹지의 개략적 구조 · 녹지흐름이 공간적으로 어떠한 골격을 형성하는지에 초점	· 도시개발시 생태적 중요지역 고려	· 대상지역의 공간 해상력(지구·지역·광역)에 따라 도시계획, 광역계획 등에서 '녹지마스터플랜' 또는 '녹지계획'으로 적용
	비오톱 네트워크/ 서식처 네트워크	· 생물종의 이동과 서식을 위해 필요한 지역을 파악하여 연결 · 생물종의 먹이섭취, 은신, 번식 등 생활패턴에 대한 비오톱(서식처) 보호 및 체계적 연계	· 도시외곽과 도시중심의 생태적 연결 · 생물다양성 증진	· 교외의 자연도가 높은 생태 거점과 인공화된 도시중심부의 소규모 비오톱들을 연결 · 공원, 유휴지, 학교 운동장, 주택 등 비오톱 창출 및 복원이 가능한 지역을 파악
망형 網形	생태 네트워크	· 생태·경관적으로 중요한 지역을 연계시키는 생태적 구조 · 모든 서식처와 녹지거점을 대상으로 하므로 가장 통합적임 · 국가적 차원에서 접근이 가장 바람직 · 점/선/면적 요소 모두 고려	· 자연생태계의 통합적 보호 · 공간계획 및 물리적 계획의 도구	· 중앙정부, 지자체 차원에서 핵심지역, 코리더 지역을 파악하고 체계적으로 연결할 수 있는 방안 마련
	녹지(그린) 네트워크	· 공원 및 식생현황 등의 녹지 서식처를 유기적으로 연결 · 생태네트워크와 유사하나 연결대상을 녹지와 산림으로 제한함	· 녹지서식처의 유기적 연결 · 삶의 질 향상	· 에코브리지, 자연형 공원의 조성, 가로수의 생태적 정비, 주택 벽면의 녹화, 옥상녹화 등의 유기적 연결을 통한 생태계 보전 및 생활공간의 질적 향상

1.2 생태네트워크의 유형 및 구성요소

1.2.1 생태네트워크 유형

❑ 생태네트워크는 연결시키고자 하는 서식처나 생물종의 특성, 생태네트워크 대상이 될 수 있는 공간특성, 생태네트워크 구조의 시각적 형태에 따라 구분됨.
❑ 일반적으로 서식처 및 생물종의 특성에 따른 유형분류 보다는 공간특성과 조성된 모습의 형태에 따른 유형분류가 보편적으로 이루어지고 있음.

1) 서식처 특성에 따른 유형

❑ 서식처 및 생물종 특성에 따라 습지네트워크, 산림네트워크, 공원네트워크, 하천·강네트워크로 분류할 수 있음.
❑ 같은 성격의 서식처 일지라도 서식처 규모나 주변환경에 따라 그 특성이 달라지고 다양하게 나타남.
❑ 특정 서식처에서만 생활하는 종도 있지만 일부 생물종의 경우 한가지 이상의 서식처에서 생활하는 생활사를 가지고 있음.

① 습지네트워크
- 서식처 특성상 물이 있어야 하며 수생식물, 수서생물종들이 서식함.

② 산림네트워크
- 생물종 특성은 주연부종, 내부종들로 구분할 수 있고, 숲의 구조에 따라 다양한 생물종들이 출현함.

③ 공원네트워크
- 도심내 공원과 도시외곽에 있는 공원들로 구분할 수 있고 주변 환경에 따라 서식환경과 생물종이 다르게 나타남.
- 도심내 공원은 패치에 해당되고 도시외곽부 공원은 매트릭스에 해당됨.

④ 하천·강네트워크
- 습지 네트워크와 유사한 종들이 함께 서식하지만 고차 생물종들이 보다 많아지고 다양해짐.

2) 공간특성에 따른 유형

❑ 공간의 규모 특성에 따라 '광역생태네트워크계획', '도시생태네트워크계획', '지구생태네트워크 계획'으로 분류할 수 있음(그림 7-3).

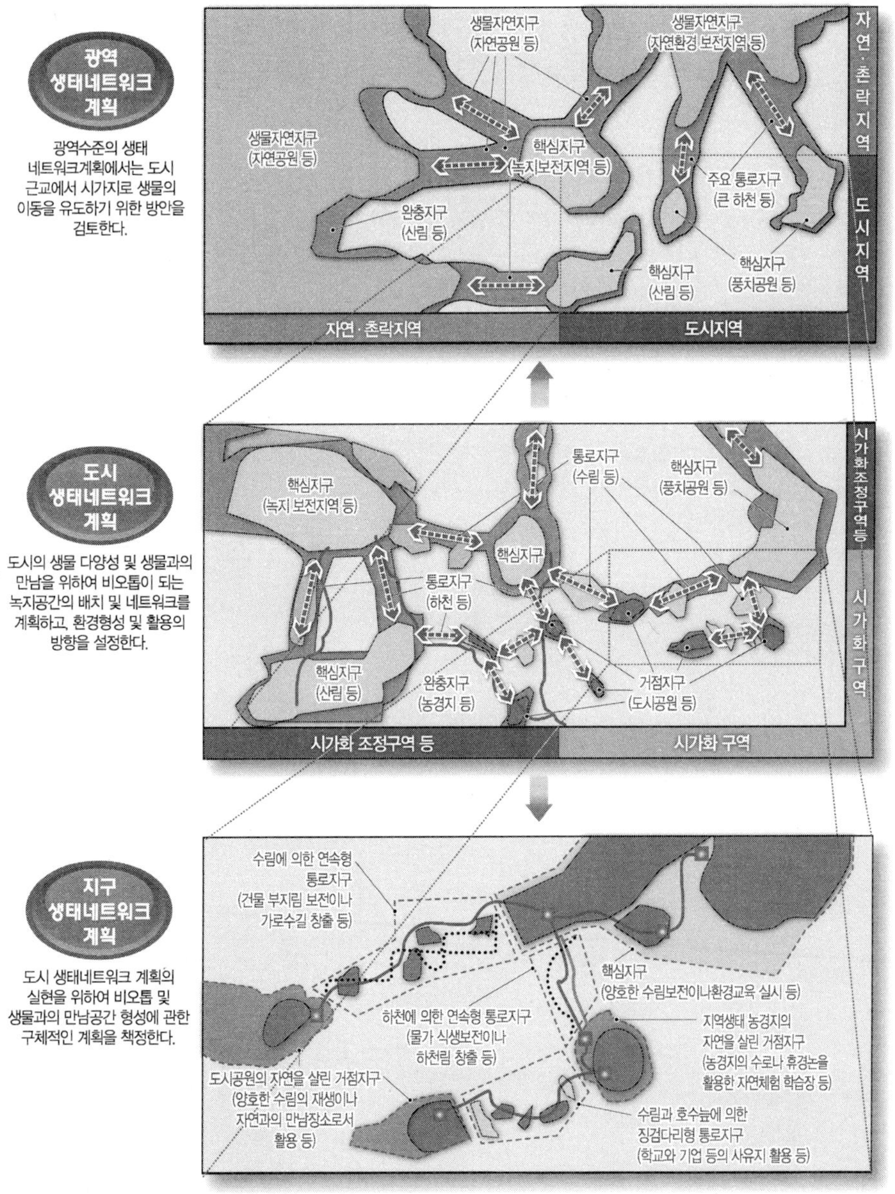

그림 7-3 공간규모별 생태네트워크(이승은· 홍선기, 2002)

① 광역생태네트워크계획

- 도시생태네트워크계획과 연대를 도모해가면서 광역권을 염두에 둔 생태네트워크를 검토하는 것임.
- 광역차원에서 생태네트워크의 바람직한 방향을 검토함과 동시에 도시교외로부터 시가지까지 생물의 이동을 유도하기 위한 생태네트워크를 검토
- 생물서식공간 면적 및 생물서식공간의 네트워크를 고려하면서 동시에 인공화가 심하게 일어난 지역으로 생물의 이동을 유도하기 위한 네트워크 실현을 목표로 함.
- 축척 1 : 50,000～1 : 100,000 정도의 공간규모로 대상 광역권의 자연, 사회환경을 파악하고 광역적인 생태네트워크의 골격을 검토

한반도 생태네트워크 계획

- 자연환경이 우수한 핵심 생태지역을 보존하고 핵심생태지역을 상호 유기적으로 연결하는 국토생태네트워크를 구축하여 살아 있는 한반도 생태네트워크 구축
- 서측은 갯벌보전축, 남측은 한려수도를 중심으로 한 도서생태보전축, 동은 경관보전축으로 생태계의 축을 형성하여 생명력 넘치는 한반도를 구축→田자형 생명축
- 백두대간 생태계
  - 백두산에서 시작하여 지리산까지 이러지는 1,400 km(남한 670km)의 산줄기로 한반도의 골격임.
  - 설악산, 지리산 등 9개의 국·도립공원 및 1개의 정간과 13개의 정맥이 산줄기로 분지
  - 한반도의 자연환경과 생태계의 근본을 이루는 연결축으로 생물다양성의 유지 등 생태적 보전가치가 매우 높은 지역임.

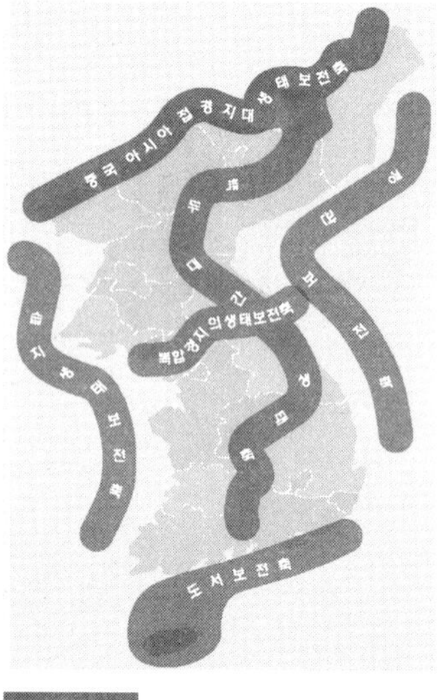

그림 7-4 田자형 한반도 생태축 (문석기 등, 2005)

표 7-3 한반도 생태네트워크의 주요내용

권 역 구 분	주 요 내 용
생태핵심지역 (core area)	· 백두대간, 국립공원, 4대강, 서·남해안, 비무장지대
생태통로 지역 (eco-corridor)	· 핵심생태지역과 인접지역의 생태계를 연결하기 위한 연결통로
생태복원지역 (restoration area)	· 난개발, 환경오염 등으로 훼손된 지역이나 생태적인 복원이 필요한 지역

(환경부 환경보전국 2001주요업무현황, 2001)

한반도 생태네트워크 관리방안

- 단절된 생태계를 복원하기 위해 이동통로 설치사업을 지속적으로 추진하고 훼손된 산림지역에 대한 복원사업 등 관계부처와 협의하여 생태계 복원사업을 지속적으로 추진해야 함(표 7-4).

표 7-4 생태네트워크 구성요소별 관리방안

구 분	관 리 방 안
산 림	· 한반도의 골격을 이루고 있는 백두대간을 국토중심 생태축으로 보전·관리하기 위한 대책마련 : 보호구역 설정, 훼손지 복원 등에 대한 보전 및 관리방안 마련 · 백두대간과 연결되는 10개 정맥에 대해서는 생태축이 단절되지 않도록 환경영향평가 및 사전환경성 검토강화
하 천	· 4대강을 중심축으로 하천생태계의 복원 · 치수·이수 및 수질위주의 관리에서 자연의 역동성이 살아있고 사람에게 친근한 자연형 하천으로 복원·관리 : 직선화, 콘크리트 등 훼손된 하천생태계를 자연형 하천으로 변경하기 위한 경제적이고 효율적인 자연형 하천공법 및 지침 제공
바 다	· 무인도서의 특정 도서 지정 확대 및 관리 강화 : 생태계가 우수한 무인도서의 생태조사 및 특정 도서 지정, 이미 지정된 특정 도서의 보전대책 수립·관리 강화 · 해안사구(砂丘) 및 석호(潟湖)의 보전대책 수립·이행 : 전국 해안 사구 및 석호 현황을 조사하고 우수사구 및 석호의 보전대책 수립·이행
도 시	· 도심 내 생태계 복원과 도시 생태네트워크 구축을 위한 도시지역의 소생태계 확대 : 도시 biotop 조성 지침 작성 및 보급 · 도시 내 녹지축을 형성하여 국토 생태네트워크 연결 : 도시공원 등을 국토 녹지축의 중간 거점으로 조성토록 함.
농 촌	· 지역 특성에 적합한 자연경관 보전을 위해 경관조례의 제정을 촉구하며 건축허가 이전에 경관 심의를 이행할 수 있도록 법, 제도 개선 · 생태적으로 건전성을 유지할 수 있는 생태마을 조성방안 강구 · 생태관광의 도입 및 활성화
남북접경지역	· 남북 교류사업 등 남북접경지역의 개발로 비무장지대 및 민통선 이북지역의 우수한 자연환경이 훼손되지 않도록 보전대책을 수립·이행 · 자연환경의 조사 및 이를 토대로 생태자연도를 작성하고 권역별 이용 및 보존방안 제시 · UNESCO의 '접경지역 생물권 보전지역' 지정 추천

(환경부 자연보전국, 2001)

② 도시생태네트워크

- 하나의 도시지역을 대상으로 생태네트워크를 검토하는 것으로 광역수준의 생태네트워크와의 연결을 고려해야 함.
- 도시의 생물다양성 및 생물과의 만남을 확보하기 위하여 녹지의 배치, 네트워크 계획 및 활용방안을 제시하고 검토
- 도시 내 생물의 중요한 서식공간으로 어떤 녹지를 확보하고, 어떻게 네트워크화해야 하는가를 판단
- 축척 1/10,000~1/25,000 정도의 공간규모로 대상 도시지역의 자연 및 사회 환경을 파악

③ 지구생태네트워크 계획

- 도시생태네트워크를 구성하는 특정 계획대상 지구에 대해 구체적인 네트워크 형성 방향을 검토
- 도시생태네트워크 계획의 실현을 위하여 생물의 생육공간 및 생물과의 만남을 위한 공간조성에 관하여 구체적인 계획을 작성
- '계획대상지구'로 한정된 범위에서 현실적인 검토를 하는 것으로 다른 계획에 비해 보다 적극적인 지역주민의 참여가 요구됨.
- 해당 도시지역에서의 계획대상 지구를 선정, 축척 1/25,000~1/5,000의 규모로 자연환경과 사회 환경을 파악

3) 조성된 모습의 형태에 따른 분류

❑ 조성된 모습의 형태 즉 구조의 형태에 따라 크게 가지형, 원형네트워크로 구분함(그림 7-5).

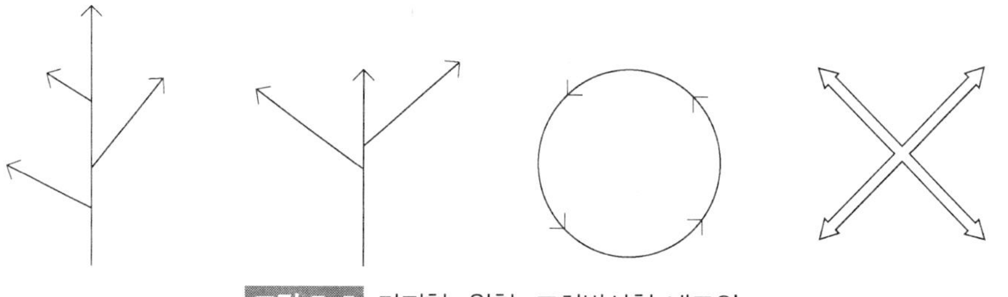

그림 7-5 가지형, 원형, 교차방사형 네트워크

① 가지형 네트워크(branching network)
- 하천과 같이 일정한 방향성을 가지고 있는 서식처를 네트워크화 할 때 적용

② 원형 네트워크(circuit network)
- 도로와 같이 어디로든지 연결될 수 있는 성격을 가진 서식처를 네트워크화 할 때 적용
- 점적요소인 징검다리형 서식처들을 상호 연결할 때 그 대상 요소가 많아질수록 원형에 가까운 네트워크 형태를 갖게 됨.

③ 교차방사형 네트워크
- 일정한 방향성을 가지는 서식처가 서로 교차하여 만날 때 적용

1.2.2 생태네트워크 구성요소

❑ 생태네트워크를 구성하는 요소는 핵심지역, 완충지역, 복원지역 그리고 코리더로 구분해 볼 수 있음(그림 7-6).

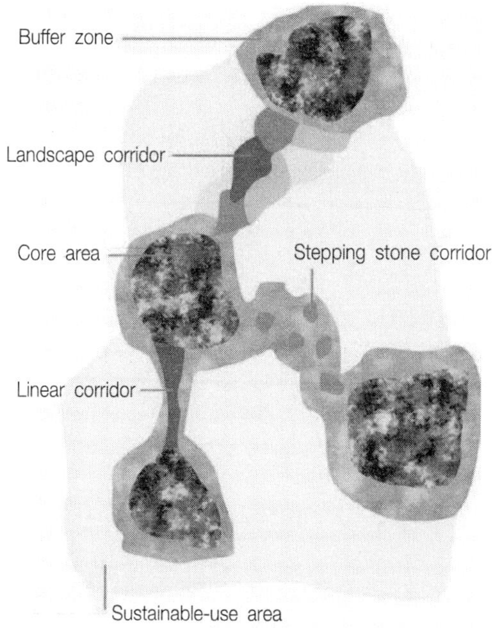

그림 7-6 생태네트워크 구성요소 다이어그램
(Graham Bennett and Kalemani Jo Mulongoy, 2006)

1) 핵심지역(core area)

❑ 다양하거나 희귀한 생물종들이 서식하는 장소로서 특히 국가적·국제적인 중요성을 가진 서식처

❑ 비교적 면적이 좁은 지역일지라도 습지와 같은 서식처는 핵심지역으로 분류하기도 함.

❑ 생태네트워크에 있어서 핵심지역이라고 하면 역사·경관적 가치를 지닌 지역이나 농경지역, 산림, 생태적으로 높은 가치를 가진 지역을 말함.

❑ 도시지역에서만 한정해서 볼 경우에 핵심지역은 생물종의 공급원이 될 수 있는 곳으로 그 범위를 줄여서 생각할 수도 있음.

2) 생태적 코리더(ecological corridors)

❑ 핵심지역간의 생물종 이동을 가능하게 하기 위하여 주로 복원에 기여하는 지역 및 경관적 구조를 가지고 있음.

❑ 코리더를 조성하기 위해서는 우선적으로 최근에 종이 감소해가고 있거나, 종의 소실 우려되는 지역 등 다양한 하위개체군 사이의 장애물이 제거되어야 함.

❑ 코리더는 반드시 연결된 상태여야 할 필요는 없으며 징검다리형, 선형, 면적 형태도 가능

❑ 현재 관찰되는 생물종과 과거에 서식 및 이동하였던 생물종의 기록을 바탕으로 강이나 하천과 같은 연속적인 서식처나 인공습지, 옥상 소생태계 등의 디딤돌이 정확한 위치에 자리 잡을 수 있도록 하여야 함.

3) 완충지역(buffer area)

❑ 생태네트워크의 지속성을 보호하기 위한 지역

❑ 핵심지역이나 생태적 코리더를 연결하기 위해서 얼마만큼의 보호면적을 완충지역으로 설정할 것인지에 대한 구체적 연구는 아직까지 제시된 바가 없음(Lammers, 1994).

4) 복원지역(restoration area)

- ❑ 기본적인 구성요소 이외에 생태네트워크 계획을 수립하면서 새롭게 필요로 하는 지역을 복원지역이나 창출지역으로 구분하여 사용하기도 함.
- ❑ 생물종의 서식이나 생태네트워크의 효과를 증진하기위해 새롭게 조성되는 지역
- ❑ 원래의 모습과 유사하거나 다른 모습으로 복원되더라도 구조와 기능이 개선되어지는 지역임.

표 7-5 생태네트워크의 일반적인 구성요소별 주요특징

구 분	주 요 특 징
핵심지역 (core area)	· 중요한 종 또는 생태계가 존재하며 그들의 서식처 조건을 만족시키는 구역
생태적 코리더/회랑 (ecological corridor)	· 생태계 사이 또는 종의 서식처간 기능적 연결(선형, 디딤돌 또는 경관)을 통해 종의 확산과 이주를 가능하게 하는 역할 · 생태계간의 상호작용뿐만 아니라 종의 교환(개체, 종자) 및 유전에 있어 긍정적 영향 · 서식처회랑, 확산회랑, 이동회랑, 야생동물회랑, 경관 연결 등 다양한 명칭 보유
완충지역 (buffer area)	· 핵심구역 또는 회랑 주변에서 그들을 외부의 부정적 영향으로부터 보호하는 구역으로 외부로부터의 생태적 충격을 완충시킬 수 있는 곳 · 일부 인간의 행동들은 완충구역 내에서 제한적으로 허용
복원지역 (restoration area)	· 생물종의 서식이나 생태네트워크 상에서 생물다양성의 증진을 위해서 새롭게 조성되는 모든 지역 : 생태통로, 옥상소생태계나 인공습지 등

(환경부, 2009)

1.3 생태네트워크의 종류

❑ 생태네트워크는 크게 그린네트워크, 블루네트워크, 화이트네트워크 등으로 구분하여 주로 사용되고 있음.

❑ 최근 네트워크 개념의 많이 세분화하여 핑크네트워크, 브라운네트워크, 휴먼, 역사·문화네트워크로 구분하여 분류하기도 함.

1.3.1 그린네트워크

❑ 도시주변의 산림에서 도심내 녹지공간으로 네트워크를 통해 생물과의 공생, 공진화가 가능한 도시를 조성하는 것임(그림 7-7).

❑ 생물다양성 증대를 위해 소생물권(biotop)의 서식처 단편화를 방지하고 생물이 자유로이 이동할 수 있도록 거점과 생물이동통로(corridor)로 연결

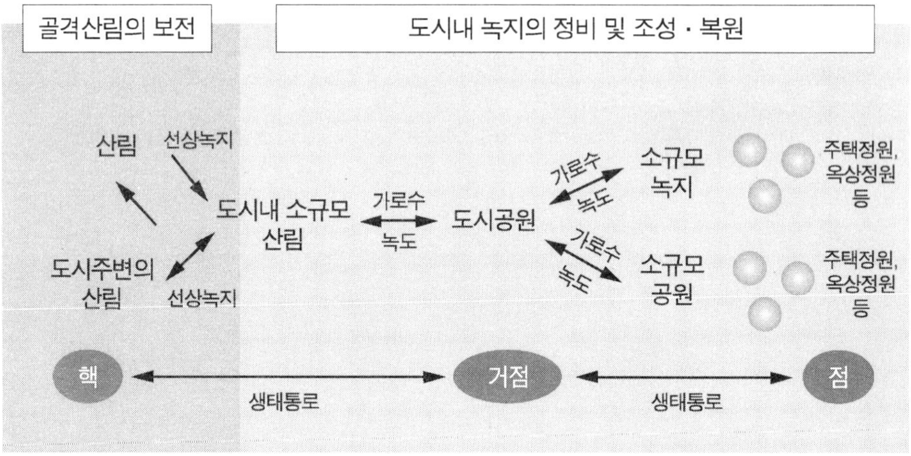

그림 7-7 그린네트워크 개념도(성현찬, 1996)

❑ 그린네트워크의 구성요소는 점, 선, 면의 형태로 구분할 수 있음(표 7-6).

표 7-6 그린네트워크 구성요소

대분류	중분류	소 분 류	내 용
점적요소	점 (point)	· 주택의 정원, 녹화된 옥상, 녹화된 벽면, 도시 내 텃밭, 가로수, 식수대(화분), local farm	· 도시 내 선상의 녹지를 선(線)으로 점적인 요소들을 점(点)으로 생태통로화 하여 연계
선적요소	통로 (corridor)	· 생태통로, 하천변 식생대, 도로변 식생대, 선형의 방음·방풍림, 주택의 생울타리	
면적요소	핵 (core)	· 자연생태계보전지역, 그린벨트 내의 7등급이상의 산림, 자연환경보전지역, 산림보전지역, 조수보호지역	· 유전자 공급원, 생태적 저장 공간 · 산림과 도시주변의 산
	거점 (spot)	· 규모가 큰 자연공원, 생태공원, 도시림, 농촌지역의 농장	· 인공도시 내 섬의 형태로 고립된 녹지공간, 녹색거점

1) 식수대(화분)

① 개념

- 도시 내 대규모 녹지조성이 어려운 공간에 소규모로 도입
- 이동식 화분, 플랜터 등 점적요소로 식재가 되는 공간

2) 옥상녹화

① 개념

- 인공적으로 만들어진 건축물 옥상에 지피식물, 관목, 교목 등의 수목을 식재하는 것으로 부족한 도심의 녹지확충을 위한 새로운 대안으로 제시되고 있음.

② 유형

- 옥상녹화의 유형은 관리방식, 적용방식, 대상건물 기울기 등을 고려하여 결정해야 함.
- 특히 옥상공원에 의한 무게를 건축물이 얼마나 견딜 수 있는가를 고려
- 저관리·경량형 옥상녹화
  - 토심 20cm 이하, 지피식물 위주의 식재
  - 생태적 녹화시스템 구축으로 관수, 예초, 시비 등 관리요구도를 최소화

- 주로 인공토양을 사용
- 구조적 제약이 있는 곳, 유지관리가 어려운 기존 건축물의 옥상이나 지붕에 주로 활용

· 관리 · 중량형 옥상녹화
- 토심 20cm 이상
- 이용과 관리가 전제가 되는 녹화시스템
- 지피식물, 관목, 교목을 활용한 다양한 다층구조의 식재가 바람직함.
- 관수, 시비, 전정 등 이용요구에 부합되는 관리가 필수적임.
- 구조적 문제가 없는 곳에 적용가능 : 주로 신축건축물에 적용가능

· 혼합형 옥상녹화
- 토심 10～30cm 내외, 저관리 · 경량형과 관리중량형 시스템의 혼합
- 이용요구는 높으나, 관리 · 중량형 시스템 도입이 어려운 공간에 적합
- 지피식물과 키가 작은 관목위주로 식재
- 저관리를 지향하는 것이 바람직함.

③ 기대효과

· 환경적 효과
- 환경오염저감, 도시생태계 복원, 기후조절

· 생태적 · 교육적 효과
- 생물서식처 제공
- 도심속 환경교육의 장 마련으로 생태학습기회 제공

· 생태심리적 효과
- 장식, 외관의 미화, 경관향상 및 피로감의 회복, 안락감 조성
- 화초재배, 채소 수확 등 다양한 취미생활 확보
- 차폐, 은폐, 차음효과

· 경제적 효과
- 건축물의 단열효과
- 냉 · 난방의 절감 → CO_2 발생억제

· 기타 : 환경저부하형 지역구현, 순환형 도시 및 지역구현, 자연공생형 도시 및 지역구현

④ 주요 고려사항(그림 7-8)
- 건물의 안정성 확보 및 하중고려
- 배수 안전성 확보
- 적합한 수목 선정 및 유지관리
  - 해당 옥상부분의 환경압 파악
  - 관리형태, 내용, 방법, 비용의 설정
  - 수분공급, 수분보호, 배수방법의 설정
  - 토양의 압력, 토양의 종류, 토양구성의 설정
- 바람의 영향을 고려 및 대책설정

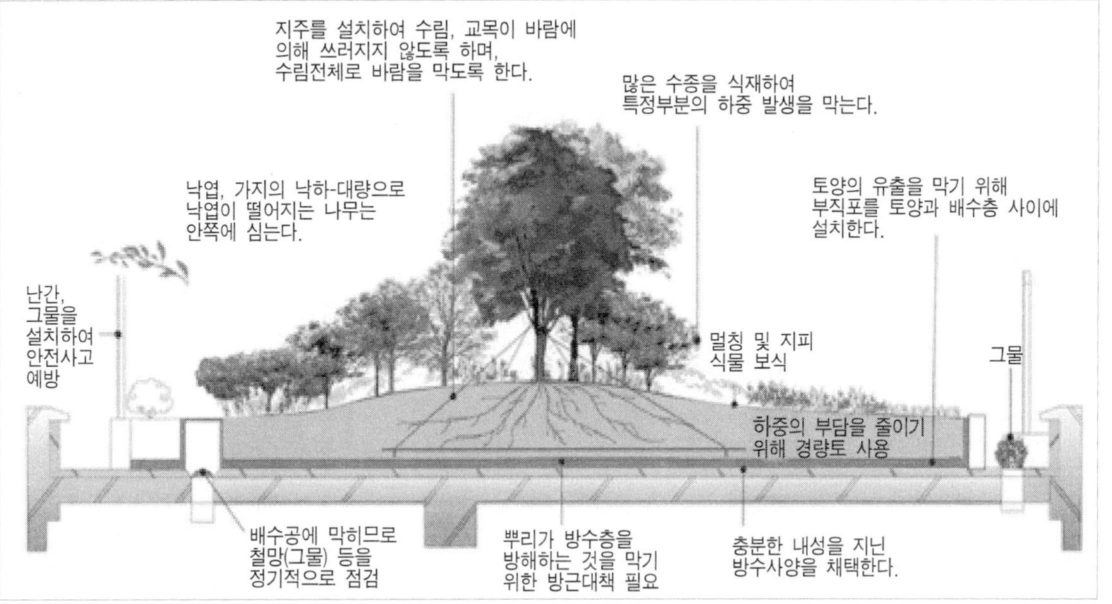

그림 7-8 옥상녹화시 고려해야 할 주요 물리적 측면(서울시, 2007)

기후변화 적응형 옥상녹화

- 옥상녹화는 주로 도심에 많이 도입되고 환경압에 많이 노출되어 있으며 특히 지구온난화로 인한 기후변화 등 환경여건에 민감하므로 기후변화를 고려한 옥상녹화시스템 도입이 필요함.
- 우리나라는 관리·중량형과 혼합형을 주로 도입하고 있고 기후변화 적응형 옥상녹화는 내건성이 뛰어나며 관리요구도가 낮고 낮은 토심에서 생장 가능한 세덤류 위주로 계획하고 있음.
- 앞으로 기후변화에 대응하고 생물다양성을 증대시키기 위해 기후변화에 우수한 식물종을 발굴하고 생물다양성 증대효과를 검증하는 계획이 필요함.

3) 벽면녹화

① 개념

- 건축물의 벽면, 담장, 방음벽, 콘크리트옹벽, 교각 등 인공적으로 만들어진 구조물에 담쟁이 덩굴 등 덩굴식물을 이용하여 피복
- 도심의 녹지율을 증대시키고 도시경관을 향상시켜 복사열을 줄이는 도시 녹화기법

② 기대효과

- 인공구조물 녹화로 불량경관 차폐 및 경관향상
- 덩굴식물 피복으로 겨울철 실내온도변화를 최소화하여 에너지 절약
- 콘크리트 벽면을 녹화함으로써 정서적 안정감 제공
- 구조물 내구성 향상 및 도심생태계 보호

내건 조경(耐乾造景, Xeriscape)

- 더운 지역에서는 어떻게 하면 물을 덜 사용하는 조경을 할 수 있을까 하는 연구를 거듭해 왔고, 1981년부터는 '물을 절약하는 조경'이라는 뜻의 '제리스케이프(Xeriscape·내건성 조경)'라는 말을 사용하기 시작
- 이미 제리스케이프가 되어 있는 정원이라면 좋지만 그렇지 않은 경우라면 물을 절약하기 위한 조경설계를 해야 함.
- 물을 절약하는 조경 디자인 방법
  - 토착식물(native Plants)과 물이 없어도 견디는 식물을 골라 식재
  - 꽃밭이나 관목 주위에 멀치(Mulch·흙 위에 덮는 것)를 사용하여 물이 유실되지 않도록 함.
  - 물을 많이 필요로 하는 잔디를 최소화하고 자갈 등 다른 소재를 활용하여 장식

녹색갈증(biophilia)

- 녹색갈증이란 인간이 타고난 유전적인 본능으로 녹색의 환경, 즉 자연생태계에 대한 인간의 동경을 대변
- 현대화된 인위적인 문명 속에서 인간은 더욱 자연으로의 회귀를 본능적으로 갈망하며 자연과 가까워질 때 비로소 안정감을 찾게 되는 생태심리학적 의미
- 해소방안
  - 건강한 녹지공간의 확보
  - 인공구조물의 최소화
  - 자연과의 친밀성 향상
  - 녹색관광의 확대

4) 텃밭/퍼커컬쳐(permaculture)

① 개념

- 퍼머컬쳐(permaculture)란 영구적(permanent)이란 말과 농업(agriculture)이라는 말이 합쳐진 뜻으로 주거환경에서 지속가능한 농업과 토지이용을 의미함.
- 농촌마을은 농업과 문화의 영속을 위해 자연의 이치에 따라 자연자원을 활용하여 에너지를 자급하는 순환적 체계를 가지며 농촌의 건강성을 되살리는 대안으로 그 중요성이 인식되고 있음.
- 구성원리는 모든 요소가 상생하는 구조, 구성요소 각자의 다양한 기능 부여와 수행이며, 효율적 에너지 계획과 재순환, 생물종다양성, 집약적 시스템의 활용이 중요함.

② 주거단지에서의 permaculture 계획 및 운영방안

- 주거단위 환경
  - 단지 인구 추정 : 인구 증감 추이 및 현재 인구, 가족구성, 성비, 연령비 등(환경용량과 수용력 산정의 기준이 됨)
  - 주거 건축 계획 : 신축, 개축, 증축 등 규모 산정, 텃밭의 규모, 위치 선정 composter : 자연발효식 화장실로 에너지 재활용 및 농작물 퇴비 생산
  - 쓰레기 관리 : 음식물 쓰레기 처리를 위한 가축 사육 등
  - 수순환 체계 : 우수, 중수 활용 계획, 재활용 시스템 구축 및 오수 처리
- 단지 환경
  - 도로 교통 계획 : 보도, 차도, 작업로 동선 및 포장계획
  - 토지 이용 계획, 공동 시설 계획
- 생태적 환경
  - 생물서식공간과 친수공간
    주거지 주변 : 옥상녹화, 벽면녹화, 마당 비오톱, 생물타리
    도로 : 동물이동통로, 연결녹지
    농경지 : 다양한 재배를 통한 생물다양성 추구
    수환경 : 수질정화 습지, 생물서식지, 농수로 등 수체계
  - 녹지 및 자연경관
    주거 단위 : 마당 식재, 다층식재
    단지 단위 : 마을숲, 공동 텃밭, 공동 마당 등
    자연녹지 : 보전계획 수립, 단지와 연계성 부여

5) 에코브릿지(Eco-bridge)

① 개념

- 도로나 철도의 개설, 택지의 개발에 의해서 단절된 서식지를 연결하여 생물서식공간의 고립화를 방지하고, 단절된 생물서식공간을 이어줌으로써 야생동식물의 이동을 원활하게 하여 생물종의 다양성을 유지·증진시킴.
- 핵과 핵, 핵과 거점, 거점과 거점을 잇는 선형의 자연공간은 그 자체가 비오톱이며 두 개의 서식공간 연결로 생물의 이동을 가능하게 하여 녹지네트워크에서 중요한 역할

② 생물서식지 단절의 원인

- 고속도로, 터널, 교량 등 건설에 의한 생태계 단절
- 택지개발사업 등 각종 개발사업으로 인한 생태계 단절

③ 유형 : 완벽한 생태통로, 터널형, 육교형, 박스형, 징검다리형 등

④ 조성기준

- 이동통로의 폭은 30m 이상
- 야생동물을 유인할 수 있는 수종 및 다층식재
- 주변 서식지와 유사한 환경조성 및 같은 종의 식물종 선택
- 구조물 및 식물성장 하중 고려 및 주변 소음에 대한 영향 저감방안 수립

6) 녹지 corridor, 녹도

① 개념

- 도시 내에 녹화를 하는 경우 가장 효과적인 방법은 공원녹지 등의 면적인 녹지와 녹도, 하천 등의 선적인 녹지를 네트워크화 하는 것임.
- 기존 도로변 시설녹지와 연계하고 배후 산림과 도시 내 공원, 공원과 공원간을 연결하는 녹지 코리더를 설정하고 충분한 식재공간 확보 필요

② 역할

- 보행자의 안전, 보행의 쾌적성 증대
- 소생물의 이동통로 및 서식처 제공
- 레크리에이션 공간으로 활용 및 도시경관의 질 향상

③ 조성기준
- 통행을 위해 수목의 지하고 2.5m 이상 확보
- 보행폭은 일반적으로 3.0m 이상 확보
- 기울기는 종단기울기의 8% 이하, 횡단기울기는 1～2% 이하를 표준으로 함.
- 지형을 고려하여 시각적 변화나 초점공간 계획
- 향토수종 및 지피, 관목, 교목의 다층식재

7) 생태공원

① 개념
- 생태공원(eco-park)이란 도시 내에서 생물이나 자연과 접할 수 있는 공원, 즉 자연이 보다 풍부하고 생물이나 자연과 접촉하는 것을 목적으로 방문이 가능한 공원을 말함.
- 조성원리 : 생태계 질서에 의하여 스스로 유지되도록 조성
  - 생물학적 다양성, 생태적 건강성, 지속가능성

② 기능 및 효과
- 생물서식처 복원 및 자연체험, 학습기능
- 도시주민이 살아있는 생물체와 공생하는 장소
- 훼손된 도시생태계 개선
- 지역의 생물다양성을 보전하는 역할 수행

③ 유형
- 자연보존형 생태공원
  - 생물서식환경을 생태적 기법에 의하여 복원한 뒤 인근녹지에 대한 생물 전파지 역할을 수행
- 일반이용 및 보존형 생태공원
  - 일반공원의 일부 지역을 생태복원지역으로 조성한 뒤 이용자의 통제를 통하여 서식환경을 보호
- 이용위주의 생태공원
  - 생태요소를 이용한 인공의 자연환경시설 위주의 주제공원 형태로 조성

1.3.2 블루네트워크

❑ 블루네트워크도 그린네트워크와 마찬가지로 점, 선, 면의 형태로 구분할 수 있고 점적요소에 해당하는 소규모 수경시설 선적요소에 잔디수로, 실개울 등이 있으며 면적요소에는 레인가든(rain garden), 생태연못, 저류지, 함양지 등을 들 수 있음(그림 7-9).

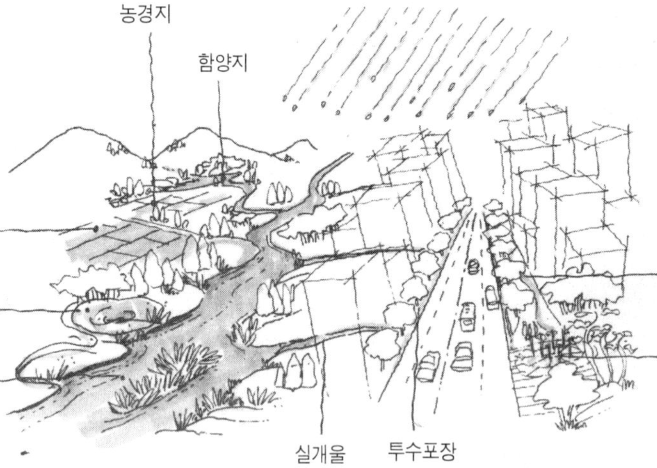

그림 7-9 블루네트워크 모식도

1) 수경시설

① 개념

- 부지 지형여건을 고려하여 물의 다양한 흐름(평정수, 낙수, 분수, 유수) 연출이 가능하고 공원, 광장 등 사람들의 이용이 많고 경관의 초점이 되는 곳에 상징적 요소로 도입

2) 잔디수로, 자갈수로(bioswale)

① 개념

- 단지주변이나 도로변에 빗물에 포함된 이물질을 침전시키고 토양속으로 침투시키기 위해 만든 투수가 가능한 수로임.
- 자갈수로의 경우 건기시에 잔디의 녹지와 대비되는 점적 조형물이 있는 건천경관이 형성되도록 구성하기도 함.

3) 레인가든(rain garden)

① 개념

- 빗물을 가두어 머금을 수 있는 오목한 형태의 녹화 생태환경으로 이를 수순환의 자연형 습지형태로 이용할 수 있도록 조성한 공간을 말함.

② 기대효과

- 자연과 물질순환의 도시로 회복 : 지하생태환경 회복
- 물자원 재활용을 통한 물 부족 해소 : 지하수 함양
- 하천의 수질 개선
- 도심 열섬화현상 완화 : 도시온도 조절
- 저지대 홍수피해 저감

③ 조성기법

- 저류·침수시설 : 주거지, 도로변 전면에서의 빗물정원
- 도로와 수계흐름에 따른 저류지, 계단형저류지, 소류지
- 건축물 외곽녹지 : 측면녹지와 자투리 땅의 빗물 침투
- 도로의 빗물정원
- 투수형 주차장과 빗물이용시설
- 실개천과 빗물 조형물 빗물정원(시애틀)
- 공원 : 지면보다 낮은 화단과 빗물정원 저류지
- 주거, 건축물 분야의 빗물관리체계

4) 생태연못, 자연형하천, 실개울

❑ 다양한 형태 및 물의 흐름을 볼 수 있는 실개울과 소생물 서식이 가능한 생태연못, 자연형태를 살린 생태하천 등과 연계하여 네트워크화 해야 됨.

① 생태연못

- 어류·잠자리·수초·새 등 모든 생물에게 필요한 서식공간으로 주변에 동·식물이 풍부하여 다양한 생물상을 유지시키는 등 생태적으로 순환체계를 이룰 수 있도록 조성한 물이 있는 공간

② 자연형하천

- 치수기능을 저해하지 않는 범위 내에서 최대한 자연에 가깝게 조성하여 인간과 자연이 공생하는 친수공간으로 조성한 하천

5) 저류지, 함양지, 유수지

① 저류지(貯流池)

- 하천유역에 대규모의 개발이 일어나는 경우 개발에 따른 홍수유출량의 증가 및 수해의 위험성을 방지하고 홍수조절, 저류기능 및 하천의 친수 안전도 향상을 주목적으로 자연재해대책법에 의거 설치한 시설

② 함양지

- 지하수 함양과 우수 재활용을 목적으로 조성된 우수저장 연못
- 주로 수림의 계곡 하단부 우수집수가 용이한 지역에서 우수를 집수하여 우수재활용 및 물순환 목적으로 활용

③ 유수지(遊水池)

- 집중강우로 인하여 급증하는 제내지의 내수 또는 지반고가 낮은 저지대의 배수량을 하천에 조절 배제할 목적으로 일시 저류시키기 위하여 설치하는 시설을 말하며, 펌프장이 설치됨.
- 유수지는 유수시설과 저류시설이 있고 저류시설은 일시저류시설과 상시저류시설로 구분되어짐.
  - 상시저류시설 : 친수공간을 조성하기 위하여 평상시에는 일정량의 물을 저류하고 강우시에는 저류지의 빗물을 일시적으로 저류하도록 설계된 연못, 호수, 저류지 등을 말함.
  - 일시저류시설 : 평상시에 건조상태로 유지하고 강우로 인해 표면수 유출이 있을 때에만 일시적으로 저류하도록 설계된 저습지, 침투형 저류시설, 지하저류시설 등을 말함.

6) 블루네트워크와 그린네트워크

❑ 블루네트워크와 그린네트워크의 큰 차이점은 수생태계의 연계와 육상(녹지) 생태계의 연계로 볼 수 있음(표 7-7).

표 7-7 그린네트워크와 블루네트워크 비교

구 분	블루네트워크	그린네트워크
생태계구분	수생태계	육상생태계
서식지유형	하천, 습지, 호소, 해안, 농수로	산림, 초원, 농경지, 가로녹지
생물요소	수생식물, 어류, 조류, 수서곤충, 양서파충류, 갑각류	포유류(대, 소형), 조류, 곤충, 양서파충류, 육상식물
생존요인	물 공급원	토양, 공기
생태계수준	하층 소비자 위주	고차 소비자 위주
천이계열	습생천이단계	극상천이단계 방향
자연성	순환성, 다양성	안정성, 자립성
네트워크 모식도	 하천차수와 네트워크	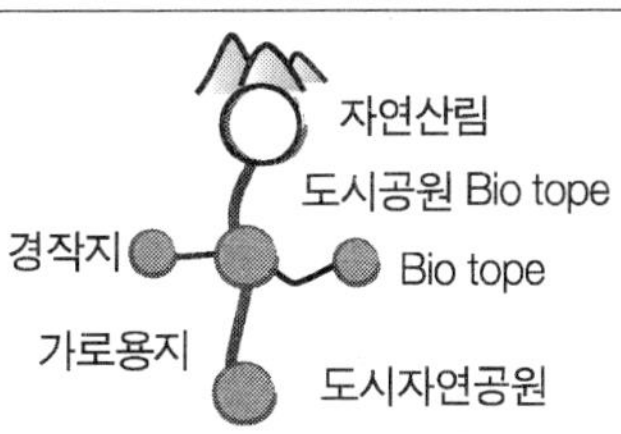

자연배수시스템(natural drainage system)

① 개념
- 자연배수시스템(NDS)이란 강우 때 유출수가 지표면의 지형을 따라 높은 곳에서 낮은 곳으로 흘러가는 에너지 친자연형 배수방식임.

② 효과
- 홍수부담 완화, 자연생태계의 수순환 촉진, 환경 개선효과

③ 자연배수시스템 종류
- 침투시설 : 도시의 건천화 방지, 친환경투수포장재 이용
  - 틈새포장 : 점토블럭포장
  - 전면포장 : 모래포장, 에코페이버포장
  - 부분포장 : 잔디블럭포장
- 저류시설 :
  - 우수의 확보를 위한 빗물저장 시스템 : 유수지, 함양지, 저류지
  - 자연웅덩이를 이용한 빗물생태정원(rain eco graden) : bioswale, biodetention 도입

1.3.3 화이트네트워크

1) 바람길

❑ 녹지와 물, 오픈스페이스의 네트워크를 조성하여 숲이나 도시외곽의 신선한 공기를 도시 내로 통과시킬 수 있는 길을 만드는 것임.

① 기대효과(그림 7-10)
- 도시 내 시원한 바람의 유입으로 도심의 열섬현상 완화
- 바람길 확보로 대기오염물질 정화
- 에너지 절약 및 이산화탄소 수치 저하

② 조성방안(그림 7-11)
- 도시계획 단계시 고려사항
  - 바람축과 바람길 확보
  - 효율적인 토지이용계획
  - 도시 외곽 산림, 녹지 확보
- 기존도시 개선사항
  - 건축물 높이, 밀도 제한, Sky Line 개선

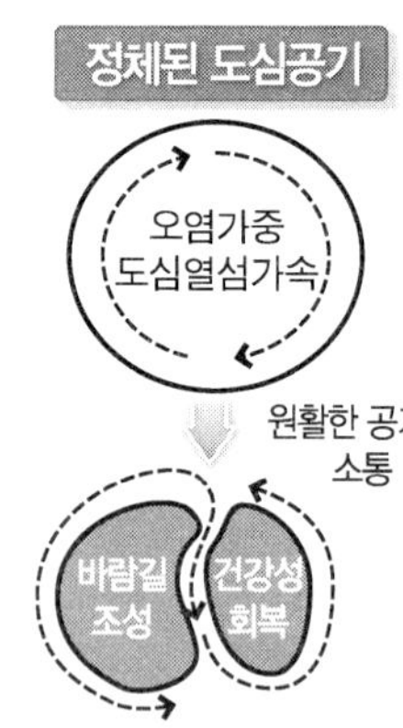

그림 7-10 바람길 조성효과

그림 7-11 공기의 흐름을 고려한 건물배치(Barden W rttenberg, 1992)

③ 사례
- 독일의 슈튜트가르트시는 대기오염문제 해결을 위해 교외에서 도심까지 바람의 흐름을 유도하기 위해 녹지의 보존, 신규건축 행위금지, 층고 및 동간 간격을 제한하고 광로와 소공원의 폭을 100m 이상 확보하여 나무를 밀식하였음.

1.3.4 기타네트워크

❑ 기타 아래의 네트워크들은 생태네트워크의 일부로 보기는 어렵고, 아직 뚜렷한 구분기준이 정해져 있지 않아 서로 혼용되어 사용되고 있으며 최근에는 택지개발이나 신도시 개발시 새로운 네트워크 개념을 만들어 사용하기도 함.

1) 브라운네트워크

① 친환경경사지

- 개발계획시 기존지형을 최대한 활용한 시설도입 및 공간계획으로 환경훼손, 지형훼손을 최소화하는 계획

2) 핑크네트워크

① 여성친화도시(women friendly city)

- 개념
  - 여성친화도시는 여성과 남성 모두에게 동등한 참여와 혜택의 분배를 보장함으로써 일상생활에서 성별 차이가 없도록 하는 지역을 말함.
  - 여성의 창의적이고 섬세한 에너지를 미래 지역발전의 핵심자원으로 활용
  - 여성과 가족이 일상생활 속에서 도시의 쾌적성과 안전성을 실감 할 수 있도록 보장해주는 선진화된 도시정책임.
  - 여성만의 편의 증진에 국한하지 않고 약자에 대한 배려를 근본으로 성별차이를 극복하여 남녀모두가 행복한 도시를 만들고자 하는 것임.
- 추진배경
  - 가족과 지역공동체의 해체와 각종범죄, 공해 등 현대도시문제 해결방안 필요하고, 여성이 행복해져야 모두가 행복해진다는 관점에서 출발

서울시 여행(女幸, 여성이 행복한 도시) 프로젝트

- 여행프로젝트(여성이 행복한 프로젝트)는 기존 여성정책의 주류인 돌봄과 일자리 창출 분야 이외에 안전, 편리, 그리고 넉넉함까지 포함하는 총 5개의 중점 과제 90개 사업으로 구성.
- 5개 중점과제의 내실 있는 추진을 통해 여성 친화적인 도시환경 구축 및 여성이 사회경제 활동 참여를 확대하고 사회에 기여할 수 있는 기회를 늘림으로써 시민의 행복지수 제고
- 여행 프로젝트 : 여성이행복한 아이키우기, 여성이행복한 넉넉화장실, 여성이행복한 편한길, 여성이행복한 귀갓길, 여성이행복한 일갖기, 여행제안

② 유니버셜(universal design)

- 개념
  - 유니버셜 디자인(보편적 디자인)이란 장애의 유무나 연령 등에 관계없이 모든 사람들이 제품, 건축, 환경, 서비스 등을 보다 편하고 안전하게 이용할 수 있도록 설계하는 디자인
  - "모두를 위한 디자인"(Design for All)이라고도 함.
  - 베리어프리 디자인보다 한 단계 발전된 개념으로 장애인과 비장애인 모두를 이용 대상으로 하는 디자인 개념임.
- 유니버셜 디자인의 원칙(7대 원칙)
  - 공평한 사용(equitable use)
    : 누구라도 차별감, 불안감, 열등감을 느끼지 않고 공평하게 사용 가능하도록 동등한 방법제시
  - 사용상의 융통성(flexibility in use)
    : 다양한 생활환경 조건에서도 정확하고 자유롭게 사용 가능하도록 선택권 제공
  - 간단하고 직관적인 사용(simple and intuitive)
    : 직감적으로 사용방법을 간단히 알 수 있도록 불필요한 복잡함을 제거
  - 정보 이용의 용이(perceptive information)
    : 정보구조가 간단하고, 복수의 전달수단을 통해 필수 정보입수가 가능하도록 설계
  - 오류에 대한 포용력(tolerance for error)
    : 사고를 방지하고, 잘못된 명령에도 원래 상태로 쉽게 복귀가 가능하도록 요소배열
  - 적은 물리적 노력(low physical effort)
    : 무의미한 반복동작이나, 무리한 힘을 들이지 않고 사용가능하도록 설계
  - 접근과 사용을 위한 충분한 공간(size and space for approach and use)
    : 이동이나 수납이 용이하고, 다양한 신체조건의 사용자가 함께 사용가능하도록 설계

③ 베리어프리(barrier-Free design)

- 베리어프리 디자인은 신체적인 장애로 보행이 곤란한 사람들이 일상생활에 이용하는 시설 및 공간에 접근성을 확보하기 위해 물리적 장벽을 제

거하거나 기존의 장애물을 없애는 것임.

표 7-8 유니버셜 디자인과 베리어프리 디자인의 비교

구 분	유니버셜 디자인	베리어프리 디자인
주요 내용	· 기능적, 심리적, 미학적 측면 강조 · 글로벌 규모	· 기계적, 기능적 측면 강조 · 개별적으로 대응 가능한 규모
주 이용대상	· 장애인, 비장인 모두 포함.	· 고령자, 장애인
장·단점	· 특정한 장애를 기준으로 하지 않고 모든 장애물을 제거	· 장애부위가 다를 경우 이용시 새로운 장애가 될 수도 있음.
대상공간	· 건축, 토목, 조경 등 모든 외부공간	· 주로 건축물의 내외부 공간에 한정됨.
조경공간 내 활용기법	· 보도 : 단차이를 없애고 미끄럼방지 설계 · 주차장 : 장애인 심볼 표시로 유도 및 넓은 면적 확보 · 계단 : 이동보조 손잡이 설치, 점자표시 및 미끄럼방지 처리 · 공원 : 입구 단차이 제거 및 시각장애인 유도장치 설치 공원안내시설에 점자, 음성으로 안내 휴식공간에 휠체어 수납공간 마련 및 시설의 높낮이 조절	

3) 휴먼네트워크

① 보행자전용도로

- 도시계획 시설의 결정·구조 및 설치에 관한기준에 의거 폭 1.5m 이상의 도로로써 보행자의 안전하고 편리한 통행을 위하여 설치하는 도로
- 보행의 쾌적성을 높이기 위해 녹지체계와 연관성을 고려해야 함.

② 어메니티(amenity)

- 어메니란 어떤 장소나 기후 등에서 느끼는 쾌적함을 일컫는 말로 인간이 생태적·문화적·역사적 가치를 지닌 환경과 접하면서 느끼는 매력, 쾌적한 즐거움이나 이러한 감정을 말함.
- 농촌어메니티 정책이 유행하면서 의미가 확대됨.
  - 농촌어메니티란 자연 경관을 해치지 않고 만족감을 줄 수 있는 농촌의 모든 경제적 자원이 농촌어메니티가 됨.

- 단순히 농촌개발에 머무르지 않고 지금은 어촌개발 각종 경제분야 개발에도 활용
- 쾌적감이나 만족감을 주는 모든 요소들을 함축하는 용어로 의미가 확대됨.

4) 역사 · 문화네트워크

① 올레길, 역사탐방길

- 산악지역 중심으로 집중되어 있던 걷기가 지역의 자연과 문화를 이해하면서 걷는 풍토로 바뀌고 있고 이러한 풍토와 아울러 생태계와 환경을 존중하고 보존하는 새로운 trail문화가 정착
- 보행흐름에 따른 다양한 테마공간 조성

스토리텔링(story telling)

- 스토리텔링이란 단어, 이미지, 소리 등을 통해 사건을 전달한다는 의미로 외부공간 및 건축물 계획시 테마를 형상화하고 공간에 표현하여 전달하기 위한 방법으로 많이 응용됨.
- 테마파크, 이야기가 있는길 등의 계획시 많이 사용됨.

2. 생태도시란?

2.1 정 의

2.1.1 생태도시의 개념

❑ 생태도시란 생태원리에 기초하여 자연과의 조화를 추구하는 도시 즉 생태적으로 건강한 도시임.

❑ 도시의 환경문제를 해결하고 환경보전과 개발을 조화시키기 위한 방안의 하나로 도시개발, 도시계획, 환경계획 분야에서 새롭게 대두된 개념

- 도시를 하나의 유기적 복합체로 보고 도시활동과 공간구조가 다양성, 자립성, 순환성, 안정성을 포함하는 인간과 자연이 공존할 수 있는 환경친화적인 도시로 정의

❑ 생태도시는 도시생태계의 순환체계를 중점적으로 다루고 있으며, 지속가능한 도시는 건축, 교통, 사회경제, 폐기물, 환경정책 등 다양한 분야를 연구대상으로 다루고 있음.

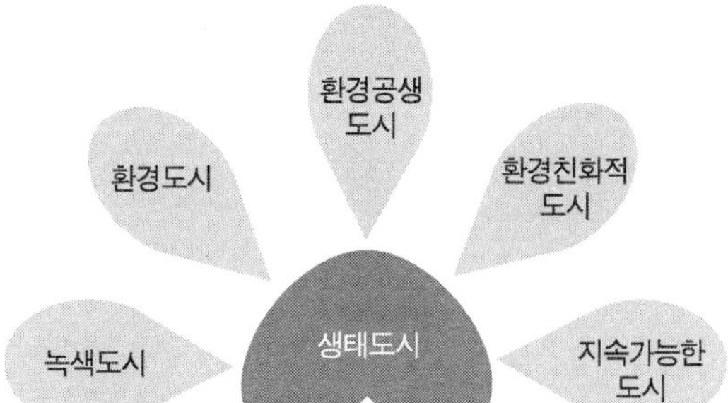

그림 7-12 생태도시의 개념(조현길 등, 2008)

1) 생태도시 계획의 원칙과 목표

① 원칙

- 생태도시 계획의 원칙은 지속가능한 발전이 갖추어야 할 조건과 유사함.
- 미래세대에 대한 배려, 자연생태계의 보전, 자급 자족성, 사회적 형평성, 주민참여 등을 포함.

② 목표

- 생태도시는 도시를 하나의 유기체로 보고 도시의 다양한 활동이나 구조를 자연생태계가 지니고 있는 속성에 가깝도록 계획하고 설계하는 것임.
  - 인간과 환경의 공존
- 도시의 물리적 구조나 경제적 기능 및 환경에 대한 부하를 최소화하여 도시환경문제 해결

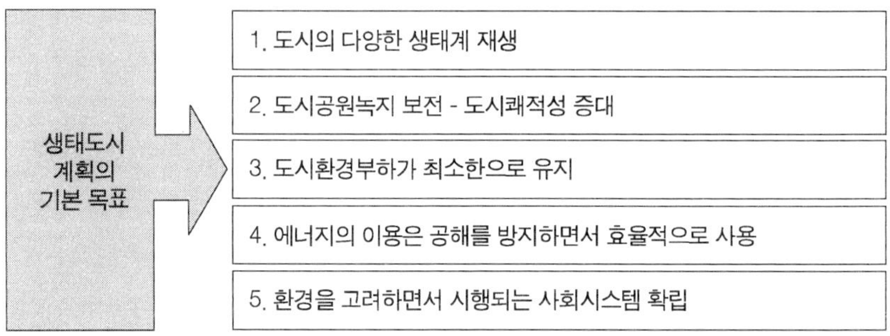

그림 7-13 생태도시의 목표(조현길 등, 2008)

2) 생태도시 조성시 고려사항

❑ 조성을 위한 방향 및 목표설정
❑ 최소에너지 투입
❑ 사회적 욕구 충족
❑ 파트너십 구축
❑ 모니터링 및 주기적 평가

2.1.2 생태도시와 유사개념 정리

❑ 유사한 개념으로 녹색도시, 지속가능한 도시, 에코시티, 어메니티시티, 자족도시, 환경보전형도시, 전원도시, 환경도시, 환경친화적 도시 등과 혼용되어 사용되고 있으며 일반적으로 지속가능한 도시로 통칭

1) 녹색도시(green city)

① 개념

- 조경학적인 측면에서 도시경관과 녹지조성을 강조하는 미국의 녹색도시는 도시생활과 자연이 서로 조화되는 건강하고 풍요로운 도시를 조성하기 위하여 경관조성에 힘쓰는 도시

② 내용

- 도시 내의 환경적 시각에 중점을 두고 도시지역에서 그 구성원들의 환경적 결정을 통하여 경관을 잘 조성하는 도시
- 도시구조와 발전의 단계는 도시의 생태적 지속성에 영향
- 녹지도시계획 전반이나 대기 또는 수질 등 환경의 질과 관련된 방안들에 대해서는 별다른 관심을 보이지 않음.
- 주로 건축설계 차원에서 논의를 진행시키고 있다는 문제가 제기되고 있음.

2) 지속가능한 도시

① 개념

- 미래세대가 그들 스스로의 필요한 충족시킬 수 있는 능력을 저해하지 않으면서 현세대의 필요를 충족시키는 개발 또는 생태계의 환경용량 내에서 인간생활의 질을 향상시키는 개발이 가능한 도시
- 지속성의 의미
  - 환경적 내용이 오랫동안 지속될 수 있는 정도를 의미
  - 미래세대에게 동등한 소비기회의 즐거움을 제공
  - 생태적인 목표와 사회적인 목표는 상호간에 관계를 강화시킴.

② 내용

- 도시 내에서 재화와 서비스, 고용에 대한 수요가 환경악화나 자원고갈을 야기하지 않는 범위 내에서 충족되도록 경제활동이 이루어짐
- 환경보존을 넘어서 세대간 형평을 실현하는 것을 목표로 하는 도시

③ 지속가능한 도시발전을 위해서는 5가지 원칙

- 미래세대의 원칙을 구현하기 위해 미래세대의 이익을 항상 고려
- 자연보호의 원칙을 추구하기 위해 도시생태계를 보호하고 환경오염을 방지

- 시민참여의 원칙을 달성하기 위해 지역사회를 개발의 중점에 두어야 함.
- 사회형평의 원칙을 성취하기 위해 공공재에의 공평한 접근기회를 부여
- 자급경제의 원칙을 실현하기 위해 생산적 자원을 지역의 필요에 우선적으로 사용

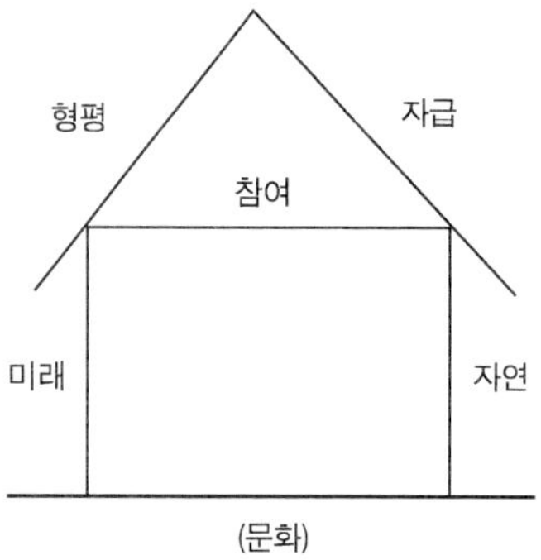

그림 7-14 지속가능한 오두막집 모델(조현길 등, 2008)

3) 에코시티(ecocity)/에코폴리스(ecopolis)

① 개념

- 일본에서 사용되는 개념으로 구조 및 기능이 환경에 대한 배려가 잘 되어 있는 생태적으로 양호한 도시

② 내용

- 인간과 자연이 조화를 이루는 쾌적한 도시를 말하며, 자원의 순환적인 이용과 녹지조성 등을 중요하게 다루고, 물리적 계획뿐만 아니라 행정지침, 지역주민참여제도 등 사회적 측면의 계획도 고려

4) 어메니티 도시(amenity city)

① 개념

- 인간이 개성있는 생활을 영위해 나가는데 없어서는 안될 자연, 문화, 안전, 심미성, 편리성을 종합적으로 갖춘 도시로 개성을 실현할 수 있는 도시

② 내용

- 실행주체에 초점을 두어 지방자치단체가 전략을 수행하는 과정과 대중참여에 의한 의사결정 과정을 중시

5) 자족도시

① 개념

- 생태도시의 개념에 준하면서도 도시의 자립성을 강조하는 도시

② 내용

- 도시의 인구 규모를 기준으로 그에 어울리는 수준의 경제활동과 도시기능을 보유하고 도시기반 시설을 확보함으로써 도시 계층 구조상 역할을 원활히 담당하고 있는 도시
- 외부로부터의 자원유입 및 유출을 현저히 줄이고, 효율적인 자립적인 에너지 체계를 조성하는 것을 목표로 함.
- 인간활동 공간 및 개방된 생태계로서의 도시적 특성 반영이 부족하다고 볼 수 있음.

6) 환경보전형 도시

① 개념

- 도시는 고도의 도시기능을 유지하면서 환경과 에너지 자원 등의 문제에 대하여 종합적이며 계획적인 대책을 수립하여 환경부하를 저감시키고 인간과 자연이 공생하는 도시를 의미

② 내용

- 환경을 배려한 도시 시스템과 시민의 기업의 의식 및 행동, 그리고 환경보전형 법률과 행정제도를 포함하는 사회시스템의 병행을 강조

2.1.3 기존도시와 생태도시

① 기존도시

- 태우고, 버리고, 소비하는 도시
  - 화석연료 의존이 높은 건축물, 자동차, 산업체로 인한 대기오염 및 온실가스 배출
  - 불투수 면적의 증가로 토양내의 수분이 감소하고, 도시의 고층 건물들이 바람의 순환을 방해하는 열섬현상 발생
  - 도시개발을 위해 원자재를 소비재로 변형하고, 자연산물을 인공산물로 변경·결합하여 자연이 유지될 수 있는 한계를 초과
- 자연과 인위적으로 멀어지게 계획된 공간
- 인간생활만이 고려되는 도시
- 선진외국도시를 모델로 하는 정형화된 도시

② 기존도시의 문제점

- 도시의 성장, 발전을 목표로 계획 및 정책이 수립
- 주택과 산업활동에 필요한 토지와 건축물의 보급을 위한 개발 및 공급 위주의 도시계획
- 녹지지역은 보전하기 위한 것처럼 보이나 사실상 미래의 개발을 위한 유보지역의 성격이 강하며 타용도로 전환되는 경우가 많음.
- 개발이후 관리문제 및 여러 가지 환경문제 발생

③ 생태도시

- 인간과 자연이 조화되는 도시
- 도시의 선형적 물질대사를 순환적 물질대사로 바꾸는 도시
  - 재생불가능한 자원 보존, 바이오메스 사용, 재활용에너지 이용 등
- 자연과 인위적으로 가까워지게 계획된 공간
- 각국의 문화 다양성을 강조하는 도시

2.2 생태도시의 유형

❑ 생태도시를 두고 다양한 시각으로 접근하면서 개념적으로 혼란한 양상을 보임.
❑ 생태도시를 생물다양성 생태도시, 자연순환형 생태도시, 지속가능성 생태도시의 세 가지 유형으로 구분됨(표 7-9).

1) 생태도시의 유형

① 생물다양성 생태도시
- 생물다양성을 증진하는 생태도시
- 도시 내부의 생물적 요소들을 보호함으로써 생물다양성을 확보하고자 하는 도시

② 자연순환형 생태도시
- 자연순환체계를 중시하는 생태도시
- 생물다양성을 포함하여 인간활동이 도시 수체계 및 대기계, 자원 및 에너지순환체계에 미치는 영향을 최소화하고자 하는 도시

③ 지속가능성 생태도시
- 지속가능성을 추구하는 생태도시
- 도시의 지속가능성은 물리적 환경개선만으로 이루어질 수 없음.
- 인간활동과 관련한 교통, 도시계획 및 환경정책부문을 도시생태계 문제와 밀접한 관계를 가지는 것으로 이해하는 도시

표 7-9 생태도시의 유형 분류

유 형	정 의	주요과제	주요사업 및 활동
생물다양성 생태도시(A) : A	생물다양성을 증진하는 생태도시	· 서식지 보호 · 인간과 자연공존	· 생태통로, 비오톱, 옥상녹화, 야생동물 보호
자연순환성 생태도시(B) : B	자연순환체계를 확립하는 생태도시	· 물질대사 · 물순환, 에너지순환 · 교통체계 개편 · 환경오염 저감	· 자연형 하천, 투수성 포장, 중수도, 재생가능 에너지, 도시농업, 그린빌딩, 자전거도로
지속가능성 생태도시(C) : A+B+C	지속가능한 발전을 추구하는 생태도시	· 생산소비패턴의 변화 · 지속가능성 지표 · 환경의식 제고 · 환경정책 선진화	· 녹색소비운동, 지방행동21, 환경교육, 환경거버넌스, 생태마을, 환경분쟁 해결

다른 유형 분류
- 에너지 절약형 : 교통 및 동선체계 효율적 배치, 보차의 분리
- 물 순환형 : 우수활용, 습지, 하천, 호수 활용
- 자연입지형 : 자연공생형, 풍도
- 친자연형 : 공원, 친수, 친녹, openspace

2) 생태도시 만들기의 원칙

① 3有, 3多, 3無의 원칙(그림 7-15)

- 3有
  - 자연과 공생
  - 지역문화 창출
  - 레크리에이션
- 3多
  - 생물종 다양성
  - 지역참여 확대
  - Social Mix
- 3無
  - 환경파괴
  - 엔트로피
  - 오염가중

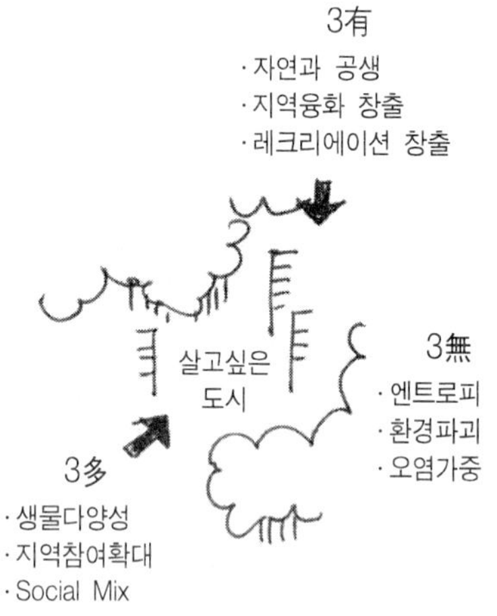

그림 7-15 3有, 3多, 3無의 원칙

② 생태환경 보전원칙

- 유기적인 생태도시(organic city)
  - 살아있는 시스템과 같은 구성으로 계획된 도시
- 도시기능이 진화의 패턴에 적합
  - 도시가 지속가능해야 할 뿐 아니라 도시속에서 창조성과 열정을 자유롭게 표현하고 지원
- 기초부터 계획되어야 함.
  - 전체 도시의 건강성에 기여하는 토지이용 패턴에서부터 시작
- 기존의 교통계층(transportation hierarchy)을 역전
  - 도보, 자전거, 철도, 버스, 자동차의 순서로 계획
- 토양을 보전, 생물다양성 증진

2.3 생태도시의 기능

1) 안정성

- ❑ 생태계 평형 유지, 유입과 유출의 균형 유도
- ❑ 순환성, 자립성, 다양성을 통한 지속적 체계 구축
- ❑ 유입과 유출의 균형 → 동적평형에 기여

2) 순환성

- ❑ 물순환 : 자연기반 구축, 생태면적율 확보, 중수도 사용
- ❑ 에너지 흐름과 물질 순환이 가능, 연결성 확보
- ❑ 자연지반 구축, 생태면적율 확보, 네트워크화

3) 자립성

- ❑ 도시 내의 생태적 자립성과 스스로 지속할 수 있는 능력
- ❑ 에너지 저감 시스템, recycling, 재활용 확대

4) 다양성

- ❑ 생물 다양성 측면, 공간 확보 및 종 보호방안 강구
- ❑ 공간확보 및 종보호방안 마련
- ❑ 다양한 비오톱 창출, 유지 관리 방안

생태면적율

- 정의 : 생태면적율이란 공간계획 대상 면적 중에서 자연의 순환기능을 가진 토양 면적비
- 개발로 인해 훼손되기 쉬운 도시공간의 생태적 기능(자연의 순환기능)을 유지 또는 개선할 수 있도록 유도하기 위한 환경계획지표임.
- 생태면적율 공간유형 및 가중치
  - 투수정도에 따라 1.0~0.0까지의 가중치가 주어짐(표 7-10).
  - 공간계획 대상 면적의 생태적 기능을 고려하여 자연지반녹지를 1.0, 콘크리트 포장면을 0으로 하고, 옥상녹화·투수포장 등에 대해 각각의 가중치를 부여하여 산출한 자연순환 기능의 비율임.

비오톱 면적지수

- 비오톱면적지수(biotope area factor)란 토양, 기후, 대기오염정화, 물순환 외에 동식물 서식 등 다양한 기능을 중심으로 토양이 가지는 생태기반으로서의 능력을 지수화한 지표
- 전체토지면적에 대한 생태적 토지의 면적으로 동식물의 서식과 자연관리를 위한 기능에 따라 산출

표 7-10 생태면적율 공간유형 및 가중치

공간유형			가중치	설 명	사 례
1		자연지반녹지	1.0	·자연지반이 손상되지 않은 녹지 ·식물상과 동물상의 발생 잠재력 내재 온전한 토양 및 지하수 함양 기능	·자연지반에 자생한 녹지 ·자연지반과 연속성을 가지는 절성토 지반에 조성된 녹지
2		수공간 (투수기능)	1.0	·자연지반과 연속성을 가지며 지하수 함양 기능을 가지는 수공간	·하천, 연못, 호수 등 자연상태의 수공간 ·지하수 함양 기능을 가지는 인공연못
3		수공간 (차수)	0.7	·지하수 함양 기능이 없는 수공간	·자연지반 위 차수 처리된 수공간 ·인공지반 위 차수 처리된 수공간
4	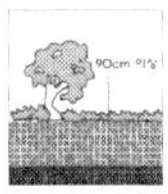	인공지반녹지 ≥ 90cm	0.7	·토심이 90cm 이상인 인공지반 상부 녹지	·지하주차장 상부 녹지 ·지하구조물 상부 녹지
5	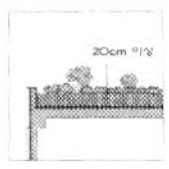	옥상녹화 ≥ 20cm	0.6	·토심이 20cm 이상인 녹화옥상시스템이 적용된 공간	·혼합형 녹화옥상시스템 ·중량형 녹화옥상시스템
6	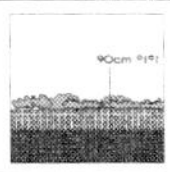	인공지반녹지 < 90cm	0.5	·토심이 90cm 미만인 인공지반 상부 녹지	·지하주차장 상부 녹지 ·지하구조물 상부 녹지
7	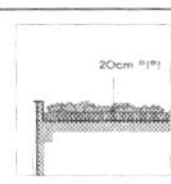	옥상녹화 〈 20cm	0.5	·토심이 20cm 미만인 녹화옥상시스템이 적용된 공간	·저관리 경량형 녹화옥상시스템
8	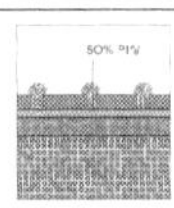	부분포장	0.5	·자연지반과 연속성을 가지며 공기와 물이 투과되는 포장면, 50% 이상 식재면적	·잔디블록, 식생블록 등 ·녹지 위에 목판 또는 판석으로 표면 일부만 포장한 경우
9	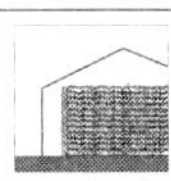	벽면녹화	0.4	·벽면이나 옹벽(담장)의 녹화, 등반형의 경우 최대 10m 높이까지만 산정	·벽면이나 옹벽녹화 공간 ·녹화벽면시스템을 적용한 공간
10		전면 투수포장	0.3	·공기와 물이 투과되는 전면투수 포장면, 식물생장 불가능	·자연지반위에 시공된 마사토, 자갈, 모래포장 등
11		틈새 투수포장	0.2	·포장재의 틈새를 통해 공기와 물이 투과되는 포장면	·틈새를 시공한 바닥 포장 ·사고석 틈새포장 등
12	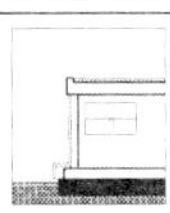	저류·침투시설 연계면	0.2	·지하수 함양을 위한 우수침투시설 또는 저류시설과 연계된 포장면	·침투, 저류시설과 연계된 옥상면 ·침투, 저류시설과 연계된 도로면
13	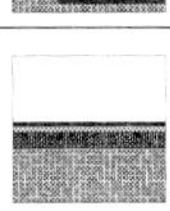	포장면	0.0	·공기와 물이 투과되지 않는 포장, 식물생장이 없음	·인터락킹블록, 콘크리트 아스팔트 포장 ·불투수 기반에 시공된 투수 포장

(환경부, 2005)

2.4 생태도시의 계획

❑ 생태도시는 생태계를 회복하고 자연환경을 보존하며 환경오염을 저감하는데 그치지 않고 한도시의 정치, 경제, 사회, 문화의 전반에 걸쳐 미래세대의 이익을 고려하는 도시임.

2.4.1 계획요소

❑ 우리나라에 적용가능한 한국형 생태도시 계획요소는 문헌 및 사례분석(1단계), 전문가 의식조사(2단계), 연구집담회(3단계) 등 3단계의 연구과정을 거쳐 도출(표 7-11).

1) 중요계획요소

① 토지이용 및 교통·정보통신 분야

- 토지이용의 효율성 : 기존지형 보존, 활용 및 자연에 순응한 구조
- 지역의 수용력 감안한 적정 밀도 개발
- 자원보존 계획 수립, 자전거도로 등 무동력 에너지 교통수단 활성화
- road diet

road diet

- 도로의 차선이나 차로폭을 감축하여 자전거도로를 계획하거나 자동차와 보행자를 완전히 분리시켜 보행인의 안전한 보행을 유도
- 자전거도로와 차도 사이에 경계석과 방호울타리 설치등 차로 폭 감축에 따른 안전사고에 대비한 안전시설도 함께 설치해야 함.

② 생태 및 녹지 분야

- 생태 : 생물 비오톱 조성, 이동통로 조성
- 녹지 : 풍부한 녹지 확보, 네트워크화
- 그린네트워크 구축 및 입면녹화

③ 물과 바람 분야
- 우수의 활용 : 생태적 빗물관리 system
- 환경친화적 생활하수 처리
- 친수공간 조성 : 실개천, 습지
- 바람길 확보 및 풍향을 고려한 계획

④ 에너지 분야
- 화석연료 탄소배출 최소화
- 에너지 절감 유도시설, 에너지 절약시스템 구축
- 대체에너지, 재활용에너지, 신재생에너지 이용 확대

⑤ 환경폐기물 분야
- 자연친화적인 쓰레기 처리 : 4R(reduce, reuse, recycle, recover)

4R (reduce, reuse, recycle, recover)
- 폐기물 감소의 방안으로 제시
  - Reduce(절감), Refuse(재사용), Recycle(재활용), Recover(회수)을 의미함
- 자연환경과 자원은 미래의 후손으로부터 우리가 빌려쓴다는 생각으로 보호하고 보존해야 함.
  - 쓰레기 배출량 줄이기, 버리기 전 한 번 더 생각하기, 철저히 재활용하기
- Reduce(절감) : 말 그대로 폐기물 배출을 최소화하는 것을 말함
  - 제품 기획 단계에서부터 폐기물과 유해물질이 가능하면 적게 나오도록 하는 것
  - 더 적은 자원과 에너지를 사용해서 더 좋은 성능의 제품을 만들게 하는 것

  ex) 커다란 스테레오 라디오로 듣던 음악을 요즘엔 손바닥보다도 작은 MP3로 듣는 것
- Refuse(재사용)
  - 공병보증금 환불 제도
  - 리사이클보다 경제적으로 훨씬 유리
- Recycle(재활용)
  - 맥주병은 보통 10번까지 다시 사용, 깨지면 녹여서 리사이클
- Recover(회수)
  - 회수하여 재활용하는 것
  - 리사이클 보다 훨씬 많은 에너지와 노력이 소모

  ex) 회로기판의 재활용 : 전자기 회로기판은 만드는 동시에 폐기물이 되는 운명이지만 사용 후에는 회수하여 그 속에 들어 있는 미량의 금속을 추출하여 사용

⑥ 어메니티분야
- 도시경관 조성, 문화·여가시설 조성
- 커뮤니티 조성을 통한 주민참여

주민참여

- 이용자(수요자)의 참여는 매우 중요하며 특히 정책수립에 있어 법적으로 여론을 수렴하는 규정이 있는 경우는 이를 간과하면 법적 효력을 상실하게 될 수도 있음.
- 참여방식 구분
  - 직접 참여방법
    - 공모를 통한 아이디어 참여 : 현상공모, 협상에 의한 공모 등
    - 제안사항이 정책으로 반영됨
    - 일반인들의 참여가 어려움
  - 간접적 참여방법
    - 공청회나 사업설명회 등에서 의견개진
    - 대부분의 여론수렴 방법
  - 법률적 여론수렴
    - 공청회, 공람공고
  - 기타 : 전화, 설문지, 세미나, 사업설명회 등

지역이기주의

- 님비(NIMBY) 현상
  - 꼭 필요한 공공시설이지만 자신이 사는 곳에 설치하는 것만은 기피하는 현상
  - '내 뒷마당에서는 안 된다'(not in my backyard)는 말의 약어로, 지역이기주의를 뜻하는 신조어
  - 장애인 시설, 쓰레기 소각장, 하수 처리장, 화장장, 핵폐기물 처리장 등의 공공시설물을 자신들이 사는 지역에 설치하는 것을 반대하는 지역 주민들의 집단 이기주의로 사회적인 문제가 됨.
  - 지역에 대한 애향심과 자기보호를 위한 정당한 행동이라고 볼 수도 있지만 부정적측면이 많이 있으므로 보다 대승적 차원에서 반대운동이 벌어야 할 것임(투명하고 합리적인 절차를 통해 문제를 해결해야 함).
- 바나나(BANANA) 현상
  - 공공정신의 약화현상 즉 '어디에든 아무것도 짓지 마라'(build absolutely nothing anywhere near anybody)는 뜻
  - 각종 환경오염 시설들을 자기가 사는 지역권 내에는 절대 설치하지 못한다는 지역이기주의의 한 현상
- 임피(IMFY) 현상
  - 자기 지역에 이득이 되는 시설을 유치하거나 관할권을 차지하려는 현상(In My Front Yard)
  - 세수원 확보나 지역발전에 영향을 미치는 행정구역 조정, 정수장 관리, 청사유치 등을 위한 적극적 활동을 의미
  - 님비 증후군과 대비되는 용어로 지방자치시대를 맞아 최근 임피현상이 심화되고 있음.

표 7-11 생태도시 건설을 위한 계획요소의 수정 및 보완

<table>
<tr><th colspan="3">구 분</th><th>계 획 지 표</th></tr>
<tr><td rowspan="8">토지이용
·
교통
·
정보통신
분야</td><td rowspan="4">토지이용</td><td>환경친화적인 배치</td><td>· 자연지형 활용
· 지형변동률 최소화
: 완경사지의 선택을 통한 절·성토 면적의 최소화
· 환경친화적인 적정규모 밀도 적용
· 오픈스페이스 확보를 위한 건물배치</td></tr>
<tr><td>적정밀도의 개발</td><td>· 녹지자연도, 생태자연도, 임상등급 등의 고려
· 지역의 용량을 감안한 개발지역 선정</td></tr>
<tr><td>자연자원의 보전</td><td>· 생태적 배후지 보존으로 자정능력의 확보
· 우수한 자연경관의 보전</td></tr>
<tr><td>오픈스페이스 및 녹지조성</td><td>· 도로변, 하천변 및 용도지역간 완충 녹지 설치</td></tr>
<tr><td rowspan="3">교통체계</td><td>보차분리</td><td>· 보행자 전용도로 설치를 통한 보행자
· 전용공간의 확대
· 보행자 공간 네트워크화</td></tr>
<tr><td>자전거이용 활성화</td><td>· 자전거도로 설치</td></tr>
<tr><td>대중교통의 활성화</td><td>· 대중교통 중심의 교통계획(저공해성 중심)
· road diet</td></tr>
<tr><td>정보통신</td><td>정보네크워크를 이용한 도시 및 환경관리</td><td>· 신기술 정보·통신 네트워크 확보를 통한 환경관리 및 도시관리</td></tr>
<tr><td rowspan="2">생태
및
녹지분야</td><td>녹지조성</td><td>그린네트워크를 위한 녹지계획</td><td>· 녹지의 연계성(그린 메트릭스)
· green way 조성
· 풍부한 도시공원·녹지, 도시림 조성</td></tr>
<tr><td>생물과의 공생</td><td>비오톱 조성</td><td>· 생물이동통로 조성
: 에코코리더, 에코브릿지, 녹도와 실개천 등으로 연결
· 생물서식지 확보(습지, 관목숲 등)</td></tr>
<tr><td rowspan="4">물
·
바람분야</td><td rowspan="2">수자원 활용</td><td>우수의 활용</td><td>· 우수저류지 조성
· 투수면적의 최대화</td></tr>
<tr><td>환경친화적 생활하수처리</td><td>· 우·오수의 분리처리</td></tr>
<tr><td>수경관조성</td><td>친수공간 조성</td><td>· 자연형 하천(실개천, 습지 등) 조성</td></tr>
<tr><td>바람길 이용</td><td>바람길 확보</td><td>· 공기순환(오염물질의 농도감소 효과) 및 미기후 조절(도시열섬화 완화)를 위한 바람길 조성</td></tr>
</table>

구	분		계 획 지 표
에너지 분야	자연에너지 이용	청정에너지 이용	· LPG, LNG 사용확대
	재생에너지 이용	지열, 폐기물 소각열, 하천수열 등의 미이용 에너지 이용	· 지역의 재생에너지사용 : 지열, 하천수열, 해수열, 태양열, 풍력
환경 및 폐기물 분야	폐기물 관리	자연친화적 쓰레기 처리	· 쓰레기 분리수거 공간 및 기계시설·분리함 설치 · 4R(reduce, reuse, recycle, recover)
어메니티 분야	경관	도시경관조성	· 시각회랑, 스카이라인의 조절 등
	문화	문화·여가시설 조성	· 문화욕구를 충족시킬 수 있는 문화·여가시설 조성
	주민참여	커뮤니티 조성을 통한 주민참여형	· 주민참여에 의한 지역사회 활동 및 도시관리 유지방안

(이재준 외, 2004)

2) 도시의 공간구조

❑ 분야별 계획요소와 공간구조축의 연계가 중요함.

❑ 도시형태, 도시공간구조와 도시의 지속가능성에는 밀접한 관계가 있음.

① 개발축

- 교통축과 연계하여 개발하여야 함.
- 주변개발 여건을 고려한 개발축 설정 및 추후 확장성도 고려
- 연담화(2개 이상의 도시가 각각 팽창 접근하며 하나의 대도시로 연결되는 현상) 되지 않은 토지이용계획

② 교통축

- 개발축과 장래의 교통수요를 고려하여 설정
- 중심도시 주변은 환상형 교통축으로 구성하여 교통흐름 극대화

③ 녹지축

- 도시 내·외부 녹지축을 고려하여 네트워크화
- 각각의 녹지가 단절되지 않도록 네트워크화 해야 하고 환상형 벨트모양이 이상적 형태임.

2.4.2 계획원리

1) 환경친화적인 토지이용·교통·정보통신망 구축

❑ 친환경적인 토지이용과 교통체계, 정보통신 등의 계획적 고려필요

❑ 친환경적인 토지이용
- 환경친화적인 배치를 위해 자연지형을 최대한 활용하여 지형변동을 최소화
- 오픈스페이스 확보를 위한 건물배치와 적절한 밀도로 계획
- 적정밀도의 개발을 위해 녹지자연도, 생태자연도, 임상등급 등을 고려하여 지역용량을 감안
- 자연자원의 보전을 위해 생태적 배후지 보전 : 자정능력 확보와 우수한 자연경관의 보전요구

❑ 녹색교통체계
- 보차분리를 위한 보행자전용도로 설치 및 보행자공간의 네트워크화
- 자전거도로 설치 및 대중교통의 활성화

❑ 정보통신
- 신기술 정보·통신 네트워크 확보를 통한 환경관리 및 도시관리

2) 자연과 공생할 수 있도록 생태 및 녹지환경을 풍부하게 조성

❑ 도시 내에 생물생존 공간 조성으로 도시생태계 안정 및 양호한 도시환경 조성으로 도시민에게 풍요로운 삶 제공

❑ 생물과의 공생
- 비오톱 조성 : 생물이동통로 조성, 생물서식처 확보

❑ 풍부한 녹지
- 그린네트워크를 위한 녹지계획으로 녹지의 연계성 고려
- 그린 매트릭스 확보, green way, 도시공원·녹지, 도시림 조성

3) 청정환경을 위한 물과 바람을 조절하고 활용

❑ 수자원조절과 활용 : 우수저류지 확보, 투수면적 최대화로 물의 재활용

❑ 환경친화적인 생활하수처리 : 우·오수의 분리

❑ 친수환경 확보 : 자연형 하천 조성

❑ 바람길 확보 : 공기순환 및 도심열섬화 완화

물순환

① 개념

・지상에 내린 비나 눈의 일부는 지하로 침투·보수되어 토양수나 지하수가 되고 지하에 침투되지 못한 물은 하천으로 유출됨.

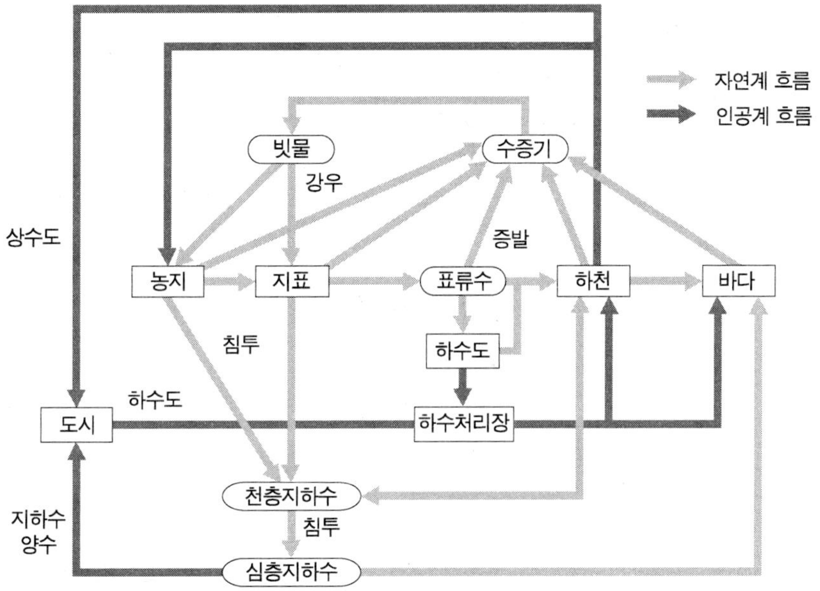

그림 7-16 도시의 물순화개념(조현길 등, 2008)

② 도시화와 물순환 문제

・불투수면, 홍수피해 증가
・수자원확보의 어려움
・수질오염
・하천유량 감소 및 건천화
・열섬화 현상 및 생태계의 변화

③ 물순환 구축의 목표

・사회기능을 지속가능하게 안전하게 유지하면서 환경과 공생하고 물과 시민이 친밀한 관계를 유지할 수 있는 건전한 물순환시스템 구축

④ 우수재활용(빗물관리)

・분산식 빗물관리 시스템
  - 지역 내에서 발생하는 유출수를 빗물이용, 침투, 저류시설 등을 이용하여 현지에서 처리하는 방식
  - 활용목적에 따라 전처리, 이용, 침투시설을 조합하여 계획

- 자연적인 물순환체계를 우선적으로 도모 : 최대한 자연적인 증발산, 침투, 저류가 일어나도록 계획으로 침투, 증발량을 늘여 유출수를 줄이는 개념임.

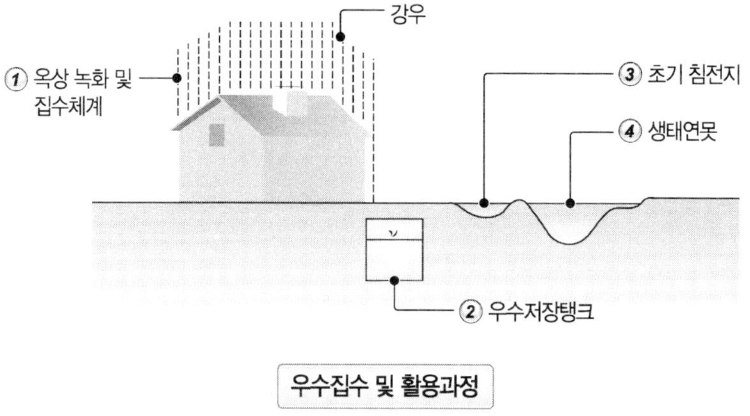

그림 7-17 우수집수 및 활용과정

4) 친환경도시를 위한 자연 및 재생에너지 이용

- ❑ 청정에너지 이용 : LPG, LNG 이용 확대
- ❑ 재생에너지 이용 : 지열, 하천수열, 해수열, 태양열, 풍력 등의 자연에너지 이용
- ❑ 도시계획 및 건축계획단계에서부터 단계별 적용방안 검토 필요

5) 청정환경을 위한 적극적인 폐기물 관리

- ❑ 자연친화적인 쓰레기처리 : 쓰레기분리 수거 공간 및 기계시설, 분리함 설치

6) 어메니티 확보를 위한 경관 및 문화시설 조성

- ❑ 경관측면 : 시각회랑, 스카이라인 조절
- ❑ 문화욕구를 충족할 수 있는 문화·여가시설 조성
- ❑ 커뮤니티조성을 통한 주민참여 : 주민참여에 의한 지역사회 활동 및 도시 유지관리

2.4.3 설계원리

❏ 생태도시의 세부 설계원리는 친환경적인 공원녹지 설계원리, 다양성증진 설계원리, 바람통로 및 미기후 개선방안으로 구분(표 7-12)

표 7-12 생태도시 환경성 제고를 위한 세부 설계원리

구분		계획지표
공원·녹지	공원녹지 확충을 통한 환경성 확보방안	택지개발사업지구내 적정 공원녹지 확충면적
		기존녹지 보전으로 생태거점 및 녹색쐐기로 활용
	환경친화적인 생활권 공원녹지 조성기법	소공원 등 생활권 공원강화
		공동채원(텃밭 등) 조성을 통한 커뮤니티공간 제공
	친환경적인 메트릭스 시스템 구축	녹지축의 보전과 연계를 통한 택지내외부 생태계 연결
		녹도를 연계한 격자형 그린매트릭스 구축
생물 다양성	생물서식처 조성기법	곤충 및 소동물 서식처 등의 비오톱 조성방안
		핵, 거점, 디딤돌 등의 거점 생물서식공간 조성방안
	생물이동통로 조성기법	선형통로에 의한 생물이동통로 조성방안
		입체형 통로에 의한 생물이동통로 조성
	수순환체계 계획기법	건천형 실개천을 이용한 친수환경의 조성
		우수침투 및 저류시스템의 조성
바람통로 및 미기후	개발계획단계에서 바람통로 확보방안	기후지도 작성과 중심부 바람통로 확보
		공기댐과 택지의 연결요소 조성 및 간격유지
	바람의 이동통로를 고려한 배치기법	주풍향을 고려한 건물배치와 바람통로 확보를 위한 인동간격
		바람통로를 이용한 직접적 자연환기공간 조성
	미기후 및 국지기후 개선방안	녹지네트워크와 바람통로의 연계
		인위적 공기댐 조성

(조현길 등, 2008)

2.4.4 조성방안

1) 한국의 생태도시계획

❏ 친환경적인 생태도시 구상이라기 보다는 환경기초시설 정비 차원에 중점을 두고 있으며 최근 신도시 개발에서는 녹지 및 환경친화적인 교통계획 수립이 고려되고 있음.

❑ 하지만 아직도 자연생태계가 지니는 다양성, 자립성, 순환성 등에 대한 고려가 미흡

2) 생태도시 조성방안

❑ 한국의 생태도시에 적합한 개발원칙을 첫째 장기적인 고려의 원칙, 둘째 미래세대와 공유의 원칙, 셋째 환경과 인간의 조화의 원칙으로 제시

① 도시산업과 도시환경의 조화

- 도시 내 독자적인 산업적 기반을 육성하고 이것이 기존의 도시환경과 조화를 이루도록 해야 함.
  - 이를 통해 도시의 자립성이 보장됨.
- 지역산업의 형성은 지역의 특성을 반영하고 지역주민 스스로의 힘을 통해 추진되어야 함.

② 기존 도시계획과 생태도시계획과의 연계

- 생태적으로 건전하고 지속가능한 도시조성을 위해서는 기존의 도시와 생태도시와의 실효성 있는 연계체계와 법제화가 필요
  - 현재의 도시계획은 아직도 환경보다는 경제, 보존보다는 개발위주의 계획임.
- 생태도시의 모형개발과 정보화체계구축 및 법제화 등으로 기존의 도시계획의 틀 속에 생태도시 조성을 위한 방안들이 반영되어야 함.

③ 도시재정의 확충

- 생태도시의 추진을 위해서 도시재정확보하고 확충하는 방안수립 및 효율적으로 운영해야 함.
- 참여기업에 인센티브부여, 융자와 세제혜택 등으로 민간기업의 참여유도 필요

④ 생태도시 첨단기법 연구개발

- 하드웨어와 소프트웨어 측면에서 기법을 연구하여 총체적인 체계로 적정화하는 노력필요

- 우리나라 도시여건과 기술수준 등을 고려하여 실제로 적용할 수 있는 기술 연구 필요

⑤ 지방자치단체의 역할 및 기능분담
- 생태도시 추진주체는 해당 지자체이므로 새로운 시책개념을 확산시키기 위해서는 중앙정부 차원에서 지원하는 방안이 필요
- 중앙정부와 지자체의 역할과 기능분담에 대한 연구·검토가 필요하고 이를 토대로 우리나라 실정에 맞는 추진방법 모색

⑥ 지방의 전통적 문화유산과 공동체성의 회복
- 전통문화를 단순히 복원하는 것이 아니라 재창조방안 수립 필요
- 지역특수성을 고려하여 시민들의 복지와 삶의 질을 고양시키는 동시에 공동체 문화를 이룩해야 함.

⑦ 지속적인 개발을 위한 지표체계의 수립
- 도시환경문제 해결을 위해 정보화체계 구축을 통해 근본적 해결을 방안 모색
- 각 요소별 지표를 사용하여 도시, 커뮤니티, 주거수준의 환경에 대한 실태분석 및 전체적인 도시환경의 질을 지속적으로 검토

⑧ 시민참여의 효과적인 수단 개발
- 교육과 홍보를 통해 자발적인 도시환경운동이 활발하게 진행되도록 함.
- 대화와 참여가 보장되는 제도적 절차와 관행, 합리적 의사가 형성되고 발전되는 분위기 조성

3) 생태도시 조성을 위한 개선방안

① 정책적 개선방안
- 환경친화적인 생태도시의 건설정책방향 확립
- 환경친화적인 생태도시조성 추진체계 구축
- 기본적인 정책수단들의 강구

② 제도적 개선방안
- 환경기본조례의 제정

· 기존의 관련법령 · 제도의 개선

③ 기술적 개선방안

· 환경친화적 설계 및 시공기술 개발

· 환경친화적 건설기술 및 수행지침 개발 · 보급

· 대국민 홍보 및 이해

2.4.5 관련용어 정리

1) 생태마을

① 정의

· 자연환경보전법상

- 생태적으로 기능이 수려한 자연경관을 보유한 지역으로 이를 지속가능하게 보전 · 이용할 수 있는 역량을 지닌 마을

· 개념적 정의

- 자연과 환경이 조화를 이루면서 자원을 활용, 물질순환적 생태적 생활공간동체와 친환경농업을 통한 경제공동체로서 이를 지속적으로 이어갈 역량을 지닌 마을임.

② 지정기준

· 자연환경보전법에 의거 지정요건 등이 명시되어 있으며 환경부를 위주로 전국의 우수생태마을 지정, 농촌관광 등을 통해 활성화하고 있음.

· 자연환경보전법

- 생태 · 경관보전지역안의 마을

- 생태 · 경관보전지역 밖의 마을로 생태적 기능과 수려한 자연경관을 보유하고 있는 마을

· 지정시 우선적으로 고려사항

- 공공시설 등 당해 지역주민을 위한 편의시설의 설치

- 주민소득증대 방안 우선적 강구

③ 생태마을의 실현을 위한 실천목표

· 정부와 지자체 부처간 협조

- 범위의 확대 : 현재마을 단위에서 지역적 범위로 확대
- 생태마을 육성 시스템 개발 : 실질적인 프로그램 위주의 개발
- 지역주민의 참여확대

2) 녹색관광(green tourism)

① 개념

- 녹색관광이란 자연경관이 우수한 농촌지역에서 머물러 여가를 보내고 농촌생활을 체험하면서 전원생활을 즐기는 것임.
- 유사개념
  - 지속가능한 관광 : 자연환경 보전이라는 원칙아래 관광의 질이 다음세대까지도 이어질 수 있는 범위 내에서 현세대의 관광을 허용함.
  - 생태관광 : 생태적으로 가치가 있는 장소나 동식물의 서식지로 직접 방문하는 것으로 생태적으로 민감한 지역으로 자연환경보호가 우선되어야 함.

② 녹색관광의 주요사업내용

- 민박 : 농촌 주택이용
- 팬션 : 농지, 산지에 연계되어 지어진 소규모 고급 민박시설
- 관광농원 : 자연자원, 농림수산의 기반을 통한 생산물 판매 등
- 농어촌휴양지 : 농어촌의 쾌적한 자연환경과 농어촌특산물을 활용하고 농어촌전시관, 농산물판매장, 학습관, 숙박시설을 갖춘 종합관광지
- 휴양림 : 아름다운 산림의 우수자원을 파괴하지 않고 산림경영을 통해 국민보건, 휴식증진을 위한 휴양시설, 삼림욕장, 자연체험장 조성

③ 유사개념

- 지속가능한 관광
  - 자연환경보전이라는 원칙아래 관광의 질이 다음세대까지도 이어질 수 있는 범위 내에서 현세대 관광을 허용함.
  - 지역주민의 이익과 관광객의 체험을 중시하나 환경적지속가능성을 우선으로 하는 경제적지속성 추구
- 생태관광(ecotourism)
  - 생태적으로 가치가 있는 장소나 동식물의 서식지로 직접 방문하여 관광

및 생태학습 등의 여가생활을 즐김.

- 생태적으로 민감한 지역으로 자연환경보호가 우선되어야 함.

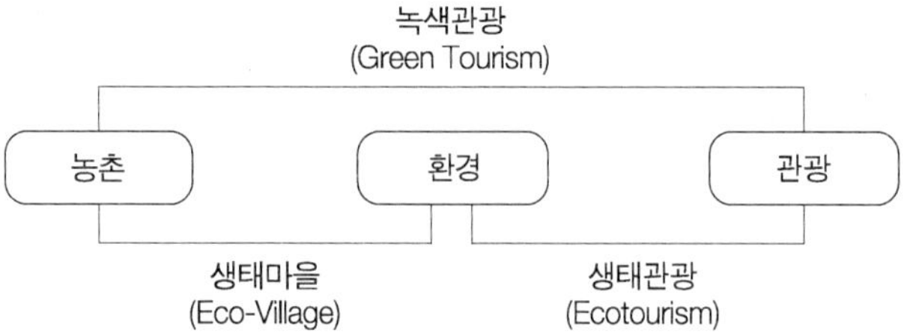

그림 7-18 녹색관광의 개념

3) 농촌 어메니티

① 정의

- OECD의 정의
  - 단순히 쾌적한 환경이라는 의미보다 농촌지역의 사회구성원들에게 사회적, 경제적 가치를 제증하는 농촌지역의 유형, 무형의 자원 즉 농촌에 존재하는 특징적인 공간 및 공동체 구성요소들의 총칭이라 함.
- 국내 정의
  - 농촌다움(농업, 전통성, 공동체문화), 경관미(취락형태, 자연친화성, 시지각현상), 정주편리성(접근성, 편익성, 여가활동) 등 다차원적 가치를 지닌 농촌환경의 속성이나 감정적 인식을 나타내 내는 것이라 정의(조순재, 2003)
  - 사람들에게 휴양적 심미적 가치를 제공해주는 농촌에 존재하는 특징적인 모습들을 총칭하는 용어(오현석, 2000)
  - 농촌 주민이나 방문객이 느끼는 환경 자체가 자신에게 적합하고 쾌적한 환경이 되도록 이들의 의식과 욕구, 가치에 맞추어 농촌자원을 개발, 정비, 창출하려는 일련의 물리적 계획과 프로그램계획을 총칭함(박창석, 2002).
- 농촌 어메니티는 향후 휴양 및 관광자원으로서 산업적 활용가치가 매우 높은 경제적 자산이므로 체계적인 관리를 통해 농촌지역의 경제를 활성화시키고 국토의 균형발전에 기여할 수 있음.

읽을 거리

전통마을의 환경친화성

- 우리의 전통마을은 인간을 자연의 일부로 받아들이고 자연과 조화를 이루는 삶 즉 자연에 순응하면서 필요에 따라 그것을 보완하면서 거주공간을 형성하였다. 이 전통마을이 바로 생태도시의 출발이며 전통마을의 환경친화성은 자연을 존중하고 조화를 이루면서 살아온 "옛사람들의 삶" 그 안에 있는 것들이다.
- 전통마을의 환경친화성
  - 토지이용상의 지속성 확보
    - 배산임수, 장풍득수 등 풍수지리를 고려한 입지선정
    - 자연순응형 개발과 지속가능한 주거밀도 유지
  - 에너지의 효율적 이용도모
    - 향을 고려하고 자연소재를 원료로 한 주택건축
    - 마을에 바람길을 조성하고 미기후 조절
  - 자원이용의 순환성 확보
    - 수자원 재활용, 하수의 자연정화, 유기성 폐기물의 퇴비화 등 자원순환과 재활용 도모
  - 환경의 지속성
    - 주변 자연을 마을 경계로 활용
    - 비오톱조성
    - 녹지 네트워크 구축
    - 생태적 식재
- 이러한 전통마을의 환경친화성은 지속가능한 생태도시 전략과 일맥상통하고 오늘날의 생태도시는 녹색교통의 개념이 추가되었다고 볼 수 있다. 전통마을의 조성된 과정을 볼 때 이러한 환경친화성은 인위적인 작용을 완전히 배제함으로써 얻어진 것이 아니라 주민들이 자연환경을 장기간에 걸쳐 적절하게 조정함으로써 이뤄낸 결과이다.

  ⇒ "자연을 존중하고 조화를 이루며 인간과 자연이 공존하는 공동체"

chapter **8**

생태복원공학

1. 생태복원 개념과 유형
2. 복원생태학 이론
3. 생태복원의 과정
4. 생태기반환경의 복원
5. 식생 복원
6. 야생동물 서식처 복원
7. 생태계 복원
8. 매립지 복원

1. 생태복원 개념과 유형

1.1 생태복원이란?

- ❏ 자연적이거나 인위적으로 훼손된 생태계를 원래의 상태나 원래의 상태에 가깝도록 생태계의 구조와 기능을 조성해 주어 생물서식처 및 생물종을 증진시키고자 하는 환경 기술
- ❏ 생태적 건강성의 재생과 유지(국제생태복원학회)

1.2 생태복원의 단계와 유형

- ❏ 외부의 영향에 의한 변화의 정도와 현재의 조건 등에 따라 여러 가지 유형과 단계로 구분
  - · 복원(restoration) : 훼손되기 이전의 상태로 되돌리는 것, 교란 이전의 원 생태계의 구조와 기능을 회복하는 것으로 시간과 비용이 많이 소요되어 쉽지 않음.

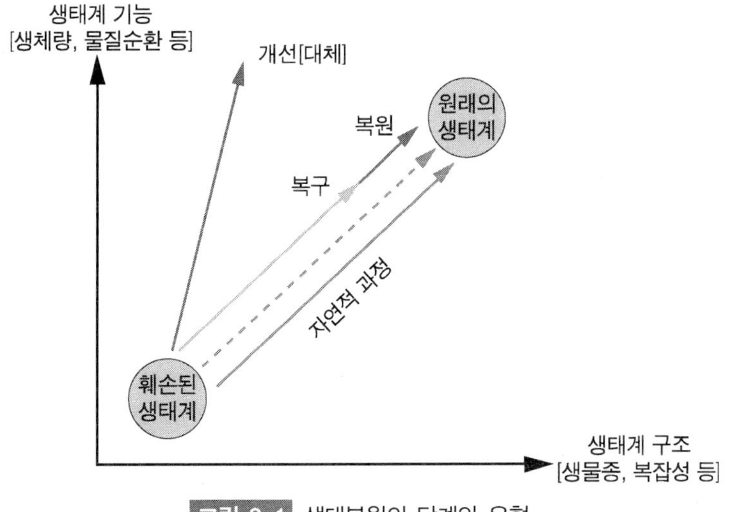

그림 8-1 생태복원의 단계와 유형
(Bradshaw, 1984; Krystyna M. Urbanska et al., 1997.)

08 조사방법론 생태복원공학과

· 복구(rehabilitation) : 완벽한 복원이 아니라 원래의 자연 생태계와 유사한 수준으로 회복하는 것
· 대체(replacement) : 원래의 생태계와는 다른 구조를 갖는 동등 이상의 생태계로 조성하는 것으로 구조에 있어서는 간단할 수 있지만 보다 생산적일 수 있음.
· 방치(neglect) 또는 자연적 과정(natural processes) : 훼손된 생태계를 그대로 둘 경우에 해당하는 것으로 생태계의 자체적인 회복력에 의해서 서서히 원래의 생태계로 회복되어 가도록 유도하는 기법
· 적극적 복원 기법 : 복원, 복구, 대체
· 소극적 복원 기법 : 방치(자연적 과정)

1.3 생태복원의 대상

❑ 완전히 훼손되어 황폐해진 지역부터 인간의 간섭을 제한하는 관리 등으로 매우 광범위함.

1.3.1 서식처 복원

❑ 훼손되거나 황폐화된 지역의 기존 생물과 야생동물 서식처를 회복
❑ 오염된 지역에 있어서 야생동물의 가치를 높여주거나, 변화된 지역에 대해서 자생종과 변화 이전에 서식한 생물종의 서식처를 창출
· 생태계, 유역 또는 경관 복원
· 개별적인 생물종의 복원
· 습지 복원 및 조성
· 광산, 비탈면, 훼손지 복원
· 산림, 초지, 수생생태계 복원

1.3.2 생물종 복원

❑ 멸종위기에 처한 생물종 및 인공증식이 필요한 생물종

1) 생물종 복원의 방법

- ❑ 재도입(Re-introduction) : 멸절되었거나 멸종된 종을 그 종의 역사적인 서식 범위 내에서 다시 정착시키려는 시도
- ❑ 재확립(Re-establishment) : 재도입과 동의어이지만 재도입이 성공적이었다는 의미를 내포하며, 지리산 반달곰 복원 사업이 대표적인 예
- ❑ 이입(Translocation) : 야생 개체나 개체군을 그 서식범위 내의 한 부분에서 다른 부분으로 의도적이고 인위적으로 이동시키려는 시도로서 월악산 및 설악산 등의 산양 복원 사업이 대표적인 예
- ❑ 재강화/보충(Re-inforcement/Supplementation) : 기존의 동종 개체군에 개체를 보완하려는 시도
- ❑ 보전적/온화한 도입(Conservation/Benign introduction) : 특정 종의 기록된 분포지역은 아니지만 서식지와 생태지리적 조건을 갖춘 지역 내에 그 종을 정착시키려는 노력. 이는 해당 종의 보전을 목적으로 하며, 그 종의 역사적 분포지역 내에 서식지가 전혀 남아 있을 않을 때만 보전 방법으로 타당성을 가질 수 있음.

2. 복원생태학 이론

2.1 자기설계적 복원과 설계 복원

- ❑ 자기설계적 복원과 설계복원을 구분하는 요소는 식재의 인위적인 도입 여부에 따라 판단

2.1.1 자기설계적 복원(Self-design Restoration)

- ❑ 자기설계적 복원은 복원의 관점에서 본 것으로 시간이 흐르면서 복원된 지역이 갖추어지고 결국에는 공학적인 요소들을 변경시킨다는 개념
- ❑ 생태계 수준(ecosystem-level)에 따라 해당 생태계의 능력과 잠재력을 강조, 충분한 시간의 제공을 통해 공학적 요소들의 자가적 조성 능력에 기반을 둔 접근 방법
- ❑ 수동적 복원이라고 할 수 있음.

2.1.2 설계 복원(Design Restoration)

- ❑ 고정된 목표점이 없이 천이의 과정을 존중하여 식물의 생활사에 초점을 둔 접근으로 고정된 목표점이 없이 복원지역의 유형을 직접적으로 창출해 내기 위한 공학적인 식재 전략을 선호
- ❑ 폐고속도로의 복원을 예로 들면, 도로의 아스팔트나 콘크리트 포장만 제거하고 그 후 식생은 자연스럽게 들어와 정착하게 두는 것은 자기설계적 복원이며, 포장 제거 후 교목이나 관목을 식재하는 것은 설계 복원에 해당
- ❑ 능동적 복원이라고 할 수 있음.

2.2 산림지리생태 이론

- ❑ 환경적 요소(토양, 지형, 식생, 기후)를 포함하고, 이들의 상호작용을 통한 특징적인 생태 패턴의 생성을 연구

2.3 천이 이론

2.3.1 천이의 개념

- ❑ 생태천이 : 시간의 흐름에 따른 종조성 및 구조와 같은 생물 공동체의 변화
- ❑ 식생천이 : 시간의 흐름에 따른 식물 군집의 변화
- ❑ 일·이차 천이의 개념보다 독립영양·종속영양 천이에 비중을 둠
- ❑ 천이과정 예시 : 폐도의 복구 과정

폐고속도로 복구 개념도 : 시간적 변화를 고려한 복구계획

2.3.2 천이의 종류

1) 1차 천이

- ❑ 화산분화지와 같이 토양층이 없고, 식생도 존재하지 않는 상태에서 시작하는 천이
- ❑ 위와 같은 지반에서는 포자 등과 같이 보다 비산능력이 높은 산포체를 지닌 지의류나 이끼식물 등에 의해 서서히 천이가 진행

2) 2차 천이

- ❑ 산림 벌채지와 같이 식생만이 사라진 상태에서 시작하는 천이
- ❑ 토양이 보전되어 있어 매토종자 및 잔존 뿌리의 맹아에 의해 천이가 진행

2.3.3 천이의 응용

❑ 복원을 위한 식재 설계 기법의 마련 및 전략을 도출

2.3.4 천이의 결과

❑ 서식처 구성종의 변화로 인한 생활형 및 층위구조의 변화
❑ 서식처 내 야생동물의 수 증가

표 8-1 자생적 독립영양 천이 유형(이도원 등, 1995(원전 : Odum, 1969))

생태계 특징	생태계 발달에 따라 나타나는 경향 초기단계 ⇒ 극상 미숙 ⇒ 성숙 성장단계 ⇒ 안정상태
	군집구조
생물종의 구성	처음에는 빠르게, 차차 느리게 변화된다.
개체의 크기	커지는 경향
종의 다양성	처음에는 증가, 개체의 크기가 증가함에 따라 성숙된 단계에서는 안정되거나 감소한다.
총생물량	증가한다.
비생물적 유기물질	증가한다.

2.4 생태계의 안정성

❑ 저항 안정성 : 생태계가 외부의 변화에 저항하여 그 구조와 기능을 유지하는 능력
  예 극심한 저온 가뭄시 초본류보다 수목의 저항 안정성이 큼
❑ 탄력 안정성 : 생태계가 외부의 변화에 혼란되었을 때, 원상태로 회복할 수 있는 능력
  예 태풍에 의한 피해시 초지생태계가 산림생태계에 비해 탄력 안정성이 큼

2.5 환경포텐셜(잠재력)

2.5.1 환경포텐셜의 개념

❑ 현재는 존재하고 있지 않으나, 발견될 가능성이 있는 힘 또는 물체

2.5.2 환경포텐셜의 종류

❑ 입지포텐셜 : 기후, 지형, 토양, 수환경 등의 토지적 조건이 특정 생태계의 성립에 영향을 미칠 가능성
❑ 종의 공급 포텐셜 : 식물의 종자나 동물의 개체 등이 다른 곳으로부터 공급될 가능성
❑ 종간 관계의 포텐셜 : 포식관계나 경쟁관계 등 생물간 상호작용을 형성하는 종간관계가 성립할 가능성
❑ 천이의 포텐셜 : 생태계의 시간적 변화가 어떠한 변화 과정, 변화 속도, 변화 결과를 나타낼 것인가에 대한 가능성으로 입지·종의 공급·종간 관계 포텐셜에 의해 결정

2.5.3 환경포텐셜의 평가

❑ 종의 서식이나 생태계의 성립 가능성을 진단하고, 예측하는 행위

1) 평가의 역할

❑ 종의 서식지나 생태계를 복원시 적절한 후보지의 선정, 목표의 설정이 가능

2) 평가와 공간 규모

❑ 거시적 스케일 : 면적(100～1,000km^2), 지도축적(1/50,000～1/10,000)
❑ 중간 스케일 : 면적(10～100km^2), 지도축적(1/10,000～1/5,000)
❑ 미시적 스케일 : 면적(100ha 이하), 지도축적(1/5,000 이상)

3) 환경포텐셜 종류별 평가

① 입지포텐셜의 평가

- 지형, 토양, 물환경 등의 조사·분석에 의거, 종의 서식/식생 및 생태계의 성립 가능성을 진단

② 종의 공급 포텐셜의 평가

- 종급 공급원과 공급처의 공간적 관계, 종의 이동력에 의해서 결정
- 실험적 서식지를 조성 후, 그 곳에 출현하는 종의 조성을 조사하여 진단
- 매토종자 : 토양 속에 휴면상태로 생존하는 종자로서 그 수명은 식물의 생활형에 따라 결정됨. 매토종자 집단은 식물 군락의 성립 가능성을 알기 위해 중요
  - 계절적 매토종자 : 수명이 1년 미만인 것
  - 영속적 매토종자 : 수명이 1년 이상인 것

2.6 생물학적 침입

2.6.1 생물학적 침입의 개념

❑ 인위적 요인의 개제에 의해 이입종이 본래의 분포역이 아닌 생태계 내에 침입·정착하는 것으로 국가간의 생물종 이동뿐만 아니라 지역간의 생물종 이동도 포함.

❑ 생물학적 침입은 인위적인 이입종의 반입과 생태계로의 정착이라는 두 가지 요소가 성립해야 함.

❑ 생태적 지위에 빈틈이 많은 도시생태계나 도서생태계에서 많이 발생

2.6.2 생물학적 침입의 메커니즘

1) 생물학적 침입의 요인

❑ 인위에 의한 종의 반입(침입종), 생태계로의 정착

2) 침입종의 활동

- ❑ 재래종의 강력한 천적화
- ❑ 재래종의 먹이 및 서식장소의 탈취, 생태적 지위의 획득
- ❑ 유전적 교란

2.6.3 생물학적 침입에 대한 대책(식물)

1) 이입 기회의 억제

- ❑ 녹화공사시 재래종 사용, 이입종의 사용에 대한 사전 종합평가 실시

2) 정착 가능한 환경의 미조성

- ❑ 수림대의 조성이나 습한 환경을 조성

3) 침입종의 효과적 제거

- ❑ 원인이 되는 개체군 제거 및 매토종자의 집단 고갈
- ❑ 재래종에 악영향이 예상되는 종을 우선순위 제거

2.6.4 생물학적 침입에 대한 대책(동물)

1) 포획 제거

- ❑ 국소개체군에 해당, 전부 포획 후 제거

2) 생물학적 침입에 대한 사전 예방

3. 생태복원의 과정

3.1 생태복원을 위한 조사 및 분석

3.1.1 생태복원을 위한 조사방법론

1) 지역적 맥락의 조사 및 분석

- ❑ 선행 관련 계획의 조사, 지역차원에서의 생태적 목표의 달성 방향, 생태복원을 위한 필요 정책 요건의 조사
- ❑ 생태적 측면에서 광역적 맥락을 조사함으로써 생태네트워크의 구축 방향, 대상지와 생태네트워크 실현 가능성의 분석

2) 역사적 기록의 조사 및 분석

- ❑ 훼손되기 이전의 환경조건을 알 수 있는 자료 및 정보의 수집 분석
- ❑ 과거의 지형도, 토양도, 임상도, 항공사진, 인공위성 영상, 지역주민 등의 조사 및 분석 방법 활용
- ❑ 옛날의 기록을 찾는 방법(생태적 측면 - 퇴적토에 있는 과거 기록을 찾는 방법)
  - · 고육수학 : 물속에 들어있는 물에서 사는 생물들을 주로 대상으로 하는 것
  - · 고생태학 : 물속에 있는 것뿐만 아니라 육상으로 날아간 꽃가루 또는 퇴적될 때 들어오는 토양, 그 다음 떠내려 온 물질들까지 같이 고려하는 것
  - · 고생물학 : 화석과 같이 큰 것들을 중심으로 하는 것

3) 생태기반환경과 생태환경의 조사 및 분석

- ❑ 지형 · 토양, 수리 · 수문, 기상 등의 생태기반환경과 시식처(비오톱), 식물상, 동물상 등 생태환경의 조사 및 분석
- ❑ 생태기반환경과 생태환경과의 상호 관련성 분석

4) 부착조류 조사

① 부착조류의 개요

- 부착 조류(藻類, algae)는 환경 조건이 극히 좋지 않은 유기 오탁 수역에서 많이 서식하며, 각 종별 상대빈도치의 신뢰도가 높아 오염 지표로서의 활용 가능성이 높음.

② 조사방법

- 채집을 통해서 조사하는데, 정량 분석을 위해 우선, 조사 지점의 수심 10~30cm에 있는 돌 중에서 그 정점의 가장 보편적인 상태를 지니고 있는 것으로 추정되는 지름 10~20cm의 돌을 여러 개 선정
- 이 후 돌 표면에 5cm×5cm의 방형구로 경계선을 그은 후 경계선 밖의 부착 조류는 모두 긁어서 제거하고, 안쪽의 것을 부드러운 솔로 긁어 병에 넣음
- 이후 실험실에서 5% 포르말린 요액으로 고정한 후 현미경을 이용해서 종을 동정(김재근 등, 2004)
- 정성적인 분석을 위해서는 주위 암반과 저질에 서식하고 있는 생물들을 관찰되는 대로 채집하여 분포 생물상을 조사
- 채집한 시료는 현장에서 10% 중성 포르말린으로 고정한 후, 실험실로 운반하여 동정과 분류 및 계측(김재근 등, 2004)

5) 저서성대형무척추동물조사

① 저서성대형무척추동물의 개요

- 물의 바닥에서 생활하는 생물종을 일컫는 말로 육안으로 확인 가능한 크기(size). 선충류, 환형동물, 연체동물, 절지동물 등으로 다슬기류, 논우렁이, 물달팽이 등이 이에 해당
- 생태계의 1차 또는 2차 소비자로 고차 소비자의 먹이원이 됨과 동시에 먹이사슬에 있어 중요한 구성원
- 최근 저서성대형무척추동물 등의 지표성에 대한 연구가 활발히 일어나면서, 하천 및 습지의 물리적인 환경 및 수질 변화에 민감하게 반응하는 분류군이 많고, 수질 상태에 따라 출현하는 종이 다르게 나타나기 때문에 생물학적 수환경 평가를 위한 기준이 됨.

표 8-2 저서성대형무척추동물의 구분

구분	문(Phylum)	강(Class)	예
비곤충류	편형동물문	와충강	플라나리아 등
	유선형동물문	연가시강	연가시 등
	연체동물문	복족강	논우렁이, 물달팽이, 다슬기 등
		이매패강	민물담치, 말조개, 재첩 등
	환형동물문	빈모강	실지렁이 등
		거머리강	넓적거머리류, 참거머리 등
	절지동물문	갑각강	옆새우, 가재, 새우 등
곤충류		곤충강	하루살이목, 잠자리목, 강도래목, 노린재목, 파리목 등

② 조사 기간 및 시기

- 4계절 조사가 원칙이지만, 서식환경의 변화가 적은 봄과 가을에 실시하면 비교적 좋은 결과를 얻을 수 있음.
- 생물군집에 직접적인 영향을 주는 폭우 또는 집중호우가 있을 경우 약 10~20일 이후에 현장조사를 실시

③ 조사 방법

- 복원 대상지와 가장 근접한 연구 자료를 통해 지역에 서식하는 종에 대한 기초 자료를 확보하고 채집, 동정, 사진촬영 등을 통한 현지 조사를 실시
- 출현 종수, 출현 개체 수 및 군집지수 등의 분석에는 정량 채집된 자료만을 사용하고, 각 현장조사 결과를 종합한 후 목록을 작성
- 채집은 족대(망목 3×3mm), 뜰채(망목 0.4×0.4mm)와 정량채집망(25×25cm, 망목 0.4×0.4mm)을 사용하여 각 지점별로 정량채집과 정성채집을 실시
- 채집된 수서성 무척추동물류는 500ml 플라스틱 용기에 담아 현지에서 95% 에탄올에 고정하고, 2일 후에 80% 에탄올에 고정
- 이후 실험실에서 현미경하에서 종류별로 동정하며, 특히 곤충류 중 현재로서 한국산 종의 동정 매뉴얼이 완성되어 있지 않는 분류군의 경우 외부 형태, 특히 체장, 체색 등의 특징을 고려하여 아과 수준에서 동정
- 출현 종수, 출현 개체수 및 군집지수 등의 분석에는 정량 채집된 자료만을 사용하고, 각 표준 지소의 현장조사 결과를 종합한 후, 한국곤충명집(1994)과 한국동물명집(1997)을 기준으로 그 목록을 작성

3.1.2 자연환경복원을 위한 원칙, 과정 및 고려사항

1) 자연환경복원의 원칙

① 대상지역의 생태적 특성을 존중하여 복원 계획을 수립, 시행
② 각 입지별로 유일한 생태적 특성을 인식하여 복원 계획 수립시 반영
③ 다른 지역과 차별화되는 자연적 특성, 적용하는 복원 효과를 잘 검증할 수 있는 우선순위 지역을 선정
④ 적은 유지 비용과 생태적으로 지속가능한 복원 방안 모색
⑤ 도입되는 식생은 가능한 고유 식생을 우선적으로 사용하며, 생태계의 스스로 유지되는 성질의 회복에 중점

2) 자연환경복원을 위한 과정

① 대상지역의 여건 분석
- 주변지역과 대상지역의 기존 계획 파악, 대상지역의 자연, 문화적 특성은 광역적 맥락의 연계성을 파악, 복원을 위한 필요 정책 요건 도출
- 특히, 생태네트워크 관점에서 대상지역이 입지하고 있는 특성을 파악하고, 복원을 통해서 달성하고자 하는 목표 확립

② 부지 현황 조사 및 평가
- 생태계 구조와 기능의 파악, 인간의 접근과 영향, 생태계의 중요성 평가 등

③ 복원 목적의 설정
- 생태복원 사업의 성공과 실패에 대한 평가는 복원의 목표에 따라 결정, 일반적 고려사항, 현재 조건의 시사성, 복원의 기회요소와 장점 수립, 현실성 있는 복원 목표의 수립 등 4단계를 거침.

④ 세부 복원 계획의 작성
- 복원지역의 물리적 배치, 중요 서식처 보호, 훼손된 서식처의 복원을 위한 세부 복원 계획의 작성

⑤ 시행, 관리, 모니터링의 실시
- 복원 계획의 수행(시공), 관리 계획 수립, 모니터링

단계	내용
1단계	▶ 대상지역의 여건 분석 · 주변지역과 대상지역에 관한 기존 계획의 파악 · 대상지역의 자연, 문화적 특성은 광역적 자연성 맥락의 연계성 파악 · 복원을 위한 필요 정책 요건의 도출
2단계	▶ 부지 현황 조사 및 평가 · 생태계 구조와 기능의 파악 - 주변지역 생태계 유형 - 인접지역의 서식처 - 대상지 물리적 조건 : 지형, 토양유형, 배수특성 - 서식처 형태, 특성, 조건 - 접근도로, 인공구조물과 인간의 이용 · 인간의 접근과 영향 · 생태계의 중요성 평가 - 생태적 연령, 자생종, 서식처의 크기, 연속성, 빈도, 다양성 등
3단계	▶ 복원 목적의 설정 · 일반적 고려사항 · 현재 조건의 시사성 · 복원여건과 장점의 수립 · 현실성 있는 복원 목적의 수립
4단계	▶ 세부 복원 계획의 작성 · 복원지역의 물리적 배치 · 중요 서식처 보호 · 훼손된 서식처의 복원을 위한 세부 복원계획의 작성
5단계	▶ 시행, 관리, 모니터링의 실시 · 복원계획의 수행 - 시공 · 관리계획수립 - 단기관리 : 서식처가 조성되는 동안 - 장기관리 : 서식처가 운영되거나 유지관리하기 위하여 필요한 주기적 관리 · 모니터링

그림 8-2 자연환경복원 과정

3) 자연환경복원에 있어서 고려사항

① 계획단계에서의 기본적인 고려사항들

· 복원은 오랜 시간 많은 단계를 거쳐서 이루어지며 꾸준한 관리가 필요

② 서식처 원형의 파악

· 훼손되지 않은 자연 서식처를 원형으로 보고 이를 생태복원하는데 활용,

조성 대상지역의 인근 지역에서 서식처의 원형을 찾음.
- 서식처 원형(Prototype)은 대조서식처(Reference Site) 혹은 참조서식처와 유사어

③ 파트너십의 구축
- 생물서식공간이나 생태복원 사업을 실시할 때 관련 업체, 전문가, 그 지역의 어린이와 학생, 지역주민 등이 함께 참여하여 계획 및 조성

3.2 생태계의 중요성 평가

1) 생태계 보전가치 평가 항목과 내용

- ❑ 희소성 : 종에 대하여는 생육 개체수나 생육지 면적이 적은 것일수록, 군락에 대해서는 현존하는 식분의 수나 면적이 적을수록 높게 평가. 일반적으로 국제적 멸종위기종, 법적 보호종 등이 희소성에 포함.
- ❑ 다양성 : 생물종의 많고 적음과 그 분포의 균질성을 통계학적으로 표현한 것. 식물에서는 군락내의 종다양성(알파 다양성), 지역의 군락다양성(베타 다양성), 지역의 종다양성(감마 다양성)으로 구분
- ❑ 자연성 : 극상(천이의 과정에서 장시간을 필요로 함)에 가까울수록 높게 평가. 식물군락에서는 녹지자연도를 이용하지만, 일반적으로 생태자연도를 활용
- ❑ 고유성 : 국가, 지역 차원의 고유종이나 특산종이 그 대상이 되고, 군락에 대해서는 지역성이 높고 분포가 국한되어 있는 것이 그 대상이 되며, 이것들이 많을수록 높게 평가
- ❑ 전형성 : 군락의 계층 구조나 종조성이 충분히 발달하여 그 군락의 전형적인 상태를 나타낸 것일수록 높게 평가

2) 서식처 평가 절차(HEP ; Habitat Evaluation Procedure)

- ❑ 서식지 평가 기법(HEP; Habitat Evaluation Procedures)은 생물종에 대한 서식지 적합성을 서식처 적합성 지수(HSI; Habitat Suitability Index)라 불리는 지수로 평가하는 종-서식지 중심의 접근 방법
- ❑ 서식지 변수와 수용능력 사이에 관계가 제대로 규명되어야 HSI 모델을 제대로 사용할 수 있음.

❑ 서식지에 대한 서식 정보를 종합 분석하여 서식지 모델을 작성하는 것이며, 향후 이 모델을 활용하여 서식처 복원이나 적합성 평가 등에 활용

① 서식지 분석 예시
- 산란지, 서식지, 동면지 등 기능적 서식지, 식생 피복 상태의 물리적 서식지, 주변 연계지역의 서식환경 등

② 서식 요구 조건 분석 예시
- 먹이(충분한 먹이원 확보 방안 포함), 은신처(위협종 관리 방안 포함), 물 등 수환경 조건, 행동반경 등

③ 행동권 분석 예시
- 동면장소, 번식장소, 활동장소 등 계절별 서식처 요건 등

3) 서식처 적합성 지수(HSI ; Habitat Suitability Index)

❑ HSI는 특정 어류나 야생생물종이 서식할 수 있는 서식지의 능력을 나타내는 수적인 지표로 동일한 목표종에 대하여 '최적의 서식지 조건' 대 '연구대상지역의 서식지 조건'의 비율로 나타냄.

$$HSI = \frac{\text{연구 대상 지역의 서식지 조건}}{\text{최적의 서식지 조건}}$$

❑ HSI는 서식지로 적합하지 않은 0의 값에서 최적의 서식지를 나타내는 1까지의 값을 가지고 있으며, HSI를 얻기 위해서는 종의 생활사 특성(life-history characteristics)과 서식을 위한 생태기반환경에 대한 지식을 바탕으로 모델링을 하여야 함.

❑ 목표종의 요구에 응할 수 있는 지역의 능력은 서식지 평가 기법(HEP)에서 필수적이며, 서식지 평가 기법은 서식지 손실의 종합적인 영향을 계산하는데 객관적인 방법, 연구 대상 지역의 수용 능력에 대한 서식지 변수들의 변화를 제공함.

❑ 다양한 서식지에 대한 정보를 종합하여 HSI를 구성할 수 있는 요소들을 도출하여 적정 기준을 설정

❑ 서식처 조성을 위한 일반기준과 작성하고자 하는 서식지 정보를 종합하여 적정 항목과 기준을 도출

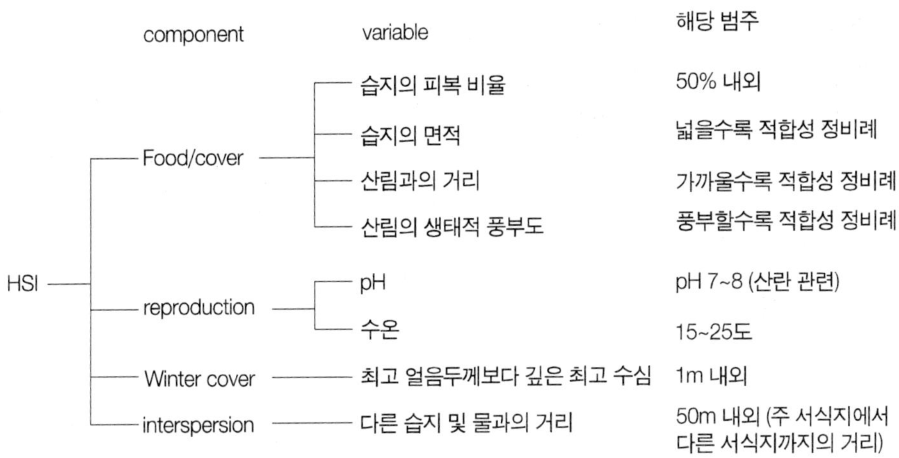

그림 8-3 한국산개구리의 서식처 적합성 지수에 대한 구성요소와 변수와의 관계 예시 (심윤진, 2004)

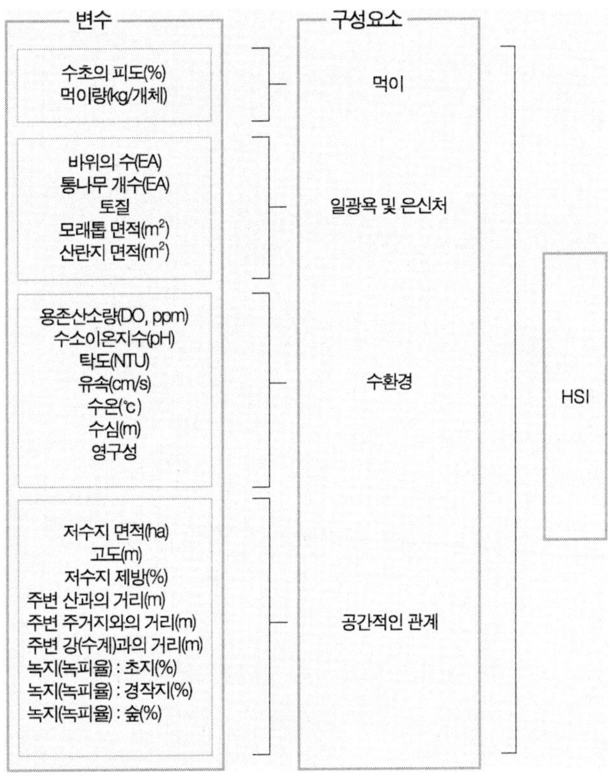

그림 8-4 남생이의 HSI (예시)

표 8-3 남생이 시석지 적합성 지수 항목 및 기준(예시)

구성요소	변수	범위	평균	비고
먹이	수초의 피도(%)	0～49.81*	22	평균값(n=100) 오차범위=27.81
	먹이량(kg/개체)	-	99	1개체당 필요량
일광욕 및 은신처	바위의 수(EA)	0～5	1	평균값(n=10)
	통나무 개수(EA)	0～18	8	평균값(n=10)
	토질	진흙(mud) 혹은 세사(silt)	세사(silt)	세사 허용 비율 : 0～100%
	모래톱 면적(m^2)	3～13	8	-
	산란지 면적(m^2)	6～25	15.5	-
수환경	DO(ppm)	7.81～11.57	9.78	평균값(n=10)
	pH	6.85～9.71	8.28	평균값(n=10)
	탁도(NTU)	0.1～8.7	4.29	평균값(n=10)
	유속(cm/s)	0～60	30	남생이의 생태적 특성상 최대값을 80에서 60으로 수정(적정값=0)
	수온(℃)	3～28	15.5	현장조사 결과를 우선으로 적용
	수심(m)	0～3.0	1.5	-
	영구성	유	유	영구적인 수환경 필수
공간적인 관계	저수지 면적(ha)	0.0072～42.95	1.09	평균값(n=100)
	고도(m)	43.97～146.83	95.4	평균값(n=100)
	저수지 제방(%)	19.14～57.36	38.5	평균값(n=100)
	주변 산과의 거리(m)	0～47	4.7	평균값(n=10),
	주변 주거지와의 거리(m)	20.16～324.44	174.3	평균값(n=10),
	주변 강(수계)과의 거리(m)	244.7～1242.9	743.8	주변에 영구적인 수환경 필요
	녹지(녹피율) : 초지(%)	0～35.58*	17.0	평균값(n=10) 오차범위=20.58
	녹지(녹피율) : 경작지(%)	0～41.06*	17	평균값(n=10) 오차범위=24.06
	녹지(녹피율) : 숲(%)	5.99～50.01	28	평균값(n=10)

주) * : 범위 값의 산출은 오차범위의 평균값으로 산출하였으나, 표준편차 값이 평균값보다 클 경우 범위의 최소값은 0으로 처리함

(국립생물자원관, 2011)

3.3 복원 대상지 선정

❑ 역사적 기준에 의한 방법
- 기존에 생물서식공간이 존재한 곳(현재 시점으로 100년 이내의 정보를 활용)을 대상으로 한 복원지역 선정 방법
- 토양지도, 지역주민, 토지소유자, 과거의 생태조사 자료와 위치 정보 등을 통해 확인 가능

❑ 기능적 기준에 의한 방법
- 생물서식공간의 기능을 최대화 할 수 있는 곳
- 관련 분야 전문가들에 의한 조사·분석 결과로 대상지역의 평가가 필요하며 비교적 시간과 비용이 많이 소요

3.4 복원 목적 설정

❑ 조사 및 분석, 평가 결과를 토대로 복원하고자 하는 목표 시대(시점)와 서식 목표종을 설정하며, 가급적 정략적이고 구체적으로 설정

표 8-4 생태계 보전 및 복원을 위한 목표종군

유 형	내 용
생태적 지표종 (ecological indicators)	유사한 서식지나 환경조건에 발생하는 군락을 대표하는 종
핵심종; 중추종 (keystone species)	생물군집에 있어서 생물간 상호작용의 필요가 있고, 그 종이 사라지면 생태계가 변질된다고 생각되는 종
우산종 (umbrella species)	영양단위의 최상위에 위치하는 대형포유류나 맹금류 등 서식에 넓은 면적을 필요로 하며, 지키면 많은 종의 생존이 확보된다고 생각되는 종
깃대종; 상징종 (flagship species)	종의 아름다움이나 매력에 의해 일반사람들에게 서식지의 보호를 호소하는 데에 효과적인 종
희소종 (threatened species)	서식지의 축소, 생물학적 침입, 남획 등으로 절멸의 우려가 있는 종

❑ 보전형 목표 설정 방법 : 현존하는 생태계의 유지에 역점을 둔 접근 방법

❑ 복원형 목표 설정 방법 : 없어진 생태계를 창출하는 접근 방법으로 모범형과 포텐셜형으로 구분

- 모범형 : 서식처 원형(프로토타입)과 같은 방법으로 인근에서 자연환경이 잘 보전되어 있는 장소를 조사하고 이것을 복원의 모범으로 삼거나(공간적인 접근 방법이라 함), 교란 전의 생태계와 현재의 생태계를 비교하여 될 수 있는 한 교란 전의 상태에 가깝게 하는 방법(시간적인 접근 방법이라 함)
- 포텐셜형 : 환경포텐셜 평가에 기초하여 잠재적으로 성립가능한 생태계 속에서 목표를 선택하는 방법으로 인근에 모범이 될만한 자연생태계가 없거나 전혀 새롭게 생태계를 창출할 경우에 적용

3.5 복원계획 및 설계

1) 복원계획

❑ 생태계와 인공계의 관계를 공간적인 배치에 의해 조정함과 동시에 생태계의 질, 크기, 배치 등을 결정

❑ 생태계와 인공계의 공간적 조정 방법

- 양자를 격리하여 자연생태계와 인공계를 조정
- 양자간의 물리적 영향이 없어지도록 충분한 거리를 두거나 완충대를 설치
- 반자연생태계와 인공계를 조정하며 기능을 중합시키고 양자를 융합하는 융합형 조정

❑ 계획을 위한 분석

- 계획실시의 우선순위를 결정하거나 효과를 예측하여 최적안을 선택하는 것과 같이 생물다양성 증진을 위한 수단으로 활용
- 구체적인 물리적 계획을 입안하기 위한 분석방법으로 GAP 분석과 시나리오 분석이 있으며 이들은 평가·분석단계에서 구축된 모델을 이용하여 시행하며 보다 응용적임.

❑ GAP 분석

- 생물의 종, 식생, 생태계 등의 실제 분포와 그것이 보호되고 있는 상황과의 괴리를 도출하여 보호 계획에 도입하기 위한 방법
- 중요한 종이 분포하고 있음에도 불구하고 보호구가 설정되어 있지 않은 공

간이 있으면 이것이 GIS에 의한 중첩에서 검출되어 이 차이를 보완하도록 보호구 설정에 대한 재평가 실시

❑ 시나리오 분석

- 계획이 장래 효과가 생물다양성을 훼손시키는지 여부를 예측하여 복수의 대안을 비교, 분석하는 방법
- 분석에 이용되는 시나리오는 지형 변화와 식생천이와 같이 자연적인 요인으로 작성된 것과 개발과 규제와 같이 사회적인 요인으로 작성
- 일반적으로 생태계의 보전이나 복원을 적극적으로 하는 시나리오, 개발을 인정하는 시나리오, 이 두 가지의 중간 시나리오라고 하는 세 가지 정도의 시나리오를 준비하여 각각의 시나리오에서 대상종이나 생태계의 변화를 예측
- 계획을 위한 분석은 계획실시의 우선순위를 결정하거나 효과를 예측하여 최적안을 선택하는 것과 같이 생물다양성 증진을 위한 수단으로 유용하게 이용

2) 설계

❑ 계획에 의해 생물의 서식에 적합한 환경을 형성하기 위한 3차원의 공간 구조
❑ 지반의 형상, 식생, 인공구조물 등의 구조나 재료가 설계에 의해 결정

① 구조

- 생물종 마다 이용하는 공간구조가 다르므로 생활사에 따라 대상종의 공간이용의 파악이 필요
- 현존하는 것은 그대로 남겨두고 복원에 필요할 경우에는 현존하는 것의 형태나 구조를 참고로 하여 모방

② 재료

- 식물재료는 가능한 현장과 인근에서 채취한 향토종을 사용
- 설계의 시점에서 현지조달과 시공의 가능성을 충분히 검토하여 재료 선택

③ 장래상의 예측

- 시간의 경과와 더불어 지형의 변화나 식생의 천이에 따라 구조와 기능이 모두 변화하므로 장래를 예측하여 설계

④ 기타 접근 방법 : 자연형성 과정에 의한 설계

- 자연에 의한 디자인
  - 침식, 운반, 퇴적에 의한 지형 변화와 생태천이에 의한 식물군락과 동물군집의 시간적인 변천 등에 의하여 생태계가 형성되거나 변화되는 것을 전제로 함.
- 순응적 계획 및 설계
  - 설계에 있어서 시간적인 변화와 공간적인 유연성을 고려사항으로 도입하여 어느 정도의 변화를 허용한 구조의 설정이 바람직함.

3.6 친환경적 시공 방법

❑ 생물의 생활 및 생활사에 맞춘 시공 계획의 책정

❑ 공사 장소의 한정 및 제한

❑ 공사중의 피난처 확보 : 피난처의 경우, 대상종의 서식 조건을 만족해야 하며, 기존에 생육·서식하고 있는 생물종에 영향을 미치지 않아야 하며, 확실한 이동가능환경이 확보되어 있는 가를 확인해야 함.

❑ 시험시공의 실시 : 본 시공에 앞서서 미리 소규모의 시험시공을 실시한 후 그 결과를 모니터링하여 습득한 지식을 기반으로 본 시공을 실시하는 방법으로 예방적인 리스크 관리로 볼 수 있음.

3.7 모니터링

1) 모니터링의 개념

❑ 모든 사물의 상태를 감시하는 것으로써 생태계는 항상 변화를 계속하는 존재로 주위의 환경과 연결되어 있는 개방계로 예측하기 어려운 변화가 발생

❑ 유연성 있는 관리 방법(순응적 관리, Adaptive management)을 채택하여 모니터링 결과를 가설의 검증에 이용, 생태계의 보다 나은 관리, 계획, 설계에 피드백함.

2) 모니터링 항목

❑ 생태기반환경 모니터링
- 기상 및 기후, 지형, 토양, 수리 및 수문, 수질, 일조 등

❑ 생태환경 모니터링
- 식물상 및 식생, 동물상 등으로 구분하여 수행하며, 식물군집의 조성과 구조, 분류군별 종수, 주요 종 등을 파악하고, 복원 계획 수립시 설정하였던 목표종의 개체수, 분포, 개체의 크기 등을 조사·분석

❑ 기타
- 특정 공법의 모니터링 : 복원을 위해 도입한 특정 공법 혹은 재료 등의 변화상 검토

3) BARCI 모니터링 방법

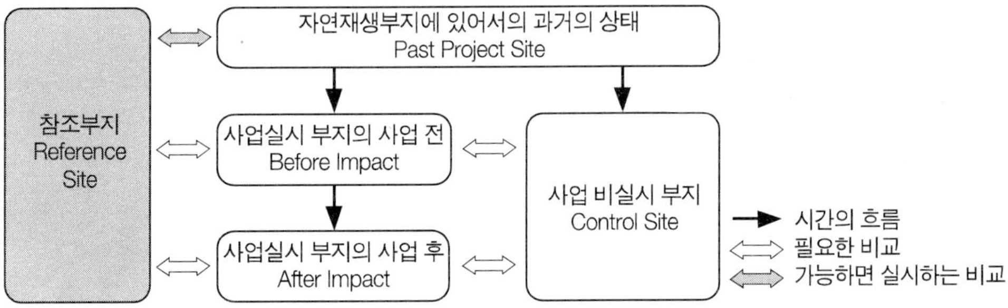

그림 8-5 자연재생사업에 있어서의 BARIC Design(김남춘 등, 2010)

❑ Impact : 재생(복원) 사업 자체(c.f. 자연재생을 실행한다는 긍정적 의미의 영향)

❑ Before : 사업전의 부지 상태

❑ After : 재생(복원) 사업 이후 상태(1, 3, 5, 10, 20년 등)

❑ Control : 부지 중 재생(복원) 사업을 실시하지 않은 장소 ; 대조구

❑ Reference Site : 참조(대조) 서식처로서 대부분 자연 상태의 지역을 의미

※참조 생태계(reference ecosystem)
- 대조 생태계라고도 할 수 있으며, 생태복원에 있어서 매우 중요한 개념
- 생태복원 프로젝트에서 목적이나 계획을 수립하는데 있어서 사용되는 것으로 현재 훼손되지 않은 실질적인 생태계(actual ecosystem)이거나 개념적인 모델
- 복원 사업 이후 성패를 평가할 때에도 사용

- 복원하고자 하는 생태계의 모습
- 현재 존재하고 있는 훼손되지 않은 생태계로 볼 수 있으며, 이는 서식처 원형(prototype)과도 크게 다르지 않음.

3.8 순응적 관리

❑ 설계에 있어서 시간적인 변화와 공간적인 유연성을 고려사항으로 도입하여 어느 정도의 변화를 허용한 구조의 설정

❑ 생태계의 동적인 성질에 입각한 유연성 있는 관리 방법

3.9 외래종의 대응 방안

1) 조사

❑ 계획 대상지와 그 주변지역에 있어서 종의 생육·서식 상황을 조사하여 출현 생물 리스트 작성

❑ 외래종에 대해서 항목을 설정하고 별도로 정리하여, 그 리스트에 기반한 제거·검토로 침략적 외래종을 유추

❑ 유추된 침략적 외래종에 대해서 제거 대책 수립

2) 계획·설계

❑ 재료 선택시의 고려사항

- 재료 선택시 침략성 있는 외래종의 사용을 피함.

❑ 설계시 배려사항

- 배제해야 할 침략적 외래종에의 대응에 대해서 구체적 검토를 행함.
- 준공 후에 비의도적으로 도입될 가능성이 있는 외래종이 새로운 문제를 일으킬 가능성에 대해 예측
- 외래종이 유입되어도 침입할 수 없는 구조를 유지하는 등의 조치를 취함.

3) 시공

- 재료 및 자재 등에 부착·혼입 : 재료 및 자재 등에 부착·혼입되어 외래종이 도입되는 경우 있음.
- 특히 토양에는 매토종자와 소동물과 그 알 등이 포함되어 있는 경우가 많으므로 주의를 기울여야 함.
- 환경개변에 의한 외래종의 침입 : 대형 중장비 시공에 대규모의 환경 개변에 의해 발생한 공지에는 양미역취, 개망초 등의 외래종 침입이 쉬움.

4) 유지관리

- 생태계의 동태에 유연하게 대응할 수 있는 순응적 관리 방법으로 실행
- 외래종에의 대응을 위한 유지 관리 방침 수립
- 관리 방침에 대한 문제 발생시 재평가를 통하여 유지관리를 실시하며 재차 모니터링을 실시한 후 구체적 상황을 파악하며 사이클을 계속 순환

4. 생태기반환경의 복원

4.1 기후 특성을 반영한 생태복원

- 기후는 지구상의 생물상 분포에 영향을 미치는 인자로 특히, 기온과 강수량은 식물상 분포에 큰 영향을 미침.
- 복원하고자 하는 대상지역의 기후 특성 특히, 온량지수(warmth index) 등을 고려하여 생물상 도입
- 에너지 절약을 고려한 배치 : 바람길을 확보하여 외부의 바람직하지 않은 바람을 차단하고 내부에서의 원활한 대기 순환이 될 수 있도록 식재하거나 건물을 배치
- 대기오염을 발생시키는 오염물질의 저감 방안과 주변 지역에서 유입되는 다양한 오염원들에 대한 대처 방안 제시

4.2 지형 복원

- 지형은 사람에 의한 인위적 조절이 가능한 생태복원을 위한 기반환경 요소로서 물의 흐름과 고임의 조절, 식재에 적합한 환경 조성 등 생태복원을 위한 기초 사항
- 지형의 계획 및 설계는 지형에 대한 보전 방안을 우선적으로 고려해야 하며, 차선책으로 지형의 훼손을 최소화하거나 개발 후 지형을 복원하기 위한 방법 고려

① 자연 지형의 복원

- 훼손된 지형을 원지형으로 바꿈.

② 토양 활용

- 기존의 지리적 형태와 특성을 보전하며 인접 지형의 처리 방안도 고려, 지형의 경사도, 방향, 바람의 방향을 고려한 건축물의 배치, 기존의 지형을 최대한 보전한 부지 조성 및 마운딩을 통한 다양한 지형 창출을 통하여 생

물다양성 증진

③ 식재층 조성을 위한 방법
- 식재기반에 적합한 지형과 토양을 유지하며 식물의 생존에 적합한 방향과 경사도를 고려

4.3 수리·수문의 복원

- ❑ 일반적으로 자연습지에서는 물의 출현 빈도, 깊이, 그리고 유입 기간에 따라 습지식물의 출현과 습지가 제공하는 기능을 확대하는데 중요
- ❑ 습지를 조성하는데 있어 수환경을 조성하기 위한 기법으로 물의 공급 방안과 유입구·출수구 조성, 다양한 수심과 유속의 조성 기법 등을 고려

① 물의 공급 방안
- 지표수는 영양물질을 가져옴와 동시에 오염물질도 가져오며, 지하수는 오염물질이 적은 반면 영양물질이 부족해 질 수 있으며 지표수보다 온도가 낮아 수생생물의 성장을 제한

② 유입구와 출수구
- 유입구는 수질을 고려하여 유입구부터 습지까지의 거리를 길게 확보하거나 다단의 연못을 조성하는 것이 바람직하며, 유출구는 가능하면 유입구보다 좁게 만들거나 만들지 않는 것이 바람직

표 8-5 수위와 종의 특성간의 관계성

여름철의 순위	습한 토양(개펄)	15cm	30cm 이상
식물종의 다양성	보통	뛰어남	보통
야생동물의 이용도 및 다양성	보통	뛰어남	양호함
어류의 풍부도	없음	양호함	뛰어남
통과새의 이용도	뛰어남	양호함	보통
외래종의 침입도	높음	낮음	낮음

(Mitssch and Gosselink, 1993)

③ 수심 및 유속

- 수심은 토심과 함께 수생식물의 식재에 매우 중요한 환경조건이며 다양한 수심은 수생식물의 도입 기회성을 높여줌과 동시에 수서곤충과 어류의 서식에 중요

④ 호안 조성 기법 : 생물다양성 증진을 위한 습지나 하천 등에서의 호안은 수직적인 콘크리트 구조가 아닌 다른 여러 가지 유형의 호안 필요

- 수변부는 경계부, 경사, 바닥의 형태 및 깊이를 다양하게 조성하여 동·식물 군집을 풍부하게 유치
- 식물군락에 의한 오염물질의 흡수, 분해 기능을 감안하여 일정 폭의 식생여과대(VFS)를 조성, 보전하여 수환경의 생물학적 정화 기능을 극대화
- 오수가 습지내로 직접적으로 유입되지 않도록 여과 역할을 위해 연못 주변에 모래언덕을 조성
- 1 : 20 이하의 완경사 제방에서는 주변 식생이 넓게 확장하지만, 1 : 3 이상의 급경사 제방에서는 식생 발달이 지연
- 호안처리를 위해 하천지역에서는 버드나무 가지법이나 섶나무 가지법 등은 버드나무를 이용함으로써 어느 정도 그늘을 조성해 주어 수온상승을 막을 수 있고, 물고기의 서식처로서의 기능

4.4 토양 복원

❑ 토양의 식물의 성장에 필요한 기반환경으로 유기물의 공급 등 다양한 기능을 수행

❑ 토양 양분 결핍을 막을 수 있도록 미량원소나 미생물을 공급하거나, 폐기물로부터 새로운 토양을 제공, 토양자원을 보전

① 토양환경 및 방수 기법

- 토양환경은 수생식물뿐만이 아니라 육상식물의 서식기반이 되므로 습지내 식물 도입에 중요한 역할, 유역의 토양은 지표수의 침투와 직접적인 관련성이 있으며 지하수의 충전에 기여

표 8-6 침투력에 따른 토양분류

구분(침투력)	기준	토양구조
매우 낮음	0.25cm 이하/1hour	점토질 성분이 매우 많이 함유된 토양구조
낮음	0.25~1.25/1hour	대부분의 토양구조가 이 분류에 해당하며, 높은 점토질의 토양구조
보통	1.25~2.5cm/1hour	양토나 실트질의 토양구조
높음	2.5cm 이상/1hour	두꺼운 사질이거나 잘 배합된 실트·양토의 토양구조

(김귀곤·조동길, 2004)

- 우리나라의 도시지역은 여름철에 집중되는 강우 조건으로 우수의 활용이 용이하지 않고 불투수 포장 면적이 넓어서 지표수의 이용과 침투력을 이용한 습지 조성에 제한이 있음.
- 따라서 습지나 연못 조성시 방수를 필요로 하며 지하수층의 조사·분석 결과에 따라서 진흙방수, 방수시트, 콘크리트방수, 벤토나이트방수, 벤트나이트와 방수시트, 부직포를 혼용

② 식생을 이용한 토양오염 복원 방안
- 식물조직이 중금속 등을 체내에 흡수, 축적함으로써 오염물질을 제거하여 토양오염 및 지하수를 포함한 수질을 정화시키는 환경복원기술

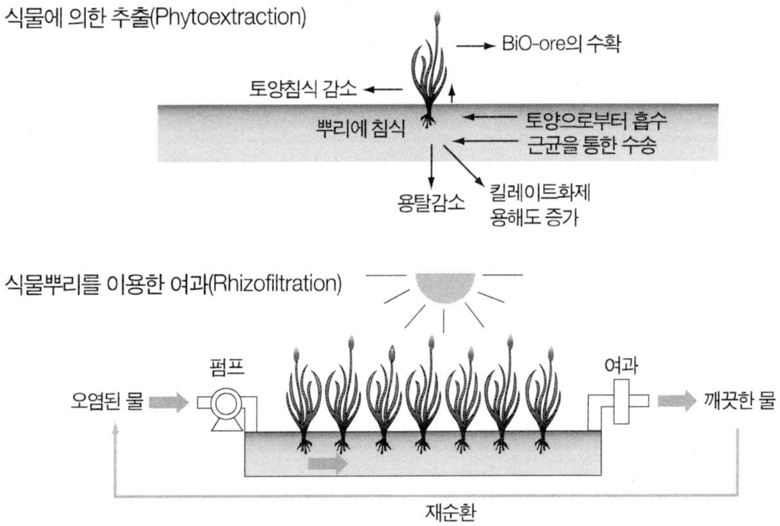

그림 8-6 식물 정화 공법 모식도

- 식물 정화에 사용되는 식물들은 오염물질의 종류에 따라 다르지만, 여기서는 비소(As) 정화 및 중금속 고정에 도움이 되는 식물들을 경관 요인을 고려한 지피식물에 한정하여 제시해 보면 다음과 같음.

표 8-7 비소(As) 정화 및 중금속 고정 식물

식물명	특 징	비 고
Pteris vittata(Chinese Brake Ferns) 원예식물명: 사다리봉의꼬리	표층(30cm 이내) 비소 제거용, 봉의꼬리과의 중국 원산 양지식물이며 봉의꼬리(P. multifida)보다 다소 내한성이 떨어짐.	국내 Pteris속(봉의꼬리속)은 6종 2변종이 있으며, 음지성 또는 반음지성이며 비소 축적 보고 없음.
Pityrogramma calomelanos (Dixie Silverback Fern)	표층(30cm이내) 비소 제거용, 봉의꼬리과의 멕시코, 중남미 원산으로 비소 정화용으로 사용, 일본에서는 귀화종으로 기록	국내에는 존재하지 않는 Genus이며 유사종 없음.
Bent grass(Agrostis tenerrima 등)	표층 비소 제거용, 벼과 귀리속(Agrostis)에 속하며 유럽, 서남아프리카, 북·중·남미에 100여종이 생육함, 주로 골프장 등 스포츠용 식재	Creeping bentgrass, Colonial bentgrass, Velvet bentgrass, Redtop등 다양한 종이 국내에 유통되고 있음.
코스모스(Cosmos bipinnatus) 노랑코스모스(C.sulphureus)	표층 비소 제거용, 국화과 1년생	
유채(Brassica napus)	표층 비소 제거용, 십자화과 1년생, 배추와 교잡하여 신품종이 개발되어 있으며 겨울철 개화종도 있음.	
해바라기(Helianthus annuus) 애기해바라기(H. debilis)	표층 비소 제거용, 국화과 1년생	
포플러류(버드나무과 Populus 속 식물) 현사시나무(P.alba×P.glandulosa) 이태리포플러(P.euramericana)	심토층의 중금속 제거용, 현사시나무는 점질토가 많이 섞인 미사질 토양으로 토심이 30cm 이상 깊은 곳이 좋고 이태리포플러는 배수가 양호한 비옥한 사질양토, 충적토가 적당	침출수의 이동성을 막아주고 속성수로서 빠르게 자라 가시적인 효과 큼.
양황철나무(Populus nigra × P. maximowiczii)	중금속 제거용, 토양의 카드뮴, 구리, 비소, 납 제거 능력 탁월	
회양목(Buxus koreana)	토양 비소 제거용	뿌리 비소 축적 능력이 뛰어남.

※국토해양부(2010)의 내용을 수정함.

5. 식생 복원

5.1 Naturalization

- ❑ 식재 후 자연적인 경쟁 및 천이 등에 의해서 극상림으로 발달할 수 있도록 유도
- ❑ 자기 영속적(Self-perpetuating) 군집과 생산성 있는 군집을 창출

5.2 Colonization

- ❑ 식생이 정착할 수 있는 환경만 제공
- ❑ 나지 형태로 조성한 후 향후 식물이 자연스럽게 이입하여 극상림으로 발달해 갈 수 있도록 유도

5.3 Natural Regeneration

- ❑ 산림의 종자원(seed source)이 인접한 지역에서 가지치기나 솎아주기 등 다른 교란을 중지하는 방법
- ❑ 교란이 없는 상태를 유지시켜서 자연적으로 식생이 발달해 갈 수 있도록 유도
- ❑ 비용은 저렴하지만 복원되는데 시간이 오래 걸림
- ❑ 기존에 산림(source area)이 있는 곳에서 가장 효율적인 방법

5.4 Nucleation

- ❑ 수종을 패취 형태로 하여 식재하는 방법
- ❑ 핵심종이 자리잡고 Natural regeneration이 가속화되게 하는 방법
- ❑ 광범위한 지역에서 저렴한 비용으로 복원이 가능

❑ 산림의 다양성이 적은 지역에서 바람직한 생물종이 서식하게 하는데 있어 유용한 방법
❑ Nucleation에 가장 바람직한 종은 매년 많은 종자를 생산하는 종이나 root suckering임.
❑ Natural regeneration 방법에 의해서 복원되기 때문에 종자는 초지나 오래된 field 군락에 경쟁적이고 생존해 남을 수 있어야 함.
❑ 종자는 바람이나 새 등에 의해서 이동하기 때문에 넓은 지역에 고루 분포

5.5 Managed Succession

❑ 식재에서는 선구종과 속성수, 보호목 등을 혼식하여 식재
❑ 인위적 관리를 통하여 자연적 천이 유도
❑ 식재방법으로 선구수종만 식재, 선구수종과 극상수종을 함께 식재, 극상수종만 식재, 한 종만 식재하는 경우가 있으며 생태적 복원을 위해서는 선구수종과 극상수종을 혼식하는 것이 바람직함.

5.6 복사이식

❑ 대상지 인근 주변지역에 있는 건강한 식생지역의 일정 면적을 토양(표토)부터 식생까지 그대로 옮겨주는 방법
❑ 우리나라에서 복사 이식은 산림생태계를 주로 대상으로 하여 연구하고 적용되고 있다는 특징
❑ 어떤 상황이든지 복사 이식에 의한 식생 복원 방법도 복사하고자 하는 수림대에서 모든 매목에 대한 전수 조사를 통해서 식생의 수평·수직적 구조를 도면화 한 이후에 이를 복원하고자 하는 지역에 적용해 주는 방법을 따름.
❑ 이 때 단순히 관목 및 교목 등의 나무만을 그대로 채취하여 복사하는 것이 아니라 표토를 포함한 토양과 낙엽, 낙지까지 채취하여 이식할 지역에 옮김.
❑ 지형 환경 조건을 포함한 기반 환경도 함께 조사하여 이식할 지역에 반영

5.7 리사이클 녹화

5.7.1 리사이클 녹화의 개념과 대상

- ❑ 리사이클 녹화가 요구되는 경우는 토지 조성과 녹지 관리에 수반되는 생태계의 전부 혹은 일부가 손실되는 때
- ❑ 토지 조성을 실시할 때에는 삼림을 벌채하고 입목은 목재로서 가치가 없는 경우에는 폐기 처리. 입목 뿐만 아니라 벌개제근 작업으로써 뿌리도 파내어져 처분됨. 토양에 관해서도 표층 토양은 토질공학적으로 부적절한 것이 많기 때문에 성토 재료로서는 이용되지 않고 깊은 곳으로 다시 묻히게 됨.
- ❑ 이와 같은 토지 조성은 생태계 시스템을 상실해 버리고 마는 것이기 때문에 이것을 복원하기 위해서는 상당히 긴 세월과 경비가 소요됨.
- ❑ 토지 조성시에는 귀중한 녹음의 자원인 식물과 토양을 생태계시스템에 유효하게 영입하는 녹화기술이 요구됨.
- ❑ 현존하는 식물과 근주를 유효하게 이용하는 방법과 비옥한 표층토를 보전해서 이용하는 기술의 확립이 필요
- ❑ 녹지 관리 작업으로부터는 잔디깎기, 제초, 전정 등에 의해서 대량의 식물질 폐기물이 발생하고 있음. 이것들은 도시 쓰레기로서 소각되거나 매립되어 처분됨. 이러한 식물질 폐기물도 퇴비화해서 생태계에 환원시킬 것이 요구됨.
- ❑ 리사이클 녹화는 토지 조성에 수반되는 생육식물의 재이용 방법, 표층토양의 재이용 방법, 녹지관리 작업에 수반되는 식물질 폐기물의 재이용 방법의 3분야로 구분

5.7.2 리사이클 녹화방법

- ❑ 생육식물의 재이용
  - ・근주의 이용 : 계획지에 생육하는 맹아력이 강한 수목을 대상으로 지표로부터 30～50cm에서 절단한 후 근주 부분을 굴취해 식재하는 방법
  - ・줄기의 삽목 이용 : 사면에 수림을 복원하기 위하여 기존수의 줄기를 이용해서 삽목을 실시. 이식하기 곤란한 곳에서의 간단한 조기 수림 복원 방법이며, 발근하기 쉬운 수종의 줄기와 가지를 삽목

❑ 표토의 재활용

- 토양은 식물과 토양동물 및 토양미생물의 역할에 의해 유기물이 분해되어 축적된 것이며, 천이가 진행되면 유기물이 풍부한 두꺼운 표토가 발달
- 표토는 비옥할 뿐만 아니라, 매장되어 있는 종자와 생태계를 지탱하는 분해자인 토양동물과 미생물을 포함한 귀중한 자원

❑ 폐기식물체의 재이용

- 식물폐기물을 연료, 비료, 토양개량, 사료, 펄프 등으로 재이용

6. 야생동물 서식처 복원

6.1 동물의 서식환경 조성 원리 및 접근 방법

6.1.1 야생동물의 긍정적 가치와 부정적 가치

1) 긍정적 가치

- ❑ 미적 가치 : 문학, 미술, 음악 등의 소재로서 사람들의 미적 욕구를 충족시키거나 환경 보전에 대한 중요성을 강조함.
- ❑ 휴양적 가치 : 사냥, 낚시, 조류 관찰 등 여가 활동에 의해 창출되는 가치
- ❑ 생태적 가치 : 생태계의 안정과 건전한 기능을 유지하기 위한 가치
- ❑ 교육 및 과학적 가치 : 동물의 생태 탐구를 통한 인간의 생활양식, 윤리, 사회구조에 대한 반성을 유도하고, 인간 환경의 문제를 해결할 수 있는 방안의 개발
- ❑ 이용적 가치 : 식품이나 의료용으로 이용하여 인간의 생존에 실질적으로 이용할 수 있는 가치

2) 부정적 가치

- ❑ 사고 : 야생동물에 의한 인간의 피해(맹수에 의한 인간의 신체적 피해, 로드킬 발생 등)
- ❑ 손실 : 야생동물에 의한 경제적 피해(농경지, 양어장, 들 수확 등)
- ❑ 질병 : 질병을 전파하는 매개체(광견병 등)

6.1.2 생물종 복원에 있어 재도입과 이입의 용어 정의

1) 재도입(re-introduction)

- ❑ 멸절되었거나 또는 멸종된 종을 그 종의 역사적인 서식범위 내에 다시 정착시키려는 시도
- ❑ 예 지리산 반달 가슴곰 복원 사업

2) 재확립(Re-establishment)

❑ 재도입과 동의어이나, 재도입이 성공적이었다는 의미를 내포

3) 이입(Trans-location)

❑ 야생 개체나 개체군을 그 서식범위 내의 한 부분에서 다른 부분으로 의도적이고 인위적으로 이동시키는 것

❑ 예 월악산·설악산 산양 복원 사업

6.1.3 야생동식물의 서식처 관리의 기본 이론과 관리 방법

❑ 인공적으로 조성되는 동물 서식처는 생물종들간의 상호관계성을 이루기 위해 인위적으로 환경을 제공. 이를 위해서 먹이, 은신처, 물, 공간(육상), 종별로 특별한 요구조건을 필요로 하게 됨.

1) 다양성

❑ 생태계 개념의 근간이 됨.

2) 연속성

❑ 야생동물의 밀도와 분포를 결정짓는 기본원리에 속하는데, 다음과 같은 점들을 고려해야 함.

- 야생조수의 서식환경이 될 수 있는 소생물권과 패취가 연속성 없이 단절되어 있는 경우는 바람직하지 못함.
- 각 스페이스간에 연결되는 고리와 축이 필요하며, 물리적 연속성을 유지하는 것은 야생동물 자원을 보호하고, 유치·유인하는데 중요함.
- 야생동물 서식처 회랑, 코리더의 개념에 패취, 매트릭스 개념이 연속성의 개념을 응용한 것임.

3) 패취

❑ 동물의 적정 수용력을 파악하여 먹이를 먹거나 은신처로 이용되는 식생 군집의 규모와 형태를 결정해서 개체군 수준에서 하나의 기본단위로 한 것

4) 크기

❑ 크기는 지형, 기후, 토양, 배수 등이 야생동물의 수를 결정하는 생태적 수용능력의 지표이므로 서식처를 획일적인 크기로 조성하지 않도록 해야 함.
❑ 서식처의 크기를 정할 때는 가능한 한 규모를 크게 하며, 정착해 사는 종의 서식처와 크기에 차이를 둠.

5) 섬(island)

❑ 섬(island)은 도서생물지리이론의 6가지 원칙
- 면적효과 : 섬의 단위 면적이 넓을수록 생물다양성이 유지됨.
- 형상효과 : 같은 면적일 때 원형에 가까운 형태의 섬이 주변으로부터의 영향이 적음.
- 격리효과 : 같은 면적일 때 분할된 것보다 하나로 된 것이 좋음.
- 거리효과 : 섬과 섬은 서로 근접거리가 가까울수록 종 이동, 종 보존이 쉬움.
- 연결효과 : 섬과 섬이 녹지로 연결되는 것에 의해 네트워크 효과가 발휘됨.
- 대체효과 : 한 섬에서 종이 멸종될 때 다른 종으로 대체됨.

6) 주연부

❑ 주연부는 2개 이상의 서식처 유형이 만나는 지형이나 다른 식물군집이나 천이단계상의 이질적 이행기에 있는 식물군집이 서로 만나는 경우, 또는 한 식물군집 내부에서 토양 등의 식생조건의 차이로 인해 이질성을 나타내게 되는 선형의 이행부를 말함.
❑ 주연부의 영향권 내에 있는 지역을 전이대라 하고 그 특성은 다음과 같음.
- 다양한 식생으로 야생동물의 개체수가 풍부
- 쉽게 이동할 수 있는 여건과 다양한 서식환경을 마련
- 주연부는 식생다양성이 높고, 풍부한 먹이자원, 다양한 유형의 은신처가 존재
- 다른 인근 지역에 비해 생물다양성과 개체군 밀도가 증가
- 총연장 길이가 길수록 동물들에게 좋은 서식환경
- 길이가 길고 폭이 클수록 넓은 면적의 전이대를 가지며 다양한 서식처가 조성
- 주연부의 총연장 길이를 늘려주기 위해서는 비정형적 또는 불규칙적 형태

로 조성
- 주변 산림에 있어서는 초본, 관목, 교목의 순으로 주연부를 처리해서 연결성을 높임.

7) 이동로

❑ 평면적 연결성 유지, 안전 이동, 자원 제공의 기능을 수행하는 선형적 통로
❑ 폭의 변화에 따라 선, 대상과 수자원을 따라 형성된 하천 등으로 구분

8) 은신처

❑ 열악한 기후조건과 적 또는 기타 위험으로부터 동물을 보호해 주고, 동물의 서식 활동을 보조해 주는 안식처
❑ 야생동물이 생존 기간 동안 번식과 생육을 할 수 있는 장소
❑ 대부분 식생으로 구성되고, 그 기능에 따라 겨울은신처, 피난은신처, 휴식은신처, 수면은신처, 번식은신처, 체온유지은신처 등으로 구분함.

9) 먹이

❑ 자연생태계의 원리에 부합하는 환경을 조성하고, 각 생물종의 섭식 상태 및 먹이 선호도를 고려하여 풍부하고 다양한 먹이가 제공되도록 함.
❑ 식생천이를 조절하여 다양한 식생이 성립되게 하여 먹이연쇄를 복잡하게 유도할 수 있음.

10) 완충지

❑ 생태적으로 민감한 지역의 훼손 및 간섭을 줄이기 위한 것으로, 활발한 활동 및 시설이 개발되는 지역과 인접한 하천 주변, 야생동물 서식처 주변, 자연식생 군락의 주변 등에 조성함.

11) 물

❑ 모든 생물에게 직·간접적으로 필수적인 요소로, 음수용의 제공 및 먹이, 번식지의 제공, 도피, 피난처, 휴식처 등을 제공함.
❑ 하천, 소하천, 연못, 저수지, 습지의 요소를 지닌 곳에 야생조수를 유치·유인

하기 위한 환경조성에 비중을 두도록 함.

- ❏ 저습지와 같은 환경은 빈영양 상태가 부영양화 되면서 생산력이 증대되어 야생동물의 종 및 개체수가 증가하게 되어 조류 및 야생동물에게 가장 적합한 서식환경이 됨.

6.2 곤충류 서식처 복원

6.2.1 곤충 서식처의 입지조건 및 주변 환경

1) 곤충 서식처의 기본 입지조건

- ❏ 산림이나 숲 가장자리 전이대 지역의 햇볕이 잘 드는 곳
- ❏ 적당한 크기의 연못과 상당히 넓은 면적의 초지, 덤불이나 조그만 숲을 조성할 수 있는 10,000m^2 이상의 공간
- ❏ 관목과 교목 식재, 적당한 마운딩
- ❏ 가까운 곳에 다른 연못이나 수변 공간이 있는 크기 50m^2 이상의 연못
- ❏ 연못은 깨끗한 수원이 확보되어야 하며, 대기오염이 심하지 않은 곳

2) 곤충 서식처 주변 환경

- ❏ 주변에 종공급원 기능이 가능한 산림이나 대규모 녹지공간 등이 존재하고, 심각한 소음과 대기오염과 같은 곤충류 서식을 저해하는 요인이 적은 곳
- ❏ 잠자리의 비상거리는 1km 정도로, 주변에 숲이나 다른 연못이 존재하면 다양한 잠자리의 서식을 유도할 수 있음.

6.2.2 곤충류 서식처 조성 기법

1) 곤충 서식처 조성 원칙 및 고려사항

- ❏ 전체 시스템 : 크게 나비류를 위한 나비원과 잠자리 연못으로 이루어지고, 딱정벌레류의 서식을 유도하는 식생, 다공질 공간 등을 도입한 생물서식공간
- ❏ 토양 : 재래종 곤충류의 먹이식물이 번성한 지역의 토양을 활용하여 자연식생으로의 회복을 유도하고, 일부 지역에 낙엽층이나 부식층, 모래나 자갈로 구성된 장소 등 다양한 공간을 조성

❑ 공간 구성 : 양지바른 지역에 먹이식물을 중심으로 식재된 넓은 초지를 조성하고, 주변 녹지공간이나 산림과 연결되는 지역에 나비와 딱정벌레의 먹이식물, 수액식물, 산란장소 등의 기능을 하는 교목림 조성

❑ 식생 : 유충·성충 등 곤충류의 먹이식물, 수액식물 등을 조화롭게 식재하여 산란·우화·월동 등에 이용할 수 있도록 하고, 덤불, 자생수종 등을 도입함. 잠자리의 경우 연못은 유충이 생활·우화하는 공간으로 호안에 교목림 식재를 자제하여 충분히 햇볕이 들도록 함. 다만, 일부 구간은 수온 상승 방지 등을 목적으로 교목을 식재하여 그늘 공간을 제공해 주는 것이 바람직함.

❑ 수질 : 잠자리 유충의 경우 생육을 위한 생물화학적 산소요구량(BOD)은 10ppm 이하로 유지

❑ 수심 : 연못 수심은 얕은 곳은 10~30cm에서 깊은 곳은 1m 정도로 완만한 경사로 조성하되 수초를 도입하여 잠자리의 산란 장소를 제공함.

❑ 연못 모양 : 변화가 있는 형태로 조성하되, 호안은 경사와 재료를 다양하게 하고, 수면적의 60% 이상은 개방수면으로 하여 잠자리와 같은 비행하는 곤충류를 유도

❑ 공급 용수 : 지하에서 용수가 솟아 나오는 장소가 연못 조성 최적지이나, 깨끗한 우수나 강물을 활용하되 갈수기를 대비한 보조수원(수돗물, 지하수)을 준비

❑ 호안 주변 : 연못 내부와 호안 주변으로 말뚝, 통나무 등을 배치하여 잠자리와 나비 휴식장소를 제공하고, 상부가 평평한 바위(거석)를 배치하여 잠자리의 우화장소로 활용

2) 식재기법

❑ 생태연못 식재계획

- 생장이 빠른 대형 정수식물은 분포 면적의 급속한 확장을 방지하기 위한 식재계획이 필요함.
- 대부분의 잠자리는 우화를 위해 수심이 얕은 지역에 키 작은 정수식물을 식재하여 산란지로 활용되도록 함.
- 곤충 서식 목적의 연못 조성을 위한 식재 가능 수종은 다음과 같음.

표 8-8 곤충류 서식 목적의 연못 내 식재 가능 수종

구 분	수 종
정수식물(수심 20cm 이상)	갈대, 애기부들, 고랭이, 창포, 줄 등
정수식물(수심 20cm 이하)	택사, 물옥잠, 미나리 등
부엽식물	마름, 자라풀, 어리연꽃, 수련, 가래 등
부수식물	생이가래, 개구리밥 등
침수식물	검정말, 말즘, 물수세미 등

❏ 야생화 초지 식재계획
- 100m×100m 이상의 면적으로 조성
- 먹이식물을 중심으로 초지를 조성하되 개화시기를 고려한 식재로 다양한 곤충류의 유입을 유도함.
- 연못 주변에서부터 덤불, 숲 쪽에 이르기까지 지형, 토성, 향, 그늘 정도, 낙엽이 쌓이는 지역 등을 고려하여 식재
- 초지 중간중간에 수관이 넓지 않은 교목, 관목을 식재하여 휴식처 제공
- 나비 먹이식물 : 얼레지, 민들레, 제비꽃, 기린초, 엉겅퀴, 쑥부쟁이, 구절초, 나리, 오이풀, 토끼풀 등으로 가급적 20포기 이상씩 식재

❏ 관·교목 식재계획
- 가급적 100m×100m 이상의 면적으로 조성
- 참나무류, 버드나무류는 수액식물로 일부 나비류와 딱정벌레류에게 먹이를 제공
- 대상지가 소음, 대기오염이 심한 경우 차폐식재를 하도록 함.
- 나비 먹이식물 : 진달래, 수수꽃다리, 신나무, 고추나무, 백일홍, 자귀나무, 싸리나무, 버드나무류, 청미래덩굴 등 가급적 10그루 이상씩 식재
- 호랑나비과(제비나비, 호랑나비)의 먹이식물 : 황벽나무, 산초나무, 탱자나무, 머귀나무, 누리장나무, 초피나무, 황경피나무 등 운향과 식물

3) 호안처리

❏ 생태연못 주위에 밀집된 식생대는 잠자리 등의 산란지로서 유용하므로 사람의 접근을 자제하도록 식재하고, 호안은 가급적 완경사로 함.

❏ 사람이 접근하는 호안은 통나무, 돌 등을 이용하여 기슭이 무너지지 않도록 하고, 일부 호안은 나비가 앉아서 물을 먹을 수 있도록 식재하지 않고 모래나 자갈 등으로 구성

4) 다공질 공간 제공 기법

- 다공질 공간은 곤충 서식처 조성에 있어서 핵심적인 부분으로 돌무더기 놓기, 통나무 쌓기, 고목배치, 나뭇가지 더미 놓기, 낙엽층 및 부엽토 쌓기 등을 통하여 공간을 제공할 수 있음.
- 곤충류의 유인 및 서식을 위한 나무는 가급적 활엽수종으로 조성

표 8-9 고추좀잠자리 서식처 조건(예시)

구 분	내 용	비 고
공간 (territory)	·비행공간의 확보를 위하여 지나친 식생의 밀식은 지양하는 것이 바람직하며 산란과 수채의 생육을 위한 수공간과 성충의 주 활동지역인 산림 및 임연부 공간이 제공되어야 함. 수채 : 유속이 느리고 비교적 수심이 얕은 물가에서 활동하며 성충으로 변태하는 과정에서 갈대, 부들 등 정수식물의 수면 위 줄기에서 허물을 벗으므로, 수공간과 습지식물 생육공간이 필요함. 성충 : 산지 혹은 숲에서 활동하지만 교미시기에는 수공간으로 이동하여 물 속에 산란 함. 따라서 목표종의 지속성을 위하여 교목, 관목 등으로 이루어진 공간과 인근에 수계를 제공해 주어야 함.	 공간1(성충) 예시  공간2(수채) 예시
물 (water)	·대부분의 곤충류는 생체량이 적기 때문에 별도의 음수공간이 필요하지 않지만, 최소한의 수분 흡수를 위해 잠자리류의 경우 이슬이 맺힐 수 있는 초지가 제공되어야 함.	
먹이 (food)	수채 : 잠자리의 유충은 변태되기 전 까지 수중에서 생활하며 저서성대형무척추동물, 올챙이, 소형 어류 등을 포식함. 성충 : 육식성 곤충인 잠자리는 자기보다 작은 곤충인 각다귀, 모기, 나비, 등애류 등을 포식하며 주로 움직이는 먹이(살아있는 먹이)를 사냥의 대상으로 삼음.	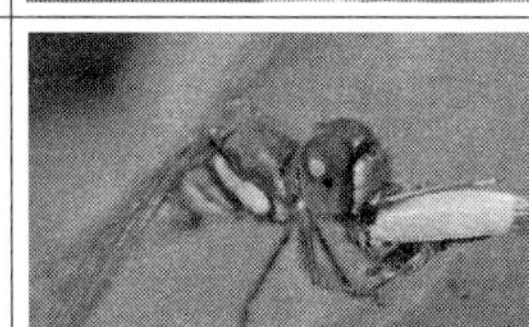 성충 사냥 사례
은신처 (cover)	수채 : 수중생활을 하는 수채의 주 은신처는 수면 아래 정수식물, 침수식물의 줄기이며 돌 틈 사이에 숨기도 함. 성충 : 나뭇가지나 키가 큰 초본류를 활용하며 보호색과 잠자리 고유의 형태를 이용하여 은신과 함께 휴식처로 사용함.	

(http://cafe.naver.com/koreanfishcafe.cafe, http://www.google.co.kr)

6.3 어류 서식처 복원

6.3.1 어류의 생태적 특성

❑ 생활주기 : 봄과 여름사이에 많이 산란하고, 성장은 일반적으로 4~6월에 활발하고 10~3월에 저조함.

❑ 생활 장소 : 구역, 지질, 수질, 수온, 용존산소량 등에 따라 달라짐.

❑ 활동 : 겨울에는 웅덩이, 강변의 풀 사이, 강바닥 등에서 가만히 있거나, 모래나 돌 밑에 잠겨 지내며, 낮에는 먹이를 먹으며 생활하고 밤에는 웅덩이에서 휴식함.

6.3.2 서식처 조성 기법

❑ 어류 서식에 지장을 주지 않도록 수질 관리가 가능한 형태로 조성

❑ 휴식 및 은신처로서 웅덩이나 연안 가장자리에 수초나 돌틈을 조성

❑ 여름철 수온상승과 겨울철 동결심도를 고려하여 1m 내외의 깊은 수심을 일부 조성

❑ 모래, 자갈, 진흙 등 다양한 재료를 활용한 저서환경 제공

❑ 어종과 산란지와의 관계를 파악하여 필요로 하는 공간을 제공

6.3.3 어류 도입

❑ 산란장소별 어종

- 모래 자갈 : 피라미, 갈겨니, 버들치
- 물풀 부착 : 붕어, 미꾸라지, 송사리
- 돌밑 부착 : 붕어, 밀어

❑ 도입하는 어류는 자생어종을 도입하되, 대상지역의 인근 유역에서 채집하여 방사하여도 좋으며, 종별 어류 서식처 조건은 다음과 같음.

표 8-10 종별 어류 서식처 조건

종 명	하상구조	수심(cm)	수온(℃)	DO	pH	산란장소
납자루類	모래, 자갈	50~100	25	2~5	7~8	조개류
참붕어	모래	50	30	2~5	6~7	돌
버들치	자갈	50~100	20	9	7	자갈
종개類	모래, 자갈	50	25	5~9	7	자갈, 모래

6.4 양서류 서식처 복원

6.4.1 양서류의 생태적 특성

❑ 넓은 면적의 수환경, 습초지 등이 형성된 습지에서 서식하는 생물로 양서류 중 대표적인 개구리류는 파충류나 대형 조류의 먹이원으로 다양한 먹이사슬을 만드는데 영향을 미침.

표 8-11 우미류와 무미류별 대표종

구 분	대 표 종	비 고
유미류	도롱뇽, 꼬리치레도롱뇽, 네발가락도롱뇽, 고리도롱뇽 등	꼬리가 있는 종
무미류	무당개구리, 산개구리, 북방산개구리, 한국산개구리, 맹꽁이 등	꼬리가 없는 종

❑ 개구리류의 경우 봄에는 산란장소로 이동하고, 여름에는 그늘진 곳이나 먹이가 풍부한 장소로 옮기고, 가을에는 동면장소로 이동하므로 핵심지역과 완충지역의 서식공간을 필요로 함.

6.4.2 서식처 조성 기법

❑ 대상지와 연못의 크기 : 햇볕이 잘 드는 곳으로 물이 너무 차갑지 아니하며, 주변의 수목에 의해 그늘이 생기지 않도록 하고, 크기는 $100m^2$ 이상으로 조성함.

❑ 연못의 모양과 수심 : 모양은 불규칙한 형태가 바람직하고, 수심은 다양하게

조성하되 50~70cm가 적당함. 단, 동면을 위하여 연못 바닥이 얼지 않을 정도의 깊이가 확보되어야 하고, 산란기(봄철)에는 개구리가 수심 10cm되는 곳에 산란을 하므로 해당 수심의 서식처를 확보해야 함.

- ❑ 공급 수원 : 수원은 우수나 강물을 이용하고, 동절기에는 연못에 두꺼운 얼음이 얼어 바닥으로 산소 공급이 장기간 차단되어 동면중인 개구리가 죽을 수 있으므로 유지 관리가 필요함.
- ❑ 호안 처리 : 주변의 숲, 초지와 연결되는 지역은 사람의 접근을 못하도록 호안처리에 유의함. 올챙이 때는 연못에서 생활하고 성체가 되어서는 호안이 초지나 산림에서 서식하는 양서류의 이동통로로 이용됨.
- ❑ 식재 계획 : 올챙이를 위한 적당한 차폐가 필요함. 대상지 인근 지역에서 자생하는 식물들을 도입하되, 수생식물이 전체 수면적의 10~20% 수준으로 유지되도록 관리함. 도롱뇽 등의 서식처인 광엽성 식생을 도입함.
- ❑ 주변 환경 : 양서류의 이동거리는 약 150m 정도로 반경 내 다른 연못, 개울이 존재하도록 함.

6.4.3 양서류 서식처로서 저습지 조성 방안

1) 소생물권 조성

- ❑ 2개의 생태연못으로 구성되며, 굴곡이 형성되는 만곡부에 조성하여 상류에서는 물이 흘러 들어오고, 하류부에서는 물이 자연스럽게 빠져나가게 함.
- ❑ 규모 : 약 $30m^2$~$50m^2$
- ❑ 저습지의 중간에 낮에 휴식을 취할 수 있는 구릉을 초지와 함께 조성
- ❑ 두 개의 생태연못 중에서 하나의 작은 연못의 가장 깊은 수심은 100~150cm정도로 하고, 가장 수심이 낮은 가장자리의 수심은 0~30cm정도로 조성
- ❑ 주변의 초지 일대는 경사각을 10°로 하고, 가장자리 둘레의 면적은 최소한 2m를 유지하되, 항상 물이 차 있어서 은신할 수 있는 공간을 조성
- ❑ 수심이 35cm~최고 1m로 만들며, 중앙 부분에 턱을 만들어 일광욕 할 수 있는 공간 조성
- ❑ 수변부에 다양한 수생식물을 식재하여 산란할 수 있는 공간을 조성
- ❑ 환경에 적응력이 뛰어난 목본식물 및 초본식물을 도입하여 생물의 수직적 서식공간과 먹이를 제공

2) 식생도입

❑ 자생식물인 갈대, 부들, 매자기 등 습지성 식물을 활용
❑ 습생식물과 수생식물의 유형을 구분하여 배치함.
❑ 습지성 초본식물은 경관적으로 아름다우며, 다양한 곤충을 유인할 수 있는 종을 도입함.
❑ 검정말, 나사말 등 물에 잠겨서 생활하는 식물을 식재하면 용존 산소량의 증가를 가져오고, 수서곤충의 다양성을 회복하게 되어 먹이원이 풍부하게 되므로 개구리의 생존율과 개체수의 증가를 유도함.
❑ 양서류의 활동 범위를 고려한 서식환경을 제공함.

6.5 파충류 서식처 복원

6.5.1 파충류의 생태적 특징

❑ 파충류는 뱀류와 거북류로 구분
❑ 뱀류는 거북류와 달리 다리가 없으며, 눈꺼풀이 없음.
❑ 파충류는 변온동물의 전형적인 특징을 보임. 추운 겨울에는 에너지 소비를 최소화하고 적정 온도에서 생활하기 위해 동면하는 것이 일반적임.
❑ 먹이를 섭취한 후에는 소화를 위해서 따뜻한 돌이나 햇빛이 잘 드는 나뭇가지를 찾기도 함.
❑ 남생이의 생태적 특징
  · 성체 외갑의 길이는 15～25cm정도이며, 등껍질은 진한 갈색이며 긴 타원형이며, 하천이나 호소 등지에서 수서곤충과 어류 그리고 수생식물을 섭취하고, 최소 성숙기간이 3년 이상으로 김.
  · 하천, 강, 호수 등에 서식하며, 6～8월경 물가의 모래에 구멍을 파고 5～15개의 황백색 알을 산란

6.5.2 파충류 서식처 조성 기법

1) 뱀류

❑ 뱀류의 서식처를 조성하기 위한 전형적인 방법은 돌쌓기를 하는 것임.

❑ 멸종위기에 처해 있는 구렁이는 원래 초가집 지붕이나 돌담 주변에 서식하였으나, 지붕 개량 사업, 서식처 파괴, 보신 문화 등으로 개체수가 급감하고 있는 실정
❑ 우리나라에서는 아직까지 멸종위기종에 처해 있는 구렁이, 비바리뱀, 표범장지뱀의 서식처를 조성하기 위한 구체적인 시도는 아직 부족한 실정

2) 거북류

❑ 멸종위기야생동식물 II급으로 지정되어 있는 남생이는 최근 급격하게 그 개체수가 줄어들고 있어 관심의 대상
❑ 생태적 지위가 유사한 붉은귀거북과 형태적으로나 생태적으로 유사하여 그 교란의 정도는 갈수록 심화되고 있음.

표 8-12 남생이의 일반적 서식지 조건

구분	일반적 서식지 조건
공간	· 강과 이어진 논이나 늪, 냇가, 연못, 호수, 민물 등에서 서식하며 낮에는 강가의 은신처에서 몸을 숨긴다. · 기온이 높은 여름에는 기생충을 없애기 위해 바위에 올라가서 햇볕을 쬐며, 산란기에는 물가 모래톱에서 구덩이를 파고 알을 낳으며, 겨울철에는 강바닥에 진흙 속에서 동면한다.
먹이	· 잡식성으로 다양한 식물과 죽은 동물을 주식으로 한다. · 개구리, 우렁이, 민물고기, 새우 따위의 갑각류, 다슬기, 양서류, 달팽이, 지렁이, 곤충류, 수초, 물풀, 떨어진 과실 등을 먹이로 한다. · 아침과 해질녘에 물가나 물속에서 작은 물고기, 우렁이, 물풀 등을 먹는다. · 1~2년생은 대기의 온도가 15℃ 이하로 내려가면 채식을 중단한다.
은신처	· 낮에는 강가의 돌 밑에 있거나 흙이나 진흙 속으로 파고 들어가 있으며, 날씨가 추워지면 물속의 진흙을 파고 들어가서 동면을 한다.
물	· 강의 중류, 하류, 호수, 연못, 늪, 논의 관개수로와 같이 유속이 약하거나 고인 담수에서 서식한다. · 주로 물에서 서식하며 헤엄지고 먹이를 잡아먹으며, 겨울잠을 잘 때도 물속의 강바닥의 진흙 속으로 들어가서 겨울을 난다.
기타	· 본래 번식기는 봄이지만, 가을에 번식하기도 한다. · 산란기는 보통 6월~7월 사이이다. · 미생물, 거머리류 및 흡충 등의 기생충은 서식에 영향을 끼친다. · 물새나 공격적인 조류, 육식성 어류(블루길, 베스 등), 소형 포유류 및 설치류는 남생이의 유생이나 성체에게 위협이 된다. · 모기 유충은 면역력이 낮은 어린 유생에게 위협적이며 너구리나 개미 등은 산란한 알을 위협하는 포식자이다. · 남생이의 가장 큰 생존 위협은 지역 개발과 담수 형태의 변형이다.

6.6 조류 서식처 복원

6.6.1 조류의 생태적 특징

❑ 조류가 다양하게 서식하면 안정적인 먹이사슬이 형성되며, 이는 생태적으로 양호한 서식처임을 나타냄.

❑ 인간의 간섭에 매우 민감하며, 비교적 넓은 서식처를 요구함.

❑ 조류는 주행성과 야행성으로 나뉘는데 대개는 주행성이고, 일출과 동시에 행동하여 야간에 수면에 들어감.

- 행동 : 가장 활발한 시간대는 일출 후 수 시간 사이로, 야행성 조류는 낮에는 휴식하고, 밤에 논 등에서 채이함.
- 먹이 : 소조류는 번식기에는 곤충이나, 거미, 지렁이 등을 채이하는 비율이 높고, 월동기에는 식물의 열매 등을 채이함.
- 행동권 : 박새와 같은 소조류의 행동권은 1ha에서 2,000~6,000ha까지 다양함. 계절에 따라 행동권이 바뀌는 종도 있음.

6.6.2 서식처 조성 기법

1) 조류의 유인 및 서식환경 조성 기법

❑ 수심, 가장자리 처리, 식재 등을 주요하게 고려

❑ 수변부에 몸을 숨길 수 있는 갈대와 습지 수목의 숲을 조성하고, 물새들의 먹이 서식밀도를 높이도록 연못의 수변부를 다양하게 조성

2) 식이식물의 식재

❑ 식생은 조류의 은신처나 피난처로 이용될 뿐만 아니라 먹이원으로 활용됨.

❑ 멧새류를 위하여 주변 녹지에 다양한 종자식물을 식재

❑ 물새류를 위한 습지는 저습지가 2/3, 넓은 수면 1/3의 비를 갖추어야 하며 가장 선호하는 수생식물의 위치는 수심 30~60cm의 곳임.

❑ 개개비류 번식을 위해 갈대를 식재하고, 물닭, 쇠물닭 등의 번식을 위한 줄, 부들을 식재하되 이동을 위하여 연속적으로 조성

❑ 수면성오리류는 천변에 먹이가 되는 수초를 식재

- ❑ 물떼새, 도요류와 할미새류는 하천변에 자갈(크기 7~15mm)밭과 모래밭을 조성하고, 하안 식생을 유지하여 은신처로 작용
- ❑ 박새, 멧새, 참새류는 교목과 관목을 적절하게 잘 혼용하여 이들의 서식공간을 조성해 주고 이들의 먹이가 되는 종자식물을 많이 식재

3) 조류의 휴식처 조성기법

- ❑ 식물섬(부도)이나 고목, 횃대(통나무 박기) 등이 있음.
- ❑ 식물섬은 조류의 휴식처 혹은 서식처로서도 매우 중요한 공간으로 활용

4) 조류관찰을 위한 이용자 통제 및 관찰시설 조성

- ❑ 외부간섭을 최대한 줄이기 위해 조용하면서 사람의 간섭이 적도록 하는데 섬이 조류의 서식을 위해서 큰 기능을 함.
- ❑ 생태공원이나 생태연못의 전체 면적 중에서 절반 이상은 생물들을 위한 공간으로써 사람들의 출입을 제한함.
- ❑ 안정적인 습지 내 관찰행위로 인한 간섭을 최소화한 은신형 관찰로를 조성

6.7 멸종위기종 복원

6.7.1 멸종위기종 복원 사업

1) 멸종위기종 복원사업의 중요성

- ❑ 지구온난화 등 현 상태 지속시 향후 50년 내에 지구상 생물종의 1/4이 멸종될 것으로 예측('04.1.8, Nature誌)
  - · 약 1,000만종~3,000만종으로 추정되는 지구상 야생동·식물 중 연평균 0.5%씩 감소하여 20~30년 내에 전체 생물의 20~30%가 멸종될 것으로 전망(Pimm et al, 1995)
- ❑ 우리나라도 많은 생물종이 멸종위기에 처해 있고, 앞으로도 이러한 추세는 지속될 전망
  - · 그 간의 경제성장 과정에서 생태계를 고려하지 않은 개발로 인한 서식지 훼손과 밀렵·남획 등으로 많은 종의 개체수 감소

- 개체수가 현저하게 감소하여 멸종위기에 처한 야생동 · 식물 221종을 멸종위기종으로 지정 · 관리

❑ 서식지 보전과 함께 자생력을 상실한 멸종위기종에 대해서는 적극적인 증식 · 복원 관련 대책마련 필요

- 개체수가 일정수준 이하로 감소할 경우 유전적 다양성 감소로 멸종이 가속화되어 생태계의 불균형을 초래하므로 대책 필요
- 선진 외국은 오래전부터 멸종위기종을 보전하기 위하여 과학적이고 체계적인 야생동 · 식물 증식 · 복원사업을 추진

❑ 생물다양성을 제고하고 생태계 건강성을 회복하기 위하여 국가 차원의 "멸종위기종 증식 · 복원 종합계획" 수립 필요

6.7.2 인공증식 및 복원을 위한 연구체계

원종 확보	←	유전자분석, 질병검사 등을 통해 해당 개체의 적합성 및 안정성 등에 대한 검증이 필요
⇓		
증식 · 복원/서식지 관리 기술개발	←	종의 생태특성 규명, 복원가능성, 적정서식밀도, 위협요인 및 폐사율(고사율) 등에 검토 필요
⇓		
복원 대상지역 선정	←	잔존 개체 유무, 서식지 적합성 평가, 다른 민감한 종에 대한 영향, 토지 소유권, 복원 적지선정 등에 대한 검토가 필요함.
⇓		
증식 · 복원	←	개체 증식 및 서식지 복원
⇓		
모니터링 · 사후관리	←	개체수 변화상 파악, 위협요인에 대한 대처방안, 생태계 내 변화상, 유전적 다양성 변화 등에 대한 검토 필요
⇓		
성과 분석 · 평가	←	종의 생태특성과 여건에 따라 적절한 시기에 시행하고, 평가결과에 따라 필요시 수정계획을 수립하는 것이 필요

(멸종위기 야생동 · 식물 증식 · 복원 종합계획, 2006)

7. 생태계 복원

7.1 도시생태계 복원

7.1.1 개 요

- ❑ 건축물의 벽면과 옥상의 생물서식공간화, 생태숲의 조성 또는 기능이 저하된 도시림의 복원 등에 해당
- ❑ 도시생태계 복원의 방향은 훼손된 서식처의 원상태로 조성 또는 사라진 서식처를 복원 · 창출

1) 도시지역 내 생물서식처 조성

- ❑ 다양한 생물서식환경 조건을 도출하여 다수의 생물서식환경을 충족할 수 있는 공간의 확보

2) 새로운 서식처 조성의 방법

- ❑ 자연적 형성(natural colonization) : 대상지 내 서식처가 발달하는 자연적인 과정을 유도하는 방법
- ❑ 서식처 구조 형성(framework habitats) : 자연적 형성에서 발생하는 것과 같이 서식처를 형성하기 위해 지형, 토양, 배수체계 등을 조성해 주는 공학적 공법
- ❑ 설계자로서의 서식처(designer habitats) : 미리 결정된 설계에 온전한 경관을 포함하는 방법, 관목숲의 형성에 이용
- ❑ 정치적 서식처(political habitats) : 도시지역에 시선의 집중이 가능한 서식처를 조성하는 방법, 교육 및 선전 효과에 초점

7.1.2 벽면의 생물서식공간화 방법

1) 벽면 생물서식공간화의 개요

① 개념

- 건축물의 벽면, 각종 울타리, 방음벽, 콘크리트 옹벽 등의 수직면과 사면 등 인공적으로 만들어진 입면에 대하여 식물을 도입하여 녹음으로 피복하는 것

② 유형

- 건물벽면 녹화
  - 도시지역 내 가장 흔한 공간으로 생물서식공간으로서 기회요소가 높음.
  - 현재까지 다공질의 건축물 벽면에 부착형 덩굴식물을 식재하여 녹화한 방법을 많이 사용
- 옹벽 녹화
  - 안전성의 확보를 위한 콘크리트 구조물을 식재가 가능한 형태로 개조하여 녹화에 이용
- 호안면 녹화
  - 도시 하천 및 강의 호안에 콘크리트로 되어 있는 공간을 녹화하는 방법
  - 과거 등반 녹화에서 현재 친자연적 소재를 이용한 생물서식공간화 시도
- 기타 녹화
  - 돌담, 석축, 벽면, 방음벽 등의 수직면을 녹화할 수 있는 공간을 활용하는 방법

③ 목적

- 도시 내의 수직적인 공간을 생물서식처로 조성
- 수직적인 공간의 위와 아래에 조성된 생물서식처를 연결
- 기존의 벽면녹화에서 나타난 생물서식처로서의 한계를 극복
- 수분의 증발에 의한 건축물의 냉각효과
- 도시 내에서의 녹지율 및 녹시율 증가

④ 효과

- 경관 향상
- 소동물, 곤충의 서식처 마련

- 에너지 절감 효과
- 건축물 내구성 향상 및 벽면으로부터의 반사광 방지
- 건축물의 강도 증가
- 그 밖의 효과 : 대기오염의 감소 및 방음 효과, 정서적·심리적 안정 효과

2) 벽면 생물서식공간화의 주요 기법

① 녹화식물

- 선정 조건
  - 녹화 목적의 부합성 : 식물의 특성을 고려하고, 녹화의 목적에 부합되는 식물을 선정
  - 관리성 : 목본으로 항구적 녹화 가능, 생육이 왕성하여 피복율 좋음, 병충해 및 건조에 강함.
  - 시장성 및 경제성 : 묘목 또는 종자의 대량구입 가능 여부, 저렴한 가격
  - 경관성 : 주변 건축물의 녹화식물과 조화
  - 환경내성 : 내음성, 내건성, 내한성
  - 생육성 : 식물의 연간 신장량을 고려
- 녹화식물의 종류
  - 흡착형 식물 : 덩굴손의 선단에 형성된 부착반 또는 줄기의 절로부터 발생하는 부정근의 일종인 부착근에 의해서 벽면에 부착
  - 감기형 식물 : 덩굴손, 또는 엽병이 변형된 등반기관에 의해서 등반하며, 전체적으로 감기운동을 함.
  - 기타 : 줄기 혹은 잎에 발달하는 가시, 다른 물체에 걸치기 쉬운 수평지 등에 의해 등반하는 식물

표 8-13 등반유형별 식재방법

등 반 유 형	세 부 설 명
▫등반부착형 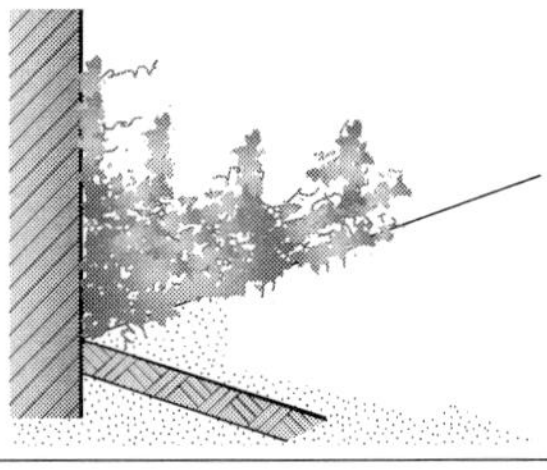	· 입면의 기부에 덩굴식물을 식재하여 덩굴의 신장에 따라 입면에 직접 부착시켜 등반녹화 시키는 방법 · 입면의 표면이 콘크리트 블록, 거친 벽돌 등 다공질의 상태 혹은 크고 작은 요철이 많은 경우에 이용 · 담쟁이덩굴, 모람, 송악 등의 흡착형 식물을 이용할 수 있음.

등 반 유 형	세 부 설 명
▫등반감기형 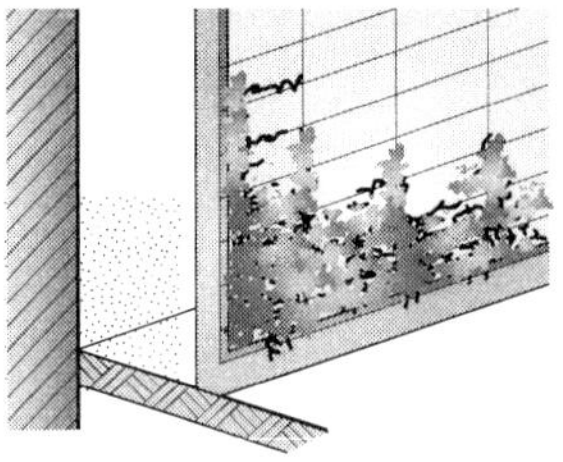	· 그물이나 격자 등의 등반 보조재를 입면에 설치하고, 덩굴식물을 입면 기부에 식재하여 덩굴이 감아 올라가도록 녹화시키는 방법 · 입면의 구조, 재질에 관계없이 녹화가 가능하며, 머루류, 인동덩굴, 등나무, 으름덩굴, 노박덩굴 등의 감기형 식물을 이용할 수 있음. · 자력으로 등반이 가능한 흡착형 식물과 감기형 식물을 혼용할 경우 등반보조재의 시공량을 경감시킬 수 있음(담쟁이덩굴, 송악, 노박덩굴 등).
▫하수형 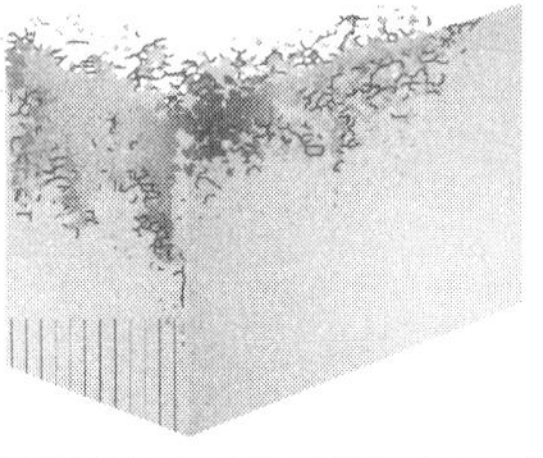	· 입면의 상부나 옥상에 식재용기를 설치하고 신장하는 덩굴을 늘어뜨려 녹화하는 방법 · 베란다가 있는 건축물에는 베란다에 식재용기를 설치하고 녹화할 수 있음. · 늘어지는 덩굴을 그대로 두어도 되나, 덩굴이 바람에 흔들리지 않도록 입면에 보조재를 설치하여 부착시킬 수도 있음.
▫면적형 	· 입면의 요소에 식재공간을 설치하고 덩굴식물을 식재하여 사방으로 부착시키는 방법 · 입면 면적이 넓고 식재공간 설치가 가능한 경우 이용
▫에스펠리어 	· 입면 앞에 나무를 식재하여 나무의 줄기나 덩굴을 여러 형태로 유인하여 얇게 벽면에 붙여서 녹화하는 방법 · 입면에 유인장치(격자망, 울타리 등)를 설치하고 나뭇가지, 덩굴을 감기게 하거나 붙잡아 메는 방법을 사용 · 특히 경관적인 측면에서 녹화가 요구되는 공간에 적합한 방법이나 지속적인 유지관리가 필요

② 식재기반

· 식재공간의 넓이

- 지상부에 식재 가능 공간을 우선적 확보 필요. 덩굴식물 식재시 깊이 30~50cm, 폭 30cm

· 토양공간
- 토양공간 없을시 인공적으로 식재용기 설치 또는 콘크리트 블록 조성 후 토양 도입
- 토양공간 있을시 협소하고, 딱딱하며 협잡물이 포함되어 있어, 전면객토 또는 토양개량 실시
- 녹음량 및 토양의 무게에 주의하여 조성

③ 등반보조재의 설치
· 설치 조건
- 감기형, 흡착형 덩굴식물을 이용할 시라도 녹화 대상면의 재질에 따라 등반보조재의 설치
· 종류
- 나무격자 보조재
: 열전도율이 낮은 나무를 활용하는 방법, 두께(20/40mm 또는 25/50 mm)의 각재로 격자(40cm 간격)를 만들어 사용. 경질의 목재를 사용, 나무 표면을 경사지게 절단하여 낙수 유도
- 그물망 보조재
: 식물종에 따라 그물망 크기를 변경
10cm×10cm(으름덩굴, 사위질빵, 마삭줄, 헤데라, 멀꿀 등)
40cm×40cm(등나무, 포도 등)
- 와이어 보조재
: 텐버클과 와이어로프의 연결 후 고정으로 간단히 시공

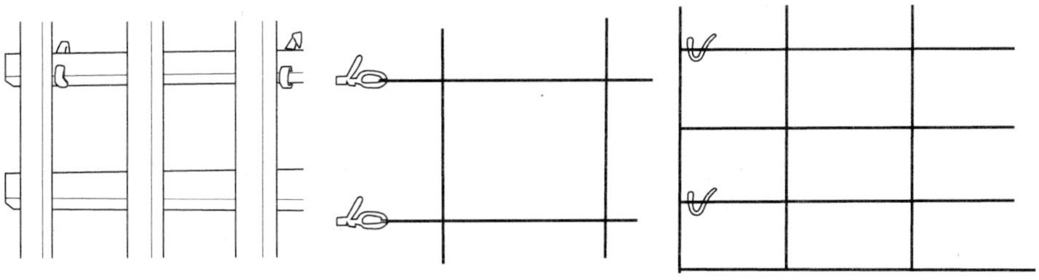

a) 나무격자 보조재　　b) 철망보조재　　c) 와이어 보조재

그림 8-7 등반보조재의 유형

- 철망 보조재
  : 녹방지 처리 필요, 등반보조재의 설치시 넓은 벽면에 간단히 시공

④ 관수 및 배수설비

- 녹화기법, 식재기반에 따라 관수나 배수설비의 종류가 다름
- 우수의 이용시 관수설비 별도 설치 필요 없음.
- 식재용기 이용시 적당한 구배에 의한 배수공 설치 필요
- 자연지반 이용시 특별한 배수설비 필요 없음.
- 인공지반 이용시 배수설비 설치 필요

⑤ 식재시 유의사항

- 건조 방지, 지온 상승 방지, 잡초 발성 억제를 위해 식재식물의 뿌리 부근에 수피, 자갈 및 멀칭자재의 활용
- 토양 상태 및 식물 종류에 따라 식재간격 유의
- 덩굴식물은 작은 식물부터 식재
- 병충해의 대비 위해 혼합식재가 필요

⑥ 유지 및 관리

- 전정 및 제초
  - 지엽의 중복 번성은 지엽내부에 무름이 발생하여 생리 장해, 병충해 발생의 원인이 되어 전정 필요
  - 전정 시기는 기본적으로 겨울철 실시, 어느 시기에나 전정 가능
  - 잡초의 번성을 막기 위해 멀칭 또는 제초 작업이 필요
- 시비
  - 식물종 및 토양조건, 식재기반 정비 방법에 따라 방법이 달라지나, 식물의 생육상태에 따라 시비를 실시
- 관수
  - 입면의 기부 및 상부에 식재공간을 조성하므로 자연지반에 비해 토양이 건조하기 쉬우므로 갈수기에 적절한 관수 필요

3) 벽면 생물서식공간화의 효과

① 조경적 효과
- 도시의 경관 증진
- 생물 서식처 증진

② 반사광 방지 효과
- 방음벽 반사광 저감
- 도시의 경관 증진

③ 구조물 보호 및 붕괴 방지
- 식물고착에 의한 장력 증진
- 외부 노출면이 가려지므로 훼손율 저감

④ 에너지 절약 효과
- 여름철 단열효과로 인한 에너지 절감
- 겨울철 보온효과로 기온차를 격감
- 외부 기온차를 완화

7.1.3 옥상생태계 복원

1) 물의 도입

❑ 습지를 조성하여 다양한 생물들이 서식할 수 있는 기회요소를 제공
❑ 수생 및 습지식물 서식처, 수서곤충, 어류, 양서류의 서식처와 조류 서식처 조성
❑ 별도의 급수 및 배수시스템을 조성하여 도입, 우수나 중수 활용

2) 식물의 도입

❑ 옥상의 특수한 환경에 적응할 수 있는 내건성을 지니며, 척박한 토양에서도 잘 서식하는 자생수종을 중심으로 도입
❑ 다층구조와 군락식재를 통해서 생물의 서식에 적합한 구조를 가지도록 함.
- 녹화의 목적에 맞는 식재 구성과 배치, 유지관리와 주변 경관을 고려
- 풍해나 관리를 고려해서 저층부에서 고층부로 갈수록 식재의 수고를 교목

에서 관목, 그라운드 커버로 주체를 달리하여 식재
- 수목 선정시 적재하중 조건과 식재 기반의 두께, 수목의 생장도 등을 고려해서 나무의 종류 및 형상을 선정
- 일조를 고려해 북쪽은 중간 정도의 낮은 나무를 식재

3) 동물의 서식처 조성

❑ 다공성 공간을 조성하여 곤충 서식처 조성

❑ 관목덤불숲, 유실수 군락, 인공새집 등을 조성하여 조류 서식처 및 휴식처 제공

7.2 산림생태계 복원

7.2.1 도시림 복원

1) 도시림의 생물서식공간화

❑ 식생구조와 서식하는 야생생물
- 식물군집의 식생구조(Structure)와 층위(layering)는 각각의 야생동물 집단을 위한 독특한 환경을 제공
- 식물군집의 다양성은 각각의 생물들에게 적합한 서식환경을 제공

❑ 근린공원의 서식지화를 위한 바람직한 수림 유형 : 지속가능한 수림이 되기 위해서는 반개방적인 수림이나 밀도가 높은 수림의 형태가 적합
- 반개방수림은 일정 부분 강도 있는 벌채를 실시하여 광선이 비교적 투과가 잘되나 잔디의 생육은 곤란
- 지피식물이 잘 자라고 오랜 시일 후 풍부한 임상을 기대
- 밀도가 높은 수림은 거의 하늘을 덮으며 극히 폐쇄적인 수림

2) 도시림의 식물종 복원

❑ 완전 벌채 : 귀화식물의 우점 등 훼손된 도시림을 원식생으로 복원하거나 생물다양성을 증진시킬 수 있는 방법으로 대상지역의 수목을 모두 제거

❑ 선택적 벌채 : 도시림을 복원 및 관리할 목적으로 바람직하지 않은 수종이나

경제목의 생산성 향상 등을 위하여 필요로 하는 수목을 제거

7.2.2 광산지역의 복원

1) 지형

- ❑ 계단식 절취를 지양하고 구릉형 지역으로 복구
- ❑ 주변 자연 지형과 이질감 최소화
- ❑ 요철부위에 식생으로 보다 자연스런 지형 복원 및 식생 도입

2) 수질오염 저감 및 수질정화

- ❑ 침사지를 설치하여 1차 부유물질 침전
- ❑ 자갈 접촉 산화지
- ❑ 수생식물 재배 등 인공습지 도입

3) 자연친화적, 생태천이 방법인 군락천이 개념 도입

- ❑ 자연식생구조 도입
  - · 식물사회학적 접근
  - · 포트묘, 묘목 위주로 다층구조, 혼효림 식재
  - · 수고 1.5~2m 묘목을 1~1.5m 간격으로 설계
- ❑ 장기적으로 간벌, 택벌을 통한 목표 식생 구조 관리
  - · 중기 목표 연도 : 20년
  - · 중장기 목표 연도 : 50년
  - · 종구성은 안정된 군집 우점종 50%, 묘목식재시 우점종 30%, 속성수 65%, 관목 5%
  - · 초기 녹화시 자귀나무, 회화나무 도입(질소 고정 식물)

4) 표토의 보관 활용

- ❑ 가적치후 복원시 사용
- ❑ 표토는 일반적으로 지상에서 약 15cm 정도

5) 자생종 및 향토종 사용

- ❑ 소나무군락 : 소나무 우점종, 관목층 - 덜꿩, 조록싸리, 조릿대
- ❑ 참나무군락
  - · 우점종 : 굴참나무
  - · 관목층 : 진달래, 작살나무
  - · 교목층 : 생강나무, 물푸레나무, 팥배나무

6) 광산개발 후 지속가능한 이용

- ❑ 농업적, 임업적 활용
- ❑ 휴양시설, 영화 촬영지, 교육시설 등으로 활용

7) Recycling Eco 녹화공법 활용

- ❑ 개발시 발생하는 포트, 그루터기, 폐목 등 현장 재활용
- ❑ 벌개제근 부산물은 사업지구 내 부식 처리로 퇴비 활용

7.2.3 산불지역의 위치별 복원

1) 사면처리 구간

- ❑ 산지사면의 생산력 기반인 토지 생산 및 유출을 방지

① 종자살포(seeding)
- · 표면유출수와 토사유출방지를 위해 항공기나 특수차량을 이용해서 광역의 면적에 식물의 종자를 뿌리는 방법
- · 산불피해 지역뿐 아니라 절개지, 산사태 위험지, 노출사면에 많이 적용
- · 종자는 벼과 일년생, 다년생 초본+콩과식물
- · 산불 첫해의 처리 효과는 거의 없고, 오히려 자생종을 억제, 2년째 이후 피로 증가 효과를 기대할 수 있으나 지역차가 큼.

② 멀칭(mulching)
- · 산불로 노출된 지표면을 덮어줌으로써 빗방울 타격 감소
- · 직접적인 식생피로와 같은 효과

· 기계로 분산하는 방법과 손으로 흩어뿌리는 방법
· 자연재료를 이용하는 것이 좋으나 우리나라의 경우 산불 발생 시기가 봄철에는 생육기 전이라서 재료 구하기가 어려워 볏집을 사용
· 토사방지 효과에 긍정적, 비용 대비 효과적(종자살포, 멀칭, 경사막이 中)

③ 통나무 경사막이
· 통나무를 물리적 장벽으로 작용하게 하며 물의 투수효과를 높여 토사유출을 막음.
· 산지의 경사면에 등고선 방향으로 통나무를 배치, 고정 → 나무 밑과 지표면 밀착
· 산불 직후 가장 효과적이나 비용적인 면에서는 멀칭보다 떨어짐.

④ 기타
· 우드칩 처리
· 섬유를 덮어 피복
· 일시적으로 사면하부에 울타리를 치게 하는 방법

2) 계류처리(channel treatment) 구간

① 복원 목적
· 사면에서 유실된 토사에 의한 하상침식방지, 토사가 퇴적되도록 하는 것을 목적
· 하류에 홍수를 유발하는 것을 방지
· 도로, 다리 등이 시설물에 손상을 일으키는 것을 방지
· 계류 내에 구조물을 일정 기간 설치하는 것

② 사방댐(check dam) 조성
· 일종의 여과장치, 사방에서 발생한 토사와 물의 이동량 및 속도를 줄여 천천히 방류
· 짚, 통나무, 돌 등을 이용하여 댐 형태도 소규모 유역에 설치
· 집중호우시 하류의 다리나 도로가 유목 피해가 커 철재빔 형태의 댐구조물 조성
· 설치가 쉽고 효과가 좋으나 비용 과다

· 바위댐(rock dam), 돌망태법(rock cage dam) 등

7.3 습지생태계 복원

7.3.1 소택습지 복원

1) 개념

❑ 물이 깊고 넓이가 넓은(8ha 이상의 면적 기준) 호수형 습지와 비교했을 때 상대적으로 작은 면적에 비교적 낮은 수심을 가진 곳으로 파동이 잘 일어나지 않는 곳을 말함.

❑ 가장 빈번하게 나타나는 습지의 유형으로 생물다양성의 가치가 높고, 일반적으로 도시 지역에서 조성하는 생태공원이나 생태연못의 주류를 이룸.

2) 생태적 특성

❑ 습지 식물은 수생식물과 습생식물로 구분하고, 습지 조성 시 적절한 식물의 도입은 습지의 기능 향상을 위한 중요 요소임.

❑ 습지에서의 수평적 구조는 물에서 뭍으로 가면서 수생식물-습생식물-야생초지-관목덤불숲-교목 순으로 나타남.

❑ 습지에서의 생물다양성의 증진을 위해 다양한 식생의 분포와 적정 개방수면의 유지 등이 중요한 항목이 됨.

3) 복원 및 창출

❑ 다양한 생물종의 서식을 위해 식물의 생태적 특성, 개방수면을 유지, 조성 후 관리 등을 고려

· 식물의 생태적 특성을 고려한 배치

· 개방수면과 식생 군집은 50 : 50이 되도록 함.

· 한 두 종이 지나치게 번식할 경우 번식을 제어하고, 피압종에 대한 관리가 필요

❑ 경관 및 저관리를 위해 토양 조건의 고려, 호안부의 처리 등을 고려

· 도입하고자 하는 식물은 토심을 확보한 이후에 작은 자갈층을 포설하는 방

향으로 조성
- 호안부는 작은 자갈이나 모래를 이용하되, 다양한 자연 재료를 이용하고 주변에 사질양토를 도입
- 개방수면 확보를 위하여 일부는 작은 자갈 등을 포설하고 나머지는 식재가 가능한 공간으로 조성

❏ 옥상의 경우 식물의 지나친 성장을 막기 위해 자갈, 입가가 큰 모래를 일부 포설 또는 종자가 결실하기 전 제거

4) 복원 및 창출 시 고려사항

❏ 훼손되기 이전의 습지 내 구성된 식물종

❏ 각 대상지역의 환경조건을 고려한 복원

❏ 습지 조성의 목표를 명확히 하고, 그에 대한 기법을 달리함.

5) 갈대 확산을 억제하기 위한 관리 방법

❏ 하구 습지생태계를 구성하는 주요한 식물인 갈대는 생장과 세력의 확산이 빠른 특징이 있는데 이러한 식물의 생장을 억제하기 위하여 외국의 갈대와 같은 침입식물의 관리 기술을 요약하면 다음과 같음.

표 8-14 일반 습지 침입식물 조절 방법

방 법	특 징	적용방법
기계적 처리	・작은 규모로 성장하는 경우 파내기가 적합하고, 인력, 장비를 사용하여 제거 ・근경을 제거하여도 다시 새로운 개체가 성장할 수 있음.	・1년에 5회 이상 5년~10년 지속적인 관리 필요 ・제거횟수, 시기는 기후와 지역적 특성에 따라 다르며, 제거지역을 건조하게 유지시키는 것이 중요함.
생물학적 처리	・먹이사슬에 의한 갈대 섭식이 주요 제거 기작임. ・나방유충, 진딧물, 잠엽곤충, 혹파리, 설치류, 조류, 소 등을 이용	・물닭, 소는 갈대 발생 초기에 적용 가능
노출/차광/멀칭	・플라스틱으로 갈대 온도 조절하고, 광합성 능력을 감소시켜 갈대의 성장을 억제 ・특정지역의 세부적 조절에 효과적으로 사용	・전체 성장 기간 지속적 적용 필요하고, 적용 후 갈대의 재침입의 방지가 필요함.

방 법	특 징	적 용 방 법
수위 조절	·수심 30cm 이상 유지하여 갈대를 제어하나, 정착한 갈대의 제거가 어려움.	·갈대 발생기에 적용하되 다른 방법과 함께 사용 가능
화학적 처리	·제초제로 갈대 제거, 제초제가 근경까지 이동해야 함.	·실제 성장기간에 적용이 바람직하고, 종자 생성시기가 제초제 적용하기에 적합
환경변화와 소각	·갑작스러운 염분 등의 환경변화를 이용하고, 소각하여 제거	·늦여름에 소각하는 것이 적합
복합처리 방법	·배수-기계적 또는 화학적 처리-수위조절 혹은 화학적 처리-소각의 병행	·적용 방법에 따라 달라짐.

(성기준 등 2010)

7.3.2 호수습지 복원

1) 호수습지의 개념

❑ 정체수에 의해서 물이 고여있는 지역으로 넓이가 8ha를 초과하는 지역
❑ 교목과 관목, 수생식물이나 이끼류와 같은 식생이 잘 발달하지 않는 특성
❑ 지형적으로 주변 지역에 비해 움푹 패였거나 수로가 막힌 지역

2) 복원 기법

❑ 지형을 침하하거나 다른 요소에 의해서 호수의 형상을 조성
❑ 물순환형 체계를 유지할 수 있도록 조성
❑ 키 큰 나무와 키 작은 나무의 피복도는 30% 이내
❑ 수표면적과 습지 바닥의 면적, 깊이, 저수용량 등을 고려한 습지 조성

7.3.3 수질정화습지

1) 개요

❑ 식물과 자연 소재를 이용하여 오염된 물질의 정화를 목적으로 조성되는 습지
❑ 수질정화력이 높은 식물들을 이용하여 부영양화를 일으키는 물질을 제거하는 방법을 이용
❑ 생물종의 서식처 기능을 수행하여 다양한 기능을 실현

2) 습지 조성 기법

❑ 수질정화 습지의 정화 기작

- 정수식물이 번무한 호안의 습지에 하천, 호수의 물을 도입하여 수질 개선
- 물리적, 화학적, 생물학적 과정이 복합되어 일어나는 기작을 이용

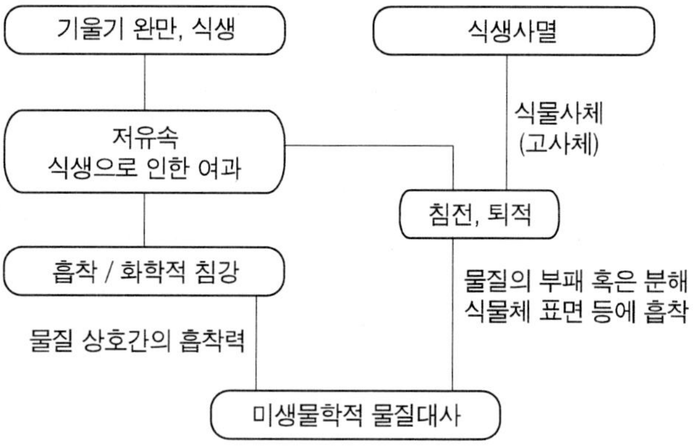

그림 8-8 수질정화 습지 내 물리적, 화학적, 생물학적 기작

❑ 수질정화 습지의 기능

- 홍수시 초기 유량을 담수시켜 수질개선 뿐만 아니라, 토양유실의 억제와 유사량을 조절하며, 주변 지역의 하천 범람을 방지
- 어류 및 야생생물을 위한 서식처를 확보
- 환경생태공원 및 생태학습장을 조성
- 조류나 보기 좋은 경관을 통하여 외부 관광객이나 인근 주민들의 레크리에이션 기능
- 유지·관리가 다른 수질 개선 방법에 비해 쉽고, 적은 비용의 사용

❑ 습지 조성을 위한 부지 면적이 많이 소요되며, 축척된 유기물질이 용출될 수 있는 단점

❑ 수질정화 습지의 조성을 위한 고려사항

- 충분한 습지 면적 확보
- 저습지대의 식생은 주로 정수식물로 구성
- 간단한 취수시설로서 하천·호소의 물을 도입하는데 지리적으로 유리한 곳에 위치

- 인의 제거에 적당한 고부하 유입수
- 조성 후에는 정화기능을 극대화시키기 위해서 1년에 1회 이상 절취하는 작업 필요
- 오니의 퇴적이 큰 경우에는 오니의 제거가 필요

❑ 주요 기법 : 3단계 수질 정화 시스템

표 8-15 습지의 3단계 시스템과 기능에 따른 조성 방법

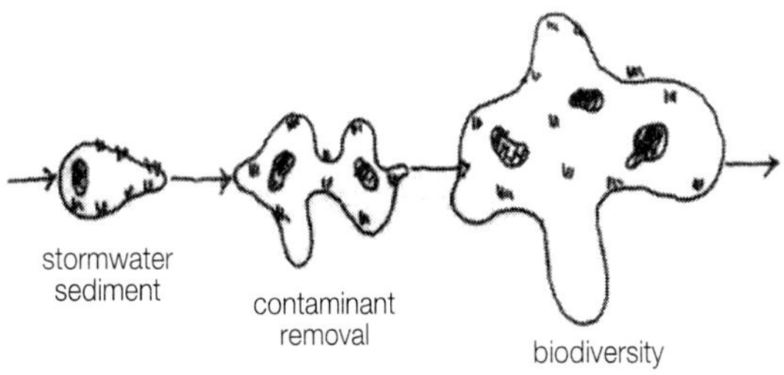

3단계 습지 시스템의 구조

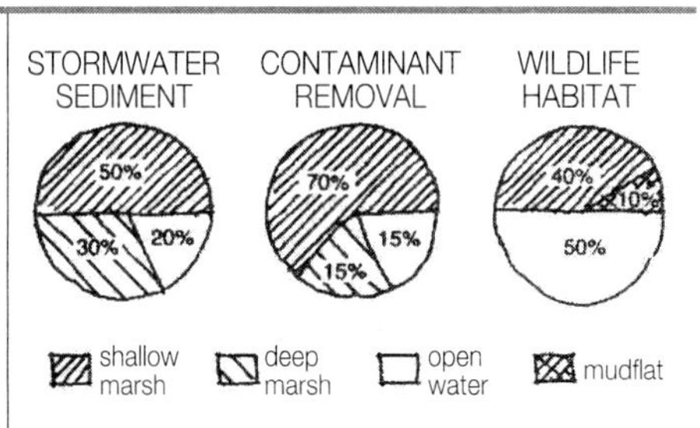

습지 기능의 유형별 습지 조성 방법

7.4 하천생태계 복원

1) 생태하천 복원의 기본 방향

❑ 하천이 스스로 생태적 생명력을 갖게 하면서도 도시민에게 좋은 경관을 제공하고 친수공간을 제공하는 것

❑ 각기 다른 하천의 생태계가 무엇인지 어떻게 움직이고 있는지에 대한 깊은 성찰과 고민이 이루어져야 함.

❑ 하천의 생태적 복원은 어느 한 분야의 전문지식으로 이루어질 수 있는 것이 아니기 때문에, 하천을 다루는 이들은 생태, 환경, 토목, 조경, 도시 분야 등 각 분야를 융·복합하는 총괄적인 전문가가 되어야 함.

❑ 치수·이수, 수질, 생태복원 및 친수경관과 관련된 분야들은 모니터링하면서 종합적인 관점에서 컨트롤 할 수 있어야 함(변우일, 2010).

2) 수변완충녹지대 조성 기법

❑ 오염물질이 발생하는 지역과 수자원 사이에 위치하여 수자원의 오염 정도를

완충해주며, 수생생물의 서식처 및 먹이를 제공

❑ 교목, 관목, 초본, 수생식물 등의 식생으로 이루어지며 다양한 유형으로 분류

❑ 수변완충녹지대의 폭에 따라 오염원을 거르고 흡수하는 능력이 다름 : 물의 저장과 식물 흡수, 탈질화 등은 10m 정도의 폭에서도 상당히 감소, 인과 질소의 제거를 위해서는 30m가 적합

표 8-16 수변완충녹지대의 유형분류

대 구 분	소 구 분	내 용
Buffer strips	Riparian buffer strips	· 농지로부터 떨어져서 관리되는 수로를 따라 폭은 5~50m의 식생녹지대로 조성 · 일반적으로 영구적인 것이지만, 윤작의 한 부분으로 일시적인 것이 될 수도 있음.
	Vegetated filter strip	· 식재된 지역이나 자생식물이 있는 녹지대 · 정화녹지대는 수로 옆에 위치할 수도 있지만, 농장에서 유출된 유출수를 처리하기 위해 농장 건물 근처에 종종 사용 · 풀로 덮인 수로가 유출수를 모으는 재배지역에 사용 · 정화녹지대와 풀로 덮인 수로는 유출수의 속력을 감소시켜 침전물을 가두는 역할
	Riparian zone	· 서식처로 사용되는 지역으로 반자연 식생과 관련 · 야생동물 및 수생서식처를 보호
	Conservation headlands	· 넓은 잎의 잡초밀도를 증대하고, 병아리의 먹이가 되는 곤충을 증대하여 산란을 증대 · 선택된 화학혼합물이 유해한 잡초 제거 조절에 사용
	Field margin	· 필드 가장자리는 경작지 가장자리, 초지와 불모지의 경계지, 울타리·둑·배수구 같은 것의 경계지의 세 지역으로 구분
Streambank stabilization buffer	Livestock exclusion zone	· 울타리를 설치하여 가축을 제한하는 것으로 하천둑을 안정화하는 기존식생의 성장을 기대할 수 있고 둑이 소실되는 것을 줄일 수 있음. · 가축은 특별히 관리되는 물지역과 횡단지점에서 제한
Wetland buffer	Riverine wetlands	· 강의 둑과 하상과 관련된 습지 식물들의 반 자연적 생태계
	Flood plain wetlands	· 범람원 습지는 낮은 지대에 위치하며, 범람에 견디는 갈대와 같은 식물로 구성 · 어떤 범람원 습지는 숲 내에 발달
	Ponds and lakes	· 하천 내 연못 및 호수는 오염을 저감시키는 능력 있음.
No-spray / Spreading area	No-spray zone	· 살충제가 사용되어서는 안되는 수로 옆 지역으로 직접적인 살충제 유입을 저감하고, 수생 종들을 보호
	Non-spreading area	· 유기질 쓰레기가 확산되어서는 안되며, 수면 오염을 최소화하기 위해 모든 수로와 이웃한 최소한 10m 폭의 녹지대

2) 하안 및 제방 복원

- ❑ 자연적 재생 : 수변구역에서의 가축이나 사람들에 의한 교란 방지, 출입의 제한 등을 통하여 기존 식생 회복
- ❑ 버드나무 말뚝을 이용 : 홍수의 위험이 있는 유속이 빠른 강의 하안에 말채나무, 냇버들, 흰버드나무 등 식재
- ❑ 버드나무 가지를 이용 : 하안에 말뚝을 박고 말뚝과 말뚝사이에 버드나무 가지 묶음을 넣고 노끈으로 연결하여 식생의 발달을 유도
- ❑ 버드나무 펜스를 이용 : 말뚝과 가지를 동시에 이용하며, 말뚝은 길이 2~3m, 두께가 8cm 정도로 균일하게 하고 0.5m의 간격을 두고 침식벽을 두름
- ❑ 식재를 이용한 하안처리 : 하안 침식과 하안의 자연형 복원을 위해 갯버들이나 오리나무를 식재

3) 지천 관리의 생태적 기법

- ❑ 여울과 소
  - · 직경 200~300m의 자갈을 하상바닥에 깔며 이들이 홍수류에 의해 움직이지 않도록 직경 120m의 나무말뚝으로 고정
  - · 거석을 이용하여 여울 조성시 돌은 수면 아래에 배치되어야 하며 여울의 상류는 직경이 작은 돌을 사용하고 하류는 거석을 사용하여 홍수에 대처
  - · 여울의 길이는 하폭의 6배 정도가 적합하며 각 여울 및 웅덩이는 하폭의 1~3배 정도의 간격을 유지
  - · 전체적인 여울의 형상은 V자 형태로 설계하며 이는 여울 주변부 호안의 세굴을 감소시키며 여울 위와 아래 하도의 양안에 와류를 형성하여 물고기의 피난처를 제공
  - · 어류의 산란 및 서식공간을 제공
- ❑ 저수로 : 불투수층인 토양을 기반으로 연중 내내 얕은 물에 의해 덮혀있는 육지와 개방수역 사이의 전이지대로 물의 흐름이 약하거나 정체되어 있는 수환경에 서식하는 식물종들이 분포하고 있으며 이들을 생육환경으로 하는 다양한 생물종이 서식

7.5 해안생태계 복원

7.5.1 갯벌 복원

1) 갯벌의 개념

❑ '갯벌', '연안습지' 및 '간석지'의 일반적인 의미는 유사하나 정의 없이 사용. 연안습지와 간석지가 조위 변화에 따라 노출과 침수가 주기적으로 반복되는 지역으로 정의되지만 '갯벌'이란 용어는 이러한 공간적 정의와 함께 일반적으로 진흙 땅이라는 의미가 포함.

2) 갯벌의 기능

❑ 생물서식처 제공, 수산물 생산, 오염방지, 자연재해 예방 및 기후변화 조절 등의 기능

3) 갯벌 복원의 필요성

❑ 갯벌의 가치에 대한 고려가 부족한 채 매립·개발이 진행되면서 보전가치가 높은 갯벌이 훼손되는 것에 대한 가치를 증진
❑ 갯벌기능 회복으로 연안생태계 보전에 기여

4) 복원 방안

❑ 갯벌 서식처의 복원은 생물들의 자연적인 재점유에 의존
❑ 특정 기능을 위하여 생물을 이식하는 경우도 있으나 식생에 국한

7.5.2 간척지 복원

1) 개요

❑ 간척으로 생성된 인공호수는 물리적, 생물적 특성에 있어 습지로서의 기능을 수행
❑ 간척지역은 본래 연안습지로 철새를 비롯하여 다양한 바다생물이 서식하고, 생활의 터전이었으나 다른 목적으로 매립되고 간척되면서 다른 생태환경이 자리 잡음.

❑ 간척지는 시간이 경과함에 따라 해양생태계에서 육상생태계로 천이 과정을 거치게 되는데 이를 통해 식생 변화를 볼 수 있는 기회를 제공함.
❑ 간척으로 인해 훼손된 생태계를 복원함과 동시에 새롭게 생긴 생태계의 잠재성을 최대한 활용하여 서식처를 창출하는 것도 병행되어야 함.

2) 간척지 복원 기법

❑ 생태환경 변화로 인하여 지반 침하, 토양 내 염분 함유 및 역류, 비사 발생, 배수 불량, 녹화의 한계 등 생태환경 변화에 따른 환경적 특성을 보임.
❑ 식재 기반 조성방안
- 토성이 불량할 경우 : 성토법, 치환객토법, 사주법, 사구법
- 지하수위가 높은 경우 : 암거배수공법, 에코파이프 공법

❑ 식재시 고려사항
- 환경압(바닷바람, 비사 등) 고려 : 방풍식재, 모아심기, 염생-중생-내륙식물로 식재
- 염분차단층 조성 : 갯벌층간 염분차단층 조성 후 1.5m 이상 토심, 토량개량, 염분용 탈층 조성
- 기존 자연자원 활용 : 생태적 특성 고려, 개발 초기 준비 필요
- 기존 식생의 재배 육성 : 매립공사시 자원 확보, 영양 번식, 주변과 연속성 중시, 유지관리의 효율성 증대

3) 간척지 내 복원기술 적용 사례

① 방조제 : 식생 정착 및 생장이 불가능한 내측은 정원석을 활용하여 식재토를 제방위에 배치하여 식재기반 조성과 안정화, 사면에 사토를 삽입하여 관목식재, 건조한 토양이나 해풍에 견디는 식생의 식재 등
② 수로 횡단교 : 상부에 식생기반 조성을 통한 식생 복원, 계단 블록 설치를 통한 공극을 활용하여 식재 기반조성 후 초화류 식재 등
③ 콘크리트 제방 : 식물의 생장과 정착을 위한 생장기반 조성 우선 시행, 콘크리트 제방의 경우 지지되는 공간에 식재 주머니 쌓아 식재 기반 조성
④ 용수로 녹화 : 식생이 성장할 수 있는 적절한 경사를 조성하여 식재기반을 형성하고, 하천생태계와 수변 생태계 연결 도모 등

7.5.3 해안 사구 복원

1) 개요

- ❑ 사구 : 모래의 이동에 의하여 형성된 모래 언덕을 총칭
- ❑ 해안사구 : 해류와 연안류에 의해 운반된 해변의 모래가 바람에 의해 내륙으로 다시 운반되어 해안선을 따라 평행하게 쌓인 모래 언덕
- ❑ 경관적 가치, 희귀 동식물의 서식처, 해안모래와 지하수의 저장고로서 중요성을 인정받고 있음.

2) 해안 사구 복원 기법

- ❑ 모래집적 울타리 설치 : 바람에 의한 모래 이동이 주로 일어나는 지표면에 대나무, 그물 등으로 모래집적 울타리를 설치하여 해안사구에 모래를 집적하는 방법
- ❑ 모래집적 울타리는 대상지역에 대한 지형 요소, 풍향, 풍속 등이 충분히 고려되어야 하며, 울타리 종류, 크기, 유형별로 다양한 형태를 비교 및 검토한 뒤 설치해야 함.

8. 매립지 복원

8.1 매립지 복원공법

8.1.1 산흙 식재지반

1) 하부층이 사질토인 경우

① 성토법

- 성토법은 임해매립지의 식재지반 조성에 많이 사용되는 방법
- 외부에서 반입한 산흙을 수목 생육 적정 깊이에 따라 성토
- 장점 : 빠른 시간 내 식재지를 조성
- 단점 : 산흙 운반에 경비가 많이 소요, 점질토가 많으면 염분이 함유된 모세관 상승

② 치환 객토법

- 원지반이나 하부매립 재료를 파내고 외부에서 반입한 산흙으로 교체하는 방법
- 식재지 전체를 치환하여 산흙으로 객토하는 전면 객토법, 대상지역이 띠같이 긴 경우 적용되는 대상 객토법, 가로수나 독립수 식재와 같이 수목 1그루마다 치환객토하는 단목 객토법
- 장점 : 성토공법보다 산흙을 절약
- 단점 : 충분한 토심 및 폭을 확보하지 못한 경우 토성의 차이로 수목하자의 위험

③ 성토 및 치환객토법

- 성토법의 산흙 요구량이 많은 단점과 치환객토의 지하수위에 따른 제한의 단점을 서로 보완해주는 공법
- 장점 : 성토법에 비해 산흙의 요구량이 적게 들며, 지하수위에 따른 제한점 극복
- 단점 : 하부층이 사질토인 경우 염분의 탈염은 빠르나 반면에 배수가 너무 잘 되어 식물의 건조 피해가 우려

④ 비사 방지용 산흙 피복법

- 비사 방지용 산흙 피복법은 양질 또는 점질 양토의 산흙을 피복해주고 지피식물로 피복하여 비사에 의한 침식을 방지하는 방법

2) 하부층이 세립 미사질토인 경우

① 성토법

- 상층과 하층이 만나는 부분에 배수용 모래층을 설치하고, 하층인 세립미사질 토층에 맹암거를 만들고 배수를 원활하게 해주고 염분 상승을 최소화하는 방법

② 치환객토법

- 지표면 밑으로 조성하게 되므로 지하수위와 연관되어 토심의 제한
- 전면객토법, 대상객토법, 단목객토법으로 구분

③ 사주법

- 하부층인 세립 미사질 토층에 파일을 박아 하단부 투수층까지 연결한 후 파일 파이프 안에 모래, 사질양토, 자갈 등을 넣어 배수를 원활히 하는 방법(sand pile공법)

④ 사구법

- 세립 미사질토가 가장 많은 중심부에서 외곽부로 모래 배수구를 만들어 준 후 그 위에 산흙을 넣어 수목을 식재하는 방법

8.1.2 고염도 토양

- ❑ 물리적 제염 방법을 도입하고, 내염성이 강한 식물을 선정하며, 토양구조의 발달을 유도하고, 화학적 개량 방법을 실시하면 장기적으로는 식재지로의 활용이 가능
- ❑ 고염도 토양에서 가장 문제가 되는 것은 염농도와 지하수위
- ❑ 지하수위의 저하, 과잉 염류의 제거, 양호한 투수성, 토양 양분의 균형, 식물 생육을 위한 적정 토양 수분의 유지 등을 고려
- ❑ 고염도 지역은 연차별 계획에 따라 단계적으로 조성

1) 제1단계 명거 배수법

- 신간척지는 토양이 염분을 많이 함유하고 배수가 불량하며 지하수위가 높게 위치
- 초기에는 명거를 만들어 준 후 갈대나 염생식물을 살포하여 식물 스스로 토양환경을 개선하도록 해주는 명거 배수법을 적용
- 심토 경운을 해주어 산화 및 제염을 촉진

2) 제2단계 두더지 암거법

- 어느 정도 제염이 된 간척지에 적용할 수 있는 공법
- 점토질 토양일수록 효과가 좋고 수명이 오래감
- 식재지 조성 2단계인 토양환경 개선 단계에서 사용되기 적합

3) 제3단계 혼합법

- 통과식물에 의해 토양환경이 개선되면 경관 조성 계획에 따라 식재지를 조성
- 관목이나 교목은 성토를 하는 것이 바람직하며 지피식물은 간척지 토양과 산흙 및 토양개량재를 혼합해주면 식재지로 활용이 가능

8.2 임해 매립지 복원

8.2.1 임해 매립지 환경 특성

1) 지반 침하

- 원지반이 아닌 성토지역으로 침하
- 장기간에 걸쳐 발생

2) 염분함유 및 역류

- 토양 모세관 현상으로 염분 상승
- 지표에 노출되어 마름

3) 비사발생

- ❑ 지표위 염기가 바람과 이동
- ❑ 식물의 염해 피해 발생, 조기 고사, 백화 등

4) 배수불량

- ❑ silt질 토양이 대부분임
- ❑ 염해를 막기 위한 차단층 조성
- ❑ 식생 성장에 악영향

5) 매립지 녹화 실태

- ❑ 녹화기술 부재
- ❑ 녹화기술 인력 부재
- ❑ 환경경영 마인드 부재
- ❑ 녹화기술 개발, 연구, 정보 교환 부재
- ❑ 유지관리 기술 부재
- ❑ 식물 소재의 한계

8.2.2 임해매립지 식재시 고려사항

1) 환경압 고려

- ❑ 바다 바람, 비사 대비 방풍식재
- ❑ 모아심기, 염생-중생-내륙식물로 식재

2) 염분차단층 조성

- ❑ 갯벌층간 염분 차단층 조성 후 1.5M 이상 토심 확보
- ❑ 토량 개량, 염분용 탈층 조성

3) 기존 자연자원 활용 위주

- ❑ 생태적 특성 고려
- ❑ 개발 초기 고려하여 준비 要 : 기종수목, 표토, 근주, 풀포기 등 영양번식

4) 기존 식생의 재배 육성

- 매립공사시 자원 확보
- 영양 번식, 요목, 종자확보 후 활용
- 주변 경관과 연속성 중시
- 유지관리의 효율성 증대

8.3 쓰레기 매립지 복원

8.3.1 쓰레기 매립지 문제점

1) 매립가스발생

- 2~3m까지 호기성 박테리아 분해열 발생
- 3m 이하 혐기성 박테리아 가스발생, 폭발

2) 지상부 악취

3) 침출수

8.3.2 쓰레기 매립지 복원

1) 매립지 침하 고려

- 녹지, 공원, 골프장

2) 기술력 고려사항

- 구조물 - 하층 침하대비
- 도로 - 부등침하, 기초
- 매설물 - 공동구형식
- 가스배출구 - 배출, 흡입관 분리, 악취 저장 고려, 안전 시설, 마운딩

3) 식재기반 조성

- ❑ 침출수, 가스 방출 대비 : 진흙 활용
- ❑ 안정기 식재 : 매립 후 2~3년 식재
- ❑ 복토층 상부 1m+객토층 30cm 추가+토량개량제 포설
- ❑ 초기 내성조절형 천이 모형 활용 식재 유도
- ❑ 비산방지, 침출수 억제를 위한 속성수 식재

참고문헌

강서병, 이애란(2009) 자연환경관리기술사. 한솔아카데미.
경기개발연구원(1996), 성현찬, 녹지네트워크 형성에 관한 연구.
구본학(2009) 습지생태학. 도서출판조경.
김귀곤, 조동길 공저 자연환경 · 생태복원학 원론. 아카데미서적.
김귀곤, 조동길(2004) 유네스코 생물권보전지역 개념을 도입한 옥상 생물서식공간 조성 기법에 관한 연구; 유네스코회관 옥상을 사례로. 한국환경복원녹화기술학회 7(4) 43-53p.
김귀곤, 조동길(2004) 자연환경 생태복원학원론. 아카데미서적.
김명수(2003) 환경복원에서 복원생태학, 경관생물학, 보전생물학의 역할. 한국환경복원녹화기술학회지 6(4) 17-23p.
김명수, 허학영, 조수민, 신수안, 안동만(2005) 생태통로 조성 국내외 사례조사를 통한 개선과제 연구. 한국환경복원녹화기술학회지 8(2) 41-55p.
김보미(2010) 순천만 조류공원 계획기준 도출 및 조성계획. 서울대학교 석사논문학위논문.
김성준, 정선용, 오준성, 임미숙 역(2002) 비오톱 환경의 창조. 전남대학교 출판부.
김수봉, 정응호, 심근정, 김용범(2003) 환경과 조경. 학문사.
김영수, 생태적 도시를 위한 신도시개발과 재개발.
김재은, 홍선기(2007) 도서의 경관생태학적 이해; 섬생물지리학의 이론과 적용. 도서문화 제 30집 39-59p.
김종선(2000) 신주거단지에 이용할 전통마을의 생태학적 요소에 관한 연구.
김종원(2004) 녹지생태학. 월드사이언스.
김종원(2006) 녹지생태학. 월드사이언스.
김준호 등 현대생태학. (주)교문사.
김지연(2008) 자연형하천 관련 신기술분석을 통한 총합적 하천관리방안. 고려대학교 석사학위논문.
김지연(2011) 포인트자연환경관리기술사. 예문사.
김진수, 손요한, 신준환, 이도원, 최재천, 리처드프리맥(2000) 보전생물학. (주)사이언스북스.
김호석, 김종호, 이정호(2009) 지속가능발전 관점에서의 녹색성장 의미와 평가방안에 관한 연구. 한국환경정책평가연구원.
문석기, 이동근, 김남춘, 이규석, 남상준, 윤소원, 강명수, 예경록(2004) 생태공학. 보문당.
법제처(2010a) 환경영향평가법.
법제처(2010b) 환경정책기본법.
변병설(2005), 지속가능한 생태도시계획.
보전생물학 입문 3rd edition 김종원 등 월드사이언스
산림청(2006) 소나무재선충병. 국립산림과학원.
산림청, 산림병해충에 대한 이해.
서울대학교, 과학기술부, 환경진흥재단, 하남시(2000) 녹색도시-하남 창조; 생태도시조성을 위한 통합적인 지침과 준거틀에 관한 연구.
서울시(2007) 건축물 옥상녹화 시스템 유형결정과 관리 매뉴얼.
성민웅, 김봉곤, 조성동, 강대호, 강충호, 구자옥, 노인환, 이용철, 임태훈, 최범선, 한은택(2002) 고등학교 과학. (주)문원각.
소현수(2008) 전통경관의 조영원리에 대한 생태학적 해석.

손선현, 자원순환형 생태도시 조성계획.
송영일, 서성철, 김시헌, 최준규, 한상욱(2002) 사전환경성검토제도의 개선방안. 한구환경정책·평가원
신정엽, 이상일(2008) GIS의 개념과 원리. 다락방.
양미영(2000) 전통마을의 생태적 요소를 도입한 생태주거단지 조성에 관한 연구
오구균, 김도균(2006) 생태녹화공학, 광일문화사.
오윤경, 조순재, 최진용, 임승빈, 안동만, 이정재, 이동근(2007) 농촌어메니티 자원조사 연구. 농촌계획 제13권 제1호.
우보명(2003) 훼손지환경녹화공학. 서울대학교출판부.
우정상(1995) 민속마을 환경조성에 관한 연구.
원재광, 윤순창(1998) Miro Pulse LiDAR를 이용한 대기 에어로솔 분포 측정. 한국기상학회 추계학술발표회 232-234p.
원재무(2010), 녹색으로 읽는 도시계획.
위광재, 조재명, 이임평, 강인구(2007) LiDAR 데이터를 이용한 등고선 제작의 효율성 평가. 한국지형공간정보학회지 15(2) 59-66p.
유재근, 정명숙, 박혜경, 황순진(2002) 환경생태공학. 그루.
이강원, 함창학(2003) 지리정보시스템(GIS) 용어사전. 도서출판 구미서관.
이규석(2004) 한국조경학회지 게재논문 경관생태학과 GIS 분야의 연구경향. 한국조경학회지 31(6) 129-135p.
이규석, 김민수, 송관철, 우창호, 김남춘, 남상준, 구본학, 황국웅, 이동근(2003) 녹을 창조하는 식재기반. 보문당.
이도원(2001) 경관생태학; 환경계획과 설계, 관리를 위한 공간생리. 서울대학교출판부.
이도원(2003) 전통마을 경관요소들의 생태적 의미. 서울대학교출판부
이도원(2004) 한국의 전통생태학. 사이언스북스
이동근, 김명수, 구본학, 김경훈, 김동성, 나정화, 윤소원, 이명우, 전성우, 정흥락, 제종길, 홍선기(2005) 경관생태학. 보문당.
이동근, 김보미, 송원경(2009) 조류·포유류의 분포와 산림면적, 토지피복과의 관련성. 농촌계획학회지 15(2) 19-26p.
이동근, 김이신(2000) 생태도시 조성을 위한 녹지 네트워크 수립에 관한 연구.
이명균, 이동근, 최준영(2004) 생태공원. 보문당.
이우신, 박찬열(1995) 길드에 의한 산림관경과 조류군집 변화분석. 한국생태학회지 18(3) 397-408p.
이종형(2010) 최신 하천공학. 구미서관.
이춘기 한국에 적합한 생태도시 조성방안.
이희연(2009) GIS 지리정보학. 법문사.
전성우, 홍현정, 이종수, 이우균, 성현찬(2007) LiDAR를 활용한 국토환경성평가지도 산림부문 신규 평가항목의 도입 가능성 평가. 한국환경복원녹화기술학회지 10(5) 20-30p.
전용옥, 이상문(2004) 한국 전통도시의 생태적 계획원리에 관한 연구.
조공장, 최준규, 박영민, 송영일, 사공희, 이상범, 정주철, 임영신(2008) 환경평가제도 30년의 성과분석과 발전방향. 한국환경정책·평가연구원.
조성진, 박천서, 엄대익(1986) 삼정토양학. 향문사.
조정원, 신중진(2008) 일반주거지에서의 그린네트워크 계획에 관한 연구.
조현길, 조용현, 한국조경학회 생태조경연구회(2008) 생태조경계획 및 설계. 기문당.

진종헌, 최희선, 신지영, 정문수(2008), 지속가능한 생태문화도시의 방향설정 및 추진방안, 한국환경정책·평가연구원.

청주대학교 환경조경학과 환경계획연구실 생태조경론.

최연웅, 조기성(2005) 도시지역 LiDAR DSM으로부터 DEM 추출기법 연구. 한국지형공간정보학회지 13(1) 19-25.

최정권(2002) 하천식물자료집. 환경부G-7연구사업 국내 여건에 맞는 자연형 하천공법 개발연구팀.

최종수, 강병국(2006) 한국의 늪. 지성사.

최태봉, 육근형(2009) 한국의 습지보호지역. 환경부, 국토해양부, UNDP/GEF 국가습지보전사업관리단.

하천복원연구회(2006) 하천복원사례집. 청문각.

한국조경학회(2003) 조경시공학. 문운당.

한국토지공사(2006) 저류지공원 조성계획에 관한 연구.

한국토지주택공사(2009) 조경공사 설계지침.

한국환경복원녹화기술학회 공역 생태공학. 보문당.

한수희, 김용일, 유기윤(2003) LiDAR 반사강도와 DSM을 이용한 토지피복 분류에 관한 연구. 대한토목학회 23(10) 107-114p.

한필원 한국의 전통마을을 가다. 북로드

해양수산부(2000) 해양환경정보총람.

홍선기, 강신규, 김재은, 노백호, 노태호, 이상우 역(2007) 경관생태계; 환경영향평가를 위한 생태계 공간분석법. 라이프사이언스.

홍선기, 수변통로와 녹지공간을 연결하는 블루-그린네트워크.

환경부 국토환경정책과(2009) 환경성평가제도 관련 규정집.

환경부 국토환경정책과(2009) 환경영향평가 관련 규정집.

환경부(2002) 하천복원가이드라인. 청문각.

환경부(2003) 자연생태계 복원을 위한 생태통로 설치 및 관리지침.

환경부(2003) 전략환경평가제도 도입에 관한 연구.

환경부(2004) DMZ일원의 생태계보전을 위한 토지이용실태 및 합리적 토지관리방안에 관한 연구.

환경부(2005), 생태면적률 적용지침.

환경부(2006) 도시생태축 구축을 위한 가이드라인 개발.

환경부(2006) 람사르협약매뉴얼 4판. 환경부 람사르총회 준비기획단.

환경부(2006a) 전략환경평가제도 도입에 따른 환경영향평가 제도의 개선방안 연구.

환경부(2006b) 사전환경성검토 업무 매뉴얼.

환경부(2007) 전략환경평가 제도의 효율적 운영기법 마련을 위한 연구.

환경부(2009a) 통합 환경영향평가법 하위규정 제정 연구.

환경부(2009b) 환경영향평가 등에 관한 법률안.

환경부, UNDP/GEF 국가습지보전사업관리단(2008) 습지를 찾아서. 환경부, UNDP/GEF 국가습지보전사업관리단.

ELS(환경과 조경)

LAC(조경시공)

Askins R. A., Philbrick M. J., Sugeno, D. S.(1987) Relationship between the regional abundance of forest and the composition of forest bird communities. Biol Conserv 39: 129-152.

Diamond, J. M.(1972) Biogeographic kninetics; estimation of relaxation times for avifaunas of southwest Pacific island. Proc Nat. Acad. Sci. USA 69 : 3199-3203p.

Forman(1995). Land Mosaics. Cambridge university press.

Gaone(2004) 제 2 공무원 연수원 TK 공사. 설계보고서.

Graham Bennett and Kalemani Jo Mulongoy(2006), Riview of experience with ecological networks, corridors and buffer zones

MacAthur, R. H. Wilson, E. O.(1976) The theory of island biogeography. Princeton University Press. Princeton. 203.

http://100.naver.com/

http://cafe.daum.net/2007DUWAF/

http://cafe.daum.net/totallam

http://eetd.lbl.gov/heatisland/

http://eiass.go.kr

http://enc.daum.net/dic100/

http://gis.seoul.go.kr/

http://here.provin.chungbuk.kr/

http://ko.wikipedia.org/

http://kr.blog.yahoo.com/livedyks

http://latlabrafael.wordpress.com/2009/11/

http://local.daum.net/map

http://mab.unesco.or.kr

http://maps.google.co.kr

http://ngis.go.kr/egis/

http://tahoe.usgs.gov/images/4ds/dem

http://www.encyber.com/

http://www.encyber.com/search_w/ctdetail.php?flag=openapi&contentno=779919

http://www.fas.usda.gov

http://www.gis.com/content/what-gis

http://www.kei.re.kr

http://www.kict.re.kr/

http://www.lafent.com

http://www.me.go.kr

http://www.me.go.kr(환경부)

http://www.me.go.kr/

http://www.moleg.go.kr

http://www.moleg.go.kr/

http://www.river.re.kr(자연형하천 길라잡이)

http://www.seoul.go.kr/envi_info/green/roof/

http://www.wetland.go.kr(국가습지사업센터)

찾아보기

ㄱ

ㄴ

ㄷ

ㄹ

ㅁ

ㅂ

ㅅ

ㅇ